普通高等教育"十三五"规划教材

高等测量学

第二版

GAODENG
CELIANGXUE

姜晨光　主编

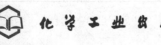
化学工业出版社

·北京·

本书比较系统、全面地阐述了测绘科学的基本理论、方法和技术，内容涵盖了测绘科学的理论体系、测量误差基础、水准仪使用、距离测量、经纬仪使用、电子全站仪使用、控制测量基础、GPS技术、地形图测绘及应用、测量放样、土木建筑测量、铁路测量、管道测量、桥梁测量、地质测量、地球灾害监测、钻采工程测量等基本教学内容和教学环节。在测绘基础理论的阐述上贯彻了"简明扼要、深浅适中"的写作原则，以实用化为目的强化了对实践环节的详细介绍，并全面介绍了目前国际最新的、最流行的、最成熟的、最具普及性的知识、理论和技术。

本书适用的专业主要包括本科土建类、水利类、地矿类、交通运输类、地理科学类、环境科学类、测绘类、环境与安全类、农林类、农业工程类的各个相关专业；本书不仅适用于普通全日制高等教育，也适用于高职高专、网络高等教育、电视大学、夜大学、高等教育自学考试、职业技能培训、企业在岗培训，还可作为国家执业资格考试用书使用，同时也是各类工程建设行业专业技术人员案头必备的工具书。

图书在版编目（CIP）数据

高等测量学/姜晨光主编. —2版. —北京：化学工业出版社，2016.2（2019.1重印）

普通高等教育"十三五"规划教材

ISBN 978-7-122-24339-3

Ⅰ.①高…　Ⅱ.①姜…　Ⅲ.①测量学-高等学校-教材　Ⅳ.①P2

中国版本图书馆 CIP 数据核字（2015）第 129937 号

责任编辑：满悦芝　　　　　　　　　　文字编辑：刘丽菲
责任校对：宋　玮　　　　　　　　　　装帧设计：尹琳琳

出版发行：化学工业出版社（北京市东城区青年湖南街 13 号　邮政编码 100011）
印　　装：三河市双峰印刷装订有限公司
787mm×1092mm　1/16　印张 16½　字数 425 千字　2019 年 1 月北京第 2 版第 2 次印刷

购书咨询：010-64518888　　售后服务：010-64518899
网　　址：http://www.cip.com.cn
凡购买本书，如有缺损质量问题，本社销售中心负责调换。

定　　价：38.00 元

《高等测量学》（第二版）编写人员

主　　编：姜晨光

副 主 编：方绪华　王尤选　黄奇璧　原嘉祥　张丽萍
　　　　　李宝林（排名不分先后）

编写人员：姜晨光　方绪华　王尤选　黄奇璧　原嘉祥
　　　　　张丽萍　李宝林　彭桂翰　刘淑荣　范　千
　　　　　庞　平　刘洪春　姜　勇　张大林　姜忠平
　　　　　张祖兴　潘吉仁　周　虹　任利军　孙毛南
　　　　　陈普芳　缪文良　季文达　尤干兴　王炤文
　　　　　潘月明　张　翼　汪　凯　蔡　峰　沈建耘
　　　　　王国平　吴　平　赵伯侃　郁凯凯　陶林法
　　　　　许庆增　王风芹（排名不分先后）

前　言

党的十八大和十八届三中全会、十八届四中全会对生态文明建设做出了顶层设计和总体部署。党的十八大以来，各地区各部门统一思想、扎实工作、积极推进，在生态文明建设上不断取得新的重大进展。党的十八大和十八届三中全会、十八届四中全会要求各级、各部门按照党中央的决策部署，把生态文明建设融入经济、政治、文化、社会建设各方面和全过程，应协同推进新型工业化、城镇化、信息化、农业现代化和绿色化，应牢固树立"绿水青山就是金山银山"的理念，应坚持把"节约优先、保护优先、自然恢复"作为基本方针，应把绿色发展、循环发展、低碳发展作为基本途径，应把深化改革和创新驱动作为基本动力，应把培育生态文化作为重要支撑，应把重点突破和整体推进作为工作方式，应切实把生态文明建设工作抓紧抓好，应全面推动国土空间开发格局优化、加快技术创新和结构调整、促进资源节约循环高效利用、加大自然生态系统和环境保护力度。良好的生态环境是实现"中国梦"的物质基础，良好生态环境的构建需要现代测绘科学的支持，测绘科学必须适应经济发展新常态、积极抢抓新机遇，普及测绘科学知识、加强测绘教材建设、提高测绘科学教育质量和教育水平。测绘教材建设必须与时俱进、实时更新，因此，教材修订意义重大。沐浴着十八大和十八届三中全会、十八届四中全会的春风，笔者闲暇之余重新审视了几年之前的作品《高等测量学》萌生了修编之念。承蒙大家抬爱，《高等测量学》面世 4 年重印了多次，但内心仍然非常惶恐，浏览着一封封读者、朋友和业内同仁热情洋溢的邮件颇感压力和责任，为此，决定修编第二版以谢大家。第二版的修编吸收了许多富有教学经验、生产经验且责任心强的优秀教师及业内技术骨干参加并组成了新的编写班子，编写班子本着对读者负责、对我国高等教育教学质量负责的态度通力合作，较为圆满地完成了修编工作。

第二版的修编工作非常全面，以国家现行的各种规范、标准为依据大量删减和淘汰了与时代发展不合拍的知识、理论和技术，全面介绍了目前国际最新的、最流行的、最成熟的、最具普及性的知识、理论和技术（比如最新的电子全站仪和 GNSS 接收机）。以服务经济建设主战场为着眼点增加了专业工程测量的内容（比如铁路测量、管道测量、桥梁测量、地质测量、地球灾害监测、钻采工程测量等）。因篇幅所限，本教材不可能对所有的知识点面面俱到，疏漏之处在所难免，需要讲授本教材中未出现的知识点的高校可根据实际需要自己编印补充讲义（也可反馈给出版社，以便在再版时增补）。

全书由江南大学姜晨光主笔完成，福州大学彭桂翰、刘淑荣、范千、方绪华；烟台市规划信息中心庞平、刘洪春、李宝林；烟台市住房和城乡建设局原嘉祥；烟台保利置业有限公司张丽萍；烟台大学王尤选；江南大学黄奇璧、姜勇、张大林、张祖兴、潘吉仁、姜忠平、周虹、任利军、孙毛南、陈普芳、缪文良、季文达、尤干兴、王炤文、潘月明、张翼、汪凯、蔡峰、沈建耘、王国平、吴平、赵伯侃、郁凯凯、陶林法、许庆增、王风芹等同志（排名不分先后）参与了相关章节的撰写工作。

限于水平、学识和时间关系，书中内容仍难免粗陋，谬误与欠妥之处敬请读者继续提出批评及宝贵意见。

姜晨光
2015 年 12 月于江南大学

第1版前言

"测量学"是"测绘科学"的简称。测绘科学的起源可以追溯到原始社会早期，是人类最早创造的科学体系之一。测绘科学的发展时刻与人类的文明史同步，随着人类文明的历史进程一直发展到了今天，其对人类社会的发展做出了不可磨灭的重大贡献，成为人类各种活动不可或缺的重要依靠和技术手段。

测绘科学是各类工程活动的"眼睛"和"指南针"。城乡规划和发展离不开测绘科学，资源勘察与开发离不开测绘科学，水利水电建设离不开测绘科学，各种交通建设离不开测绘科学，国土资源调查和土地利用与土壤改良离不开测绘科学，建设现代化农业也离不开测绘科学。总之，任何工程建设活动都离不开测绘科学工作，测绘科学是各种工程建设不可或缺的重要技术保障。正因为测绘科学的上述重要作用，因此，世界各国的高等教育都将测绘科学作为高等教育的重要基础课程，据不完全统计，目前我国高等院校开设测绘类课程的专业有数十个（包括本科和高职高专）。测绘科学地位重要、内容浩繁，涉及多学科的知识，如何充分发挥测绘科学在人类进步事业中的作用，是一个值得人们永久认真思考的问题，只有不断地总结与积累经验、不断地推陈出新和与时俱进，才能使测绘科学得到健康发展。基于以上考虑，笔者不揣浅陋编写了本书。

本书是编者30余年测绘科学研究及相关实践活动的初步总结，也是作者在江南大学从事教学、科研和社会实践活动的经验积累与部分心得。本书的撰写以理论与实践紧密结合为基本原则和出发点，对传统的测量理论、技术、方法进行了认真的总结与反思，吸收了当今最新的科技成就和技术，接纳了许多前人及当代人的宝贵经验和认识。希望本书的出版能有助于测绘科学知识的普及、发展和进步，能有助于测绘高等教育质量的提高与进步，对我国的社会主义建设事业和高等教育事业有所帮助、有所贡献。

全书由江南大学姜晨光任主编，烟台大学王尤选；福州大学方绪华、范千；莱阳市规划建设管理局王世周、王秀峰、孙天龙、叶根深、马炜煜、吕振勇、迟万东、张晓勤、钟培良、薛涛涛、尉胜林、卞仁修；山东盛隆集团有限公司宋志波、严立明、任忠慧、于平波、张华强、张辉；中国建设银行股份有限公司文登市支行李传阳；中共莱阳市委郭立众、于京良；青岛鑫江集团有限公司姜文波；无锡市新区房产管理局孙爱民；无锡市惠山区建设局王复元；莱阳市国土资源局姜祖彬、刘华、姜春妍、梁延兴、徐永成、姜霞、李光、李金洲、刘桂芳、陈明、于吉波；山东省莱阳市新华书店孙智诚、张海顺、李海波；江南大学姜勇、张大林、张祖兴、潘吉仁、姜忠平等同志（排名不分先后）参与了部分章节的撰写工作。初稿完成后，苏文馨、徐至善、李锦铭、王浩闻、黄建文五位教授级高级工程师提出了不少改进意见，为本书的最终定稿做出了重大的贡献，谨此致谢！

限于编者水平、学识和时间关系，书中浅陋之处难免，敬请读者多多提出批评与宝贵意见。

编者
2011 年 1 月于江南大学

目 录

第1章 测绘科学概论

1.1 测绘科学的历史与发展

"测绘科学"常被人们称呼为"测量",实际上"测量"只是"测绘科学"的一部分内容,为顺应人们的习惯,本书中也将"测绘科学"简称为"测量"。

1.1.1 测绘科学的定义、学科属性与主要分支学科

测绘科学是研究与量度地球或其他天体表面高低起伏的自然形态及其四维变化规律的科学。测绘科学的研究对象是地球或其他天体的固体表面,因此属于地球科学(简称地学)的研究范畴。地球或其他天体固体表面以下的部分(内部)是地质科学的研究范畴,地球或其他天体固体表面与液体表面之间的区域是水科学的研究范畴,环绕地球或其他天体的气体空间是大气科学的研究范畴,地球与其他天体之间的关系问题是天文科学的研究范畴,从巨(宏)观领域对地球、天体各种问题进行综合集成化分析与研究是地理科学的工作范畴,因此,测绘科学与地质科学、地理科学、水科学、大气科学、天文科学共同组成了地学大家族,是地学领域的 6 朵金花之一。大家知道,地质科学、地理科学、水科学、大气科学、天文科学每个学科自身都是多学科集成的综合性大学科,各自都有自己的分支学科(即所谓的2 级学科)和独特的科学体系,作为地学领域的 6 朵金花之一的测绘科学本身也是一个多学科集成的综合性大学科,并有着自己的分支学科和独特科学体系。测绘科学的主要分支学科有地形测量、大地测量、测绘遥感(摄影测量与遥感)、地图制图、工程测量、海洋测绘、地籍测绘、测绘仪器 8 大学科。

地形测量学是研究地形测绘理论、方法和技术的科学,其成果是各种各样的地形图,这些地形图就是各种建设项目(涵盖工业、农业、国防等各行各业)规划、设计的基础图件,也是各类地图编制的基础图件。与该领域有关的国际性科学组织是国际测绘联合会(International Union of Surveying and Mapping,IUSM)。

大地测量学是研究大区域(指地理区域)或全球地壳形态及其变化和重力场特征的科学,大地测量的成果是地球空间信息的基础,是地球科学其他五大学科关键性的、不可或缺的基础平台。在西方国家,大地测量学与数学、化学等并称为构成自然科学体系的 16 大自然科学学科。大地测量学的基本体系包括以研究建立国家大地控制网为中心内容的应用大地测量学;以研究坐标系建立、地球椭球性质、投影数学变换为主的椭球大地测量学;以研究天文经度、天文纬度、天文方位角测量方法为主要内容的大地天文测量学;以研究重力场及测量方法为主要内容的物理大地测量学等。大地测量学研究的基本内容包括地球形状、外部重力场及其随时间的变化;日月行星的形状及重力场;高精度大地控制网的建立;高精度测量仪器和方法;地球表面点位向椭球面或平面的投影变换;大规模、高精度、多类别地面网或空间网的数据处理方法。大地测量学可为空间科学、军事科学、地壳形变研究、地震预报等提供重要资料。按照测量手段的不同,大地测量学又分为常规大地测量学、卫星大地测量学及物理大地测量学等。与该领域有关的国际性科学组织是国际大地测量学协会(International Association of Geodesy,IAG),IAG 是国际大地测量学与地球物理学联合会(International Union of Geodesy and Geophysics，IUGG）的创始者和主要成员之一，也是世界上成立最早的国际性学术团体之一。

测绘遥感（摄影测量与遥感）学是研究利用遥感的手段获取地表形态信息的科学。遥感是指不直接接触被遥感物从而获知遥感物内、外部信息的技术，测绘遥感是通过遥感器（照相机、电磁波发射与接收系统、CCD 等）对地面进行摄影或扫描而获取地面三维地理信息的科学。其基本任务是通过对摄影像片或遥感图像的处理，量测与解译测定物体的形状、大小和位置，进而制作成图。按遥感器搭载工具的不同，测绘遥感可分为航空测绘遥感、航天测绘遥感、卫星测绘遥感、地面（近景）测绘遥感、水下测绘遥感。测绘遥感按工作流程分为内业处理和外业调绘 2 个主要工作内容。与该领域有关的国际性科学组织是国际摄影测量与遥感学会（International Society for Photogrammetry and Remote Sensing，ISPRS）。

地图制图学是研究地图绘制理论与技术的科学。其主要研究内容包括地图投影、地图符号设计、地图色彩、地图绘制技术、地图编制理论、地图整饰技术、地图印刷技术、地图标准体系等。其成果主要是各类地图产品（比如各类地形图、地理图、行政区划图、交通图、旅游图、专业图、地图册等），这些地图产品服务的领域和对象具有最大的广泛性。与该领域有关的国际性科学组织是国际地图学协会（International Cartographic Association，ICA）。

工程测量学是利用测绘科学综合理论与技术为各类工程建设提供测绘保障服务的应用科学，也可称之为应用测绘学。主要研究工程建设在勘察设计、施工放样、竣工验收和管理阶段所需进行的测量工作的基本理论、技术和方法。其主要工作内容包括为工程规划设计提供必需的地形资料（规划时提供中、小比例尺地形图及有关信息，建筑物设计时要测绘大比例尺地形图）；施工阶段将图上设计好的工程（比如建筑物）按其位置、大小测设在地面上供施工人员正确施工；在施工过程和工程建成后的运行管理中对工程（比如建筑物）的稳定性及变化情况进行监测（安全监测、变形观测等），以确保工程的安全与正常运营。按工程测量服务对象的不同，工程测量可分为土木建筑工程测量、铁路工程测量、公路工程测量、地下工程测量、矿山测量、城市测量、地质工程测量、国防工程测量、水利工程测量等。另外，还有一些特种工程测量工作（比如对大型设备、特种设备进行高精度定位和变形监控的精密工程测量；将摄影测量技术应用于工程建设的工程摄影测量；将电子全站仪或地面摄影仪作为传感器在电子计算机支持下对大型机械部件加工过程进行监控的三维工业测量系统等）。与该领域有关的国际性科学组织是国际测量师联合会 ［Federation Internationale des Geometres（法语），FIG］。

海洋测绘学是研究海底地形及其四维变化规律的科学，主要为海洋运输、海洋科学考察、航道开拓、航道疏浚、海洋军事活动、海下资源开发、海洋救助等提供测绘保障，为海洋科学研究（比如潮汐、洋流、海温变化、海平面升降等）提供基础地理信息，是海洋科学研究的关键支持平台。与该领域有关的国际性科学组织是国际海道测量组织（International Hydrography Organization，IHO）。

地籍测绘学是研究地籍管理中地籍图测量与绘制理论和技术的科学，在我国，地籍测绘的服务领域主要是各级政府的国土资源管理部门，其成果主要是各种各样的地籍图、土地规划图、土地区划图、土地评价图等。在国外，地籍测绘是一种具有法律效力的公共服务活动，它既服务于政府也服务于民众。

测绘仪器学是研究测绘仪器制造理论与技术的科学。测绘仪器属于精密仪器，现代测绘仪器是集光（光学）、机（机械）、电（电子）、算（计算机）于一体的高技术含量设备，其涉及的领域非常广，需要多学科的密切协同。

另外，还有房产测绘学，是研究房产管理中房产面积界定以及房产图测量与绘制理论和技术的科学，也是一种具有法律效力的公共服务活动。

国内广大测绘科学工作者的群众性联合学术团体是中国测绘学会（Chinese Society of Surveying and Mapping，CSSM）。

1.1.2　测绘科学的作用

测绘科学是人类各种活动及各类工程建设的"眼睛"和"指南针"。出门旅行需要测绘科学（要看地图、用指南针、用 GPS）。城乡规划和发展也离不开测绘科学，我国城乡面貌正在发生日新月异的变化，城市和村镇的建设与发展迫切需要加强规划与指导，而搞好城乡建设规划，首先要有现势性好的地图来提供城市和村镇面貌的动态信息。资源勘察与开发离不开测绘科学，地球蕴藏着丰富的自然资源，需要人们去开发，勘探人员在野外工作离不开地图，从确定勘探地域到最后绘制地质图、地貌图、矿藏分布图等都需要测绘科学技术手段的支持。交通建设离不开测绘科学，铁路公路的建设从选线、勘测设计到施工建设都离不开测绘科学。水利建设离不开测绘科学，大、中水利工程必须先在地形图上选定河流渠道和水库的位置，划定流域面积、储流量，再测出更详细的地图（或平面图）作为河渠布设、水库及坝址选择、库容计算和工程设计的依据。国土资源调查、土地利用和土壤改良离不开测绘科学，建设现代化的农业，首先要进行土地资源调查，而且还要充分认识各地区的具体条件，进而制订出切实可行的发展规划，测绘科学可为这些工作提供有效的支持。就与老百姓息息相关的土木建筑工程来讲，地面的水平性靠测绘技术保障、墙体的垂直度靠测绘技术保障、排水系统的坡度靠测绘技术保障、各种曲线的形状靠测绘技术保障，总之，人类的任何活动和任何工程建设都离不开测绘科学，测绘科学是人类活动和各种工程建设不可或缺的重要技术保障。

1.1.3　测绘科学的过去、现在与未来

测绘科学的起源可追溯到原始社会，是人们最早创造的科学体系之一。测绘科学的发展时刻与人类的文明史同步，随着人类文明的历史进程一直发展到了今天，对人类社会的发展做出了不可磨灭的重大贡献，成为人类各种活动不可或缺的重要依靠和技术手段。

"逐水而居"是人类诞生以来的一种最朴素、最基本的居住地选择标准，这也就是古老民族都发源于大江、大河流域的原因，"逐水而居"面临的最大危险就是雨季的山洪暴发，因此，古人从"水往低处流"的自然现象中发明了最早的测绘名词"高差"。公元前 27 世纪建设的埃及大金字塔，其形状与方向的高度准确性说明当时就已有了放样的工具和方法。随着人类的进步，社会进入了农耕时代，洪水泛滥使人们耕种的土地被淹没，洪水过后部落首领要给每个部落成员重新划定土地范围，因此，就诞生了原始的"测量"，这也是"地籍测绘"的最早雏形（据说在这一事件上古埃及最早）。中华民族最早的测绘记录可以追溯到四千年前，在《史记·夏本纪》中叙述有夏禹治理洪水的情景："陆行乘车，水行乘船，泥行乘橇，山行乘撵，左准绳，右规矩，载四时，以开九州，通九道，陂九泽，度九山"，准绳和规矩就是当时所用的测量工具（准是可揲平的水准器；绳是丈量距离的工具；规是画圆的器具；矩则是一种可定平，测长度、高度、深度和画圆画矩形的通用测量仪器）。由此可见，在公元前 21 世纪我们的祖先已经能够使用简单的测量工具进行了测量工作了。

随着原始社会的解体，人类进入奴隶社会，在原始社会向奴隶社会过渡的转型期，部落战争风起云涌，为了赢得战争的胜利，人们首先必须派出探子侦察地形，这就诞生了原始的"军事测绘"，探子对地形的描述就是一种"口授的地图"，因此，也就诞生了原始的"地图学"和"地形学"。历史记载，我国在公元前一千多年以前就诞生了地图（见《汉书·郊毅

志》、《左传》、《山海经图》等典籍）。后来，为了记事的需要，世界各个古老民族都先后发明了自己的文字（大多是象形文字），这样人类就有了记载历史的手段，人类也就结束了"薪火相传"、"口授历史"的史前时代，进入了新的文明阶段（文字时代）直到今天。文字创造出来后，将字写在哪才能长久保存呢？于是，中华民族有了龟甲记事（甲骨文）、古希腊民族有了"羊皮书"……后来，中华民族又发明了"竹简"，再后来，中华民族又发明了"纸"，于是，地图就可以画在纸上了（世界现存的最早的纸质地图是长沙马王堆汉墓出土的公元前 2 世纪的地形图、驻军图和城邑图，是迄今发现的最古老、最翔实的地图）。

战争这种最残酷、最血腥的手段总像瘟疫一样与人类社会的发展如影随形，在人类历史从奴隶社会向封建社会的过渡阶段，战争的规模越打越大，因此，也需要更加强有力的"军事测绘"支撑。于是，在公元前 4 世纪，中华民族发明了专门用于指示方向的仪器"司南"，这样，人们就摆脱了辨向时对太阳、星星和树的年轮的依赖，当人们认识了"磁"现象后又发明了利用磁力定南北的工具（比如中国的"磁勺"、外国的"指南针"）。公元前 7 世纪到公元前 3 世纪的春秋战国时期，中国的测绘技术有了全面的发展，从《周髀算经》、《九章算术》、《管子·地图篇》、《孙子兵法》等书的有关论述中都可以说明当时我国的测量技术、计算技术和军事测绘技术已经达到了相当高的水平。

人类对地球形状的认识萌芽于人们对天体认识的初期（具体年代已不可考），我们的先民认为"天圆地方"、古希腊人认为"天圆地平"（见《荷马史诗》）。直到公元前 6 世纪后半叶，毕达哥拉斯提出了地球是圆球的正式说法。公元前 3 世纪埃拉托色尼首次用子午弧长测量法来估算地球的半径（估算误差为 100km）。人类历史上对地球进行的第一次实测是我国科学家在唐朝开元年间（公元 713～公元 741）进行的，公元 827 年阿拉伯人也进行了一次有意义的弧度测量（推算出纬度 35°处子午线 1°弧长等于 111.8km，比正确值只大 1％）。在"日、地关系"问题上，人类自诞生之日起一直是习惯地认为"太阳绕着地球转"（即地心说）的，直到 1543 年哥白尼创立了日心说（即"地球绕着太阳转"），才有了正确的"日、地关系"，布鲁诺的壮烈殉难为"日心说"的科学地位做了奠基。1590 年伽利略进行了第一次重力测量，1614 年开普勒发表了行星运动遵循的三大定律，1615 年斯涅耳（荷兰人）首创了三角测量法，1673 年惠更斯提出了用摆进行重力测量的理论，1683 年法国科学院组织的两个测量队的观测结果证实地球是椭球，1687 年牛顿创立了万有引力定律，随之而来的是"大地测量"理论与技术的逐渐成熟。我国古代有不少科学家在测绘科学领域卓有建树，他们是张衡、郭守敬、张遂（僧一行）、南宫说、刘徽、沈括、裴秀、甘德、石申等。祖冲之的"祖率"（即"π"）为测绘科学的计算工作奠定了重要的基础，中国印刷术的发明为现代地图印制奠定了基础。

17 世纪望远镜的发明和应用对测量技术的发展起到了很大的促进作用，奠定了近代测绘的物质基础，可以说是引领了测绘科学的第一次革命。1806 年高斯（德国）提出了最小二乘法原理，以后又提出了横圆柱投影学说，对测绘科学的发展做出了历史性的不可磨灭的重大贡献（以至于今天我们还在应用他的理论）。19 世纪照相机的发明、1903 年飞机的发明奠定了航空摄影测量的基础，引发了测绘科学的第二次革命，为航空摄影测量的诞生和发展奠定了基础。航空摄影测量技术的出现大大减轻了测绘工作的劳动强度。1945 年第一台电子计算机（诞生在美国）的出现，引发了测绘科学的第三次革命，电子计算机不仅将测绘从繁重的计算工作中解脱了出来，大大提高了计算速度，而且为现代测绘技术、测绘仪器、测绘方法的改变奠定了重要的技术基础。1957 年 10 月 4 日世界第一颗人造地球卫星的发射（前苏联），引发了测绘科学的第四次革命，促使测绘工作有了新的飞跃，诞生了卫星大地测量学这一测绘新学科。多普勒定位是空间技术用于大地测量并得到普遍应用的一种先进技术。1960 年世界上第一台红宝石激光器的诞生（诞生在美国，美籍瑞典裔科学家梅曼发明），引发了测绘科学的第五次革命，使得距离测量摆脱了对尺子的依赖，测绘进入了激光测量的时代。20 世纪 70 年代 GPS 技术（全球定位系统）的出现，引发了测绘科学的第六次革命，带来了空间测量技术的普及化和高精度。随之而来的是人类创造的各个领域的新技术的交叉与融合对测绘科学的改造与拉动，测绘科学迎来了一个更加充满朝气的新时代。现代测绘技术的手段更加先进，现代测绘科学的理论更加进步与不断完善，ETS（电子全站仪）、GPS（全球定位系统）、RS（遥感技术）、GIS（地理信息系统）以及它们四者之间的集成已经成为当今测绘的主旋律，它们与惯性测量系统（INS，根据惯性原理设计的测定地面点大地元素的系统）、甚长基线干涉测量技术（VLBI，独立站射电干涉测量技术）、激光测月技术（LLR）、激光测卫技术（SLR）、卫星轨道跟踪和定位技术（DORIS）、通信技术、自动化技术、信息技术等各种技术一起构建起了测绘科学的绚丽大花园，为人类文明的发展，为人类社会的进步，为各类工程建设发挥着独特的、不可替代的重要作用。

1.2　地球外表形态的描述方法

测量工作是在地球表面上进行的，许多测量基本理论和数据都涉及地球的形体，因此必须了解地球的形状和大小。地球的自然表面极为复杂，有高山、丘陵、平原和海洋等，因此，地球表面是一个起伏不平的不规则曲面。地面上最高的珠穆朗玛峰高出海平面 8844.43m（该数据是 2005 年 10 月 9 日经国务院批准并授权，国家测绘局正式公布的 2005 珠峰高程测量新数据，珠穆朗玛峰峰顶岩石面海拔高程为 8844.43m，测量精度为 ±0.21m，峰顶冰雪深度为 3.50m，我国于 1975 年公布的珠峰高程数据 8848.13m 停止使用），海洋最深处的马里亚纳海沟（太平洋西部）比海平面低 11102m，但因地球的半径约为 6371km，故地球表面的起伏相对于地球庞大的体积来说是极微小的。因此，人们常把地球简化为球体。测绘科学是将地球精确数量化的科学，因此必须对地球的形态有一个尽可能精确的数学描述。1969 年 7 月 20 日，美国登月宇宙飞船"阿波罗 11 号"的宇航员登上月球的时候，就看到了带蓝色的浑圆的地球。因此，科学家们根据以往资料和宇航员拍下的相片，认为最好把地球看作是一个"不规则的球体"。所以，地球的自然形状是一个表面起伏不平的类似鸭蛋状的球体。地球的这种自然形状无法数学化，因此，为了科学研究和应用的需要，人们必须对地球的形状进行科学的简化，人们对地球形状进行的第一次简化是利用物理学原理进行的，简化后的地球形体称为地球的物理形状。地球的物理形状被称为大地体，大地体的表面（大地水准面）成为衡量地壳起伏度的基准面。由于地球内部密度各不相同，因此大地水准面并不是一个非常光滑的曲面，而是一个复杂的曲面，如果将地球表面上的图形投影到这个复杂的曲面上，这在测量计算上极为困难且不利于各种工程建设活动，另外，大地水准面本身很难用一个确切的函数式进行表达，于是，人们又用数学方法对大地体进行了简化，构建了地球的数学形状，这个数学形状被称为总地球椭球。

1.2.1　地球的物理形状

要讲清楚地球的物理形状必须从一个最基本的测量术语谈起，这个术语就是水准面。水准面是重力等位面，可理解为自由静止的水面，是一个类似球状的封闭曲面，水准面有无数多个。由于整个地球表面上海洋面积占 71%，陆地仅占 29%，所以海水面所包围的形体基本上表示了地球的形状。于是，人们将与平均海水面吻合程度最高的水准面称之为大地水准面，大地水准面所包围的形体称为大地体，大地体即为地球的物理形状。大地水准面只有一个，可理解为自由静止的等密度海水在恒温、恒压、无潮汐、无波浪情况下向陆地内部延伸后所形成的封闭海水面。毋庸置疑，大地水准面是一个极端理想化的曲面，是不可能准确建立起来的，只能随着各方面条件的改善逐步趋近。精确的大地水准面无法建立，只能建立一个接近于它的替代品，这个替代品就是国家水准面。所谓国家水准面就是符合国家基本地理特征和需求的水准面，具有国家唯一性。国家水准面是一个国家统一的高程起算面〔比如珠穆朗玛峰高程（高出海平面）8844.43m，就是指珠穆朗玛峰顶到我国国家水准面的铅直距离是 8844.43m〕。我国的国家水准面是青岛验潮站求出的黄海平均海水面。以青岛验潮站1950～1956 年的潮汐资料推求的平均海水面作为我国的高程基准面（国家水准面）的系统称为"1956 黄海高程系统"。根据 1952～1979 年青岛验潮站资料确定的平均海水面作为我国新的高程基准面（国家水准面）的系统称为"1985 国家高程基准"（该基准 1987 年经国务院批准，于 1988 年 1 月正式启用）。我国国家水准面的基准体系是建立在青岛的水准原点网，该网由 1 个主点（国家水准原点）、6 个参考点和附点共同组成。"1956 黄海高程系统"的水准原点高程为 72.289m，"1985 年国家高程基准"的水准原点高程为 72.260m。目前，"1956 黄海高程系统"已经废止。在利用高程数据时一定要弄清其归属的"高程系统"，"高程系统"不同时应根据"水准原点"高程差换算为同一个系统。

1.2.2　地球的数学形状

要讲清楚地球的数学形状必须从参考椭球谈起，由于地球的自然形状像鸭蛋，鸭蛋又是椭球形的，因此，人们设想利用双轴椭球作为地球的数学形状，这种双轴椭球的大小与地球物理形状的大小必须尽可能地接近。这种双轴椭球被称为参考椭球，由于人们对地球的大小一直在探索中，因此，不少科学家在不同的历史时期给出过许多种大小不同的参考椭球，这些参考椭球都在不同的历史时期或场合被应用过。参考椭球的定义是体量与地球大致相当的椭圆绕短轴旋转 180°所形成的封闭球体，球的表面称为参考椭球面，球的实体称为参考椭球体，到目前为止人们共推出过数十个参考椭球。参考椭球的大小和形状决定于其长半径 a 和短半径 b，因此，参考椭球的长半径 a、短半径 b 和扁率 α 就构成了参考椭球的最重要的几何要素，$\alpha=(a-b)/a$。

人们将与大地体吻合程度最高的参考椭球作为地球的数学形状，并称之为总地球椭球，因此，总地球椭球具有唯一性。由于大地水准面是一个极端理想化的曲面，不可能准确建立，这就意味着总地球椭球也是不可能准确建立的，只能随着各方面条件的改善逐步趋近。精确的总地球椭球无法建立，只能建立一个接近于它的替代品，这个替代品就是国家椭球。所谓国家椭球就是符合国家基本地理特征和需求的参考椭球，具有国家唯一性。国家椭球是一个国家统一坐标系统的基础框架（即经纬度的衡量基准）。

我国在 1980 年以前采用的国家椭球是前苏联大地测量学家克拉索夫斯基 1940 年推出的参考椭球（称为克拉索夫斯基椭球，$a=6378245$、$\alpha=1:298.3$），利用克拉索夫斯基椭球建立的大地坐标系统称为"1954 北京坐标系"。该坐标系的大地原点在前苏联的普尔科沃，即我国的"1954 北京坐标系"是前苏联的普尔科沃坐标系在中国境内的延伸，因此，也就带来了一些问题，这些问题包括椭球参数有较大误差（长半轴约大 109m）、参考椭球面与我国大地水准面存在着自西向东明显的系统性倾斜、几何大地测量和物理大地测量应用的参考面不统一、定向不明确。为了解决以上问题，1980 年我国启用了新的国家大地坐标系统，称为"1980 国家大地坐标系"（也有人称之为"1980 西安坐标系"）。

"1980 国家大地坐标系"采用的国家椭球是 IAG-1975 椭球。IAG-1975 椭球是 1975 年国际大地测量与地球物理联合会（IUGG）第 16 届大会上由国际大地测量协会推荐的一个椭球（是 1975 年国际第三个推荐值，$a=6378140$、$\alpha=1:298.257$）。该椭球的地球引力常数 $GM=3.986005\times10^{14}\,\mathrm{m^3/s^2}$、地球重力场二阶带球谐系数 $J_2=1.08263\times10^{-8}$、地球自转角速度 $\omega=7.292115\times10^{-5}\,\mathrm{rad/s}$、赤道的正常重力值 $\gamma_0=9.78032\,\mathrm{m/s^2}$。"1980 国家大地坐标系"的特点是参心大地坐标系是在"1954 北京坐标系"基础上建立起来的，椭球面同似大地水准面在我国境内最为密合且是多点定位，定向明确，大地高程基准采用"1956 黄海高程系统"。"1980 国家大地坐标系"的大地原点地处我国中部，位于陕西省西安市以北 60km 处的泾阳县永乐镇。

面对空间技术、信息技术及其应用技术的迅猛发展，在创建数字地球、数字中国的过程中，需要一个以全球参考基准框架为背景的、全国统一的、协调一致的坐标系统来处理国家、区域、海洋与全球化的资源、环境、社会和信息等问题。单纯采用传统的参心、二维、低精度、静态大地坐标系和相应的基础设施作为中国现行应用的测绘基准，必然会带来愈来愈多不协调问题并产生众多矛盾从而制约高新技术的应用。若仍采用现行的二维、非地心的坐标系不仅会制约地理空间信息的精确表达和各种先进空间技术的广泛应用，无法全面满足当今气象、地震、水利、交通等部门对高精度测绘地理信息服务的要求，而且也不利于与国际上的民航图、海图有效衔接，因此，采用地心坐标系势在必行。为此，我国决定从 2008 年 7 月 1 日起启用"2000 国家大地坐标系"。"2000 国家大地坐标系"与原国家大地坐标系转换、衔接的过渡期为 8～10 年，原各类测绘成果在过渡期内可沿用原国家大地坐标系，2008 年 7 月 1 日后新生产的各类测绘成果应采用"2000 国家大地坐标系"，原地理信息系统在过渡期内应逐步转换到"2000 国家大地坐标系"，2008 年 7 月 1 日后新建设的地理信息系统应采用"2000 国家大地坐标系"。"2000 国家大地坐标系"是以"2000 国家大地控制网"为基础建立的。它包括"2000 国家 GPS 大地控制网"和"2000 国家重力基本网"，通过"2000 国家 GPS 大地控制网"与原有"国家天文大地网"的联合平差构建起了国家三维地心坐标系统的坐标框架。"2000 国家大地坐标系"的构建体现了经典大地测量学、空间大地测量学、天文测量学、重力测量学、近代数据处理理论与技术的集成与融合。"2000 国家 GPS 大地网"及与该网联合平差后的"国家天文大地网"和"2000 国家重力基本网"统称为"2000 国家大地控制网"，三网平差后得到 2000 国家 GPS 大地网点的地心坐标在 ITRF97 坐标框架内，历元为 2000.0 时的中误差在 ±3cm 以内。"2000 国家大地坐标系"采用 WGS-84 椭球（即 GPS 采用的参考椭球，$a=6378137$、$\alpha=1:298.257223563$），该坐标系的原点是地球的质心，Z 轴指向 BIH1984.0 定义的协议地球极 CTP 方向，X 轴指向 BIH1984.0 零子午面和 CTP 赤道的交点，Y 轴和 Z 轴、X 轴构成右手坐标系，大地原点与"1980 国家大地坐标系"相同。

参考椭球体是测量成果换算的依据。在要求精度不高的测量中，为了计算方便，常把地球近似当作圆球看待，其平均半径 R 取 6371km。当测区范围较小时又常把球面视为平面看待。R 的计算公式是 $R=(a+a+b)/3$。

国家大地坐标系的构建必须进行大地定位，大地定位包括椭球定位和定向 2 项工作。椭球定位是指确定椭球中心的位置。椭球定向是指确定椭球旋转轴的方向。不论是局部定位还是地心定位都应满足两个平行条件，一是椭球短轴平行于地球自转轴；二是大地起始子午面平行于天文起始子午面。

1.3 地球上点位的表示方法

地面上的点都是处于三维空间的，因此，要表达地面上一点的位置必须采用三维形式。

常用的地面点位表达方式主要有 5 种，分别是：大地坐标＋高程；天文坐标＋高程；高斯平面直角坐标＋高程；独立平面直角坐标＋高程；三维地心坐标。

1.3.1 大地坐标

大地坐标是以参考椭球和法线为依据构建起来的，见图 1-1。在图 1-1 所示的参考椭球上，参考椭球的短轴（NS）为过地球的几何中心且平行于地球平自转轴的线段，短轴的中点（O）称为球心。垂直于短轴的平面称为平行面，平行面与椭球的交线称为平行圈（也称纬圈、纬线），平行圈上各点纬度相同。平行圈为圆形，有无数多个。过球心垂直于短轴的平面称为赤道面，赤道面与椭球的交线称为赤道圈（也称赤道、赤道线），赤道圈上各点纬度为 0°，赤道圈是平行圈中的一个，也为圆形，是参考椭球上最大的圆，赤道圈只有 1 个。过短轴的平面称为子午面，子午面与椭球的交线称为子午圈（也称经圈、经线、子午线），以短轴为界线的半个子午圈上各点经度相同，子午圈为椭圆形，子午圈有无数多个，每个子午圈的大小均相等。过英国伦敦原格林尼治天文台星仪中心的子午面称为起始子午面（也称本初子午面），该面与椭球的交线称为起始子午线（也称本初子午线），以短轴为界线，星仪中心所在的半个子午圈上各点经度均为 0°，另半个子午圈上各点经度均为 180°。本初子午线是子午圈中的一个，也为椭圆形，只有 1 条。参考椭球上一点 P 的大地坐标用大地经度（L）和大地纬度（B）表示。过 P 点的子午面称 P 子午面，该面与起始子午面间的二面角 L 称为 P 点的大地经度，大地经度的范围为 0°～180°，分东经和西经，从 0°经线向东称东经，向西称西经。过 P 作参考椭球的法线（该线一定位于 P 子午面内但不通过球心，因为参考椭球是椭球而不是圆球），该线与赤道面的夹角 B 称为 P 点的大地纬度，大地纬度的范围为 0°～90°，分南纬和北纬，从赤道面向北称北纬，向南称南纬。

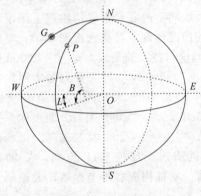

图 1-1　大地坐标

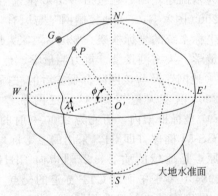

图 1-2　天文坐标

1.3.2 天文（地理）坐标

天文坐标是以大地体和垂线（铅垂线）为依据构建起来的，见图 1-2。在图 1-2 所示的大地体上，大地体的短轴（N′S′）为地球的平自转轴，O′ 为大地体的重心。垂直于短轴的平面称为天文平行面，天文平行面与大地体的交线称为天文平行圈（也称天文纬圈、天文纬线）。天文平行圈上各点纬度相同，天文平行圈有无数多个。过重心垂直于短轴的平面称为天文赤道面，其与大地体的交线称为天文赤道圈（也称天文赤道、天文赤道线），天文赤道圈上各点纬度为 0°，天文赤道圈只有 1 个。过短轴的平面称为天文子午面，面与大地体的交线称为天文子午圈（也称天文经圈、天文经线、天文子午线），以短轴为界线的半个天文子午圈上各点经度相同，天文子午圈有无数多个。过英国伦敦原格林尼治天文台星仪中心的天文子午面称为起始天文子午面（也称本初天文子午面），该面与大地体的交线称为起始天文子午线（也称本初天文子午线），以短轴为界线，星仪中心所在的半个子午圈上各点经度均为 $0°$，另半个子午圈上各点经度均为 $180°$，本初天文子午线只有 1 条。大地体上一点 P 的天文坐标用天文经度（λ）和天文纬度（φ）表示。过 P 点的天文子午面称 P 天文子午面，该面与起始天文子午面间的二面角 λ 称为 P 点的天文经度，天文经度的范围为 $0°\sim180°$，分东经和西经，从 $0°$经线向东称东经，向西称西经。过 P 作大地体的垂线（该线一定位于 P 天文子午面内并通过重心 O'），该线与天文赤道面的夹角 φ 称为 P 点的天文纬度，天文纬度的范围为 $0°\sim90°$，分南纬和北纬，从天文赤道面向北称北纬，向南称南纬。

1.3.3　高斯平面直角坐标

高斯平面直角坐标是以高斯-克吕格投影为基础建立的平面直角坐标系统。高斯-克吕格投影是将椭球面变成平面的一种地图投影方式，属于数学函数投影（正形投影）而不是几何投影。高斯-克吕格投影反映的是球面上一点与高斯平面上一点的对应函数关系。高斯-克吕格投影萌芽于墨卡托投影（1569 年），是由兰波特于 1772 年首先提出，50 年后高斯又对其进行了进一步的系统性分析研究，构建起了理论框架体系，但由于时代的限制，高斯没能给出适合计算的投影转换公式，直到 1912 年由德国科学家克吕格研究给出了适合计算的投影转换公式，从而完成了这一系统性科学理论体系的搭建工作，使这一投影方式成为应用最广的一种正形地图投影。

1.3.3.1　高斯-克吕格投影的形象描述

因高斯-克吕格投影属于数学函数投影，用几何法描述是不准确的，故本书将几何法描述称为形象描述。见图 1-3，设想用一直径与地球直径相同的横圆柱状筒套在地球（假设为空心的）外面，使圆柱状筒的轴心通过地球的中心 O，使地球某一条子午线（称为中央子午线，见图 1-3 中为东经 $120°$经线）与圆柱状筒相切，在中央子午线处涂布黏合剂将地球与横圆柱状筒固连在一起。然后，从中央子午线向左、向右各找到一根与中央子午线经度差 Q（图 1-3 中为 $3°$）的子午线（东经 $117°$经线和东经 $123°$经线），分别称之为左边子午线（东经 $117°$经线）和右边子午线（东经 $123°$经线）。用刀锯分别沿左边子午线和右边子午线进行切割，这样，左边子午线和右边子午线之间的球表面部分就从地球上切了下来，切下来的这一部分就称为一个投影带，左边子午线和右边子午线之间的经度差（$2Q$）就称为投影带带宽。再用剪刀沿 AB、CD 线将横圆柱状筒剪开，这样，一个粘有地球投影带（一个带）的半横圆柱状筒就从地球上剥离下来了（见图 1-4）。将该半横圆柱状筒捶开拉平（变成平面），此时投影带的中央子午线在半横圆柱状筒平面内变成直线，投影带的其余部分则离开半横圆柱状筒平面向外卷曲伸张，假想有与半横圆柱状筒平面垂直的平行光线对投影带进行照射，照射后的投影带就会在半横圆柱状筒平面上产生一个阴影（见图 1-5），这个阴影就是该投影带在半横圆柱状筒平面上的投影（即高斯投影），这个半横圆柱状筒平面就是高斯投影面。投影带在高斯投影面上投影后赤道线也变成了直线，其余纬线则以赤道线为界线成为凹向南北极的弧线，除中央子午线外的其余子午线也以中央子午线为界成为凹向中央子午线的弧线。

然后，重做一个横圆柱状筒再套在剩余地球（假设为空心的）的外面，使圆柱状筒的轴心通过地球的中心 O，使地球上另一条子午线（也称为中央子午线，经度与图 1-3 中的中央子午线差一个带宽，见图 1-3 中的 $126°$经线）与圆柱状筒相切，继续重复上述动作，又可完成一个投影带的投影工作（见图 1-6）。不断重复这套动作（切割），直到地球全部切完为止。

当投影带带宽为 $6°$时，整个地球可切割 60 个投影带；当投影带带宽为 $3°$时，整个地球

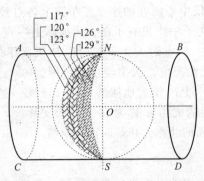

图 1-3　高斯投影圆筒与圆球嵌套

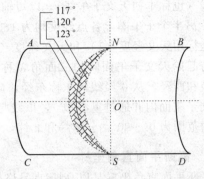

图 1-4　高斯投影的投影带从圆球上剥离

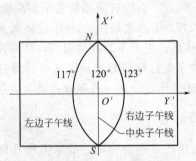

图 1-5　高斯投影半圆筒的展平

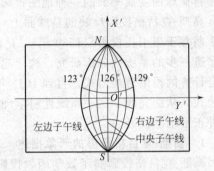

图 1-6　高斯投影邻带半圆筒的展平

可切割 120 个投影带；依此类推。常用的投影带带宽有 9°、6°、3°、1.5°，分别称为 9°带投影、6°带投影、3°带投影、1.5°带投影（也叫任意带投影或工程投影）。

从以上论述不难看出，投影带带宽越大，投影带变形越大，投影带的数量越少；反之，投影带带宽越小，投影带变形越小，投影带的数量越多。

投影带的切割顺序是有国际统一规定的，对 6°带投影，第一个投影带的中央子午线经度为西经 177°，即从 180°经线开始由西向东切（先切西经部分到 0°经线，再切东经部分），投影带的编号依次为第 1 带、第 2 带、第 3 带……3°带投影第一个投影带的中央子午线经度也为西经 177°。1.5°带投影每个投影带的中央子午线经度可任意假设。9°带投影只用于中、小比例尺地图编制，不用于外业测量数据处理。国家层面上的投影一般只有 6°带投影和 3°带投影。

1.3.3.2　理论高斯平面直角坐标系

每个投影带投影后均可建立一个高斯平面直角坐标系（也就是说有几个投影带就有几个高斯平面直角坐标系），高斯平面直角坐标系的建立方法是以投影后的中央子午线为 X' 轴，向北为正方向；以投影后的赤道线为 Y' 轴，向东为正方向；X' 轴与 Y' 轴的交点 O' 为坐标原点，这样建立的高斯平面直角坐标系称为理论高斯平面直角坐标系，见图 1-5、图 1-6。

1.3.3.3　实用高斯平面直角坐标系

实用高斯平面直角坐标系就是通常所说的高斯平面直角坐标系。由于大多数国家要么在北半球，要么在南半球，因此在理论高斯平面直角坐标系中这些国家的 X' 坐标要么全为正，要么全为负。许多国家的版图均很大，要跨越多个高斯投影带，这样这些大国的 Y' 坐标将会正、负交错。为了便于测量坐标计算和数据处理，国际上统一将理论高斯平面直角坐标系的 X' 轴移到左边子午线以左（即西移 500km，因为即使对于 9°带投影来讲其左边子午线到中央子午线的投影距离也不会超过 500km），这样建立的新平面直角坐标系就称为实用高斯平面直角坐标系（XOY 坐标系），见图 1-7。

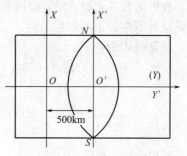

图 1-7　实用高斯平面直角坐标系

1.3.3.4　理论高斯平面直角坐标系与实用高斯平面直角坐标系的关系

见图 1-7，从以上论述不难看出，理论高斯平面直角坐标系（X'O'Y' 坐标系）与实用高斯平面直角坐标系（XOY 坐标系）的关系为：

$$X = X' \tag{1-1}$$

$$Y = (\text{投影带带号})接(Y' + 500\text{km}) \tag{1-2}$$

1.3.3.5　高斯-克吕格投影基本公式

高斯-克吕格投影基本公式反映的是大地坐标与理论高斯平面直角坐标之间的转换关系。

1.3.3.5.1　高斯投影坐标正算公式

高斯投影应满足三个条件，即中央子午线投影后为直线、中央子午线投影后长度不变、投影满足正形投影条件。正算是由 L、B 求 x、y（即理论高斯平面直角坐标系中的 X' 和 Y'）。

正算公式为：

$$x = X + Nl''^2 \sin B \cos B / (2\rho''^2) + Nl''^4 \sin B \cos^3 B (5 - t^2 + 9\eta^2 + 4\eta^4) / (24\rho''^4) +$$
$$Nl''^6 \sin B \cos^5 B (61 - 58t^2 + t^4) / (720\rho''^6) \tag{1-3}$$

$$y = Nl'' \cos B / \rho'' + Nl''^3 \cos^3 B (1 - t^2 + \eta^2) / (6\rho''^3) +$$
$$Nl''^5 \cos^5 B (5 - 18t^2 + t^4 + 14\eta^2 - 58\eta t^2) / (120\rho''^5) \tag{1-4}$$

式（1-3）、式（1-4）中，X 为自赤道量起的子午线弧长；N 为卯酉圈曲率半径；l'' 为经度差；$\rho'' = 206265''$；t、η 的计算公式为：

$$t = \tan B \tag{1-5}$$

$$\eta^2 = e'^2 \cos^2 B \tag{1-6}$$

自赤道量起的子午线弧长 X 的计算公式为：

$$X = a(1 - e^2)[K_1 B - K_2 \sin(2B) + K_3 \sin(4B) - K_4 \sin(6B) + K_5 \sin(8B) - \cdots] \tag{1-7}$$

式（1-7）中：

$$K_1 = 1 + 3e^2/4 + 45e^4/64 + 175e^6/256 + 11025e^8/16384 + \cdots$$
$$K_2 = 3e^2/8 + 15e^4/32 + 525e^6/1024 + 2205e^8/4096 + \cdots$$
$$K_3 = 15e^4/256 + 105e^6/1024 + 2205e^8/16384 + \cdots$$
$$K_4 = 35e^6/3072 + 105e^8/4096 + \cdots$$
$$K_5 = 315e^8/131072 + \cdots$$

式（1-3）～式（1-7）中，a 为参考椭球长半径；e 为参考椭球第一偏心率，$e^2 = (a^2 - b^2)/a^2$；b 为参考椭球短半径；e' 为参考椭球第二偏心率，$e'^2 = (a^2 - b^2)/b^2$；纬度 B 的单位为弧度；K_1、K_2、K_3、K_4、$K_5 \cdots$为计算系数。

1.3.3.5.2　高斯投影坐标反算公式

反算是由 x、y（即理论高斯平面直角坐标系中的 X' 和 Y'）求 L、B。投影函数为：

$$\begin{cases} B = \varphi_1(x, y) \\ L = \varphi_2(x, y) \end{cases} \tag{1-8}$$

投影函数［式(1-8)］应满足三个条件，即 x 坐标轴投影成中央子午线、x 轴上的长度投影保持不变、正形投影条件。

反算公式为：

$$B=B_f-t_f y^2/(2M_f N_f)+t_f^3 y^4(5+3t_f^2+\eta_f^2-9\eta_f^2 t_f^2)/(24M_f N_f^3)-$$
$$t_f^5 y^6(61+90t_f^2+45t_f^4)/(720M_f N_f^5) \tag{1-9}$$

$$L=y/(N_f\cos B_f)-y^3(1+2t_f^2+\eta_f^2)/(6N_f^3\cos B_f)+$$
$$y^5(5+28t_f^2+24t_f^4+6\eta_f^2+8\eta_f^2 t_f^2)/(120N_f^5\cos B_f) \tag{1-10}$$

式(1-8)～式(1-10)中，B_f 为底点纬度；t_f 为底点纬度的正切，即 $t_f=\tan B_f$；η_f 为底点纬度向量，即 $\eta_f^2=e'^2\cos^2 B_f$。$y=0$，$x=X$ 时对应的点称为底点，也就是说底点纬度就是以 x 作为子午线弧长所对应的纬度。

$$x=M_f\times B_f \tag{1-11}$$

M_f 为子午圈的曲率半径：

$$M_f=a(1-e^2)/(1-e^2\sin^2 B_f)^{3/2} \tag{1-12}$$

N_f 为卯酉圈的曲率半径：

$$N_f=a/(1-e^2\sin^2 B_f)^{1/2} \tag{1-13}$$

1.3.3.6 高斯-克吕格投影的进一步发展

高斯-克吕格投影是圆球投影，后来，人们又把它稍加改造变为椭球投影（即用一个横椭圆柱状筒套在椭球外面），并将其称为横轴墨卡托投影（也就是我们现在通常所说的高斯投影）。为了克服横轴墨卡托投影投影带边缘变形较大的问题，人们又将横轴墨卡托投影稍加改造变为割椭球投影（即用一个比椭球小的横椭圆柱状筒插入椭球内部，这样左、右边子午线与横椭圆柱状筒是相割的，左、右边子午线投影后长度不变，中央子午线投影后长度变形最大），这种投影方式被称为通用横轴墨卡托投影（UTM 投影）。美国等许多西方国家采用 UTM 投影，包括我国在内的另一些国家则采用横轴墨卡托投影，还有一些东西长、南北窄的国家（或国家内的一些地区）采用兰波特投影限于篇幅，本书不对此进行介绍。

1.3.4 独立平面直角坐标

当测量区域无法与国家坐标系统沟通或沟通困难或工程有特殊要求时可建立独立平面直角坐标系，建立的方法是在测区内埋设 2 个固定点 A、B 作为基准点，假定一个基准点（A）的坐标和该基准点与另一个基准点（B）的坐标方位角，这样就构建起了一个独立的平面直角坐标系统。需要注意的是，建立的独立平面直角坐标系统必须保证测区内所有点的 X、Y 坐标均为正值。

1.3.5 三维地心坐标

三维地心坐标是 GPS 采用的坐标系统。该坐标系统的原点是地球的质心，Z 轴指向 BIH1984.0 定义的协议地球极 CTP 方向，X 轴指向 BIH1984.0 零子午面和 CTP 赤道的交点，Y 轴和 Z 轴、X 轴构成右手坐标系，见图 1-8。

1.3.6 高程

高程有很多种，常用的高程有正高高程、正常高高程、海拔高高程、大地高高程。

正高高程（简称正高）是地面点沿铅垂线方向到大地水准面的距离，记为 $H\times$、"×"代表点名。由于大地水准面难以

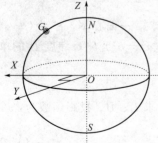

图 1-8 三维地心坐标

准确确定，故正高高程也难以准确确定，因此，测绘领域一般不采用正高高程系统。

正常高高程（简称正常高）是地面点沿铅垂线方向到似大地水准面的距离，也记为 $H_×$、"×"代表点名。似大地水准面是前苏联（今俄罗斯）著名地球物理学家、测量学家莫洛金斯基 1945 年在研究地球形状理论时引进的辅助面，它不是一个水准面，它与大地水准面间的差距即为正高与正常高之差。似大地水准面是一个数学水准面，因此，正常高可以以很高的精度确定，故测绘领域普遍采用正常高系统。一般情况下，不特别声明时讲的高程均是指正常高。用水准仪获得的高差为正常高高差。

海拔高高程（简称海拔高或海拔）是地面点沿铅垂线方向到平均海水面的距离，也记为 $H_×$、"×"代表点名。大地水准面不是平均海水面，是对平均海水面无限逼近，故海拔高高程也不容易准确确定，因此，测绘领域一般也不采用海拔高高程。

大地高高程（简称大地高）是地面点沿法线方向到参考椭球面的距离，记为 $h_×$、"×"代表点名。大地高是数学高，可以准确确定，GPS 显示的高程就是大地高。测绘工作中除了采用水准测量原理获得的高程（正常高）外，基本都是大地高（比如三角高程、全站仪测高等）。大地高的基准面是参考椭球面，参考椭球面与大地水准面（似大地水准面）间的差距是波动的，这种差距称为高程异常，只有准确获得高程异常，大地高才能转化为正常高。

在一些特殊的场合（比如地下采矿、地下施工、建筑工程、桥梁工程等），为了满足某些需要，人们也采用相对高程。地面点沿铅垂线方向到设定水准面的距离称为该点相对于该水准面的相对高程，记为 $H_×^+$，"×"代表点名、"+"代表设定水准面。土木工程中的"±0"系统就是典型的相对高程系统。土木工程中的"±0=19.566m"是指一层地坪（"±0"位置）的正常高（国家高程系统）为 19.566m。

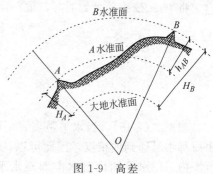

图 1-9 高差

1.3.7 高差

两个点的高低比较是用"高差"来衡量的，所谓高差就是两点相对于同一基准面的同名高程之差，记为 $h_{+×}$，"+"、"×"为 2 个点的名称，见图 1-9。高差计算公式为：

$$h_{AB}=H_B-H_A \tag{1-14}$$

h_{AB} 的含义是由 A 到 B 高程增加多少。

同样，可有：

$$h_{BA}=H_A-H_B \tag{1-15}$$

h_{AB} 与 h_{BA} 互称正反高差，两者互为相反数（即大小相等、符号相反）。

1.4 测量的基本工作与原则

1.4.1 水平面与水准面

测量工作是在水准面上进行的，测量数据的处理是在高斯平面上进行的，高斯平面是一个数学表面而不是几何表面，为了形象地解释水准面上测量数据与对应的高斯平面上的数据的关系，引入水平面暂代高斯平面。见图 1-10，过某点（P）与该点水准面相切的平面称为该点的水平面（P 点水平面），某点水平面内过该点的所有射线称为该点的水平线，在地心引力作用下过某点自由落体的轨迹称为该点的铅垂线，某点的铅垂线与该点水平面垂直，也

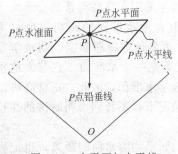

图 1-10　水平面与水平线

与该点水平线垂直，还与该点水准面正交。采用高斯平面直角坐标来表示地面上某点位置时，需要通过比较复杂的投影计算才能求得该地面点在高斯投影平面上的坐标值，一般都用于大面积测区。若测量区域较小时能否将曲面按照平面对待（即以水平面代替水准面）使计算和绘图工作得以简化呢？这就需要对水平面与水准面间的关系进行科学的分析，毋庸置疑，水平面代替水准面必然会带来长度变形、角度变形、高程变形和面积变形，当变形量在允许范围内时可以考虑用水平面代替水准面，否则则不能允许。为了分析方便，将地球看作是圆球。

1.4.1.1　水平面代替水准面的长度变形

见图 1-11，设地面上有 A'、B' 两点，它们投影到球面的位置为 A、B，如果用水平面替代水准面，则这两点在水平面上的投影为 A、C。以水平距离（AC）替代球面上的弧长（AB）产生的误差为：

$$\Delta d = t - d = R\tan\alpha - R\alpha \tag{1-16}$$

式中，R 为地球平均半径（$R = 6371\text{km}$）；α 为 AB 圆弧所对应的圆心角。

将 $\tan\alpha$ 按泰勒级数展开，取前两项，并代入式(1-16) 得：

$$\Delta d = R\alpha + R\alpha^3/3 - R\alpha = R\alpha^3/3 \tag{1-17}$$

根据扇形公式：

$$\alpha = d/R \tag{1-18}$$

式(1-18) 代入式(1-17) 得

$$\Delta d = d^3/3R^2 \tag{1-19}$$

根据式(1-19)，当水平距离 $d \leqslant 10\text{km}$ 时，$\Delta d/d \leqslant 1/1200000$。这是目前所有精密测量手段都不易达到的精度，因此可以认为，在半径 10km 范围内，用水平面代替水准面对水平距离的影响可以忽略不计，即可把半径为 10km 范围内的水准面近似看作水平面。

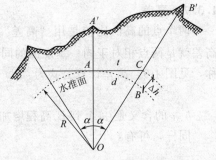

图 1-11　水平面与水准面的关系

1.4.1.2　水平面代替水准面的高程变形

同样，在图 1-11 中，A、B 两点在同一水准面内，其高程相等。但如果用水平面代替水准面，则 B' 点在水平面上的投影为 C 点，这时，在高程方向上所产生的误差为 Δh，$\angle CAB = \alpha/2$，且 α 很小，故

$$\Delta h = d\alpha/2 \tag{1-20}$$

由于

$$\alpha = d/R \tag{1-21}$$

故

$$\Delta h = d^2/2R \tag{1-22}$$

以不同的距离 d 代入式(1-22) 可得出 Δh 的相应数据，当水平距离 $d = 100\text{m}$ 时，对应距离对高差的影响接近于 1mm，由此可见，即使水平距离很短，曲率对高差的影响也不可忽视。因此，在处理高程数据时不允许用水平面代替水准面。

1.4.1.3　水平面代替水准面的角度变形

角度测量是在球面上进行的，因此测出的水平角属于球面角。根据球面几何学原理，球面多边形的内角和是大于 $(n-2)\times180°$，其超过量用球面角超 ε 表示。

$$\varepsilon=P/R^2 \tag{1-23}$$

式中，R 为地球平均半径（$R=6371\text{km}$）；P 为球面多边形的球面积，km^2；ε 单位为弧度。

若将 ε 用角度表示，则

$$\varepsilon''=\varepsilon\times\rho'' \tag{1-24}$$

式中，ρ'' 为以秒为单位的弧（弧度与角度的转化系数），$\rho''=60''\times60\times360/2\pi=206265''$。当然，还有 $\rho'=60'\times360/2\pi$；$\rho°=360°/2\pi$。

进行角度数据处理时必须根据式(1-23)对观测角进行改正。

1.4.1.4　水平面代替水准面的面积变形

水准面上的球面积为弧面面积，投影到水平面上后就变成了平面面积。若水准面上有一个球冠，则其投影到水平面后就变成了圆，根据球冠表面积公式与球冠平面投影（圆）面积公式的相对比较，可得出一个结论，在半径 10km 范围内，用水平面代替水准面对面积的相对影响小于 1/2000，完全可以满足我国国土资源管理部门对土地面积测量精度的要求。

1.4.2　普通测量的工作程序与原则

普通测量工作的基本任务是确定地面点的空间位置（三维位置），由于普通测量一般都是在小范围内进行的，因此，地面点的空间位置的表达大多采用高斯平面直角坐标（或独立平面直角坐标）加高程的形式。

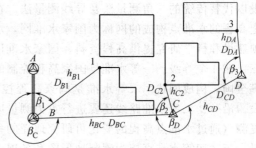

见图 1-12，假设地面上 2 个点（A、B）的三维坐标已知，我们就可以根据这 2 个点确定周围任何一个点的位置。比如，要测定房角 1 点的三维坐标，则在 B 点上利用水平角测量设备测出平面角 β_1，利用尺子丈量出 $B1$ 间的水平距离（平面长度）D_{B1}，利用高差测量设备测出 $B1$ 点间的高差 h_{B1}，根据平面解析几

图 1-12　普通测量的工作过程

何原理，在 A、B 位置已定情况下，β_1、D_{B1} 确定了则 1 点的平面位置也就确定了（即可以计算出 1 点的 X、Y 坐标）；B 点高程已知，h_{B1} 测定了也就意味着 1 点的高程确定了〔利用高差公式(1-14)计算〕。同理，对于任何一个未知点，只要测定它与已知点间的 β_i、D_{Bi}、h_{Bi} 就可确定其三维坐标。所以角度、距离、高差就成了普通测量的 3 个最基本的工作任务。

普通测量的 3 个最基本工作任务中的角度包括水平角、竖直角、方位角；距离指水平距离。能进行水平角和竖直角测量工作的仪器有经纬仪、电子全站仪；能进行方位角测量工作的仪器有陀螺仪、罗盘仪；能进行距离测量工作的仪器有电磁波测距仪、电子全站仪、GPS、钢尺；能进行高差测量工作的仪器有水准仪、电子全站仪、GPS、经纬仪。从事测绘工作必须熟练掌握上述仪器的使用方法。过去测量工作的三大件是钢尺、经纬仪、水准仪，目前钢尺已被手持式激光测距仪代替，经纬仪已被电子全站仪代替，因此，现代测量工作的三大件是电子全站仪（含手持式激光测距仪）、GPS、水准仪。

在图 1-12 中，若要确定房角 2 点的三维坐标，直接通过 A、B 是无法办到的（因为 A、

B 点均无法看到 2 点，即 β、D 无法测量），为此，我们必须先在 2 点附近找一个既能看到 2 点又能看到 A、B 中某一个的 C 点，在 B 点用测量 1 点的方法定出 C 点的三维坐标，再在 C 点上用通过 B 点测量 1 点的相同的方法定出 2 点的三维坐标。同样，要确定房角 3 点的三维坐标，直接通过 A、B 也无法办到，利用已测出三维坐标的 C 点也办不到（因为 C 点也无法看到 3 点），因此，必须在 3 点附近找一个既能看到 3 点又能看到 C 点的 D 点，在 C 点用测量 1 点的方法定出 D 点的三维坐标，再在 D 点用测量 1 点的方法定出 3 点的三维坐标。这就是测量的最简单的作业方法。不难理解，这种接力式的测量方法，接力传递的次数越多，测量的误差就越大，因为，每次测量都存在误差，前一次测量的误差必然会带到后一次的测量结果中，这就是测量误差的累积作用，因此，要控制测量误差的累积就必须采取相应的措施，这些措施就构成了测量工作的基本原则。测量工作的基本原则是"由高级到低级，先整体后局部，先控制后碎部"。首先构建全面覆盖全部国土范围的高精度国家天文大地网，然后，通过国家天文大地网控制小区域的地方性控制网，再通过小区域的地方性控制网控制小范围的各种测量控制点（即图 1-12 中的 A、B 点），小范围的各种测量控制点控制零星的测量工作（比如测量图 1-12 中的房角点 1、2、3 点，这些房角点就称为"碎部点"，全部房角点都测出来了，房子就可以通过 AutoCAD 软件画出来了，按同测绘房子相同的方法就可以测绘地图了）。国家天文大地网（简称国家大地网）是在全国领土范围内由互相联系的大地测量点（简称大地点）构成的，大地点上设有固定标志以便长期保存，国家大地网采用逐级控制、分级布设的原则并分一、二、三、四 4 个等级，目前国家大地网采用 GPS 技术布设以代替传统的三角测量法及导线测量法。在全国领土范围内，由一系列按国家统一规范测定高程的水准点构成的网称为国家水准网，水准点上设有固定标志以便长期保存并为国家各项建设和科学研究提供高程资料。国家水准网按逐级控制、分级布设的原则也分为一、二、三、四 4 个等级。一等水准是国家高程控制的骨干，沿地质构造稳定和坡度平缓的交通线布满全国，构成网状。二等水准是国家高程控制网的全面基础，一般沿铁路、公路和河流布设。沿一、二等水准路线还要进行重力测量以提供重力改正数据。一、二等水准环线要定期复测（通过水准点高程的变化可研究地壳的垂直运动），一、二等水准测量称为精密水准测量。三、四等水准直接为测制地形图和各项工程建设用。全国各地地面点的高程，不论是高山、平原及江河湖面的高程都是根据国家水准网统一传算的。

1.4.3　高等测量学课程的基本任务

高等测量学课程的基本任务可概括为 4 个字，即"测、算、绘、放"。"测"就是利用测量仪器或工具在实地测出需要的相关数据（比如长度、角度、高差），"算"就是对实地测出的相关数据进行处理（比如计算出坐标、高程），"绘"就是将测量结果绘制成图（比如根据计算出的地面点坐标、高程，利用 AutoCAD 等绘图软件将地面点绘制成三维或二维地图），"放"就是利用测量仪器或工具将各种工程设计位置在实地进行标定（比如将一条在图纸上设计的公路在实地用木桩标出中线、边线）。

思考题与习题

1. 何谓"测绘科学"？其学科属性是什么？它有哪些主要的分支学科？
2. 简述测绘科学的作用与发展历史。
3. 地球的自然形状是什么样的？
4. 何谓"地球的物理形状"？它是怎么建立的？
5. 何谓"地球的数学形状"？它是怎么建立的？
6. 我国现行的高程系统是什么？它是怎么建立起来的？

7. 我国现行的大地坐标系统是什么？它是怎么建立起来的？

8. 何谓"大地坐标"？它是怎么建立起来的？

9. 何谓"天文坐标"？它是怎么建立起来的？

10. 何谓"高斯平面直角坐标"？它是怎么建立起来的？

11. 何谓"独立平面直角坐标"？它是怎么建立起来的？

12. 何谓"三维地心坐标"？它是怎么建立起来的？

13. 常见的"高程"有几种？它们的差别是什么？

14. 何谓"高差"？其计算公式是什么？

15. 何谓"水平面"、"水平线"、"铅垂线"？它们之间的关系是什么？

16. 测量工作的基本原则是什么？其科学意义有哪些？

17. 普通测量的 3 个最基本工作任务是什么？需要借助什么仪器、工具完成？

18. 现代测量工作的三大仪器是什么？

19. 高等测量学课程的基本任务是什么？

第 2 章　测量误差

2.1　测量误差及特点

2.1.1　观测值与真值

　　自然界是由物质组成的，各种物质都有其特征（比如质量、几何尺寸）和内在规律，我们在研究自然现象时必须对这些特征或规律进行测量或数学表达，由于各方面条件的限制，这种测量和表达是无法准确地揭示物质的真谛的，只能随着人类认知水平的提高、技术手段的提高越来越逼近其真谛，这也就是人类的科学技术水平不断提高的根源之所在。测量主要是解决物质几何尺寸测量问题的，比如，有一支铅笔的长度需要测量，采用的丈量工具可以是皮尺、钢尺、游标卡尺、激光干涉测长机，很显然，不同的测量工具对铅笔长度的测量结果是不同的，其测量的精确程度也不同，不难理解，激光干涉测长机的测量结果最为准确，但激光干涉测长机的测量结果是不是铅笔的真实长度，答案是显然是"不是"，因为我们采用的测量工具的测量精度是有限的，因此铅笔的真实长度是我们永远无法知道的，铅笔的真实长度就是"真值"，具有不可确知性（"真值"只能无限逼近却无法确知）。故真值就是事物的本原，是唯一的，具有不可确知性（用 X 表示），观测值就是对事物进行测量的结果（可以有无数个，每次测量的观测结果用 x_i 表示）。事物的真值不可确知但可以测度，我们将特定观测条件下获得的最接近真值的值作为事物真值的替代品，这个值被称为"最或然值"，或叫"最或是值"，或叫"视在真值"，用 X' 或 $\bar{x}$ 表示。观测条件不同获得的观测结果也不同，因此"最或然值"是有无穷多个的。"最或然值"的准确度决定于观测条件，"最或然值"可以视为"真值"。观测值与真值的较差 Δ_i' 称为真误差，由于真值不可确知，因此真误差也不可确知，真误差的表达式为

$$X = x_i - \Delta_i' \tag{2-1}$$

　　很显然，观测值减掉其包含的真误差就是真值，这就是式（2-1）的由来。观测值与"最或然值"的较差 Δ_i 称为似误差（简称误差），其表达式为：

$$X' = x_i - \Delta_i \tag{2-2}$$

　　同样很显然，观测值减掉其包含的误差就是"最或然值"，这也就是式（2-2）的由来。观测值包含误差，如果我们对观测值施加一个"修正值"也可以把它改造为"最或然值"，这个"修正值"测量上称为"改正数"，用 v_i 表示，其表达式为：

$$X' = x_i + v_i \tag{2-3}$$

　　因此，"改正数"就是对观测值施加的"修正值"，"改正数"与误差（似误差）是相反数。即

$$v_i = -\Delta_i \tag{2-4}$$

2.1.2　观测条件

　　观测条件决定"最或然值"的准确度，观测条件越优越，"最或然值"的准确度越高，观测者、量具（测量的工具）、频度（测量的次数）、观测环境构成"观测条件"，其中最关键的因素是"量具"和"频度"。量具精度越高、频度越高，获得的"最或然值"的准确度

就越高。

2.1.3　观测误差的来源

对一个量进行观测总会出现误差（对某个确定的量进行多次观测时，所得到的各个结果之间往往存在着一些差异，例如重复观测两点的高差，或者是多次观测一个角或丈量若干次一段距离，其结果都互有差异），误差是不可避免的，误差是怎么产生的呢？实践发现，观测值中存在观测误差主要是以下三方面原因造成的。

① 观测者。由于观测者感觉器官鉴别能力的局限性，在仪器安置、照准、读数等工作中都会产生误差。同时，观测者的技术水平及工作态度也会对观测结果产生影响。

② 量具（测量仪器）。测量工作中使用的测量仪器都具有一定的精密度，从而使观测结果的精度受到限制。另外，仪器本身构造上的缺陷，也会使观测结果产生误差。

③ 外界观测条件。外界观测条件是指野外观测过程中，外界条件的影响，比如天气的变化，植被的不同，地面土质松紧的差异，地形的起伏，周围建筑物的状况，以及太阳光线的强弱、照射的角度等。有风会使测量仪器不稳，地面松软可使测量仪器下沉，强烈阳光照射会使水准管变形，太阳的高度角、地形和地面植被决定了地面大气温度梯度，观测视线穿过不同温度梯度的大气介质或靠近反光物体，都会使视线弯曲，产生折光现象。因此，外界观测条件是保证野外测量质量的一个重要因素。

2.1.4　观测误差的分类

观测误差按其性质可分为系统误差和随机误差两类。

系统误差是指误差的变化有明显的数学规律性，可以用确切的函数式进行表达的误差。比如，一把 1m 长的钢尺其名义长度比实际长度（鉴定长度）短 1mm，那么用这把尺量距离，每量一尺就短 1mm，测量误差与丈量长度成正比，这就是"系统误差"。"系统误差"通常由仪器制造或校正不完善、测量员生理习性、测量时外界条件、仪器检定时不一致等原因引起。在同一条件下获得的观测列中，其数据、符号或保持不变，或按一定的规律变化。在观测成果中具有累积性，对成果质量影响显著，应根据其变化规律在观测中采取相应措施（或对观测值进行处理，即施加改正数）予以消除。

随机误差是指误差的变化没有明显的数学规律性，呈现一种随机波动，不能用确切的函数式进行表达，具有一定统计特征的误差。比如，若干人用同一把尺子量桌子的长度，每人1 次，当以平均值作为桌子长度的"最或然值"时，每人的测量值可能比"最或然值"小，也可能比"最或然值"大（这种大小具有均布对称性），测量值与"最或然值"越接近其观测数越多。偶然误差的产生取决于观测进行中的一系列不可能严格控制的因素（如湿度、温度、空气振动等）的随机扰动。在同一条件下获得的观测列中，其数值、符号不定，表面看没有规律性，实际上是服从一定的统计规律的。随机误差又可分两种，一种是误差的数学期望不为零的，称为随机性系统误差；另一种是误差的数学期望为零的，称为偶然误差。这两种随机误差经常同时发生，必须根据最小二乘法原理加以处理。偶然误差可以通过多次观测取平均加以削弱。

通常情况下，我们将"随机性系统误差"归为"系统误差"，将观测误差分为系统误差和偶然误差两类。

另外，如果观测不认真还会出现观测错误，观测错误得到的观测值称为"错误观测值"，"错误观测值"是应予舍弃的。"错误观测值"与"最或然值"的较差也被称为"粗差"。粗差是一些不确定因素引起的大误差，国内外学者在粗差的认识上还未形成统一的看法，目前的观点主要有 4 种，一是将粗差看作是与偶然误差具有相同方差，但期望值不同的误差，二是将粗差看作与偶然误差具有相同期望值，但其方差十分巨大，三是认为偶然误差与粗差具有相同的统计性质，但有正态与病态的不同，四是认为粗差属于离散型随机变量。前 3 种观点是建立在把偶然误差和粗差当作连续型随机变量范畴的基础上的。

2.1.5　偶然误差的性质

当观测值中剔除了粗差观测值，排除了系统误差的影响（或者与偶然误差相比系统误差处于次要地位后），占主导地位的偶然误差就成了我们研究的主要对象。从单个偶然误差来看，其出现的符号和大小没有一定的规律性，但对大量的偶然误差进行统计分析，就能发现其规律性，误差个数越多，规律性越明显。比如，在相同观测条件下，对 200 个三角形的三个内角进行独立观测，设三角形内角和的真值为 X，观测值为 x_i，真误差为 Δ_i'，则

$$\Delta_i = \Delta_i' = x_i - X \tag{2-5}$$

现取误差区间的间隔 $d\Delta = 1''$，将这一组误差按其正负号与误差值的大小排列。出现在某区间内误差的个数称为频数，用 K 表示。频数除以误差的总个数 n 得 K/n，称误差在该区间的频率。统计结果列于表 2-1，此表称为频率分布表。以各区间内误差出现的频率与区间间隔值的比值为纵坐标，以误差的大小为横坐标，可以绘出误差直方图，见图 2-1。如果继续观测更多的三角形（即增加误差的个数），当 $n \to \infty$ 时，各误差出现的频率也就趋近一个确定的值，这个数值就是误差出现在各区间的概率。此时如将误差区间无限缩小，那么图2-1 中各长方条顶边所形成的折线将成为一条如图 2-2 所示的光滑连续曲线，这条曲线称为误差分布曲线，呈正态分布特征。曲线上任一点的纵坐标 y 均为横坐标 Δ 的函数，其函数形式为：

$$y = f(\Delta) = \frac{1}{\sqrt{2\pi}\sigma} e^{-\frac{\Delta^2}{2\sigma^2}} \tag{2-6}$$

式中，e 为自然对数的底，$e = 2.718281828$；σ 为观测值标准差；σ^2 为方差。

表 2-1　误差频率分布表

误差区间 dΔ	$-\Delta$		$+\Delta$		误差区间 dΔ	$-\Delta$		$+\Delta$	
	K	K/n	K	K/n		K	K/n	K	K/n
$0'' \sim 1''$	33	0.165	34	0.170	$5'' \sim 6''$	4	0.020	3	0.015
$1'' \sim 2''$	24	0.120	23	0.115	$6'' \sim 7''$	2	0.010	2	0.010
$2'' \sim 3''$	18	0.090	17	0.085	$7''$以上	0	0.000	0	0.000
$3'' \sim 4''$	13	0.065	14	0.070	Σ	101	0.505	99	0.495
$4'' \sim 5''$	7	0.035	6	0.030					

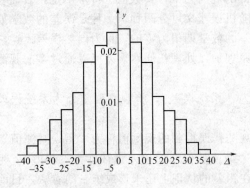

图 2-1　误差分布直方图

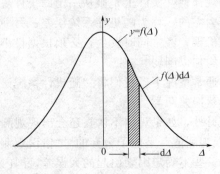

图 2-2　误差分布曲线

从表 2-1 中可看出，小误差比大误差出现的频率高，绝对值相等的正、负误差出现的个数近于相等。大量实验统计结果证明，偶然误差具有如下 4 个特性。

（1）有界性　在一定的观测条件下，偶然误差的绝对值不会超过一定的限度。或者说，超过一定限值的误差，其出现的概率为零。

（2）聚集性　绝对值较小的误差比绝对值较大的误差出现的次数多（绝对值小的误差比绝对值大的误差出现的可能性大）。或者说，小误差出现的概率大，大误差出现的概率小。

（3）对称性　绝对值相等的正误差与负误差出现的次数大致相等（绝对值相等的正误差与负误差出现的机会相等）。或者说，它们出现的概率相等。

（4）抵偿性　当观测次数无限增多时，偶然误差的算术平均值趋近于零，即

$$\lim_{n \to \infty} \frac{[\Delta]}{n} = 0 \tag{2-7}$$

掌握了偶然误差的特性，就能根据带有偶然误差的观测值求出未知量的最可靠值，并衡量其精度。同时，也可应用误差理论来研究最合理的测量工作方案和观测方法。

2.2　测量精度

图 2-3 显示了 3 个群体对同一个量测量的误差分布曲线，不难理解，第 I 个群体的测量精度最高，第 II 个群体的测量精度次之，第 III 个群体的测量精度最低。也就是说，误差分布曲线的陡峻程度反映了测量精度的高低，误差分布曲线越陡峻，测量精度越高。我们比较精度如果用误差分布曲线进行会很麻烦，能不能用一个简单的数学关系来评定精度呢？为此，测量引入了中误差、相对误差及允许误差等几种作为精度评定的标准。

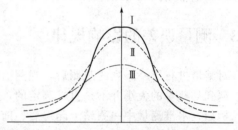

图 2-3　不同测量精度的误差分布曲线

通过以上论述，不难理解，所谓精度，就是指误差分布聚集或离散的程度。测量的任务不仅在于通过对一个未知量进行多次观测求出最后结果，而且，必须对测量结果的精确程度（精度）进行评定。

2.2.1　中误差

中误差 m 的计算公式为

$$m = \pm\sqrt{[\Delta'\Delta']/n} = \pm\sqrt{\sum(\Delta_i')^2/n} \tag{2-8}$$

测量中，"［　］"代表求和，即"［　］"就是"$\sum$"。

由于真误差为 Δ_i' 无法知道，因此，式（2-8）只具有理论意义而无实用价值。为此，人们又根据式（2-8）推导出了具有实际意义的，根据改正数计算中误差 m 的公式，即

$$m = \pm\sqrt{[vv]/(n-1)} = \pm\sqrt{\sum(v_i)^2/(n-1)} \tag{2-9}$$

式（2-8）就是数理统计中的母体均方误差，式（2-9）就是数理统计中的子样均方误差。中误差 m 是表示一组观测值精度的，不同组观测的 m 值比较可以反映观测精度的高低，m 越大，精度越低。

2.2.2　相对误差

测量工作中有时以中误差还不能完全表达观测结果的精度。比如分别丈量了 1000m 及 100m 两段距离，其中误差均为 ±0.1m，并不能说明丈量距离的精度，因为量距时其误差的

大小与距离的长短有关，所以应采用另一种衡量精度的方法，这就是相对中误差 K（或相对误差，它是中误差的绝对值 $|m|$ 与观测值 x 的比值，通常用分子为 1 的分数表示），即

$$K = |m|/x \qquad (2\text{-}10)$$

或

$$K = |m|/X' \qquad (2\text{-}11)$$

K 值越小，精度越高。例如上例中前者的相对误差为 $K_{1000} = 0.1/1000 = 1/10000$，后者则为 $K_{100} = 0.1/100 = 1/1000$，显然，前者的丈量精度高。

2.2.3 允许误差

允许误差也称为极限误差、容许误差、限差。根据偶然误差的第一特性可以看出，在一定的观测条件下，偶然误差的绝对值不会超过一定限值。由误差理论及分布曲线可知，大于两倍中误差的偶然误差，其出现的机会约为 5%，而大于三倍中误差的出现机会仅约为 0.3%，因此常以两倍（或三倍）中误差的数值作为误差的极限，这个极限值就称为允许误差。允许误差 σ_M 的表达式为

$$\sigma_M = 2m \qquad (2\text{-}12)$$

或

$$\sigma_M = 3m \qquad (2\text{-}13)$$

测量上设定允许误差的目的是确定错误观测值，当某观测值的改正数 $|v_i| > \sigma_M$ 时该观测值即为错误观测值。错误观测值应弃去或重测。式（2-12）比较严格，式（2-13）比较宽松，测量上常用式（2-12）。

2.3 测量误差的影响规律

对某量进行了一系列的观测后，观测值的精度可用中误差来衡量。但在实际工作中，往往会遇到某些量的大小并不是直接测定的，而是由观测值通过一定的函数关系间接计算出来的。例如，水准测量中一测站上测得后、前视中丝读数分别为 a、b，则高差 $h = a - b$，这时高差 h 就是直接观测值 a、b 的函数。当 a、b 存在误差时，h 也受其影响而产生误差，阐述观测值中误差与观测值函数中误差之间关系的定律称为误差传播定律。

假设函数 Z 由 x_1，x_2，x_3，x_4，$\cdots$，x_n 等 n 个自变量构成，其函数式为：

$$Z = f(x_1, x_2, x_3, x_4, \cdots, x_n) \qquad (2\text{-}14)$$

其中 x_1，x_2，x_3，x_4，$\cdots$，x_n 是相互独立的观测值［即互不相干，若 $x_3 = f(x_2, x_5)$ 则说明 x_3 与 x_2、x_5 相干，彼此不独立，此时，应将式（2-14）中的 x_3 用 $x_3 = f(x_2, x_5)$ 代替以满足相互独立条件］，其中误差分别为：

$$m_{x1}, \ m_{x2}, \ m_{x3}, \ m_{x4}, \ \cdots, \ m_{xn}$$

当 x_1，x_2，x_3，x_4，$\cdots$，x_n 的真误差分别为 Δ_{x1}，Δ_{x2}，Δ_{x3}，Δ_{x4}，$\cdots$，Δ_{xn} 时，函数 Z 的真误差为 Δ_Z。对式（2-14）取全微分，并用 ΔZ 代 dZ，Δ_{xi} 代 dx_i。即得

$$\Delta_Z = \frac{\partial Z}{\partial x_1} \times \Delta_{x1} + \frac{\partial Z}{\partial x_2} \times \Delta_{x2} + \cdots + \frac{\partial Z}{\partial x_n} \times \Delta_{xn} \qquad (2\text{-}15)$$

式中，$(\partial Z/\partial x_i)$ 为函数对各个变量所取的偏导数，可用观测值代入计算出数值。将式（2-15）变换成中误差的形式，即得

$$m_Z^2 = \left(\frac{\partial Z}{\partial x_1}\right)^2 m_{x1}^2 + \left(\frac{\partial Z}{\partial x_2}\right)^2 m_{x2}^2 + \cdots + \left(\frac{\partial Z}{\partial x_n}\right)^2 m_{xn}^2 \qquad (2\text{-}16)$$

即一般函数中误差的平方，等于该函数对每个独立观测值所求的偏导数值与相应的独立观测值中误差的乘积的平方和。必须注意的是，在应用误差传播定律由真误差关系式转换成中误差关系式时，必须检查式中自变量是否相互独立，即各自变量是否包含共同的误差，否

则应作并项或移项处理，直到满足均为独立观测值条件为止。应用误差传播定律时，式(2-16) 等号两端的单位应相同。

2.4　等精度观测数据处理

等精度观测是指观测条件完全相同的观测，实际工作中，等精度观测是不存在的。测量上将观测条件相近的观测视为等精度观测，即测量仪器（或工具）精度等级一样、测量次数一样即为等精度。对某量进行的多次等精度观测是指每次观测的中误差均相等（均为 m）。假设在相同的观测条件下对某量进行了 n 次等精度观测，观测值分别为 L_1，L_2，…，L_n，其真值为 X，真误差为 Δ'_1，Δ'_2，…，Δ'_n。因此，有

$$\Delta'_i = L_i - X \quad (i=1,2,\cdots,n) \tag{2-17}$$

将式(2-17)逐个相加后，得

$$[\Delta'] = [L] - nX$$

故

$$X = [L]/n - [\Delta']/n \tag{2-18}$$

若以 x 表示式(2-18)中右边第一项的观测值的算术平均值，即

$$x = [L]/n \tag{2-19}$$

则

$$X = x - [\Delta']/n \tag{2-20}$$

式(2-20)右边第二项是真误差的算术平均值。由偶然误差的第 4 个特性可知，当观测次数 n 无限增多时，$[\Delta']/n \rightarrow 0$，则 $x \rightarrow X$，即算术平均值就是观测量的真值。在实际测量中，观测次数总是有限的，根据有限个观测值求出的算术平均值 x 与其真值 X 仅差一微小量 $[\Delta']/n$，故算术平均值 x 就是等精度观测的最可靠值（最或然值 X'）。由于观测值的真值 X 一般无法知道，故真误差 Δ' 也无法求得，所以不能直接应用式(2-8)求观测值的中误差，而是利用观测值的最或然值与各观测值之差 v（即改正数）来计算中误差［即利用式(2-9)，式(2-9)也称白塞尔公式］。利用 $[v]=0$ 可作计算正确性的检核。在求出观测值的中误差 m 后，就可应用误差传播定律求观测值算术平均值的中误差 M_x，过程如下。

$$x = \frac{[L]}{n} = \frac{L_1}{n} + \frac{L_2}{n} + \cdots + \frac{L_n}{n}$$

应用误差传播定律有

$$M_x^2 = \left(\frac{1}{n}\right)^2 m^2 + \left(\frac{1}{n}\right)^2 m^2 + \cdots + \left(\frac{1}{n}\right)^2 m^2 = \frac{1}{n}m^2$$

$$M_x = \pm\frac{m}{\sqrt{n}} \tag{2-21}$$

由式(2-21)可知，增加观测次数能削弱偶然误差对算术平均值的影响并提高其精度。但因观测次数与算术平均值中误差并不是线性比例关系，所以，当观测次数达到一定数目后，即使再增加观测次数，精度却提高很少（见表 2-2）。因此，除适当增加观测次数外还应选用适当的观测仪器和观测方法，选择良好的外界环境，才能有效地提高精度。由此，可得出结论，等精度多次观测的最或然值就是各个观测量的算术平均值，算术平均值的中误差是每次观测中误差的 $(1/n)^{1/2}$ 倍。

表 2-2　观测次数 n 与算术平均值中误差 M_x 的关系

n	M_x	n	M_x	n	M_x
1	$1.00m$	16	$0.25m$	100	$0.10m$
4	$0.50m$	25	$0.20m$	10000	$0.01m$

2.5 不等精度观测数据处理

不等精度观测是指观测条件不同的观测，即测量仪器（或工具）精度等级不一样，测量次数也不一样。需要指出的是，测量仪器（或工具）精度等级不一样，测量次数也不一样有时也会等精度，比如用 $2''$ 经纬仪对一个水平角测量了 1 个测回角度，测量精度为 $2''$，若用 $6''$ 经纬仪对该水平角测量 9 个测回角度，测量精度也为 $2''$（即 $6''/9^{1/2}=2''$）。

当对一个量按不同的精度观测 n 次时（比如对一个长度分别用游标卡尺、钢尺、皮尺各测量 1 次）是不能按算术平均值［式(2-19)］及其中误差［式(2-21)］来计算观测值的最或然值和评定其精度。计算观测量的最或然值应考虑到各观测值的质量和可靠程度，显然对精度较高的观测值（游标卡尺），在计算最或然值时应占有较大的比重，反之，精度较低的（皮尺）应占较小的比重，为此，各个观测值要给出一个补偿系数来反映它们的可靠程度，这个补偿系数在测量计算中被称为观测值的权（即各观测值在计算最或然值时所占的份量或比重）。显然，观测值的精度越高，中误差就越小，补偿系数（权）就应该越大，反之亦然。通过研究，人们发现，使观测值的权与中误差的平方成反比比较合适，为此，建立了测量计算中根据中误差求权的公式，即

$$P_i = \frac{\mu^2}{m_i^2} \quad (i=1,2,\cdots,n) \tag{2-22}$$

式中，P_i 为观测值 x_i 的权；μ 为定权系数（可为任意常数，可理解为股份公司的每股红利）；m_i 为观测值 x_i 的中误差。在用式(2-22)求一组观测值的权 P_i 时，必须采用同一个 μ 值（即保持权比不变）。当取 $P_i=1$ 时，μ 就等于 m_i，即 $\mu=m_i$，通常称权数字为 1 的权为单位权，单位权对应的观测值为单位权观测值。单位权观测值对应的中误差 μ 称为单位权中误差。当已知一组非等精度观测值的中误差时可先设定 μ 值，然后按式(2-22)计算各观测值的权。权与中误差均是用来衡量观测值的质量的，这就是它们相同之处，但两者也是有区别的，中误差表示观测值的绝对精度，而权则表示观测值之间的相对精度。因此，权的意义在于它们之间所存在的比例关系而不在于它本身数值的大小。

对某量进行了 n 次非等精度观测，观测值分别为 L_1，L_2，$\cdots$，L_n，相应的权为 P_1，P_2，$\cdots$，P_n，则加权平均值 x 就是非等精度观测值的最或然值，计算公式为：

$$x = \frac{P_1 L_1 + P_2 L_2 + \cdots + P_n L_n}{P_1 + P_2 + \cdots + P_n} = \frac{[PL]}{[P]} \tag{2-23}$$

显然，当各观测值为等精度时其权为 $P_1 = P_2 = \cdots = P_n = 1$，式(2-23)就与求算术平均值的式(2-19)一致了。

设 L_1，L_2，$\cdots$，L_n 的中误差为 m_1，m_2，$\cdots$，m_n，则根据误差传播定律，由式(2-23)可导出加权平均值的中误差 M 为：

$$M^2 = \frac{P_1^2}{[P]^2} m_1^2 + \frac{P_2^2}{[P]^2} m_2^2 + \cdots + \frac{P_n^2}{[P]^2} m_n^2 \tag{2-24}$$

根据式(2-22)，可得

$$P_i m_i^2 = \mu^2 \tag{2-25}$$

将式(2-25)代入式(2-24)，得

$$M^2 = \frac{\mu^2}{[P]^2}(P_1 + P_2 + \cdots + P_n) = \frac{\mu^2}{[P]}$$

即

$$M = \pm \mu / [P]^{1/2} \tag{2-26}$$

实际计算时，式（2-26）中的单位权中误差 μ 一般用观测值的改正数来计算，计算公式为：

$$\mu = \pm \sqrt{\frac{[Pvv]}{n-1}} \tag{2-27}$$

加权平均值的中误差为：

$$M = \pm \frac{\mu}{\sqrt{[P]}} = \pm \sqrt{\frac{[Pvv]}{[P](n-1)}} \tag{2-28}$$

由此，可得出结论，不等精度多次观测的最或然值就是各个观测量的加权平均值 [式 (2-23)]，加权平均值的中误差计算公式为式（2-28）。

思考题与习题

1. 何为"观测值"、"真值"、"改正数"、"最或然值"？它们的关系是什么？

2. 何为"观测条件"？

3. 观测误差的主要来源有哪些？人们习惯上是如何对观测误差进行分类的？

4. 偶然误差有哪些性质？

5. 何为"中误差"、"相对误差"、"允许误差"？它们的计算公式是什么？

6. 何为"等精度观测"？如何计算它们的最或然值及中误差？

7. 何为"观测值的权"？如何定权？

8. 何为"不等精度观测数"？如何计算它们的最或然值及中误差？

9. 根据解析几何，坐标的计算公式为 $X = D\cos\alpha$、$Y = D\sin\alpha$，若实地测量得 $D = 2577.135\text{m}$（其中误差 $m_D = \pm 0.006\text{m}$）、$\alpha = 301°27'44.8''$（其中误差 $m_\alpha = \pm 0.9''$），试根据误差传播定律计算 X、Y 的中误差 m_X、m_Y（注意应用误差传播定律时等式两端的单位应相同，即角度单位应采用弧度形式参与计算）。

第 3 章 水准仪的作用与使用方法

3.1 水准仪的测量原理

利用水准仪获得高程的方法称为水准测量。水准测量是利用能提供水平视线的仪器（水准仪）测定地面点间的高差，进而推算高程的一种方法。图 3-1 中，为求出 A、B 两点高差 h_{AB}，在 A、B 两点上竖立带有分划的标尺（水准尺），在 A、B 两点之间安置可提供水平视线的仪器（水准仪）。当视线水平时，在 A、B 两个点的标尺上分别读得读数 a 和 b。

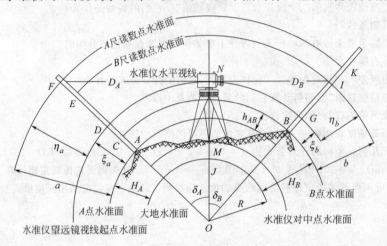

图 3-1　水准测量原理

图 3-1 中分别标注了大地水准面、A 点水准面、B 点水准面、水准仪对中点水准面、水准仪望远镜视线起点水准面、A 尺读数点水准面、B 尺读数点水准面，以及水准仪水平视线的位置，水准仪水平视线对 A 标尺的读数为 a，对 B 标尺的读数为 b，水准仪视线起点到 A 标尺的水平距离为 D_A，到 B 标尺的水平距离为 D_B，水准仪望远镜视线起点水准面在 A 标尺上的位置为 D（D 到 A 标尺尺底的铅直距离为 ξ_a），在 B 标尺上的位置为 G（G 到 B 标尺尺底的铅直距离为 ξ_b），地球弯曲对 A 标尺读数的影响量为 η_a，对 B 标尺读数的影响量为 η_b，则 A、B 点间的高差 h_{AB} 为：

$$h_{AB} = \xi_a - \xi_b = (a - \eta_a) - (b - \eta_b) = (a - b) - (\eta_a - \eta_b) \qquad (3-1)$$

从图 3-1 不难看出，当水准仪到 A、B 标尺的距离相等（即 $D_A = D_B$）时，$\eta_a = \eta_b$，此时，式(3-1) 即变为：

$$h_{AB} = a - b \qquad (3-2)$$

从水准测量原理的理论公式［式(3-1)］可见，只有当水准仪到 A、B 标尺水平距离相等时才会有水准测量原理的实用公式［式(3-2)］，也就是说，水准测量时水准仪到前后标尺的水平距离相等是确保测量高差准确性的关键，实用公式［式(3-2)］忽略了地球弯曲对标尺读数的影响。只要水准仪位于 2 个标尺所在铅垂线的中分铅垂面上，水准仪到前后标尺的水平距离就相等，由于要达到这么严格的条件不易做到，因此，国家水准测量规范中规定水准仪到 A、B 标尺的距离应大致相等（规定了其不等差的范围），因而使得地球弯曲对标尺读数的影响程度得到了极大的削弱，为实用公式［式(3-2)］的普遍推广应用奠定了坚实的保障基础。

3.2　水准测量仪器与工具

从本书 1.1 的论述可见，水准测量仪器与工具主要有水准仪、水准尺、三脚架，另外，还有尺垫。水准仪是进行水准测量的主要仪器，它可提供水准测量所必需的水平视线。目前通用的水准仪从构造上可分为 3 类，第一类是利用水准管来获得水平视线的水准管水准仪，其主要形式称为"微倾式水准仪"；第二类是利用补偿器来获得水平视线的"自动安平水准仪"；第三类是电子水准仪（电子水准仪配合条纹编码尺，利用数字化图像处理的方法，可自动显示高程和距离，使水准测量实现自动化）。我国曾经制定过的水准仪系列标准大致分为 DS_{05}、DS_1、DS_3 三个等级。D 是大地测量仪器的代号，S 是水准仪的代号，是大和水两个字汉语拼音的首字母，角码数字表示仪器的精度（即每千米往返测量高差偶然中误差不超过的毫米数，依次为 0.5mm、1mm、3mm），其中 DS_{05} 和 DS_1 用于精密水准测量，DS_3 用于一般水准测量。中国加入 WTO 以后，国外测绘仪器企业纷纷抢滩中国，同时，国内的测绘仪器制造企业也纷纷与国外对接，形成了目前测绘仪器的异常繁荣景象，原有的水准仪标准体系也受到了很大的冲击，出现了 ±1.5mm/km、±2mm/km、±2.5mm/km 的水准仪，目前电子水准仪的最高精度为 ±0.3mm/km。

3.2.1　微倾式水准仪的构造

水准仪主要由照准部和基座（用于置平仪器，它支承仪器的上部并能使仪器的上部在水平方向转动）两部分组成，照准部上固结有望远镜（可提供视线，并可读出远处水准尺上的读数）和水准器（用于指示仪器或视线是否处于水平位置）。图 3-2 显示的是国产 S_3 型微型水准仪。仪器可通过基座底板上的中心螺孔与三脚架连接，支承在三脚架上。基座上有三个脚螺旋，调节脚螺旋可使圆水准器的气泡移至中央，使仪器粗略整平。望远镜和圆水准器与仪器的竖轴联结成一体，竖轴插入基座的轴套内，可使望远镜和圆水准器在基座上绕竖轴旋转。水平制动螺旋和水平微动螺旋用来控制照准部（连带望远镜）在水平方向的转动。水平制动螺旋松开时，照准部能自由旋转；旋紧时照准部则固定不动。旋转水平微动螺旋可使照准部在水平方向作缓慢的转动，但只有在水平制动螺旋旋紧时，水平微动螺旋才能起作用。望远镜旁装有一个管水准器，转动望远镜微倾螺旋，可使望远镜连同管水准器作俯仰（微量的倾斜），从而可使视线精确整平，当管水准器中气泡居中，此时望远镜视线水平。

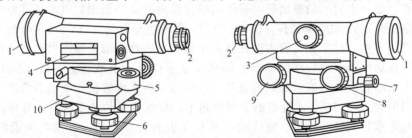

图 3-2　国产 S_3 型水准仪示意图

1—物镜；2—目镜；3—调焦螺旋；4—管水准器；5—圆水准器；6—脚螺旋；
7—照准部（或水平）制动螺旋；8—照准部（或水平）微动螺旋；9—望远镜微倾螺旋；10—基座

（1）望远镜　望远镜的作用，一方面是提供一条瞄准目标的视线，另一方面是将远处的目标放大，提高瞄准和读数的精度。望远镜主要由物镜、目镜、调焦透镜和十字丝分划板

（它是刻在玻璃片上的一组十字丝，被安装在望远镜筒内靠近目镜一端的焦平面位置）组成。由于目标离望远镜的远近不同，借转动调焦螺旋使调焦透镜在镜筒内前后移动即可使其实像恰好落在十字丝平面上，再经过目镜的作用，将倒立的实像和十字丝同时放大，这时倒立的实像成为倒立而放大的虚像。其放大的虚像与用眼睛直接看到目标大小的比值，即为望远镜的放大率 V。为了使物像清晰并消除单透镜的一些缺陷，物镜和目镜都是用两种不同材料的透镜组合而成的。国产 S_3 型水准仪望远镜的放大率一般为 30 倍左右。水准仪上十字丝的图形见图 3-3〔过圆心上下贯通的长线称为竖丝，过圆心与竖丝垂直的长线（或半长线）称为横丝（或叫中丝），横丝上下的 2 根短线分别称为上视距丝（简称上丝）和下视距丝（简称下丝）〕，水准测量中用它中间的横丝或楔形丝读取水准尺上的读数。十字丝交点和物镜光心的连线称为视准轴，也就是用以瞄准和读数的视线。视准轴是水准仪的主要轴线之一。望远镜的性能主要用放大率 V、分辨率 φ、视场角、亮度等几个主要指标来衡量。放大率是通过望远镜所看到物像的视角 β 与肉眼直接看物体的视角 α 之比，它近似地等于物镜焦距与目镜焦距之比（或等于物镜的有效孔径 D 与目镜的有效孔径 d 之比）。分辨率是望远镜能分辨出两个相邻物点的能力，用光线通过物镜后的最小视角来表示（当小于这最小视角时，在望远镜内就不能分辨出两个物点）。视场角表示望远镜内所能看到的视野范围，这个范围是一个圆锥体，所以视场角用圆锥体的顶角来表示，视场角与放大率成反比。亮度是指通过望远镜所看到物体的明亮程度，它与物镜有效孔径的平方成正比，与放大率的平方成反比。由上述论述可见，望远镜的各项性能是相互制约的。比如，增大放大率可增强分辨率、提高观测精度，但也会减小视场角和亮度，因而给观测带来不利。因此，测量仪器对望远镜的放大率有一定限制，一般控制在 20～45 倍之间。

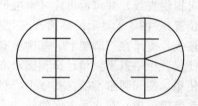

图 3-3　常见水准仪上的十字丝图形

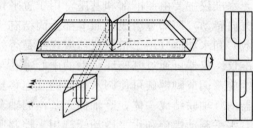

图 3-4　符合水准器

（2）水准器　水准器是用以置平仪器的一种设备，是测量仪器上的重要部件。水准器分管水准器和圆水准器两种。水准仪上水准器有管水准管和圆水准器各一个，管水准管是用来指示望远镜视线是否水平的装置，圆水准器是用来指示照准部竖轴是否铅垂的装置。管水准器又称水准管，是一个封闭的玻璃管，管的内壁在纵向磨成圆弧形，其半径可为 0.2～100m，管内盛酒精或乙醚或两者混合的液体并留有一气泡，管面上刻有间隔为 2mm 的分划线，分划的中点称水准管的零点，过零点与管内壁在纵向相切的直线称水准管轴，当气泡的中心点与零点重合时称气泡居中，气泡居中时水准管轴位于水平位置，水准管上一格（2mm）所对应的圆心角称为水准管的分划值，分划值也是气泡移动一格水准管轴所变动的角值，水准仪上水准管的分划值为 $10''$～$20''$，水准管的分划值越小，视线置平的精度越高，另外，水准管的置平精度还与水准管的研磨质量、液体的性质和气泡的长度有关（在这些因素的综合影响下，使气泡移动 0.1 格时水准管轴所变动的角值称水准管的灵敏度，能够被气泡的移动反映出水准管轴变动的角值越小，水准管的灵敏度就越高）。为了提高管水准器气泡居中的精度，在水准仪水准管的上面安装了一套棱镜组（见图 3-4），使两端各有半个气泡的像被反射到一起，当气泡居中时两端气泡的像就能符合（故这种水准器称为符合水准器，是微倾式水准仪上普遍采用的水准器）。圆水准器是一个封闭的圆形玻璃容器，顶盖的内表面为一球面，半径可为 $0.12\sim0.86\text{m}$，容器内盛乙醚类液体，留有一小圆气泡（见图 3-5），容器顶盖中央刻有一小圈，小圈的中心是圆水准器的零点（通过零点的球面法线 L_1—L_1 是圆水准器的轴，当圆水准器的气泡居中时，圆水准器的轴位于铅垂位置），圆水准器的分划值是顶盖球面上 2mm 弧长所对应的圆心角值（水准仪上圆水准器的角值为 $8'\sim15'$）。

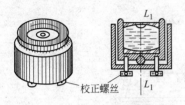

图 3-5　圆水准器

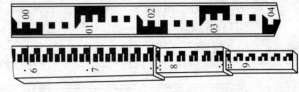

图 3-6　水准尺

3.2.2　水准尺

水准尺是用优质木材或铝合金制成的，最常用的形状有杆式和箱式两种（见图 3-6，长度分别为 3m 和 5m），箱式尺能伸缩，携带方便但接合处容易产生误差，杆式尺比较坚固可靠。水准尺尺面绘有 1cm 或 5mm 黑白相间的分格，米和分米处注有数字，尺底为零。为便于倒像望远镜读数，注的数字常倒写。水准尺按尺面分为单面尺和双面尺两种，按尺形分为直式尺、折式尺、塔尺（见图 3-7）三种。双面水准尺是一面为黑色分划（分划黑白相

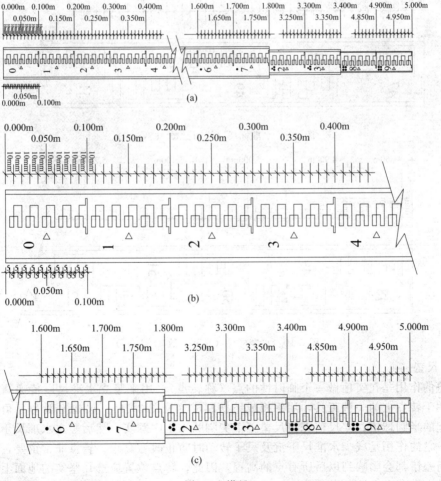

图 3-7　塔尺

间，称为主尺面或黑面，见图 3-8），另一面为红色分划（分划红白相间，称为辅尺面或红面，见图 3-9、图 3-10）的水准尺，双面水准尺必须成对使用［每两根为一对，两根的黑面都以尺底为零，而红面的尺底分别为 4687mm 和 4787mm（此两数称为尺常数）］。利用双面尺可对读数进行检核。水准尺的要害部位是尺底的平面度和尺面的直线度，因此，尺底不能磕碰硬物，尺面应防止挠曲（不用时应平放在平地上）。

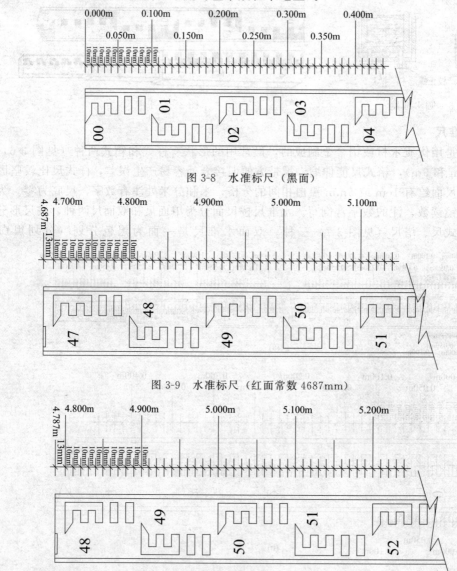

图 3-8　水准标尺（黑面）

图 3-9　水准标尺（红面常数 4687mm）

图 3-10　水准标尺（红面常数 4787mm）

3.2.3　尺垫

尺垫的作用是在实地做一个临时性的点（称转点），用来竖立水准尺以传递高程，是一种专门用于转点上的一种工具，用钢板或铸铁制成（见图 3-11）。尺垫一般为三角形，中央有一突起的半圆球体。立尺前先将尺垫三个尖脚踩入土中踩实，然后竖立水准尺于半圆球体的顶上。它的作用是减少水准尺下沉及尺子转动时防止改变高程。转点非常重要，转点上产生的任何差错都会影响到以后所有点的高程，因此，转点位置应选在坚实的地面上。已知高程点和欲求高程点上立尺时是不可以放置尺垫的，其余点上立尺时均必须放置尺垫。

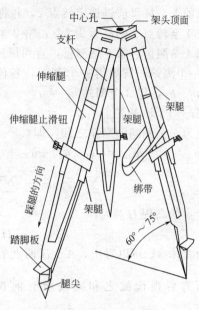

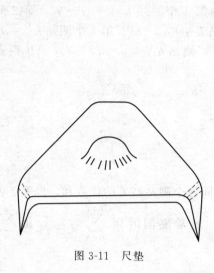

图 3-11　尺垫　　　　　　　　　　　　图 3-12　三脚架

3.2.4　三脚架

三脚架是用来安置水准仪的,见图 3-12。三脚架由架头及通过架头联结在一起的 3 个架腿构成,3 个架腿可以以互成 120°的夹角在 90°的范围内自由开合。架腿有伸缩腿和带有伸缩腿止滑套的双支杆系统组成,伸缩腿可以在双支杆之间滑动从而改变架腿的长度(高度),伸缩腿止滑套上带有伸缩腿止滑钮用来控制伸缩腿的滑动(伸缩腿止滑钮旋紧时伸缩腿将无法在双支杆之间滑动,从而保证架腿的稳固;旋松时伸缩腿可以在双支杆之间滑动。三脚架安装仪器前一定必须旋紧 3 个架腿的伸缩腿止滑钮,用手分别按一下 3 个架腿的双支杆确定 3 个架腿的伸缩腿均不滑动后方可在三脚架上安装仪器)。三脚架架设时应用脚将 3 个架腿的伸缩腿腿尖踩入土中使之稳固不动,踩的方法是脚踏在伸缩腿腿尖踏脚板上小腿贴近伸缩腿面沿伸缩腿的方向用力下踩(千万不能沿铅垂方向下踩,以免踩断架腿)。三脚架架设时应保证架头顶面水平(可通过伸缩伸缩腿实现)。三脚架架头的中心孔是用来联结并固定仪器的,将中心连接螺旋从三脚架架头的下方穿过中心孔然后旋入仪器基座的中心螺孔即可将仪器固定在三脚架上。三脚架架设时 3 个架腿与地面的夹角应在 60°～75°之间,三脚架架头到地面的铅直高度应保证联结仪器后与观测者的身高相适应(即观测者能够不躬腰、不踮脚、灵活方便地使用仪器)。

3.3　水准测量的常规作业过程

当地面上两点间距离较长或高差较大时仅安置一次仪器是不能直接测得两点间高差的,故必须进行连续的分段测量,将所得各段高差相加,即可求得两点间的高差。如图 3-13,已知 A 点的高程为 H_A,欲测定 B 点的高程 H_B,其作业如下。

测量时,首先安置仪器于 I 站,竖立尺子于 A 点及转点 1 上(使前、后视距离大致相等),瞄准 A 点上的尺子,视线水平后读取后视读数 a_1,再瞄准转点 1 上的尺子,读取前视读数 b_1,后视读数 a_1 减去前视读数 b_1 即得 A 至转点 1 的高差 $h_{A1}=a_1-b_1$,至此,第一个测站工作结束。转点 1 上的尺子不动,搬仪器到第 2 个测站(图 3-13 中的 II),刚才在 A

点立尺的人，持尺前进选定转点 2，并将尺子立于转点 2 上，按与 I 站相同的观测方法，测得转点 1 至转点 2 的高差为 h_{12}，第 2 个测站工作结束。继续延续上述动作，完成第 3 站测量、第 4 站测量、第 5 站测量，直到最后一站（第 n 站）结束为止。这样，每安置一次仪器（称为一个测站）就测得一个高差，各段高差分别为第 1 个测站 $h_{A1}=a_1-b_1$，第 2 测站 $h_{12}=a_2-b_2$，第 3 个测站 $h_{23}=a_3-b_3$，第 4 个测站 $h_{34}=a_4-b_4$，第 5 个测站 $h_{45}=a_5-b_5$，第 $n-1$ 个测站 $h_{(n-2)(n-1)}=a_{(n-1)}-b_{(n-1)}$，第 n 测站 $h_{(n-1)B}=a_n-b_n$，AB 两点间的高差为 n 个测站的高差之和，即

$$h_{AB}=h_{A1}+h_{12}+h_{23}+h_{34}+h_{45}+\cdots+h_{(n-2)(n-1)}+h_{(n-1)B}$$

$$=\sum_{i=A}^{B-1}h_{i,(i+1)}=\sum_{i=1}^{n}a_i-\sum_{i=1}^{n}b_i \tag{3-3}$$

B 点的高程 H_B 为：

$$H_B=H_A+h_{AB} \tag{3-4}$$

由式(3-3)可以看出，A、B 两点的高差等于中间各个测站高差的代数和，也等于各个测站所有后视读数之和减去所有前视读数之和。通常要同时用 $\sum\limits_{i=A}^{B-1}h_{i,(i+1)}$ 和 $\sum\limits_{i=1}^{n}a_i-\sum\limits_{i=1}^{n}b_i$ 进行计算，以检核计算结果是否有误。

从上述水准测量过程可知，A 点高程就是通过转点 1、转点 2、转点 3、…、转点（$n-1$）等点传递到 B 点的，这些用来传递高程的点，均称为转点。转点在前一测站先作为待求高程的点，然后在下一测站再作为已知高程的点，转点起传递高程的作用。转点非常重要，转点上产生的任何差错，都会影响到以后所有点的高程，因此，转点位置应选在坚实的地面上，在其上放置尺垫并踩实，水准尺应竖立在尺垫的半球上。读数 a_i 是在已知高程点上的水准尺读数，称为"后视读数"；b_i 是在待求高程点上的水准尺读数，称为"前视读数"。高差必须是后视读数减去前视读数。高差 h_{AB} 的值可能为正，也可能为负，正值表示待求点 B 高于已知点 A，负值表示待求点 B 低于已知点 A。高差的正负号与测量进行的方向有关，图 3-13 中测量由 A 向 B 进行，高差用 h_{AB} 表示；反之若由 B 向 A 进行，则高差用 h_{BA} 表示。h_{AB} 与 h_{BA} 互为相反数，不可搞错。

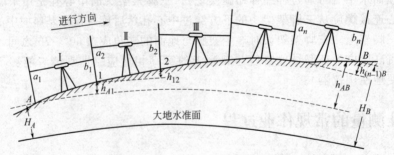

图 3-13　水准测量的常规作业过程

3.4　普通微倾式水准仪的使用

本书所说的普通微倾式水准仪就是国内土木工程领域大量使用的 DS₃ 微倾式光学水准仪，为便于说明问题，我们以一个测站的简单水准测量过程为例介绍水准仪的使用方法和作业过程。

3.4.1　安放三脚架

安放三脚架的要领是"等距、高适中、尖入土、顶平、腰牢靠"。将三脚架放置在与 2 个标尺大致等距的位置（即使水准仪三脚架位于 2 个标尺所在铅垂线的中分铅垂面上，可通过小碎步步量法实现），三脚架安放处的土质要坚硬并便于观测者观测，这个动作称为"等距"。旋松 3 个架腿的伸缩腿止滑钮，让 3 个伸缩腿在各自的双支杆间滑动，使三脚架的高度与观测者的身高相适应，然后扭紧 3 个伸缩腿止滑钮，这个动作称为"高适中"。将三脚架 3 个架腿张开，以与地面成 $60°\sim75°$ 的夹角立在地面上，将脚分别踏在 3 个架腿伸缩腿腿尖踏脚板上，小腿贴近伸缩腿面沿伸缩腿的方向用力下踩，将 3 个架腿的伸缩腿腿尖踩入土中并使之稳固不动，这个动作称为"尖入土"。观察三脚架架头顶面的水平性，若不水平则左手抓住高处（或低处）那根架腿的支杆（拇指紧贴伸缩腿的顶面），右手旋松该架腿的伸缩腿止滑钮，然后右手压在伸缩腿顶面上，左手拉动支杆使支杆降低或升高到三脚架架头顶面水平，然后，左手控制并保持该架腿支杆与伸缩腿间位置不变（左手拇指紧贴伸缩腿的顶面以保证伸缩腿不在双支杆间滑动），右手扭紧伸缩腿止滑钮，这个动作称为"顶平"。用双手分别按一下 3 个架腿的双支杆，观察一下 3 个架腿的伸缩腿是否已经被各自的伸缩腿止滑钮固紧（若没固紧则重新固紧），以确保观测过程中三脚架的稳固（否则三脚架会摔倒并摔坏水准仪），这个动作称为"腰牢靠"。

3.4.2　连接水准仪

连接水准仪的基本要求是"连接可靠"。左手抓牢水准仪并将其放置在三脚架架头上平面上（始终不松手），右手将水准仪的中心连接螺旋从三脚架架头下方穿过三脚架架头的中心孔，旋入仪器基座底板的中心螺孔。用右手轻推仪器基座看仪器基座与三脚架架头上平面是否固连牢靠（不牢靠则须重新拧中心连接螺旋），确认无误后方可松开抓握水准仪的左手，至此，连接水准仪的工作结束。这个动作称为"连接可靠"。

3.4.3　粗平

粗平是指仪器的粗略整平。仪器的粗略整平是通过转动 3 个脚螺旋使照准部圆水准器的气泡居中来实现的。见图 3-14，松开水准仪照准部（或水平）制动螺旋（任何测量仪器在转动以前均必须先松开相应的制动螺旋，否则会损坏仪器，这一点非常重要，应牢记）。转动照准部使望远镜视准轴的铅垂面垂直于脚螺旋 A、B 的连线，过圆水准器的零点假想一个与望远镜视准轴铅垂面平行的水准仪铅垂面，对向旋转 A、B 脚螺旋，使圆水准器气泡移到该假想水准仪铅垂面上（即通过圆水准器零点并垂直于这两个脚螺旋连线的方向上），如图 3-14 中气泡自 1 位置移到 2 位置，此时，水准仪照准部在这两个脚螺旋连线方向处于水平位置。然后，单独用第三个脚螺旋 C 使气泡居中（即气泡中心通过水准器零点），此时，水准仪照准部在垂直于 A、B 两个脚螺旋连线方向也处于了水平位置。这样，水准仪照准部就水平了（因为 2 条相交水平线决定的平面必然是水平面）。粗平工作结束。如仍有偏差则重复进行上述动作。粗平操作时必须记住三条要领，即先旋转两个脚螺旋然后旋转第三个脚螺旋；旋转两个脚螺旋时必须做相对的转动（即旋转方向应相反）；气泡移动的方向始终和左手大拇指移动的方向一致。

3.4.4　后尺测量

（1）粗瞄　松开水准仪照准部（或水平）制动螺旋，转动水准仪照准部，利用望远镜筒上的缺口和准星瞄准后视水准尺（3 点成一面），拧紧照准部（或水平）制动螺旋。

（2）操作望远镜

① 视度调节。转动水准仪目镜上的屈光度调节筒，用眼通过目镜观察，可以看到水准

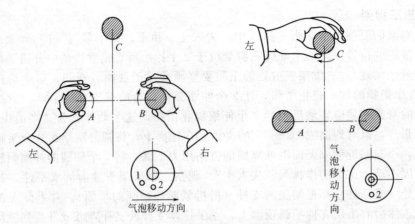

图 3-14　圆水准器的整平

仪的十字丝，当水准仪十字丝最黑、最清晰时即为你的最佳视度位置，至此，视度调节工作结束。视度调节实际上就是为你带上度数适合的眼镜，视力不同的人其最佳视度位置是不同的（也就是说一个眼近视的人调清了他认为看得最清晰的十字丝后，另一个眼不近视的人看此时的十字丝是不清晰的）。一般测量仪器屈光度调节筒的调节范围是 $-5\sim+5$ 个屈光度（相当于 500 度近视镜至 500 度老花镜间的范围）。这个动作简称为"调屈"。

② 调焦。转动水准仪望远镜上的调焦螺旋，用眼通过目镜观察，使后视水准尺（后尺）呈像最清晰。这个动作称为"调焦"。

③ 精瞄。转动水准仪照准部（或水平）微动螺旋，使水准仪照准部在水平面内做缓慢的小幅转动（若微动螺旋转不动，应反向转动到适中位置，再松开水准仪照准部制动螺旋通过望远镜重新瞄准，瞄好后拧紧照准部制动螺旋，然后，再转动水准仪照准部微动螺旋进行微调），使望远镜十字丝竖丝平分后视水准尺。

④ 观察与消除视差。视差是物体通过望远镜成像后未成像在设计成像面（十字丝刻划面）上的现象。观测时把眼睛在目镜处稍作上下移动，若水准标尺的像与十字丝间有相对的移动（即读数有改变），则表示有视差存在，存在视差时是不可能得出准确读数的。消除视差的方法是再"调焦"，若仍然不行则"调屈"、"调焦"、"调屈"、"调焦"……直到望远镜中不再出现水准标尺的像和十字丝间有相对移动为止（即水准标尺的像与十字丝在同一平面上）。

（3）精平　精平是使望远镜视准轴水平的工作。操作时慢慢转动望远镜的微倾螺旋，用眼从侧面观察管水准器气泡的移动，当管水准器气泡移动到中间位置时，将眼睛转向管水准器位于目镜端的气泡精细影像（抛物线），观察圆孔（在目镜左侧圆水准器上方）可看到 2个半抛物线 ［见图 3-15（a）］，继续缓慢转动望远镜微倾螺旋使 2 个半抛物线相接构成一个抛物线 ［见图 3-15（b）］。此时，望远镜视准轴就水平了，此时读出的横竖丝交点处的标尺读数即为式（3-1）或式（3-2）中的 a。观察 3s，若构成的一个抛物线稳定（偏离量不超过半个抛物线宽度），此项工作结束；否则应继续缓慢调整抛物线直到抛物线满足观测读数要求为止。

（4）读数　在保证构成的一个抛物线稳定不动的情况下应连续读出中丝、上丝、下丝在后视水准标尺上的读数 a、S_A、X_A，后尺测量结束。图 3-16 所示后视水准标尺上的读数 $a=2043\mathrm{mm}$、$S_A=1941\mathrm{mm}$、$X_A=2146\mathrm{mm}$。上、下丝读数 S_A、X_A 之差乘以 100 即为水准仪到后视水准标尺的大概水平距离 D_A（精度 1/100），即

$$D_A\approx|S_A-X_A|\times100 \tag{3-5}$$

将 $S_A=1941\mathrm{mm}$、$X_A=2146\mathrm{mm}$ 代入式（3-5）可得水准仪到后视水准标尺的大概水

平距离 D_A，为 20.5m。D_A 称为后视距离（简称后距）。

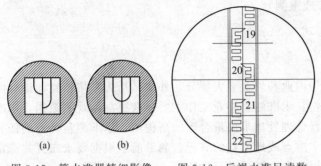 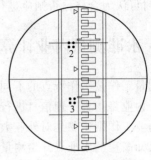

图 3-15 管水准器精细影像　　图 3-16 后视水准尺读数　　图 3-17 前视水准尺读数

3.4.5 前尺测量

（1）粗瞄　松开水准仪照准部（或水平）制动螺旋，转动水准仪照准部，利用望远镜筒上的缺口和准星瞄准前视水准尺（3 点成一面），拧紧照准部（或水平）制动螺旋。

（2）操作望远镜

① 视度调节。因在后尺测量时该项工作已完成，故若观测者不更换的话该项工作就不必做了，若观测者更换则按 3.4.4 中（2）所述进行。

② 调焦。同 3.4.4 中（2）所述，转动水准仪望远镜上的调焦螺旋，用眼通过目镜观察，使前视水准尺（前尺）呈像最清晰。因为水准仪到前、后尺的距离大致相等，因此观测者不更换的话该项工作就不必做了。

③ 精瞄。同 3.4.4 中（2）所述，转动水准仪照准部微动螺旋，使水准仪照准部在水平面内做缓慢的小幅转动，使望远镜十字丝竖丝平分前视水准尺。

④ 观察与消除视差。同 3.4.4 中（2）所述。

（3）精平　同 3.4.4 中（3）。

（4）读数　同 3.4.4 中（4）。在保证管水准器构成的一个抛物线稳定不动的情况下应连续读出中丝、上丝、下丝在前视水准标尺上的读数 $b=4267\text{mm}$、$S_B=4205\text{mm}$、$X_B=4330\text{mm}$（见图 3-17，以塔尺为例），前尺测量结束。前尺上、下丝读数 S_B、X_B 之差乘以 100 即为水准仪到前视水准标尺的大概水平距离 D_B，为 12.0m。D_B 称为前视距离（简称前距）。

至此完成了一个测站上的高差测量工作。测站高差 $h_{AB}=a-b=-2.224\text{m}$，测站路线长 $L_{AB}=D_A+D_B=32.5\text{m}$。测站读数的准确性（不是测量的准确性）可通过式(3-6)、式(3-7) 大致进行检验，即

$$b\approx(S_B+X_B)/2 \tag{3-6}$$
$$a\approx(S_A+X_A)/2 \tag{3-7}$$

b 与 $(S_B+X_B)/2$ 的较差以及 a 与 $(S_A+X_A)/2$ 的较差一般不宜超过 3mm。

利用微倾式水准仪进行水准测量的关键要领是"读数必调抛物线"。为防止在一个测站上发生错误而导致整个水准路线结果的错误，可在每个测站上对观测结果进行检核，方法有两次仪器高法和双面尺法。两次仪器高法是在每个测站上一次测得两转点间的高差后，改变一下水准仪的高度再次测量两转点间的高差，对一般水准测量当两次所得高差之差小于 5mm 时可认为合格并取其平均值作为该测站所得高差（否则应进行检查或重测）。双面尺法利用双面水准尺分别由黑面和红面读数得出的高差，扣除一对水准尺的常数差后，两个高差之差小于 5mm 时可认为合格（否则应进行检查或重测），水准仪在视线不动情况下对同一

把尺的黑面和红面进行读数的读数差应等于该水准尺的尺常数（读数差与尺常数之差小于3mm时可认为合格，否则应进行检查或重测）。

3.5 水准测量内业计算

测量工作按工作特点的不同可分为内业和外业2大部分，外业是指为采集信息而进行的工作，内业是指为处理信息进行的工作。水准测量外业工作主要是获得高差观测数据，水准测量内业工作则主要是对外业数据进行合理处理求出最合理的高程值。水准测量外业的任务是从已知高程的水准点开始测量其他水准点或地面点的高程，测量前应根据要求布置并选定水准点的位置、埋设好水准点标石、拟定水准测量进行的路线。

3.5.1 水准路线的形式

假设上海有一个已知水准点 A，苏州搞城市建设需要一个水准点，无锡搞城市建设也需要一个水准点，那么，就需要在苏州和无锡各建造一个水准基准点1、2（基准点的建造形式见图3-18），然后，从上海水准基准点 A 开始沿着沪宁公路按本书3.3所述的作业过程先测量上海水准基准点 A 到苏州水准基准点1间的高差，再测量苏州水准基准点1到无锡水准基准点2间的高差。至此，整个测量工作结束。水准测量中将上海水准基准点 A 到苏州水准基准点1间的高差测量过程称为1个测段，苏州水准基准点1到无锡水准基准点2间的高差测量过程也称为1个测段，而上海水准基准点 A 到无锡水准基准点2的总测量过程称为一个路线（水准路线），测量过程中上海水准基准点 A、苏州水准基准点1、无锡水准基准点2上均不能放尺垫，其他中间点（转点）上均必须放尺垫。不难理解，一个路线是由1个或多个测段构成的，而一个测段又是由若干个测站构成的（换句话说是由若干个转点构成的）（见本书3.3所述），每个测站又是由一个后视点和一个前视点构成的。所以，水准测量中将相邻水准点（包括已知和未知）间的水准测量过程称为测段，连续的测段称为路线（单个独立测段也称为路线），一个测段的最少设站数至少为2站，测段设站总数必须是偶数（目的是消除水准标尺零位误差及刻划不均匀的误差）。上述上海到无锡的测量过程中如果某个测段出现错误将无法发现，因此，将这种路线称为支水准路线［见图3-19（a），图中◎代表已知水准点、○代表欲求水准点］。

若常熟搞城市建设需要一个水准点，太仓搞城市建设需要也一个水准点，则可在常熟和太仓各建造一个水准基准点3、4，然后，接着上海—苏州—无锡的测量过程继续进行无锡—常熟、常熟—太仓的水准测量，为了防止测段测量错误，常熟—太仓的水准测量结束后，我们可以再进行太仓—上海的水准测量，从而回归到原始基准点上海，此时，上海—苏州、苏州—无锡、无锡—常熟、常熟—太仓、太仓—上海5个测段的高差之和理论上应等于零，若不等于零则说明整个路线存在测量误差或测量错误（若相差太大则说明某段测量有错误）。从上海已知水准基准点出发经过若干个测段又回到上海已知水准基准点的水准路线称为闭合水准路线［见图3-19（b），图中◎代表已知水准点、○代表欲求水准点］。

另外，假设南京也有一个已知水准点 B，常州、镇江搞城市建设也各需要一个水准点，则可在常州、镇江各建造一个水准基准点5、6，然后，接着上海—苏州—无锡的测量过程继续进行无锡—常州、常州—镇江的水准测量，为了防止测段测量错误，常州—镇江的水准测量结束后，我们可以再进行镇江—南京的水准测量，此时，上海—苏州、苏州—无锡、无锡—常州、常州—镇江、镇江—南京5个测段的高差之和理论上应等于南京已知水准点高程与上海已知水准点高程之差，若不等则说明整个路线存在测量误差或测量错误（若相差太大则说明某段测量有错误）。从上海已知水准基准点出发经过若干个测段测到南京已知水准基准点的水准路线称为附合水准路线［见图 3-19 （c），图中◎代表已知水准点、○代表欲求水准点］。

多条附合水准路线纵横相连构成的大水准路线称为结点水准路线［见图 3-19 （d），图中◎代表已知水准点、○代表欲求水准点］，多条闭合水准路线纵横相连构成的大水准路线称为水准网［见图 3-19 （e），图中◎代表已知水准点、○代表欲求水准点］。

对每个测段来讲，通过水准测量可获得 3 个成果，即测段高差 h、测段长 D、测站数 n。测段高差 h 是测段内每站高差的总和［见式(3-2)］，测段长 D 是测段内每站前距 D_B 和后距 D_A 的总和。

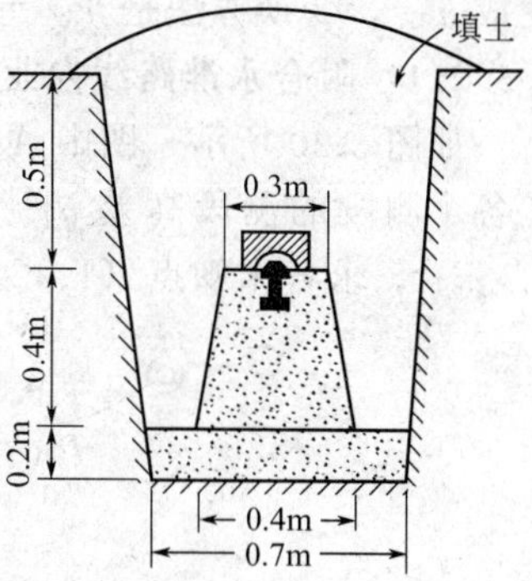

图 3-18　水准基准点的建造形式

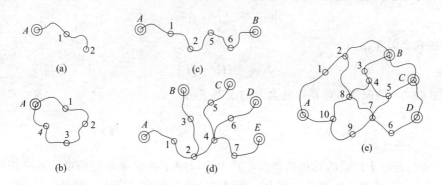

图 3-19　水准路线的种类

综上所述，水准路线一共有 5 种形式，即附合水准路线［水准测量从一个高级水准点开始，结束于另一高级水准点的水准路线。这种形式的水准路线，可使测量成果得到可靠的检核，见图 3-19(c)］；闭合水准路线［水准测量从一已知高程的水准点开始，最后又闭合到该起始点上的水准路线。这种形式的水准路线也可以使测量成果得到检核，见图 3-19(b)］；支水准路线［由一已知高程的水准点开始，最后既不附合也不闭合到已知高程的水准点上的一种水准路线。这种形式的水准路线由于不能对测量成果自行检核，因此必须进行往测和返测或用两组仪器进行双观测，见图 3-19(a)。因此，规范对支水准路线的长度和点数都有限制］；结点水准路线［当几条附合水准路线连接在一起时就形成了结点水准路线，见图 3-19(d)。结点水准路线可使检核成果的条件增多因而可提高成果的精度，但计算复杂，须用最小二乘原理进行］；水准网［当几条闭合水准路线连接在一起时，就形成了水准网，见图 3-19 （e）。水准网可使检核成果的条件增多因而也可提高成果的精度，计算也很复杂，也须用最小二乘原理进行］。

3.5.2　水准测量内业计算

由于结点水准路线、水准网的计算需要用到最小二乘原理且只在大型测量中采用，因此，本书不做介绍（目前该类计算多借助软件进行），只介绍附合水准路线、闭合水准路线、支水准路线的计算方法。为了不致引起计算过程的混乱，水准测量内业计算规定，所有测段的高差方向均必须一致［即高差值是按计算路线顺序排列的，以图 3-19 （b） 为例，计算时采用的高差必须依次是 h_{A1}、h_{12}、h_{23}、h_{34}、h_{4A}，若你最后一段测的是 A—4，则该测段所有的后视读数 a 减去所有的前视读数 b 得到的高差是 h_{A4}，在进行内业计算时必须将 h_{A4}

变成 h_{4A}，变换方法是 $h_{4A} = -h_{A4}]$。

3.5.2.1 附合水准路线内业计算

如图 3-20 所示，图中 A、B 为已知水准点，高程分别为 H_A、H_B。通过水准测量获得了各个测段的测段高差 $h_{i,(i+1)}$、测段长 $D_{i,(i+1)}$，因此，也就知道了各个测段的设站数 $n_{i,(i+1)}$。求各未知点（1、2、3、4）的最或然高程 H'_i。计算过程如下。

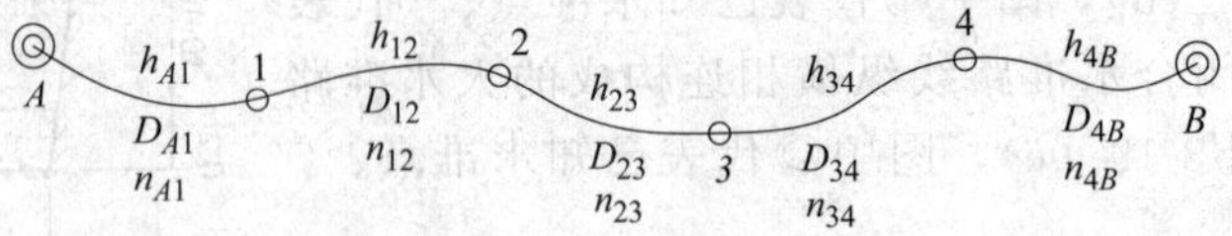

图 3-20 附合水准路线

（1）计算路线高差总误差 f_h 路线的观测高差 h_{AB} 为：

$$h_{AB} = \sum_{i=A}^{B-1} h_{i,(i+1)} \tag{3-8}$$

路线的真高差 h'_{AB} 为：

$$h'_{AB} = H_B - H_A \tag{3-9}$$

根据式(2-2)的原理，可得路线高差总误差 f_h：

$$f_h = h_{AB} - h'_{AB} = \sum_{i=A}^{B-1} h_{i,(i+1)} - (H_B - H_A) \tag{3-10}$$

f_h 反映的是整个路线的总观测误差，其大小反映了测量成果的精度，其中很可能还包含错误。因此，必须对总观测误差加上一个限制条件，即命令它不得超过一定的限度（测量称限差），若超过这个限度则认为观测过程有错误，必须重新测量某个问题测段。测量中，为了防止错误、提高精度，对任何测量过程都有限差要求。

水准测量路线总观测误差的限差 F_h 为：

平地 $F_h = \pm aL^{1/2}$ （mm）   (3-11)

山地 $F_h = \pm bN^{1/2}$ （mm）   (3-12)

a、b 的取值可查国家规范或行业规范，水准测量等级越高，a、b 值越小。

当用 S_3 级水准仪和单面水准尺进行普通水准测量时 $a = 27$、$b = 8$。

式(3-11)、式(3-12)中，L 为附合水准路线（或闭合水准路线）的线路总长度 $[L = \sum D_{i,(i+1)}]$，在支水准路线上 L 为测段长，均以 km 为单位，L 不足 1km 时取 1km。N 为线路总测站数 $[N = \sum n_{i,(i+1)}]$。

若 $|f_h| \leqslant |F_h|$，说明测量合格，没有错误，可以继续进行计算。否则，应该返工有问题的测段，直到合格为止（即满足 $|f_h| \leqslant |F_h|$ 的要求）。

（2）计算测段高差改正数 $v_{i,(i+1)}$ f_h 是路线上各个测段观测误差综合作用产生的，测段路线越长（或测站数越多），对 f_h 的影响越大，因此，其分摊的误差量也应该越大，故测段高差的改正数与测段路线长（或测站数）成正比。结合式（3-10），有

$$v_{i,(i+1)} = -\left[f_h \Big/ \left(\sum_{i=A}^{B-1} D_{i,(i+1)} \right) \right] \times D_{i,(i+1)} \tag{3-13}$$

由于，通常情况下根据式(3-13)计算的 $v_{i,(i+1)}$ 一般为非整除数，因此，必须对 $v_{i,(i+1)}$ 进行凑整处理（凑整处理的原则是四舍六入、恰五配偶。比如 1.5、1.6、2.4、2.5 取位到整数的结果都是 2）。$v_{i,(i+1)}$ 的取位应与水准测量高差观测值的取位相同 [即水准测量高差

观测值取位到 mm，则 $v_{i,(i+1)}$ 也取位到 mm]。$v_{i,(i+1)}$ 凑整处理后会带来一个总观测误差分摊不完全的问题，因此，必须求出总观测误差分摊后的残余误差 δ_Δ（或残余改正量 δ_v），即

$$\delta_v = \left[\sum_{i=A}^{B-1} v_{i,(i+1)}\right] + f_h \tag{3-14}$$

若根据式（3-14）计算出的 $\delta_v = 0$ 则说明分摊完善，若 $\delta_v \neq 0$ 则需要进行二次分摊。

当 $\delta_v \neq 0$ 时，δ_v 的值通常都很小（数值在最小保留位数档，数目字远小于测段个数），二次分摊的原则是将 δ_v 拆单（拆成若干个 1），按照 $v_{i,(i+1)}$ 由大到小的顺序依次分摊，直到全部分摊完毕为止。比如按图 3-20 计算的 $\delta_v = -3\text{mm}$（说明欠 3mm），则给最长的测段的高差改正数增加 1mm，给第二长的测段的高差改正数增加 1mm，给第三长的测段的高差改正数增加 1mm，其余测段高差改正数不变。

这样，二次分摊后各测段的高差改正数就变成了 $v'_{i,(i+1)}$，应再次校核一下：

$$\sum_{i=A}^{B-1} v'_{i,(i+1)} = -f_h \tag{3-15}$$

校核无误方可进行下一步计算。

（3）计算测段高差最或然值 $h'_{i,(i+1)}$　根据式(3-6)的原理，有

$$h'_{i,(i+1)} = h_{i,(i+1)} + v'_{i,(i+1)} \tag{3-16}$$

为了防止计算错误，应校核：

$$\sum_{i=A}^{B-1} h'_{i,(i+1)} = H_B - H_A \tag{3-17}$$

若式(3-17)不满足，则说明（3）部分计算有误，若经检查（3）部分计算正确则（1）部分计算有误。

（4）计算各未知点最或然高程 H_i　$H'_{i+1} = H'_i + h'_{i,(i+1)}$ $\tag{3-18}$

从 A 点开始一直计算到 B，求出 H'_B。

为了防止计算错误，应校核：

$$H_B = H'_B \tag{3-19}$$

若式(3-19)不满足，则说明（4）部分计算有误，应重新认真计算。

以上是按测段路线长 D 进行误差分摊和数据处理的。同样，我们也可按测站数 n 分摊误差、处理数据。按测站数分摊误差、处理数据时只须将 3.5.2.1 中的 $D_{i,(i+1)}$ 换成 $n_{i,(i+1)}$、限差采用式(3-12) 即可，其余不变。

3.5.2.2　闭合水准路线内业计算

闭合水准路线的计算方法与附合水准路线完全相同，只须将 3.5.2.1 中的 B 点当作 A 点即可 [即式(3-9)、式（3-10）中 $H_B - H_A = 0$]，闭合水准路线实际上就是将附合水准路线中的 B 与 A 重合的结果（见图 3-21）。

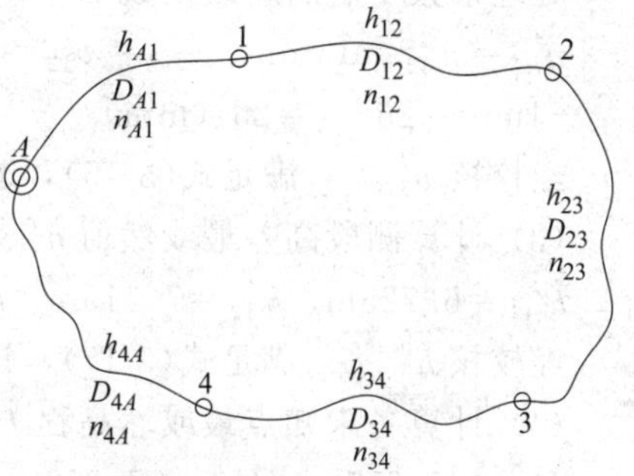

图 3-21　闭合水准路线

3.5.2.3　支水准路线内业计算

支水准路线必须进行往测和返测，假设某测段往测高差为 $h_{i,(i+1)}$，返测高差为 $h'_{(i+1),i}$ 则当 $[h_{i,(i+1)} + h_{(i+1),i}] \leqslant F_h$ 时该测段观测合格；否则则不合格。测段观测合格后，该测段高差最或然值 $h'_{i,(i+1)} = [h_{i,(i+1)} - h_{(i+1),i}]/2$，$(i+1)$ 点的最或然高程 $H'_{i+1} = H'_i + h'_{i,(i+1)}$。依此类推，支水准路线其他测段的处理方法相同。

3.5.3　算例

如图 3-22 所示。已知 $H_A=63.132\mathrm{m}$、$H_B=83.905\mathrm{m}$、$h_{A1}=6.710\mathrm{m}$、$h_{12}=7.395\mathrm{m}$、$h_{23}=-3.082\mathrm{m}$、$h_{34}=5.441\mathrm{m}$、$h_{4B}=4.216\mathrm{m}$、$n_{A1}=37$ 站、$n_{12}=48$ 站、$n_{23}=56$ 站、$n_{34}=24$ 站、$n_{4B}=63$ 站、$F_h=\pm8N^{1/2}$（mm）。求各未知点（1、2、3、4）的最或然高程 H_i'。计算过程如下。

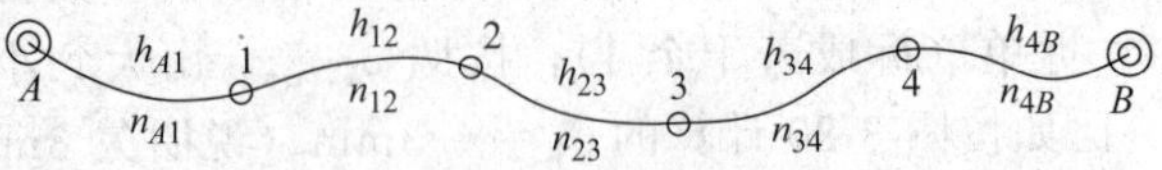

图 3-22　附合水准路线

（1）计算路线高差总误差 f_h　根据式（3-8）：

$$h_{AB}=\sum_{i=A}^{B-1}h_{i,(i+1)}=20.680\mathrm{m}$$

根据式（3-9）

$$h_{AB}'=H_B-H_A=20.773\mathrm{m}$$

根据式（3-10）

$$f_h=h_{AB}-h_{AB}'=\sum_{i=A}^{B-1}h_{i,(i+1)}-(H_B-H_A)=-0.093\mathrm{m}=-93\mathrm{mm}$$

根据式（3-12）

$$F_h=\pm8N^{1/2}=\pm8\times228^{1/2}=120.8(\mathrm{mm})$$

$|f_h|\leqslant|F_h|$ 测量合格。

（2）计算测段高差改正数 $v_{i,(i+1)}$　根据式（3-13）可得：

$v_{A1}=15\mathrm{mm}$、$v_{12}=20\mathrm{mm}$、$v_{23}=23\mathrm{mm}$、$v_{34}=10\mathrm{mm}$、$v_{4B}=26\mathrm{mm}$

根据式（3-14）

$$\delta_v=\Big(\sum_{i=A}^{B-1}v_{i,(i+1)}\Big)+f_h=94-93=1(\mathrm{mm})$$

计算结果说明多改正了 1mm，应该让最大的测段改正数减少 1mm。

处理余数 1 后的新改正数 $v_{i,(i+1)}'$ 为：

$v_{A1}'=v_{A1}=15\mathrm{mm}$、$v_{12}'=v_{12}=20\mathrm{mm}$、$v_{23}'=v_{23}=23\mathrm{mm}$、$v_{34}'=v_{34}=10\mathrm{mm}$、$v_{4B}'=v_{4B}-1\mathrm{mm}=26-1=25$（mm）

经校核 $v_{i,(i+1)}'$ 满足式（3-15），改正完善。

（3）计算测段高差最或然值 $h_{i,(i+1)}'$　根据式（3-16）：

$h_{A1}'=6.725\mathrm{m}$，$h_{12}'=7.415\mathrm{m}$，$h_{23}'=-3.059\mathrm{m}$，$h_{34}'=5.451\mathrm{m}$，$h_{4B}'=4.241\mathrm{m}$

经校核 $h_{i,(i+1)}'$ 满足式（3-17），计算无误。

（4）计算各未知点最或然高程 H_i'　根据式（3-18）：

$H_1'=69.857\mathrm{m}$、$H_2'=77.272\mathrm{m}$、$H_3'=74.213\mathrm{m}$、$H_4'=79.664\mathrm{m}$、$H_B'=83.905\mathrm{m}$

经校核 $H_B=H_B'$，计算无误，计算结束。

3.6　自动安平水准仪

自动安平水准仪（见图 3-23）自 20 世纪 50 年代初问世以来发展很快，自动安平水准仪

的特点是不用水准管和微倾螺旋，只用圆水
准器进行粗平，然后借助一种补偿器装置，
即可读出视线水平时的读数。由于这种仪器
无需进行精平，因此大大地缩短了观测时
间，简化了操作，可防止因观测者疏忽造成
的粗差，在一定程度上减小了仪器和水准尺

图 3-23　自动安平光学水准仪

下沉以及风力、温度、振动等外界条件对测
量成果的影响。由于自动安平水准仪有不少优点，所以现代各种精度的水准仪越来越多地采
用自动补偿装置。

　　自动安平水准仪的自动安平原理主要有移动十字丝法、移动像点法 2 种。自动安平水准
仪的核心部分是补偿器。目前在自动安平水准仪上所采用的补偿器主要有吊丝式、轴承式、
簧片式和液体式等几种。吊丝式补偿器是通过悬吊光学零件的方法，借助重力作用达到视线
自动安平目的的。轴承式补偿器多采用移动像点的方法实现自动安平。

　　自动安平水准仪的使用方法较微倾式水准仪简便。首先也是用脚螺旋使圆水准器气泡居
中，完成仪器的粗平。然后用望远镜照准水准尺，即可用十字丝横丝读取水准尺读数，所得
的就是水平视线读数。自动安平水准仪补偿器是有一定工作范围的（即能起补偿作用的范
围），因此使用自动安平水准仪时要防止补偿器贴靠周围部件而不处于自由悬挂状态。有的
自动安平水准仪在目镜旁有一按钮，用它可直接触动补偿器，读数前可轻按此按钮以检查补
偿器是否处于正常工作状态（也可消除补偿器存在的轻微贴靠现象。如果每次触动按钮后水
准尺读数变动后又能恢复原有读数则表示工作正常）。如果仪器上没有这种检查按钮则可用
脚螺旋使仪器竖轴在视线方向稍作倾斜，若读数不变则表示补偿器工作正常。由于要确保补
偿器处于工作范围内，使用自动安平水准仪时应十分注意圆水准器气泡是否居中。

3.7　精密水准仪

　　精密水准仪一般是指精度高于 $\pm 1\text{mm/km}$ 的水准仪，我国水准仪系列中 DS_{05}、DS_1 均
属精密水准仪，精密水准仪有微倾水准管式的也有自动安平式和电子式的。精密水准仪主要
用于国家二等水准测量和高精度工程测量（比如建筑物的沉降观测、大型桥梁的施工、大型
建筑物的施工和设备安装等测量工作）。精密水准仪的主要特点是高质量的望远镜光学系统、
坚固稳定的仪器结构、高精度的测微器装置、高灵敏的管水准器或高性能的补偿器装置。

　　精密光学水准仪除了要有较高的置平精度外，构造上主要特点是都附有一个供读数用的
光学测微装置，它包括装在望远镜物镜前的一块平行玻璃板（玻璃板可绕一横轴作俯仰转
动）和一个测微尺（通过连杆与平行玻璃板相连），旋转测微螺旋可使平行玻璃板绕横轴转
动（同时也带动了测微尺），从而可测出平行玻璃板转动的量。当平行玻璃板与视线垂直时，
视线经过玻璃板后不产生位移。但当平行玻璃板不垂直于视线时，根据光的折射原理，视线
经过玻璃板后将产生平行的位移，这个平行位移的量与玻璃板的倾角成正比。利用与玻璃板
相连接的测微尺，可将平移量精确地测量出来。水准仪上视线的最大平移量有 5mm 和
10mm 两种（相当于水准尺上一个分划）。测微尺上的最小分划值为最大平移量的 1/100
（即可直接读出 0.05mm 或 0.1mm）。

　　精密水准仪必须配有精密水准尺，与精密水准仪配合使用的是因瓦水准尺（因瓦是一种
膨胀系数极小的合金），这种水准尺大多是在木质尺身的凹槽内，引张一根长 3m 的因瓦合
金钢带，其中零点端固定在尺身上，另一端用弹簧以一定的拉力将其引张在尺身上，以使因

瓦合金钢带不受尺身伸缩变形的影响，长度分划在因瓦合金钢带上，数字注记在木质尺身上。精密水准尺的分划值分为基辅分划（10mm）和奇偶分划（5mm）两种，见图3-24。精密水准尺的主要特点是：当空气的温度和湿度发生变化时，水准标尺分划间的长度必须保持稳定；水准标尺的分划必须十分正确与精密（分划的偶然误差和系统误差都应很小）；水准标尺在构造上应保证全长笔直并且尺身不易发生长度和弯扭等变形；在精密水准标尺的尺身上应附有圆水准器装置（以便作业时扶尺者借以使水准标尺保持在垂直位置）。目前，国际通用的精密水准尺分划形式有两种，一种见图3-24(a)，特点是在同一尺面上两排刻划彼此错开，右面一排的注记从0开始，称基本分划；左面一排为辅助分划（注记由3m开始至6m），基本分划和辅助分划的注记有一差数值（称为基辅差，值为3.01550m），基本分划和辅助分划的作用如同双面水准尺（可检核读数），该尺可与Wild（Leica）N3型水准仪配套使用。另一种只有基本分划而无辅助分划，见图3-24(b)，特点是左面一排分划为奇数值，右面一排分划为偶数值，右边注记为米数，左边注记为分米数，小三角形表示半分米位置，长三角形表示分米的起始线，分划的实际间隔为5mm，表面值为实际长度的2倍（即水准尺上的实际长度为尺面读数的1/2），因此，用此水准尺观测高差须除以2才是真实高差，该尺适用于测微轮周值为5mm的水准仪（比如我国靖江测绘仪器厂生产的DS₁级水准仪）。因瓦水准尺使用前应经过检验，检验应用一级线纹米尺（见图3-25）进行，检验的项目和要求主要有3点，即每米平均真长的误差≤0.15mm，每分米分划误差≤0.1mm，水准尺零点差≤0.1mm，检验方法和步骤应按规范要求进行（木质普通水准尺也可采用同样方法进行，但上述三项误差分别要小于0.5mm、1.0mm和0.5mm）。

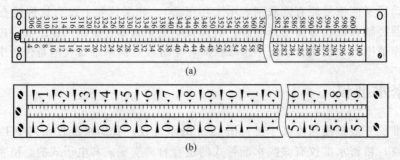

(a)

(b)

图 3-24 精密水准尺的类型

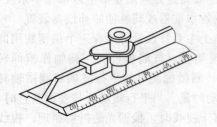

图 3-25 一级线纹米尺

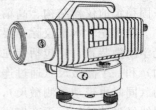

图 3-26 Wild N3 微倾式精密水准仪

图3-26为Wild N3微倾式精密水准仪（其每千米往返测高差中数的中误差为±0.3mm。为了提高读数精度，精密水准仪上设有平行玻璃板测微器）。其瞄准与读数情况见图3-27。精密光学水准仪的使用方法与DS₃水准仪大致相同，只是多了个测微过程，首先将脚架安置牢固，装上仪器，固紧连接螺旋，转动脚螺旋使仪器粗平，瞄准水准尺转动微倾螺旋使管水准器气泡居中［调抛物线使符合气泡观察目镜的水准气泡两端符合，见图3-27(a)下半部分］，则视线精确水平［图3-27(a)为测微尺与管水准气泡观察窗视场，图(b)为望远镜

视场]，此时可再转动测微螺旋使望远镜目镜中看到的楔形丝夹准水准标尺上的 148 分划线，也就是使 148 分划线平分楔角，再在测微器目镜中读出测微器读数 656（即 6.56mm），故水平视线在水准标尺上的全部读数为 148.656cm。

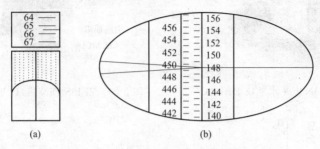

图 3-27　Wild N3 水准仪的读数方法

3.8　电子水准仪

　　20 世纪 40 年代出现了电磁波测距技术，1963 年 Fennel 厂研制出了编码经纬仪，随着光电技术、计算机技术和精密机械制造技术的发展，到 20 世纪 80 年代已开始普遍使用电子测角和电子测距技术，然而到 20 世纪 80 年代末水准测量还在使用传统仪器。这是由于水准仪和水准标尺不仅在空间上是分离的，而且两者的距离可以从 1m 多变化到 100m，因此在技术上引起数字化读数的困难。为现实水准仪读数的数字化，人们进行了近 30 年的尝试，如德国 ZEISS 厂的 RENI002A 已使测微器读数能自动完成，但粗读数还需人工读出并按键输入，然后与精读数一起存入存储器，因此还算不上真正的电子水准仪，又如利用激光扫平仪和带探测的水准标尺可以使读数由标尺自动记录，由于这种试验结果还不能达到精密几何水准测量的要求，因此也没有解决水准测量读数自动化的难题。1990 年瑞士 Wild（今 Leica）厂首先研制出数字水准仪 NA2000。可以说，从 1990 年起，测量仪器已经完成了从精密光机仪器向光机电测一体化的高技术产品的过渡，攻克了测量仪器中水准仪数字化读数这一最后难关。到 1994 年德国 ZEISS 厂研制出了电子水准仪 DiNi10/20，同年日本 TOP-CON 厂也研制出了电子水准仪 DL101/102，这意味着电子水准仪也将普及，见图 3-28。同时也说明，目前还是几何水准测量的精度高，没有其他方法可以取代。GPS 技术只能确定大地高，大地高换算成工程上感兴趣的正常高还需要知道高程异常，确定高程异常还需要精密水准测量。这也是各厂家努力开发电子水准仪的原因之一。电子水准仪具有测量速度快、读数客观、能减轻作业劳动强度、精度高、测量数据便于输入计算机和容易实现水准测量内外业一体化的特点，因此它投放市场后很快受到用户青睐。由于国外低精度高程测量盛行使用各种类型的激光定线仪和激光扫平仪，因此，目前电子水准仪的精度等级基本都是中高精度，中等精度电子水准仪的标准差在 ±(1.0～1.5)mm/km 之间，高精度电子水准仪的标准差在 0.3～0.4mm/km。

3.8.1　电子水准仪的主要特征及原理

　　电子数字水准仪的主要特征是由传感器识别条形码水准标尺（因瓦数字水准尺）上的条形码分划，经信息转换处理获取观测值，并以数字形式显示或存储在计算机内。观测时，经自动调焦和自动置平后，水准标尺条形码分划影像射到分光镜上，并将其分为两部分：其一是可见光，通过十字丝和目镜，供照准用；其二是红外线，射向探测器，它将望远镜接收到的光图像信息转换成电影像信号，并传输给信息处理机，与机内原有的关于水准标尺的条形

图 3-28 TOPCON 电子水准仪 DL102C

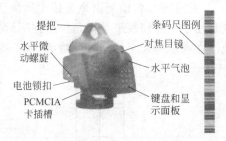

图 3-29 ZEISS DiNi11/12 电子水准仪与条码尺

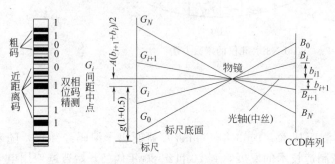

图 3-30 几何法测量原理

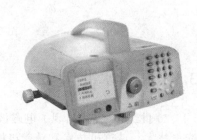

图 3-31 Leica DNA03/10 电子水准仪

码本源信息进行相关处理，从而得出水准标尺上水平视线的读数。

电子水准仪又称数字水准仪，是在自动安平水准仪的基础上发展起来的。它采用条码标尺（各厂家标尺编码的条码图案不相同，不能互换使用）。目前照准标尺和调焦仍需目视进行。人工完成照准和调焦之后，标尺条码一方面在望远镜分化板上成像，供目视观测，另一方面通过望远镜的分光镜，标尺条码又在光电传感器（又称探测器）上（即线阵 CCD 器件上）成像供电子读数。因此，如果使用传统水准标尺，电子水准仪又可以像普通自动安平水准仪一样使用。不过这时的测量精度低于电子测量的精度。特别是精密电子水准仪，由于没有光学测微器，当成普通自动安平水准仪使用时其精度更低。

当前电子水准仪采用了原理上相差较大的三种自动电子读数方法，即相关法（Leica NA3002/3003）、几何法（德国 ZEISS DiNi10/20）、相位法（日本 TOPCON DL101C/102C）。电子水准仪的三种测量原理各有奥妙，三类仪器都经受了各种检验和实际测量的考验，能胜任精密水准测量作业。

德国 ZEISS 厂的电子水准仪及标尺条码见图 3-29，其几何法测量原理见图 3-30。

Leica DNA03/10 的外形见图 3-31，原理见图 3-32。

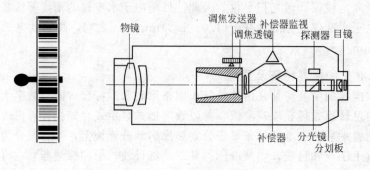

图 3-32 相关法测量原理

电子水准仪是以自动安平水准仪为基础，在望远镜光路中增加了分光镜和探测器（CCD），并采用条码标尺和图像处理电子系统构成的光机电测一体化的高科技产品。采用普通标尺时，又可像一般自动安平水准仪一样使用。它与传统水准仪相比有以下 4 个特点，即读数客观（不存在误差、误记问题，没有人为读数误差）、精度高（视线高和视距读数都是采用大量条码分划图像经处理后取平均得出来的，因此削弱了标尺分划误差的影响。多数仪器都有进行多次读数取平均的功能，可以削弱外界条件影响。不熟练的作业人员也能进行高精度测量）、速度快（由于省去了报数、听记、现场计算的时间以及人为出错的重测数量，测量时间与传统仪器相比可以节省 1/3 左右）、效率高（只需调焦和按键就可以自动读数，减轻了劳动强度。视距还能自动记录、检核、处理，并能输入电子计算机进行后处理，可实现内外业一体化）。

3.8.2　电子水准仪的使用方法与注意事项

电子水准仪的使用方法与普通水准仪相似，作业时应注意以下几个问题（以德国 ZEISS DiNi11/12 电子水准仪为例）。

（1）根据国家水准测量规范设定测量模式　DiNi11/12 电子水准仪有四种测量模式可供选择，即后前、后前前后、后后前前和后前后前。根据我国颁布的国家水准测量规范要求，精密光学水准仪应选择"后前前后"的测量模式，观测的 4 个基本步骤安排为：照准、读取后视标尺的基本分划；照准、读取前视标尺的基本分划；照准、读取前视标尺的辅助分划；照准、读取后视标尺的辅助分划。采用这种观测模式的目的是消除仪器或尺台的沉降误差及读数印象误差对水准测量的影响。虽然 DiNi11/12 电子水准仪的水准标尺只是单一的条码标尺并无基本分划和辅助分划之分，但为了消除仪器或尺台的沉降等随时间变化的误差对水准测量的影响，在测量中还是应采用后前前后的测量模式。此外，在测量中还应注意观察显示面板的测站信息，在一个测段上应为偶数站，以消除一对标尺的零点差。

（2）根据国家水准测量规范合理设定仪器参数

① 设定一测站最大偏差值（maxdiff）。DiNi11/12 电子水准仪的每千米往返测量中误差的标称精度是 ±0.3mm，显然它能满足所有等级的水准测量要求。为控制测量误差，仪器有一项重要的设置，输入在"后前前后"的测量模式中测站最大偏差值（这个数值是指在一个测站上"后前"和"前后"的两次高差测量值的差值。其设定应根据水准测量的等级而定，如果设得过高，测量中因外界条件的影响经常会出现超限的警告，影响工作进度；若设得过低，在测段的往返闭合差和水准路线闭合差上将会出现超出限差要求的情况，因此，测站最大偏差值的设定至关重要）。在《国家一、二等水准测量规范》和《国家三、四等水准测量规范》中，一、二等水准测量的基辅分划所测高差之差分别为 0.5mm 和 0.7mm，三、四等水准测量的基辅分划所测高差之差分别为 1.5mm。结合规范的要求，我国科技人员经过大量测试，在一、二等精密水准测量中，建议将测站最大偏差值设为 0.5mm；在三、四等水准测量中该值设为 1.5mm。这样，在每站前后视距离、视距累计差和视线高度等方面严格执行国家水准测量规范要求的情况下，即使在最不利的天气（如大气变化剧烈的中午）中测量，也只有极少数测站的最大偏差值超限，从而可保证测量的精度和进度。

② 输入最小视高。大气垂直折射的影响是精密水准测量的主要误差之一，特别是视线越接近地面，大气垂直折射的影响越大。为减弱其影响，国家水准测量规范对前后视的视线高度有严格要求，故该项输入也应按相应等级的要求进行设定。一般情况下，输入仪器的最小视高（minsight）宜为 0.5m。测量中，当水平视线低于该设置时仪器将警告用户，此时应通过调整仪器和前尺位置加以解决。

（3）测量中常见问题的处理

① 测站最大偏差值超限的处理方法。由于电子水准仪采用电子读数方式，不存在人为读数误差，出现测站最大偏差值超限的主要原因来自于外界条件影响。当标尺影像在望远镜中抖动比较剧烈时应考虑适当缩短前后视距离并尽量架高仪器，若仍超限则应停止观测。

② 仪器无法显示测量结果的处理方法。测量中常会出现仪器无法显示测量结果的现象，产生这一现象的原因有两方面，一是太阳光通过树荫照射到标尺上后在标尺上产生斑纹，使仪器得到的影像受到干扰无法与仪器内的条码图片进行比较和计算（此时应对标尺加以遮挡以消除标尺上的斑纹）；二是水准仪的物镜端受到光线的直接照射（日落前这种情况最为明显）、亮度太强使得仪器无法得到标尺的影像，出现这种情况则应对仪器加以遮挡。

3.9　激光水准仪

激光水准仪（见图 3-33）是在普通水准仪上加设一套半导体激光发射系统形成的，半导体激光发射系统为水准仪提供了一条可见的红色水平激光束，红色水平激光束与原水准仪望远镜视准线保持同轴、同焦。通过望远镜对准目标调焦清晰可见后可同时得到聚焦后的激光光斑（此时的光斑最小也最清晰）。激光水准仪可为各种工程施工提供可见的水平基准线，给施工人员操作带来极大的方便。激光水准仪在关闭激光发射电源后可作为普通水准仪使用，因此具有一机两用的功能。激光水准仪广泛应用于隧道挖掘、管道铺设、水坝工程、船舶制造、飞机制造、大型机械安装、桥梁施工、各种室内装潢等工作。

图 3-33　DS₃ 激光水准仪

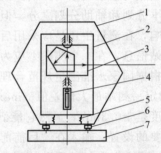

图 3-34　激光扫平仪的结构原理
1—外壳；2—内主体；3—旋转五棱镜；
4—激光器及扩束系统；5—自动安平装置；
6—粗调平装置；7—底座

3.10　激光扫平仪

激光扫平仪是在传统的光学扫描仪的基础上发展起来的一种激光扫描仪器，但它具有更高的扫平精度和更远的作用距离，而且使用起来更方便、更灵活，工作效率大大提高，现被广泛用于大地测量、工程测量以及大型设备安装等方面，这些应用大都局限于静态应用。激光扫平仪采用的是光电接收，可实时地把激光扫平信号转换为电信号进行处理，使它对动态信号的处理成为可能。激光扫平仪是一种光、机、电一体化仪器。该仪器利用现代半导体激光技术，使仪器工作时，旋转的激光束扫出一平面或直线，可进行水平面、垂直面、直线的测量，广泛适用于建筑行业的装饰、装修工程上。目前，国内外大多发展适用于高精度工程测量的精密型激光扫平仪。但对于一般精度测量且要求小巧价廉实用的工具类型扫平仪，国际上仅个别公司生产。大多数激光扫平仪能提供一个水平基准平面，可通过目视或探测器在一定的半径范围内控制任一点的高度，它在各种建筑施工、平整场地、机场建筑等施工工作中得到广泛应用。作为激光仪器的核心元件，过去很长一段时间内一直使用 He-Ne 激光管，目前则多采用激光二极管替代固体或气体激光元件。我国在 20 世纪 70 年代中期开始研究开发建筑用激光扫平仪，1975 年研制成功水泡式激光扫平仪，1976 年研制成功重锤式自动安平激光扫平仪，当时主要是应用 He-Ne 激光管作光源及利用悬挂 He-Ne 激光管即重锤原理达到自动安平的目的，产品在建筑业中得到一定应用，并取得了成效，但仪器存在体积较大，重量较重，施工现场使用、携带不便等缺陷。20 世纪 80～90 年代以 He-Ne 激光管为光源的激光扫平仪几乎销声匿迹，世界上各著名生产厂家（比如瑞士 Leica 公司、日本 TOP-CON、美国 SP 等）都推出了自己新一代的系列产品以适用于不同的用途，水平精度 ±10″左右，工作距离 300m 左右。TOPCON 的 RL-H 还具有光斑可调、水平扫描范围选择（0°、10°、45°、360°）功能，RL-H1S 还可在单轴方向设定倾斜度 0～18％，RL-H2S 可在双轴方向设定倾斜度 0～18％。

3.10.1　激光扫平仪的工作原理

激光扫平仪主要是由激光光源、旋转五棱镜以及安平底座等几部分组成。图 3-34 是它的基本结构原理图。激光经扩束后由旋转五棱镜偏转 90°出射，如果五棱镜绕激光光轴旋转，则出射光束扫描出一个与光轴垂直的平面，如使激光光轴为铅垂方向，这个扫描平面即为水平面。实际激光扫平仪是通过调整内主体的水平来保证激光光轴的铅垂的，调平时先用粗调装置把内主体调整到自动安平装置的工作范围内然后由自动安平装置自动找平，这样就可以把激光扫描平面作为测量或控制的基准平面，并根据目标点处的光电接收器所收到的位置信号来确定目标所在面偏离水平面的情况。根据激光扫平仪工作原理的差异，大致可将扫平仪分成水泡式激光扫平仪、自动安平激光扫平仪和电子自动安平扫平仪三类。

3.10.2　典型的激光扫平仪

目前比较流行的是瑞士 Leica 公司的 Rugby 系列建筑激光扫平仪，见图 3-35，其主要技术数据见表 3-1（另有 RodEye 激光接收器可选）。Leica Rugby50 是一款坚固耐用，价格实惠，用途广泛的全自动激光扫平仪，专门为常规建筑工程设计。Leica Rugby50 只有一个按键，按完键后仪器自动安平并自动开始旋转扫平，在使用过程中仪器将会自动调平以确保其全天候工作的精度和可靠性，其标高报警功能将替使用者监视 Leica Rugby50 的一举一动（如果遇到碰撞或脚架挪动，报警功能将会完全关闭扫平功能并发出预警声音）。Rugby50 的特点是简单、一键式操作，具有抗冲击的复合材料外壳和完全密封的封闭式机身，防水性好且不受环境影响，电池工作时间长，具有标高报警保护/倾斜超限指示和低电量指示灯。Leica Rugby100 和 Rugby100LR 自动安平建筑激光扫平仪广泛应用于常规建筑工程和机械控制领域，设计既耐用又易于操作，能够快速进行混凝土成型、垫块安装和框架搭建、路基设置和基脚施工等，它们的防水防尘功能可确保在各种天气和场地条件下均能可靠工作，配有高强度和稳定性的铝合金基座，可靠的保护罩可有效保护仪器内部的部件，具有坚固、耐用、抗冲击的仪器外壳。

3.10.3　激光扫平仪应用示例

（1）激光扫平仪在施工中的应用　激光扫平仪能提供一个水平和垂直基准面，仪器扫描的激光束与墙面、地面、天花板或测量杆相交，可以看到明显的红色扫描光迹——激光水平面或垂直面，该平面基准可为各工种、各操作工人提供一个共同的施工基准。扫平仪不但操作简单，而且可以实现施工人员的实时测量，加快施工进度和保证施工质量，降低劳动强

(a) Rugby50　　　　　(b) Rugby100　　　　　(c) Rugby100LR

图 3-35　Leica 公司的 Rugby 系列建筑激光扫平仪

表 3-1　Leica Rugby 系列建筑激光扫平仪的主要技术数据

技术参数	Rugby50	Rugby100	Rugby100LR
激光类型	红外、不可见、Ⅰ级	红色、Ⅱ级	红外、不可见、Ⅰ级
作业范围(直径)	300m	300m	750m
精度(30m 处)	±2.6mm	±1.5mm	±1.5mm
安平类型	水平	水平	水平
安平范围	±5°	±5°	±5°
旋转速度(每秒钟转数)	10	5,10	5,10
手动变坡功能	—	是	是
坡度范围	—	±10%	±10%
质量(含电池)	1.85kg	2.95kg	2.95kg
防水防尘等级	IP55	IP66	IP56
工作温度	−20～+50℃	−20～+50℃	−20～+50℃
作业时间	60h(碱性电池)	60h(碱性电池)	60h(碱性电池)

度。利用激光扫平仪能保证平整度，例如在铺设水泥地面时，可以降低混凝土的消耗量，节约垫层找平材料，降低了成本，加快了作业进程。激光扫平仪在建筑施工中的混凝土地面层施工、吊顶与屋面施工、窗框及电器开关等安装和墙面装饰施工等方面得到广泛应用。如果扫平仪配用的脚架具有升降的功能，则使用更为方便。

在大规模机械化自动平整土地、挖掘沟道等工作中，激光扫平自动控制系统的应用将极大地加快施工进度，保证土地平整要求。该系统一般由激光扫平仪、全方位 360°激光探测器和液压控制系统三部分组成（见图 3-36）。探测器安装在推土机或挖土机的平铲上，根据探测器接收信号，通过控制箱对平铲的液压系统进行控制，实现以激光平面为基准的机械化土地平整。

（2）激光扫平仪在地面平整中的应用　在工程建设中，经常要涉及地面平整的问题，如平地机平整地面、推土机平整路面等，大都要求所平地面为水平。而在另一些场合，地面的水平度将对后续工作产生决定性的影响，如盐池的平整，池面的水平度将直接影响产盐的质量和产量。在平整盐池时，传统的做法是机械先大致推平，然后用放水观察、人工修补的办法来修平，这样不仅使平整工作效率低、周期长，而且池面的质量也难以得到很好的保证。如果使用激光扫平仪配以自动反馈闭环控制系统，这些问题就能得到很好的解决。见图 3-37，激光扫平仪调平后固定在待平池面的中央，光电接收器（采用光电池阵列）与工

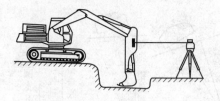

图 3-36　挖沟深度控制

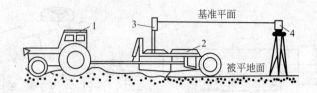

图 3-37　激光校准盐场平池机的工作原理

1—牵引拖拉机；2—平地机主体；

3—激光接收机；4—激光扫平仪

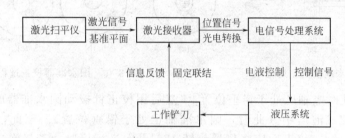

图 3-38　信号传输处理流程图

作铲刀固定联结，这样接光点的位置就反映了地面的相对高度，根据这一相对高度就可判断该处是"高点"或"低点"以及高低的程度，通过闭环控制系统相应地调整铲刀的高低位置，以削去高出的部分或补平低下的部分，实现地面的自动平整。其信号的传输和处理过程如图 3-38 所示。以上这些测量、控制、铲刀升降等一系列动作都是在整机运行过程中实时进行的，所以工作效率可以大大提高。同时，激光扫平仪和光电接收器均有很高的精度，从而使最终控制精度得到很好的保证。

3.11　水准仪的检验和校正

为保证测量工作能得出正确的成果，工作前必须对所使用的仪器进行检验和校正。

3.11.1　微倾式水准仪的检验和校正

微倾式水准仪的主要轴线有圆水准轴、竖轴、水准管轴、视准轴和十字丝的横丝，见图 3-39，它们之间应满足的几何条件主要有 3 个，即圆水准轴平行于仪器的竖轴；十字丝的横丝垂直于仪器的竖轴；水准管轴平行于视准轴。

（1）圆水准器的检验和校正　圆水准器用于粗略整平水准仪，若圆水准轴平行于仪器竖轴，则圆水准器气泡居中时竖轴便位于铅垂位置。若圆水准轴与仪器竖轴不平行则圆水准器气泡居中时仪器的竖轴就不竖直了。若竖轴倾斜过大可能导致微倾螺旋转到极限还不能使水准管气泡居中，因此校正好圆水准器使圆水准轴与仪器竖轴平行可较快地使符合水准管气泡居中从而加快测量速度。

① 检验。安置仪器后先调脚螺旋使圆水准器气泡居中［见图 3-40（a）］，然后将仪器旋转180°，若气泡仍然居中则说明条件满足，若气泡有了偏移［见图 3-40（b）］则说明条件不满足，需要校正。

② 校正。见图 3-40（b），圆水准轴偏离铅垂线是由两个等量因素构成的，一是竖轴偏离铅垂线，二是圆水准轴不平行竖轴。由此可见，圆水准轴与竖轴间的误差仅占气泡偏移量的一半。另一半是由于竖轴偏斜引起的。因此，校正时先调脚螺旋使气泡向中央移回一半

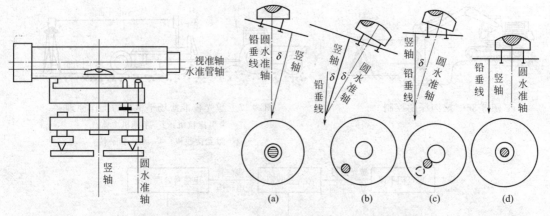

图 3-39　微倾式水准仪的主要轴线　　　　　图 3-40　圆水准器校正过程

[见图 3-40(c)，此时竖轴已处于铅垂位置]，然后用校正针拨动圆水准器底下三个校正螺丝（见图 3-41）使气泡居中（此时，圆水准轴也处于铅垂位置）。至此，条件获得满足[如图 3-40(d) 所示]。校正后应将仪器旋转 180°再次进行检验，若气泡仍不居中应再进行校正（如此反复进行直至条件完全满足为止）。常见的圆水准器校正装置的构造有两种，一种在圆水准器盒底有三个校正螺丝[见图 3-42(a)]，盒底中央有一球面突出物顶着圆水准器的底板，三个校正螺丝则旋入底板拉住圆水准器，旋紧校正螺丝时可使水准器该端降低，旋松时则可使该端上升。另一种构造是在盒底有四个螺丝[见图 3-42(b)]，中间一个较大的螺丝用于连接圆水准器和盒底，另三个为校正螺丝（它们顶住圆水准器底板），当旋紧某一校正螺丝时水准器在该端升高，旋松时则该端下降（其移动方向与第一种相反）。校正时，无论对哪一种构造，当需要旋紧某个校正螺丝时必须先旋松另两个螺丝，校正完毕时必须使三个校正螺丝都处于旋紧状态。圆水准器的检验校正的实况见图 3-43。

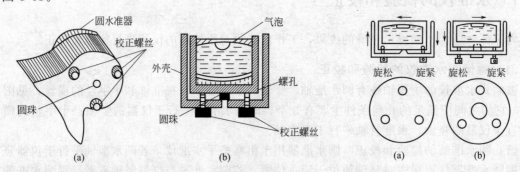

图 3-41　圆水准器校正螺丝的位置　　　　　图 3-42　圆水准器校正装置的构造

（2）十字丝横丝的检验与校正　若十字丝的横丝垂直于竖轴，则当仪器粗略整平后横丝基本水平，用横丝上任意位置读取的标尺读数均相同。

①检验。整平仪器后，用横丝瞄准墙上一固定点 P[见图 3-44(a)]，转动水平微动螺旋，若 P 点离开横丝[见图 3-44(b)]则表示横丝不水平，需要校正；若点始终在横丝上移动[见图 3-44(c)、(d)]则表示横丝水平。

②校正。打开十字丝分划板的护罩，可见到三个或四个分划板的固定螺丝（见图 3-45），松开这些固定螺丝后用手转动十字丝分划板座使横丝水平然后再上紧固定螺丝，此项校正须反复进行。最后应旋紧所有固定螺丝。

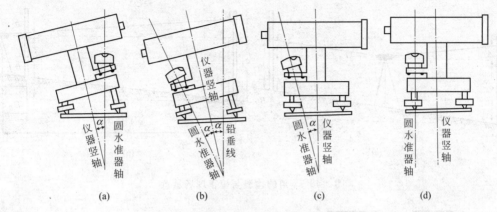

图 3-43　圆水准器检验校正实况示意

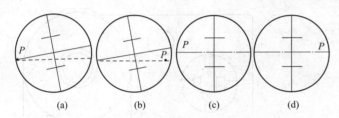

图 3-44　望远镜十字丝横丝水平的检验与校正

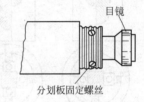

图 3-45　望远镜十字丝分划板固定螺丝

（3）水准管轴平行于视准轴的检验与校正　若水准管轴平行于视准轴，则当水准管气泡符合时视准轴就处于水平位置了。水准管轴和视准轴是 2 个空间直线，因此，水准管轴平行于视准轴有两个含义，一是在铅垂面内平行，一是在水平面内平行，水准管轴和视准轴在铅垂面内平行的校正称为 i 角（水准管轴和视准轴在铅垂面内投影的夹角称为 i 角）校正；在水平面内平行的校正称为交叉误差校正。

① i 角的检验与校正

a. 检验。见图 3-46，在比较平坦的地面上安置水准仪，从仪器向两侧各量 40～50m 定出等距的 A、B 两点，打下木桩或尺垫标志并竖立水准尺，若水准管轴不平行于视准轴，其夹角为 i，此时，因水准仪在两尺点的中央，夹角 i 在两尺上所产生读数误差均为 Δ。设 A、B 两尺上读数分别为 a_1 及 b_1，因 $a_1 = a_1' + \Delta, b_1 = b_1' + \Delta$，则 $a_1 - b_1 = (a_1' + \Delta) - (b_1' + \Delta) = a_1' - b_1' = h_{AB}$，这说明仪器本身虽有误差，只要安置在两点等距离处，由两读数之差仍可求得两点高差的正确值。假设图 3-46 中测得 $a_1 = 1.506$m，$b_1 = 1.301$m，则 $h_{AB} = 1.506 - 1.301 = 0.205$m。然后将水准仪搬到离 B 点 2～3m 处（即水准仪望远镜的最短明视距离位置，当物体与望远镜间的距离小于明视距离位置时通过望远镜将无法看清物体）先读取近尺读数 b_2（假设为 1.395m，由于仪器距 B 点很近，故可将 B 近似地看作视线水平时的尺上读数 b_2'），由此可计算视线水平时远尺的正确读数 $a_2' = b_2' + h_{AB} = b_2 + h_{AB} = 1.395 + 0.205 = 1.600$（m），如果远尺的实际读数不是 a_2' 而是 a_2（假设为 1.612m，即比 a_2' 大 0.012m，亦即 $\Delta_A = 0.012$m），则说明水准管轴不平行于视准轴（$\Delta_A = 0.012$m 说明视准轴向上倾斜），需要校正。i 角的大小为 $i = (\Delta_A / D_A) \times \rho''$。

b. 校正。转动微倾螺旋使远尺读数从 a_2（1.612m）改成 a_2'（1.600m），此时视准轴水平了但气泡已偏离中点，拨动水准管一端的上下两个校正螺丝（见图 3-47）使水准管气泡居中（此时水准管轴也在水平位置，于是水准管轴与视准轴就平行了）。此项工作要反复进行几次，直到 i 角小于 20″ 为止（20″ 是对 S_3 水准仪而言的，大致相当于检验远尺的读数与计算

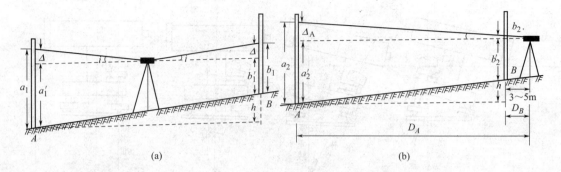

图 3-46 i 角的检验与校正现场示意

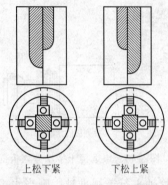

图 3-47 i 角校正示意

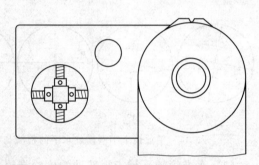

图 3-48   水准管校正螺丝的位置

数值之差不大于 5mm）。水准管校正螺丝的位置见图 3-48，校正时应先松动左右两校正螺丝，然后拨动上下两校正螺丝使气泡符合，拨动上下校正螺丝时应先松一个再紧另一个逐渐改正，最后校正完毕后所有校正螺丝都应适度旋紧。

② 水准管轴和视准轴交叉误差的检验和校正。为使水准管轴和视准轴平行，两轴在水平面和垂直面的投影都应平行。上一步对 i 角的检验实际上是检验两轴在垂直面上的投影是否平行，是水准仪检校中最重要的一项。检验两轴在水平面上投影是否平行称交叉误差的检验。由于交叉误差的影响较小，所以一般工程水准测量中可不进行此项检验，但对于精密水准测量则应进行交叉误差的检验。如果需要进行这项检验时应安排在 i 角检验校正之前进行。因为这两项检校互相有影响，但 i 角的检校最为重要，应在最后进行。以下是交叉误差的检校过程。

a. 检验。在离水准仪约 50m 处竖立水准尺，仪器安置成图 3-49 所示样子，使一个脚螺旋在视线方向上。仪器整平并使水准管气泡符合后读出水准尺上读数。然后旋转在视线两侧的两个脚螺旋，按相对的方向各旋转约两周并使水准尺读数不变（其作用就是使仪器绕视准轴向一侧倾斜），然后再按相反方向旋转位于视线两侧的脚螺旋使仪器绕视准轴向另一侧倾斜并保持原读数不变。转动中应注意观察仪器向两侧倾斜时气泡移动的情况。可能出现图 3-50 中的四种情况，图 3-50(a) 表示既没有交叉误差也没有 i 角误差；图(b) 表示没有交叉误差，有 i 角误差；图(c) 表示有交叉误差，没有 i 角误差；图(d) 表示既有交叉误差又有 i 角误差。

b. 校正。拨水准管一端的横向校正螺丝，反复检验和校正，使仪器向两侧倾斜时气泡的移动只出现图 3-50(a)、(b) 两种情况，此时就已没有交叉误差了。

3.11.2   自动安平水准仪的检验和校正

自动安平水准仪应满足的条件主要有 4 个，即圆水准轴平行于仪器的竖轴；十字丝横

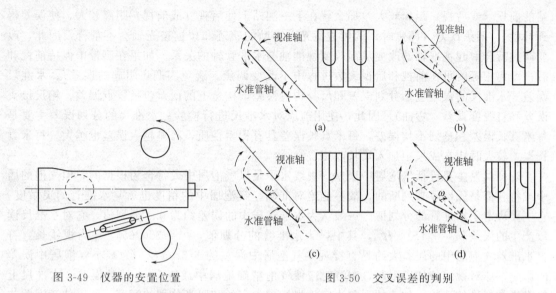

图 3-49　仪器的安置位置　　　　　　　　　　图 3-50　交叉误差的判别

丝垂直于竖轴；水准仪在补偿范围内应能起到补偿作用；视准轴经过补偿后应与水平线一致。前两项的检验校正方法与微倾式水准仪相应项目的检校方法完全相同。

（1）水准仪补偿性能的检验与校正　将水准仪安置在一点上，在离仪器约 50m 处竖立一水准尺。安置仪器时使其中两个脚螺旋的连线垂直于仪器到水准尺连线的方向。用圆水准器整平仪器并读取水准尺上读数。旋转视线方向上的第三个脚螺旋，让气泡中心偏离圆水准器零点少许（即，使竖轴向前稍倾斜）读取水准尺上读数，然后再次旋转这个脚螺旋使气泡中心向相反方向偏离圆水准器零点并读数。重新整平仪器，用位于垂直于视线方向的两个脚螺旋，先后使仪器向左右两侧倾斜，分别在气泡中心稍偏离圆水准器零点后读数。如果仪器竖轴向前后左右倾斜时所得读数与仪器整平时所得读数之差不超过 2mm，则可认为补偿器工作正常，否则应检查原因或送工厂修理。检验时圆水准器气泡偏离的大小应根据补偿器的工作范围及圆水准器的分划值来决定，比如补偿工作范围为 ±5′、圆水准器的分划值（弧长所对之圆心角值）为 8′/2mm 的自动安平水准仪，气泡偏离圆水准器零点不应超过 (5/8)×2=1.2mm，补偿器工作范围和圆水准器的分划值在仪器说明书中可以查到。

（2）视准轴经过补偿后应与水平线一致的检验与校正　若视准轴经补偿后不能与水平线一致，则也构成 i 角并产生读数误差。这种误差的检验方法与微倾式水准仪 i 角的检验方法相同，但校正时应校正十字丝（拨十字丝的校正螺旋，使图 3-46 中 A 尺的读数从 a_2 改变到 a_2'，即，使之符合水平视线的读数），对于一般水准测量使用的自动安平水准仪也应使 i 角不大于 20″。

3.12　水准仪测量注意事项

测量过程中由于仪器、人、环境等各种因素的影响，测量成果会带有不少误差。为保证测量成果的精度，必须分析与研究产生误差的原因，并采取积极措施消除和减小误差的影响。水准测量过程中的误差大致可概括为 3 个主要方面，即仪器误差、观测误差和外界环境影响误差。

仪器误差主要包括视准轴与水准管轴不平行引起的误差［仪器虽经校正但仍会有微小的 i 角残余，测量时如能保持前视和后视距离相等，这种误差就能消除。当因某种原因某一测站的前视（或后视）距离较大，那么就在下一测站上使后视（或前视）距离较大，使误差得到补偿］、调焦误差（调焦时，调焦透镜光心移动的轨迹和望远镜光轴会不重合，因此，改变调焦就会引起视准轴的改变从而改变视准轴与水准管轴的关系。如果在测量中保持前视和后视距离相等就可在前视和后视读数过程中不改变调焦，避免因调焦引起的误差）、水准尺误差［水准尺的误差包括分划误差和尺身构造误差，构造上的误差包括零点误差、箱尺接头误差和直线度误差（弯曲）。因此，使用前应对水准尺进行检验。水准尺的分划误差主要是每米真长误差和刻划不均误差，每米真长误差具有积累性质，高差越大误差也越大。每米真长误差较大时应在成果中加入尺长改正］。

观测误差主要包括气泡居中误差（视线水平是以气泡居中或符合为根据的，但气泡的居中或符合都是凭肉眼来判断的，故不能绝对准确。气泡居中的精度也就是水准管的灵敏度，它主要决定于水准管的分划值。一般认为水准管居中的误差约为 0.1 分划值，它对水准尺读数产生的误差 $m = 0.1S \tau''/\rho''$，其中 τ'' 为水准管的分划值，$\rho'' = 206265''$，S 为视线长。符合水准器气泡居中的误差大约是直接观察气泡居中误差的 $1/5 \sim 1/2$。为减小气泡居中误差的影响，应对视线长加以限制，观测时应使气泡精确地居中或符合）、读数误差［水准尺上的毫米数都是估读的，估读的误差决定于视场中十字丝和厘米分划的宽度，所以估读误差与望远镜的放大率及视线长度有关。当望远镜中十字丝的宽度为视场中标尺影像厘米分划宽度的十分之一时能准确估读出毫米数。因此，在各等级水准测量中对望远镜的放大率和视线长的限制都有一定的要求。此外，在观测中还应注意消除视差并避免在成像不清晰时进行观测。在水准尺上估读毫米数的误差与人眼的分辨能力、望远镜的放大率以及视距长度有关。望远镜在尺上读数的误差 m_v 大致可表达为 $m_v = 60''S/(\rho''V)$，其中 V 为望远镜的放大率，$60''$ 为人眼的极限分辨能力］、立尺误差（水准尺没有扶直，无论向哪一侧倾斜都使读数偏大，这种误差随尺的倾斜角和读数的增大而增大。当尺倾斜 $3°$，中丝读数为 2m 时可产生 2.7mm 的误差。为使尺能扶直，水准尺上最好装有水准器。这种误差在前后视读数中均可发生，因此在计算高差时可抵消一部分）。

外界环境影响误差主要包括仪器下沉误差（在读取后视读数和前视读数之间若仪器下沉了 Δ，由于前视读数减少了 Δ 从而使高差增大了 Δ。在松软的土地上每一测站都可能产生这种误差。当采用双面尺或两次仪器高时第二次观测先读前视点 B 再读后视点 A，可使所得高差偏小，两次高差的平均值可消除一部分仪器下沉的误差。往测、返测时也因同样的原因可消除部分误差。水准测量时必须选择坚实的地点安置仪器以减弱或避免仪器的下沉）、水准尺下沉误差（在仪器从一个测站迁到下一个测站的过程中，若转点下沉了 Δ 则使下一测站的后视读数偏大并使高差也增大 Δ。在同样情况下返测则使高差的绝对值减小。所以取往、返测高差的平均值可减弱水准尺下沉的影响。水准测量时必须选择坚实的地点设置转点以减弱或避免水准尺的下沉）、地球曲率误差（理论上水准测量应根据水准面来求出两点间高差，但视准轴是一直线，因此使读数中含有由地球曲率引起的误差 p，p 的大致计算公式为 $p = S^2/2R$，其中 S 为视线长、R 为地球的平均半径）、大气折射误差［水平视线经过密度不同的空气层会被折射，一般情况下形成一向下的弯曲曲线，它与理论水平线所得读数之差就是由大气折射引起的误差 r。实验证明，大气折射误差比地球曲率误差要小，是地球曲率误差的 K 倍，在一般大气情况下 $K = 1/7$，故 $r \approx KS^2/2R \approx S^2/14R$。所以水平视线在水准尺上的实际读数与按水准面得出的读数之差就是地球曲率和大气折射总的影响值 f，即 $f = p - r = 0.43S^2/R$，当前视、后视距离相等时这种误差在计算高差时可自行消除。但由于近地面大气折射变化十分复杂且在同一测站的前视和后视距离上可能不同，因此即使保持前视、后视距离相等，大气折射误差也不能完全消除。由于 f 值与距离的平方成正比，所以限制视线长可以使这种误差大为减小，此外使视线离地面尽可能高些也可减弱折射变化的影响]、气候影响（除了上述各种误差来源外，气候的影响也会给水准测量带来误差，比如风吹、日晒、温度变化、地面水分蒸发等。因此，观测时应注意气候带来的影响。温度的变化不仅引起大气折射的变化，而且当烈日照射水准管时，由于水准管本身和管内液体温度的升高，气泡会向着温度高的方向移动而影响仪器水平，产生气泡居中误差。因此，应随时注意撑伞以遮太阳。无风的阴天是最理想的观测天气）。

思考题与习题

1. 简述水准仪的测量高程原理。
2. 水准测量有哪些仪器与工具？它们各自的作用是什么？
3. 简述微倾式水准仪的构造。
4. 水准测量中尺垫的作用是什么？哪些地方必须放，哪些地方一定不能放？
5. 简述水准测量的常规作业过程。
6. 双面水准标尺的尺常数是多少？有何作用？
7. 简述一个测站的简单水准测量过程。
8. 水准路线的常见形式有哪些？各有什么特点？
9. 简述自动安平水准仪的特点。
10. 精密光学水准仪及配套标尺的特点是什么？
11. 简述电子水准仪的主要特征、类型及原理。
12. 简述电子水准仪的使用方法与注意事项。
13. 激光水准仪的特点是什么？有何用途？
14. 简述激光扫平仪的工作原理、特点和用途。
15. 简述微倾式水准仪的检验与校正方法。
16. 简述自动安平水准仪的检验与校正方法。
17. 水准仪测量的注意事项有哪些？
18. 图 3-21 所示的闭合水准路线，已知 $H_A = 205.691$m，$h_{A1} = 18.358$m，$h_{12} = 36.050$m，$h_{23} = -11.445$m，$h_{34} = -20.032$m，$h_{A4} = 23.017$m，$D_{A1} = 19.356$km，$D_{12} = 26.059$km，$D_{23} = 33.141$km、$D_{34} = 10.915$km、$D_{A4} = 42.831$km、$F_h = \pm 12D^{1/2}$（mm），计算限差 F_h 时 D 以 km 为单位。求各未知点（1、2、3、4）的最或然高程 H_i'。

第 4 章 距 离 测 量

4.1 钢尺检定与钢尺量距

测量上要求的距离是指两点间的水平距离（简称平距），若测得的是倾斜距离（简称斜距）还须将其改算为平距。距离测量的方法很多，按所用测距工具的不同有钢尺量距、视距测量、电磁波测距等。视距测量精度很低，一般只能达到 1/100～1/300 的精度，只能用于距离的大概估测及低精度的大比例尺地形图测绘。在经济发达和较发达国家（或地区）的测绘科学领域，钢尺量距已被电磁波测距替代，因此，目前钢尺量距仅用于短距离（50m 以内）的、精度要求不太高（1/2000～1/6000）的丈量工作。

4.1.1 钢尺量距设备与工具

钢尺量距就是利用具有标准长度的钢尺直接量测两点间距离的工作，按丈量精度的不同可分为普通量距和精密量距。普通量距是指精度在 1/6000 左右的钢尺量距，精密量距是指精度在 1/15000 左右的钢尺量距。测量用的钢尺为钢卷尺（见图 4-1），宽 1～1.5cm，长度有 30m、50m 等几种规格，钢尺的基本分划为毫米，可估读测量到 0.1mm。根据钢卷尺零点位置的不同可分为端点尺和零点尺以及双零点尺，端点尺是以尺的最外端作为尺的零点的 [见图 4-2(a)]，零点尺是以尺前端的一刻划线作为尺的零点的 [见图 4-2(b)]。双零点尺是在零点尺的正尺零点外又加了一段短尺刻划 [一般为 30cm 左右，短尺与正尺间有一段空白尺面（未接在一起）]，因此，使用双零点尺时一定要注意用正尺段，因为一旦错用了短尺零点将会带来很大的距离错误，并且可能会酿成严重的工程事故。鉴于以上原因，推荐购买 50m 长的、电镀刻划的、全毫米注记的、带钢制把尖的、高精度制造的钢卷尺。丈量距离的工具除钢尺外还有标杆（或花杆）[见图 4-3(a)]、测钎[见图 4-3(b)]、垂球、弹簧秤[见图 4-4(a)]、温度计[见图 4-4(b)]等，标杆一般长 2～3m（杆上涂有以 20cm 为间隔的红、白漆，以便远处清晰可见，用于标定方向），测钎（一般长 0.3m 左右）用于标定尺子端点的位置及计算丈量过的整尺段数，垂球用来投点，弹簧秤和温度计用以控制丈量拉力和测定温度。

4.1.2 钢尺的长度检定

钢尺两端点刻划线间的标准长度称为钢尺的实际长度，钢尺尺面注记的长度（20m、30m、50m 等）称为钢尺的名义长度，这两个长度在钢尺出厂时就有很小的差值，钢尺经过一段时间的使用，其长度也会发生微小的变化，使钢尺实际长度与名义长度不相等。若用这

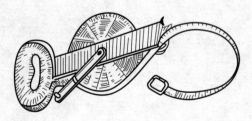

图 4-1　钢卷尺

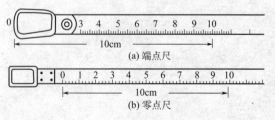

(a) 端点尺

(b) 零点尺

图 4-2　钢尺的零点位置

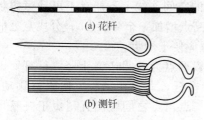

(a) 花杆

(b) 测钎

图 4-3　花杆与测钎

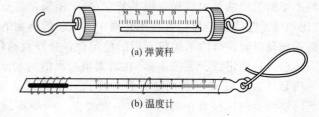

(a) 弹簧秤

(b) 温度计

图 4-4　弹簧秤与温度计

样的钢尺丈量距离，每量一整尺长，就会使量得的结果包含一定的系统差值，而且这种差值具有累积性。因此，为使距离丈量有较高的精度，除了要掌握好量距的方法以外还必须进行钢尺长度的鉴定（我国规定钢尺鉴定时应对钢尺施加 100N 的拉力，因此 100N 称为钢尺量距的标准拉力），通过鉴定求出的尺长改正数改正丈量的长度。钢卷尺通过鉴定后会得到一个尺长方程式，即

$$S = S_0 + \Delta S + \mu(t - t_0)S_0 \tag{4-1}$$

式中，S 为钢尺在温度 t 时的实际有效全长；S_0 为钢尺的名义有效全长；ΔS 为钢尺的有效全长总尺长改正数；μ 为钢尺的温度膨胀系数（$\mu = 1.25 \times 10^{-5}/℃$）；$t$ 为距离丈量时的温度（即现在进行时的温度）；t_0 为钢尺鉴定时的温度。

钢尺核定的方法有 2 种，一是直接比长法，二是基准线鉴定法。基准线鉴定法一般由测绘产品质量监督部门进行，直接比长法适用于自我鉴定（但不具有法律效力）。

直接比长法是用一根经过专业鉴定过的钢尺作为标准尺（假设为 A 尺），与被鉴定的钢尺（假设为 B 尺）比较，从而获得被鉴定钢尺的尺长方程式。直接比长法鉴定时最好在阴天或荫蔽的地方进行（使温度基本不变化），选一平坦场地将钢尺夹具固定在地面上，并将 A、B 尺末端刻划对齐并排放在钢尺夹具中夹紧，对两钢尺施加相同的标准拉力（100N）并测量温度 t_3，然后读出两把钢尺零刻划间的距离 Δd（假设两钢尺的名义有效全长 S_0 相同，即均为 50m 或均为 30m）。设 A 尺的尺长方程式为 $S_t = S_0 + \Delta S + \mu S_0(t - t_1)$，则 t_3 温度下 A 尺的真长为 $S_{t3} = S_0 + \Delta S + \mu S_0(t_3 - t_1)$，则 B 尺 t_3 温度下一整尺尺长改正数 $\Delta D = S_{t3} \pm \Delta d - S_0 = S_0 + \Delta S + \mu S_0(t_3 - t_1) \pm \Delta d - S_0 = \Delta S \pm \Delta d + \mu S_0(t_3 - t_1)$，若 B 尺比 A 尺长则取"＋"值、短则取"－"值。比尺后 B 尺的尺长方程式为 $S_t = S_0 + \Delta D + \mu S_0(t - t_3)$。

4.1.3　钢尺量距的主要工序

测量用的钢卷尺长度有限，当测量的距离大于钢卷尺全长时就必须将待量的距离分成若干短的线段（称分段），然后，逐段丈量，最后再将各段数据相加从而完成距离丈量工作。将待量距离分成若干短线段的工作称为直线定线工作。直线定线就是使若干空间点位于同一个铅垂面内的工

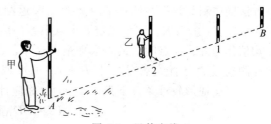

图 4-5　目估定线

作。因此，钢尺量距的主要工序有 3 个，一是直线定线，二是分段丈量，三就是数据处理。分段丈量要求往返进行（即先由 A 一段接一段地丈量到 B，再由 B 一段接一段地丈量到 A，见图 4-5）。

4.1.3.1　直线定线

直线定线的方法通常有目估定线和仪器定线（借助经纬仪、电子全站仪、水准仪等测绘仪器）2 种。直线定线分段点的基本要求可概括为 4 点，即相邻分段点间的空间直线距离应

略小于钢卷尺的最大量程（短半米左右）；相邻分段点间的空间连线上不能有不可动障碍物（比如地面起伏的土丘，若有则必须在不可动障碍物的最高点增加一个分段点）；分段点处的地面要硬以确保分段木桩钉入后的稳定性；分段点的位置应便于量距。

（1）目估定线　见图 4-5，在需丈量距离的两端点（设两点为 A 和 B）上竖立标杆，由一测量员站在 A 点标杆后 1m 处，观测另一测量员所持标杆，大致在 AB 方向附近移动，当 AB 两点的标杆重合时即在同一直线上。一般定线时，点与点之间距离宜稍短于一整尺长，地面起伏较大时则宜更短。

（2）经纬仪定线　设需丈量 AB 的距离，首先清除直线上的障碍物，然后安置经纬仪（或电子全站仪、水准仪等测绘仪器）于 A 点上，对中整平瞄准 B 点，将照准部制动，利用微动螺旋准确瞄准（使十字丝单竖丝平分花杆或花杆中线平分双竖丝），此时，经纬仪望远镜纵转形成的面就是 A、B 点所在的铅垂面，然后转动经纬仪望远镜进行定线，将花杆依次放在各个中间分段点附近移动，到花杆被单竖丝平分或花杆中线平分双竖丝时，花杆尖所在的位置就是分段点的位置（该位置即位于 A、B 点所在的铅垂面内），在分段点位置处用锤子将标定点用的木桩铅直打入土中，然后再将花杆放在木桩上微动到花杆被单竖丝平分或花杆中线平分双竖丝时，在木桩与花杆尖的接触位置处钉上一个小头的钉子（或用细铅笔划个十字叉，十字叉的交点位于木桩与花杆尖的接触位置），则小头钉子的中心或十字叉的交点即为分段点（该点在 A、B 点铅垂面内）。这种定木桩位置、钉小头钉子、划十字叉的方法就是各项工程建设测量放样时惯常采用的手法。

4.1.3.2　分段丈量

（1）普通量距的分段丈量方法　普通量距的分段丈量分平坦区的分段丈量和倾斜地面的分段丈量 2 种情况。

① 平坦区的分段丈量。见图 4-6，普通量距由 3~4 人配合进行，一人持钢尺零端（称为后司尺员），一人持钢尺末端（称前司尺员），另一人记录。丈量时应按定线方向直线状拉紧尺子并目估使尺子水平，后司尺员将尺子一端的零点对准 A 点，前司尺员紧靠尺于末端的分划线处插入测钎，这样就量完了第一尺段。用同样方法，继续向前量第二、第三等尺段，最后量取不足一整尺的距离 q。则 A、B 的往测水平距离 D_{AB} 为 $D_{AB} = n \times l + q$，其中 n 为整尺段数，l 为钢尺的有效全长（最大量程），q 为不足一整尺的长度（读数至 mm）。为进行校核和提高量距精度，必须往返丈量，返测时要重新定线，返测水平距离 D_{BA} 的计算方法同往测。根据往测水平距离 D_{AB} 和返测水平距离 D_{BA} 可计算往返丈量的较差 ΔD 与相对较差 K_D。当 K_D 满足规定要求（限差）后取往测水平距离 D_{AB} 和返测水平距离 D_{AB} 的平均值作为 A、B 点间的最终水平距离 D'_{AB}，若 K_D 不满足规定要求（限差）则重新测量一个往测或返测（直到满足要求为止）。钢尺普通量距往返测相对较差的限差 K_{DX} 一般为1/2000（在地形较难条件下为 1/1500）。相应计算公式为：

$$\Delta D = |D_{AB} - D_{BA}| \tag{4-2}$$

$$K_D = \Delta D / [(D_{AB} + D_{BA})/2] = |D_{AB} - D_{BA}| / [(D_{AB} + D_{BA})/2] \tag{4-3}$$

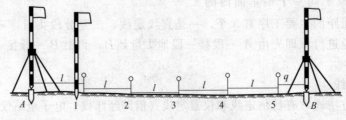

图 4-6　平坦区的分段丈量

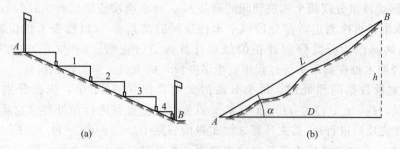

图 4-7 倾斜地面的分段丈量

K_D 必须小于等于 K_{DX}，满足条件，则

$$D'_{AB} = (D_{AB} + D_{BA})/2 \tag{4-4}$$

② 倾斜地面的分段丈量。倾斜地面的分段丈量方法有 2 种，一种是平量法［见图 4-7 (a)］，另一种是斜量换算法［见图 4-7(b)］。当地面坡度不大时可采用平量法，将尺子拉平然后用垂球在地面上标出其端点，则 A、B 点间的水平距离仍为 $D_{AB} = n \times l + q$，其中，n 为水平拉尺的整尺段数，l 为钢尺的有效全长（最大量程），q 为不足一整尺的水平拉尺长度（读数至 mm），这种量距方法产生误差的因素很多因而精度不高。如果地面坡度比较均匀可采用斜量换算法，即沿斜坡丈量出倾斜距离 L，并测出倾斜角 α 或高差 h，然后将 L 换算成水平距离 D，$D = L \times \cos\alpha$ 或 $D = (L^2 - h^2)^{1/2}$。

(2) 精密量距的分段丈量方法 丈量过程一般需 5 人配合，应使用鉴定过的基本分划为毫米的钢尺。每个分段的丈量主要有以下 5 个过程组成。

① 测定待量分段两个木桩顶间的高差 h_1。每段量距前将水准尺或塔尺轻轻放在分段点木桩顶上，用水准仪测定待量分段两个木桩顶间的高差 h_1。

② 丈量待量分段斜距 3 次。2 人拉尺，2 人读数，1 人指挥兼记录和读温度。丈量时拉伸钢尺置于两木桩顶上（最大限度地靠近木桩但不与木桩接触，丈量过程中不允许触碰木桩），丈量时，一人（后司尺员）手拉挂在钢尺零分划端的弹簧秤，另一人（前司尺员）手拉钢尺另一端（尺架与尺盒位置），前司尺员将尺架尖插入土中、别住摇把，后司尺员张紧尺子，待弹簧秤上指针指到该尺鉴定时的标准拉力（100N）时后司尺员维持标准拉力不再加力后喊"预备"，此时，前司尺员和后司尺员共同屏住呼吸保持钢尺的稳定，前尺读尺员马上先记住钢尺上的大读数然后喊"好"并在喊"好"的同时把钢尺前尺端的全部读数读出来，并马上喊出该读数 Q_1（比如"487963"，即 48.7963m），后尺读尺员在前尺读尺员喊"好"的同时把钢尺后尺端的全部读数 H_1 牢记在脑子里，记录员将前尺读尺员喊出的读数 Q_1 记录在本子上后念一下刚才在本子上记下的 Q_1（称为回报数，目的是防止记录错误），若前尺读尺员认为记录员记录有误则马上提出更正，否则就不做声，后尺读尺员见记录员回报数后前尺读尺员不做声就可立即将自己牢记在脑子里的后尺端的全部读数 H_1 喊出来（比如"2341"，即 0.2341m），记录员再将后尺读尺员喊出的读数 H_1 记录在本子上，然后念一下刚才在本子上记下的 H_1，若后尺读尺员认为记录员记录有误则马上提出更正，否则也就不再做声。然后，记录员看看温度计记下温度 t_1，第一次斜距丈量结束。然后，前司尺员放松或摇紧摇把（后司尺员相应地往外拉尺或往里送尺）使钢尺在木桩顶的位置发生变化（变化量一般在 10cm 以上），然后重复第一次斜距丈量过程，完成第二次斜距丈量，得第 2 组观测数据 Q_2、H_2、t_2。随后，前司尺员再次放松或摇紧摇把（后司尺员也相应地再次往外拉尺或往里送尺）使钢尺在木桩顶的位置再次发生变化（变化量在 10cm 以上），然后仍重复第一次斜距丈量过程，完成第三次斜距丈量，得第 3 组观测数据 Q_3、H_3、t_3。

③ 再次测定待量分段两个木桩顶间的高差 h_2。将水准尺或塔尺再次轻轻放在分段点木桩顶上，用水准仪再次测定待量分段两个木桩顶间的高差 h_2（以检查木桩位置的稳定性，并与 h_1 一起共同作为分段倾斜改正的依据计算倾斜改正数。h_1 与 h_2 的互差应不超过 5mm，否则说明木桩在斜距丈量过程中发生了变位，应重新丈量斜距三次）。

④ 分段丈量数据的预处理。每个分段的丈量数据共有 11 个，依次分别是 h_1；Q_1、H_1、t_1；Q_2、H_2、t_2；Q_3、H_3、t_3；h_2。首先对丈量数据进行预处理（这项工作应分别在②、③过程完成后进行）。首先计算 3 次丈量的斜距 $L_i(L_i=Q_i-H_i)$，L_1、L_2、L_3 的互差应不超过 3mm（否则应重新补量一次斜距。若补量一次仍不合格，则 4 次斜距丈量结果全部作废，重新丈量斜距三次，直到合格为止。该计算工作是在②过程完成后立即进行），符合要求后即可计算平均斜距 L' $(L'=\sum L_i/n)$。然后计算 2 次测量的两木桩顶间的平均高差 h，在 h_1 与 h_2 的互差不超过 5mm 前提下取 $h=(h_1+h_2)/2$。最后计算 3 次斜距丈量时的平均温度 t' $(t'=\sum t_i/n)$。

⑤ 分段水平距离的计算。钢卷尺通过鉴定后会得到一个尺长方程式，即 $S=S_0+\Delta S+\mu(t-t_0)S_0$，钢尺只有知道尺长方程式才能获得实际的长度，尺长方程式反映一个钢卷尺有效全长中含有一个固定的总长度误差 $-\Delta S$，同时，其长度又会随着温度的变化而变化 [即 $\mu(t-t_0)S_0$]。分段水平距离计算必须根据尺长方程式进行。首先计算分段斜距的尺长改正数 v_S $[v_S=(\Delta S/S_0)\times L']$，然后计算分段斜距的温度改正数 v_t $[v_t=\mu(t'-t_0)L']$，再计算分段斜距的实际长度（可理解为真实长度）L $[L=L'+v_S+v_t]$，最后计算分段的水平距离 D [根据勾股定理，$D=(L^2-h^2)^{1/2}$]。

4.1.3.3 精密量距的最终数据处理

往测各分段水平距离 D 的和即为往测水平距离 D_{AB}。返测各分段水平距离 D 的和即为返测水平距离 D_{BA}。根据往测水平距离 D_{AB} 和返测水平距离 D_{BA} 可计算往返丈量的较差 ΔD 与相对较差 K_D。当 K_D 满足规定要求（限差）后，取往测水平距离 D_{AB} 和返测水平距离 D_{BA} 的平均值作为 A、B 点间的最终水平距离 D'_{AB}。若 K_D 不满足规定要求（限差），则重新测量一个往测或返测，直到满足要求为止。钢尺精密量距往返测相对较差的限差 K_{DX} 一般为 1/6000（三级导线或普通施工放样）、1/10000（二级导线或中等精度施工放样）、1/15000（一级导线或高精度施工放样）。相应的计算公式仍为式(4-2)～式(4-4)。

4.1.4 钢尺丈量的误差分析

钢尺距离丈量时往返丈量的两次结果一般不完全相等，这说明丈量中不可避免地存在误差。为保证丈量所要求的精度，必须了解距离丈量中的主要误差源，并采取相应的措施消减其影响。钢尺距离丈量的误差可概括为以下 7 点。

(1) 尺长误差　钢尺本身存在有固定误差。我国钢尺制造标准 GB 10633—89 中规定，在标准温度 20℃、标准拉力 50N 情况下钢尺全长最大允许误差为：30m 尺不超过 6.3mm，50m 尺不超过 10.3mm。如用未经鉴定的钢尺量距，以其名义长作为丈量结果就会包含尺长误差。对 30m 长的距离而言，其误差最大可达 ± 6.3mm（50m 长的距离误差最大可达 ± 10.3mm）。钢尺鉴定显示国内一些厂家生产的钢尺其实际误差远远超过了国家规定（有些 50m 钢尺的误差达 ± 40mm）。因此，一般应对所用钢尺进行鉴定，使用时加入尺长改正。若尺长改正数未超过尺长的 1/10000，丈量距离又较短，则一般可不考虑尺长改正数。

(2) 温度变化误差　钢尺的温度膨胀系数 $\alpha=0.0000125/℃$（即每米每摄氏度长度的变化仅 1/80000）。当温差较大、距离很长时其影响将相当可观，故精密距离测量应进行温度改正，并尽可能用点温计测定钢尺的温度（因为测量时大气温度与钢尺的尺面温度是不完全一样的，特别是在钢尺受太阳照射时其温度差异会很大）。对一般量距，若丈量时的温度与鉴定时的温差超过 10℃ 就应进行温度改正。

（3）拉力误差　如果丈量不用弹簧秤，仅凭手臂感觉，则会与鉴定时的拉力产生很大差异。一般情况下最大拉力差异可达 50N 左右，对于 50m 长的钢尺将产生 ±3.2mm 的误差（其影响比前两项小）。因此在精密直线丈量时应采用弹簧秤使拉力与鉴定时的拉力相同。

（4）钢尺不水平误差　钢尺不水平将使所量距离增长，对一根 50m 的钢尺来讲若两端高差达 0.5m，则产生 2.5mm 的误差，其相对误差为 1/20000，在一般量距中，应使尺段两端基本水平（差值应小于 0.5m）。对精密直线丈量则应测出尺段两端高差进行倾斜改正。

（5）定线误差　丈量时若偏离直线方向，则成一折线，使所量距离增长，这与钢尺不水平时的误差相似。当用标杆目测定线，应使各整尺段偏离直线方向小于 0.5m，在精密量距应利用经纬仪进行定线。

（6）风力影响误差　丈量距离时若风速较大将对丈量产生较大误差，故风速较大时不宜进行距离丈量。

（7）其他误差　在普通量距中采用测钎或垂球对点均会产生较大误差，因此操作时应加倍仔细。

4.2　电磁波测距

电磁波就是振荡的电磁场在空间由近及远地传播。电磁波的种类很多，无线电波和光波都是电磁波。用电磁波作为载波来测量距离的仪器叫做电磁波测距仪。按其载波可分为微波测距仪和光电测距仪（电子测距仪）两大类。微波测距仪精度较低，不能用于测绘科学领域，因此，人们也将能用于测量的电磁波测距仪称为光电测距仪。光电测距仪包括红外测距仪和激光测距仪 2 类。与钢尺量距的繁琐和视距测量的低精度相比，光电测距具有测程长、精度高、操作简便、自动化程度高的特点。

4.2.1　光电测距仪的测距原理

如图 4-8 所示，光电测距是通过测量光波在待测距离上往返一次所经历的时间来确定两点间距离的。在 A 点安置光电测距仪，在 B 点安置反射棱镜，测距仪发射的调制光波到达反射棱镜后又返回到测距仪。设光速 c 为已知，如果调制光波在待测距离 D 上的往返传播时间为 t，则距离 D 为 $D=c \times t/2$ [其中 $c=c_0/n$，c_0 为真空中的光速，其值为 299792458m/s±1.2m/s；n 为大气折射率，它与光波波长 λ、测线上的大气状态（气温 T、气压 P 和湿度 e）有关。因此，测距时还需测定气象元素对距离进行气象改正]。不难理解，光电测距测定距离的精度主要

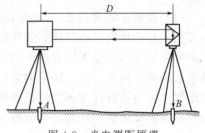

图 4-8　光电测距原理

取决于时间 t 的测定精度 [即 $dD=(c/2)dt$。当要求测距误差 dD 小于 1cm 时，时间测定精度 dt 要求准确到 $6.7×10^{-11}$s，这在 20 多年前是难以做到的（现在的时间测定精度 dt 可准确到 $6.7×10^{-13}$s），因此，那时人们对光电测距时间的测定一般采用间接方式进行，这种间接测定时间获得距离的方法称相位法测距。直接测定时间获得距离的方法称脉冲法测距。另外，当时还有用于超远程精密测距的混合式测距方法——脉冲-相位法。

脉冲法测距过程是由测距仪发出的光脉冲经反射棱镜反射后又回到测距仪而被接收系统接收，通过测出这一光脉冲往返所需时间间隔 t 求得距离 D。

相位法测距是通过测量连续的调制光波在待测距离上往返传播所产生的相位变化来间接测定传播时间从而求得被测距离的，红外光电测距仪就是典型的相位式测距仪，红外光电测距仪的红外光源一般是由砷化镓（GaAs）发光二极管产生，如果在发光二极管上加入一恒定电流，它发出的红外线光强就会基本恒定不变，若再在其上加入频率为 f 的高变电流（高变电压），则发出的光强会随着注入的高变电流呈正弦变化（这种光称为调制光）。相位法测距时，测距仪在 A 点发射的调制光在待测距离上传播被 B 点的反射棱镜反射后又回到 A 点而被接收机接收，然后由相位计将发射信号与接收信号进行相位比较，得到调制光在待测距离上往返传播所引起的相位移 φ（其相应的往返传播时间为 t），设调制光的频率为 f（每秒振荡次数），周期为 $T=1/f$（每振荡一次的时间，单位为 s），则调制光的波长为 $\lambda=cT=c/f$。在调制光往返的时间 t 内，其相位变化了 N 个整周（2π）及不足一周的余数 $\Delta\varphi$，而对应 $\Delta\varphi$ 的时间为 Δt，距离为 $\Delta\lambda$，则 $t=NT+\Delta t$，由于变化一周的相位差为 2π，则不足一周的相位差 $\Delta\varphi$ 与时间 Δt 的对应关系为 $\Delta t=\Delta\varphi\times T/2\pi$，于是，可得出相位测距的基本公式 $D=c\times t/2=c\times(NT+\Delta\varphi\times T/2\pi)/2=c\times T(N+\Delta\varphi/2\pi)/2=\lambda(N+\Delta N)/2$，其中，$\Delta N=\Delta\varphi/2\pi$ 为不足一整周的小数。在相位测距基本公式中，常将 $\lambda/2$ 看作是一把"光尺"的尺长，测距仪就是用这把"光尺"去丈量距离的。N 则为整尺段数，ΔN 为不足一整尺段之余数。两点间的距离 D 就等于整尺段总长（$N\lambda/2$）和余尺段长度（$\Delta N\lambda/2$）之和。测距仪的测相装置（相位计）只能测出不足整周（2π）的尾数 $\Delta\varphi$，而不能测定整周数 N，因此相位测距存在多值解问题，只有当所测距离小于光尺长度时才能有确定的数值。仪器测相装置的测相精度一般为 1/1000，故测尺越长测距误差越大。为解决扩大测程与提高精度的矛盾，相位测距仪一般采用两个调制频率（即用两把"光尺"进行测距），用长测尺（称为粗测尺）测定距离的大数以满足测程需要，用短测尺（称为精测尺）测定距离的尾数以保证测距的精度，将两者结果衔接组合起来就是最后的距离值，并自动显示出来。若想进一步扩大测距仪的测程，可以多设几个测尺。

4.2.2 光电测距仪测距成果的数据处理

测距仪测得初始斜距值后还需加上仪器常数改正、气象改正和倾斜改正等后才能求得水平距离。

（1）仪器常数改正 ΔS 光电测距仪的仪器常数主要有加常数和乘常数两项。由于仪器的发射中心、接收中心与仪器旋转竖轴不一致而引起的测距偏差值称为仪器加常数。实际上仪器加常数还包括由于反射棱镜的组装（制造）偏心或棱镜等效反射面与棱镜安置中心不一致引起的测距偏差（称为棱镜加常数）。仪器的加常数改正值 K 与距离无关并可预置于光电测距仪主机内作自动改正。仪器乘常数主要是由于测距频率偏移而产生的，乘常数改正值 R 与所测距离成正比，目前大多数测距仪均可预置乘常数作自动改正。仪器常数改正的最终形式可写成 $\Delta S=K+R\times S$，其中 S 为光电测距仪测得的名义长度。

（2）气象改正 $\Delta S'$ 光电测距仪的测尺长度（标称测尺长度）是在一定气象条件下推算出来的。野外实际测距时的气象条件一般不同于制造仪器时确定仪器测尺频率所选取的基准（参考）气象条件，故测距时的实际测尺长度就不等于标称测尺长度，从而使测距值产生与距离长度成正比的系统误差。因此在测距时应同时测定当时的气象元素（温度、气压和湿度）并利用厂家提供的气象改正公式计算距离改正值 $\Delta S'$。比如某测距仪的气象改正公式为 $\Delta S'=[278.37-105.9844P/(273.15+t)]S$，其中 P 为气压，单位为 hPa；t 为温度，单位为℃；S 为距离测量值，单位为 km；$\Delta S'$ 为气象改正数，单位为 mm。目前，所有的光电测距仪都可将气象参数预置于仪器内，在测距时自动进行气象改正。

（3）倾斜改正　距离的倾斜观测值经过仪器常数改正和气象改正后可得到改正后的准确斜距 S'。当测得斜距的竖角 δ 后可计算水平距离 D，$D = S'\cos\delta$。

4.2.3　光电测距仪的标称精度

顾及仪器加常数时的相位测距基本公式为 $S = c_0(N + \Delta\varphi/2\pi)/2nf + K$，不难理解，$c_0$、$n$、$f$、$\Delta\varphi$ 和 K 的误差都会使距离产生误差，若对相位测距基本公式作全微分并应用误差传播定律，则相位测距的测距误差可表达为：

$$M_S^2 = \left(\frac{m_{c_0}^2}{c_0^2} + \frac{m_n^2}{n^2} + \frac{m_f^2}{f^2}\right)S + \left(\frac{\lambda}{4\pi}\right)m_{\Delta\varphi}^2 + m_K^2 \tag{4-5}$$

式（4-5）中的测距误差可分为两部分，前一项误差与距离成正比称为比例误差，而后两项与距离无关称为固定误差。因此，人们习惯将式（4-5）写成 $M_S = \pm(A + B \times S)$ 的形式，作为仪器的标称精度。比如某测距仪的标称精度为 $\pm(2\text{mm} + 2\text{mm/km})$，说明该测距仪的固定误差 $A = 2\text{mm}$，比例误差 $B = 2\text{mm/km}$。目前，单一测距的测距仪（即仅具有测距功能的测距仪）已很少单独生产和使用，而是将其与电子经纬仪组合成一体化的全站仪。因此，关于测距仪的使用，将在本书第 5 章中进行介绍。目前，专门用来测距的测距仪（即仅具有测距功能的测距仪）只有 2 类仪器，一类是超高精度的专门测距仪 [精度不低于 $\pm(0.2\text{mm} + 0.2\text{mm/km})$]，另一类是代替钢卷尺用的超短程手持式激光测距仪（测程 300m，精度 1/30000）。

4.2.4　光电测距气象改正的精密方法

特种工程测量和高精度工程测量常需通过人工手段对测距值进行气象改正，其改正过程如下。

（1）饱和水汽压计算　目前，国际通行的饱和水汽压计算公式是马格纳斯公式。马格纳斯公式是德国科学家马格纳斯于 1844 年首先提出的。在实际应用过程中一般采用马格纳斯经验公式，即 $E = e_{so} \times 10^{7.5t/(237.3+t)}$（对于水面而言）或 $E_B = e_{so} \times 10^{9.5t/(265+t)}$（对于冰面而言），其中 $e_{so} = 6.11\text{hPa}$，是 $t = 0℃$ 时的饱和水汽压，t 为通风干湿球温度计的湿球温度 t'。

（2）空气中的水汽压计算　通风干湿球温度计测量空气水汽压依据的半经验公式为 $e = E - AP(t - t')$，其中，e 为空气水汽压，E 为湿球温度 t' 时的饱和水汽压（当湿球未结冰时此饱和水汽压是对水面而言的；当湿球已结冰时此饱和水汽压则是对冰面而言的），t 为干球温度，P 为气压，A 为通风干湿球温度计常数。A 受风速、湿球温度，以及通风干湿球温度计形状、尺寸、纱布包缠与吸湿性能等的影响，它随风速增大而下降，这种变化起初很快，当风速继续增大时就越来越慢了。对于一定结构的通风干湿球温度计，A 可以用实验的方法求得，并且在足够通风的情况下可将它看作是一个常数。国际上对通风干湿球温度计测湿系数 A 的取值为 $A = 0.000667$（湿球未结冰）或 $A = 0.000588$（湿球已结冰）。空气中的水汽压还可通过相对湿度 A_h（单位为%）及 E（单位为 hPa）计算 e（单位为 hPa），计算公式（简化公式）为 $e = EA_h/100$。

（3）大气折射系数计算　目前大多数光电测距仪（电子全站仪）的大气折射系数计算采用 IUGG（国际大地测量学与地球物理学联合会）第 13 届全会（1963 年）决定的公式（本文以下简称 IAG—1963 公式），即

调制光在一般大气条件下的大气折射率 n 为：

$$n = 1 + \frac{n_g - 1}{1 + \alpha t} \times \frac{P}{760} - \frac{5.5 \times 10^{-6}}{1 + \alpha t} \times e \tag{4-6}$$

式中，α 为空气膨胀系数，$\alpha=1/273.2$；n_g 为调制光在标准大气状态下（$t=0℃$，$P=1013hPa$，$e=0$，CO_2 含量为 0.03%）的大气折射率；P 为大气压力，mmHg（1mmHg = 133.322Pa）；e 为水蒸气压力，mmHg；t 为大气温度，℃。

当 P、e 单位均为 hPa 且 t 单位为℃时，式(4-6) 可改化成：

$$n=1+\frac{n_g'-1}{1+\alpha t}\times\frac{P}{1013.25}-\frac{4.125\times10^{-6}}{1+\alpha t}\times e \tag{4-7}$$

式(4-6)、式(4-7) 中，n_g 计算公式为：

$$n_g=1+\left(2876.04+\frac{48.864}{\lambda^2}+\frac{0.680}{\lambda^4}\right)\times10^{-7} \tag{4-8}$$

（4）加入气象改正后的斜距计算 采用 IAG—1963 公式的光电测距仪（电子全站仪）加入气象改正后的斜距 d 为：

$$d=d'+(n'-n)d' \tag{4-9}$$

式中，d' 为观测斜距；n' 为仪器设定的大气折射率；n 为实际大气折射率。

4.2.5 光电测距仪测距值的归算

（1）归算为椭球面上的距离 短距时可采用简便方法归算到大地水准面上，这也是电子全站仪广泛采用的形式，即 $S=D(1-H/R)$，其中，D 为处在反射镜高程面上的水平距离，H 为反射镜处的高程，R 为地球平均曲率半径，S 为大地水准面（平均海水面）上的距离，应注意 R 的取值。

（2）归算为高斯平面上的距离 归算到高斯平面上的距离公式为 $s=S[1+(m-1+Y^2)/2R^2]$，其中，s 为高斯平面上的距离，S 为椭球面上的距离，m 为尺度因子（通常 $m=1$），Y 为测距边两端点近似横坐标的平均值，R 为地球平均曲率半径，应注意 R 的取值。

4.2.6 手持式激光测距仪

目前，人们习惯将光电测距仪与电子经纬仪集成在一起（即构成电子全站仪，亦即将光电测距仪变成电子全站仪的一个部件），单独用于测距的光电测距仪已非常罕见，只在计量领域、超级精度距离测量或短距测量中会看到。计量领域和超级精度距离测量采用的光电测距仪一般都非常笨大，短距测量采用的光电测距仪一般都非常小巧。手持式激光测距仪就是目前最常见、使用最普遍的光电测距仪，国外发达或较发达国家或地区已经用手持式激光测距仪代替了钢卷尺。图 4-9 所示为 2 种手持式激光测距仪的外貌及 Leica DISTO pro 手持

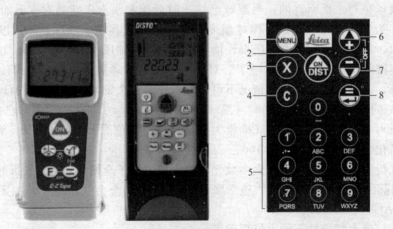

图 4-9 手持式激光测距仪的外貌及操作面板示意

1—菜单键；2—启动和测量键；3—乘/延迟测量键；4—清除键；5—文字与数字键盘；
6—加/前进键；7—减/后退键；8—等于/回车键

式激光测距仪的操作面板。DISTO pro 手持式激光测距仪的零位一般为底部平面（特殊需要时也可设定在腰部或顶部平面）。手持式激光测距仪测量不需要反射镜，利用目标对测距激光的自然反射就可获得高精度的距离（最远测程 300m，精度优于 1/30000）。手持式激光测距仪应用领域很广，测量不便时可采用，环境干扰时可采用，建筑装修时可采用，房产测量时也可采用。

4.3　视距测量

　　视距测量是利用测量仪器（经纬仪、水准仪、电子全站仪、罗盘仪等）望远镜中的视距丝并配合视距尺，根据几何光学及三角学原理，同时测定两点间的水平距离和高差的一种方法。此法操作简单、速度快、不受地形起伏限制，但测距精度较低（最高精度只能达到 1/200），故只用于低精度大比例尺地形测图和估测。视距尺一般为普通塔尺。

　　见图 4-10，若欲测定 A、B 两点间的水平距离 D_{AB} 和高差 h_{AB}，则在 A 点安置经纬仪（或水准仪、电子全站仪、罗盘仪等），在 B 点竖立视距尺，丈量 A 点经纬仪的仪器高 i（即经纬仪横轴到 A 点的铅直距离，见本书第 5 章），后转动经纬仪望远镜瞄准 B 点竖立的视距尺，在确保经纬仪望远镜十字丝 3 丝上（上丝、中丝、下丝）均能读出视距尺刻划值的前提下全面制动经纬仪照准部和望远镜（即将经纬仪水平制动钮或竖直制动钮均制动，见本书第 5 章），转动经纬仪竖盘指标水

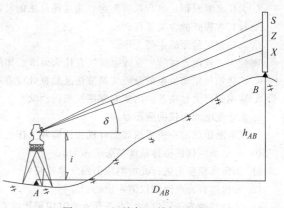

图 4-10　经纬仪三维视距测量

准器微动螺旋使竖盘指标水准器气泡居中后连读竖盘读数 L 或 R、上丝读数 S、中丝读数 Z、下丝读数 X，然后将 L 或 R 换算为竖盘角 δ（换算方法见本书第 5 章），则 $A{\rightarrow}B$ 的水平距离 D_{AB} 和高差 h_{AB} 为：

$$D_{AB}=K\mid X-S\mid \cos^2\delta+C\cos\delta \tag{4-10}$$
$$h_{AB}=(K\mid X-S\mid \sin2\delta)/2+C\sin\delta+i-Z+f \tag{4-11}$$

　　式中，K 为经纬仪望远镜视距乘常数（一般为 100）；C 为经纬仪望远镜视距加常数（一般为 0）；f 为地球曲率与大气折射联合改正系数（简称球气差改正或两差改正，见本书 3.12），$f=0.43{\times}D^2/R$；R 为地球的平均半径（$R=6371km$）。

　　由于视距测量精度很低，故可忽略 f（即认为 $f=0$），同时由于绝大多数经纬仪的 $C=0$，故实际应用时多采用式(4-10)、式(4-11)的简化近似形式，即

$$D_{AB}=K\mid X-S\mid \cos^2\delta \tag{4-12}$$
$$h_{AB}=(K\mid X-S\mid \sin2\delta)/2+i-Z \tag{4-13}$$

　　视距测量误差主要由仪器误差、观测误差和外界影响等 3 类因素引起。仪器误差中视距乘常数 K 对视距测量的影响较大且其误差不能采用相应的观测方法加以消除，故使用一架新仪器之前应对 K 值进行鉴定。仪器误差中的竖盘指标差（对竖盘角 δ 影响较大）应通过经纬仪检校最大限度地消除与削弱。进行视距测量时若视距尺竖得不垂直将使所测得的距离和高差存在误差，其误差随视距尺的倾斜而增加，故测量时应注意将尺竖直。由于风沙和雾气等原因会造成视场不清晰进而影响读数的准确性，因此最好避免在这种天气进行视距测

量。另外，从上、下两视距丝出来的视线通过不同密度的空气层将产生垂直折光差（特别在接近地面时光线折射更大），因此距地最近的视距丝读数最好离地面 0.3m 以上。还需要说明的是视距丝并非绝对的细丝（其本身有一定宽度），它会掩盖视距尺格子中的一部分从而产生读数误差，为消减这种误差应适当缩短视距。通常来讲，读取视距丝处视距尺刻划值的误差是视距测量误差的主要来源（因为视距间隔乘以常数 K 后其误差也随之扩大了 100 倍），其对水平距离和高差的影响均很大，故进行视距测量时应认真读取视距丝处视距尺的刻划值。从视距测量原理可知，竖直角误差对水平距离影响不显著而对高差影响较大，故用视距测量方法测定高差时应注意准确测定竖直角（读取竖盘读数时应严格使竖盘指标水准管气泡居中并确保竖盘指标差为零）。

思考题与习题

1. 钢尺量距的设备和工具有哪些？它们各自的作用是什么？
2. 为什么要对钢尺进行长度鉴定？简述比尺法钢尺鉴定过程与数据处理方法。
3. 尺长方程式的含义是什么？
4. 简述钢尺量距的主要工序。
5. 何为"直线定线"？"直线定线"有什么要求？如何进行"直线定线"？
6. 简述钢尺精密量距的分段丈量方法及数据处理方法。
7. 影响钢尺丈量精度的因素有哪些？如何消除？
8. 简述光电测距仪的测距原理。
9. 光电测距仪测距成果的数据处理包括哪些工作？如何进行？
10. 光电测距仪的标称精度是怎么来的？
11. 如何高精度地进行光电测距值的气象改正？
12. 如何进行光电测距仪测距值的归算？
13. 手持式激光测距仪的特点是什么？其应用领域有哪些？
14. 视距测量的精度如何？怎样进行视距测量？
15. 已知某钢尺的尺长方程式为 $S = 50m + 0.021m + 1.25 \times 10^{-5} \times (t - 20℃) \times 50m$，若量得的名义斜长为 43.5196m，丈量时的温度 $t = -5℃$，两端点间的高差为 4.429m，试计算两端点间的实际水平距离 D。
16. 由 $A \rightarrow B$ 进行经纬仪视距测量中获得的观测值为 $\delta = 5°32'21.9''$、上丝读数 $S = 4.836m$、中丝读数 $Z = 4.490m$、下丝读数 $X = 4.141m$、仪器高 $i = 1.467m$、$K = 100$、$C = 0.021m$，试计算 $A \rightarrow B$ 的水平距离 D_{AB} 和高差 h_{AB}。

第5章 经纬仪及电子全站仪的作用与使用

5.1 经纬仪分类、构造与测角原理

角度测量是确定地面点位置的基本测量工作之一。为测定地面点的位置，需要进行角度测量。经纬仪和电子全站仪（简称全站仪）就是可以用于角度测量的基本工具，电子全站仪是经纬仪、电磁波测距仪、计算机系统的集成仪器（具有经纬仪的全部功能），经纬仪和电子全站仪可以测量的角度包括水平角和竖直角两种。电子全站仪与经纬仪的测角原理及方法基本相同，因此，本书在涉及水平角和竖直角测量问题时只讲经纬仪不谈电子全站仪。

5.1.1 经纬仪水平角测量原理

从空间一点出发的两个方向线的铅垂面间的二面角称为该两个方向线间的水平角（这个二面角与数学上的二面角不同，其数值范围是 $0°\sim360°$，当角度为 $360°$ 时应记为 $0°$），也可说成从空间一点出发的两个方向线在水平面上的铅垂投影所夹的角度。见图 5-1，A'、B'、C' 为地面上任意三个点，其高程不等。将此三点沿铅垂线投影到水平面 P 上，得 A、B、C 三点，水平线 BA 与 BC 之间的夹角 β 即为地面上 $B'A'$ 与 $B'C'$ 两方向线之间的水平角。

为了测定水平角的大小，在二面角的交线上任一高度处水平地安置一个带有刻度的全圆型度盘，通过 $B'A'$ 和 $B'C'$ 所作竖直面在度盘上截得的读数为 b 和 a，从而求得水平角度 β：

$$\beta = b - a \tag{5-1}$$

式中，b、a 值本身的大小是没有实际意义的（它们只是一个刻度值，测量上称之为水平方向值），b、a 值可以是全圆型度盘上的任一刻度数（即 $B'A'$ 和 $B'C'$ 所在的竖直面可位于全圆型度盘的任何位置，亦即 b、a 值的大小决定于全圆型度盘的安放位置，安放位置不同其数值也不同，但 b、a 间的差值是不会因全圆型度盘安放位置的不同而发生改变的），b、a 间的差值才是真正有意义的（其差值反映了水平角的大小，其差值即为水平角值）。

实际上，全圆型度盘并不一定要放在过 B' 的水平面内，而是可以放在任意水平面内，但其刻划中心（全圆型度盘圆心或中心）必须与过 B' 的铅垂线重合。因为只有这样，才可根据两方向读数之差求出其水平角值。经纬仪内部专门安放有专供水平角测量用的全圆型度盘（称为水平度盘，简称平盘），该水平度盘采用顺时针注记形式（即水平度盘的角度注记顺时针增大）。在水平角测量过程中水平度盘是固定不动的，水平方向值读数指针（称平盘指标线）随瞄准设备（称经纬仪照准部）的旋转而旋转，因此，瞄准设备一动其水平方向值就相应发生变化，水平方向值读数指针位于经纬仪水平度盘的上方且通过经纬仪竖轴并与经纬仪的竖轴垂直（经纬仪水平度盘圆心也通过经纬仪竖轴且盘面与该竖轴垂直）。由于 2 条直线间的夹角有 2 个，除了图 5-1 中的 β 外还有 β 的补角 γ（见图 5-2），根据式(5-1)，不难理解：

$$\gamma = a - b \tag{5-2}$$

因此，a、b 水平方向值哪个减哪个的问题是一个非常关键的问题，若减错则 β 就会变成了其补角 γ。究竟应该哪个减哪个，决定于你是要 β 还是要其补角 γ。根据经纬仪水平度

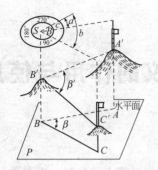

图 5-1　水平角测量原理

图 5-2　经纬仪平盘与水平角

盘顺时针注记的特点，可得经纬仪测量水平角计算方法，即水平角等于沿顺时针方向前一方向的水平方向值减后一方向的水平方向值（若减出的结果是负值则应加 360°），用一句顺口溜来讲叫做"水平角等于顺时针方向前减后，不够减加 360"。图 5-2 中 A 方向的水平方向值 $a=290°$，B 方向的水平方向 $b=65°$，对 β 角来讲 B 为顺时针前方向，A 为顺时针后方向，故有 $\beta=b-a=65°-290°=-225°$，由于减出的 β 为负值，故应再加上 360°，这样真正的 β 为 135°（即 $\beta=b+360°-a=135°$）。同样，对 γ 角来讲 A 为顺时针前方向，B 为顺时针后方向，因此，有 $\gamma=a-b=290°-65°=225°$。$\beta+\gamma=360°$。

5.1.2　经纬仪竖直角测量原理

见图 5-3，测量上的竖直角是指空间一个方向线的倾角，其定义是从空间一点出发的一个方向线与同一铅垂面内过该点的水平线间的夹角（即竖直角 α）。竖直角一般是指从水平线起算的角度（水平线竖直角为 0°），方向线从水平线开始向上仰者（向上倾斜）称仰角，竖直角取正值（范围 0°~90°）；方向线从水平线开始向下俯者（向下倾斜）称俯角，竖直角取负值（范围 -90°~0°）。

若竖直角用方向线与铅垂线的夹角来表示则称为天顶距，用 Z 表示，其角值大小为 0°~180°，没有负值。显然，同一方向线的天顶距与仰（或俯）角之和等于 90°，即

$$\alpha=90°-Z \tag{5-3}$$

经纬仪内部专门安放有侧立的、与水平度盘面垂直的、圆心通过望远镜旋转轴（横轴）的竖直度盘（简称竖盘）专供竖直角测量用，竖直度盘也是一个带有刻度的全圆型度盘。竖直度盘是与经纬仪望远镜固连在一起的，竖直度盘盘面（刻划面）垂直于望远镜的旋转轴。竖直度盘方向值读数指针（称竖盘指标线）是固定在经纬仪上不动的，指针的方向线与经纬仪竖直度盘盘面（刻划面）平行且通过望远镜旋转轴［即横轴，竖盘的圆心（刻划中心）也通过该轴且盘面与该轴垂直］。在竖直角测量过程中，竖直度盘方向值读数指针不动，竖直度盘随经纬仪望远镜的旋转而旋转，因此，经纬仪望远镜一动其竖直度盘方向值就相应发生变化。当经纬仪望远镜水平时竖直度盘方向值读数指针是指向 90°［竖盘位于经纬仪望远镜目镜的左侧时（这种测量位置也称为盘左或正镜）］或 270°［竖盘位于经纬仪望远镜目镜的右侧时（这种测量位置也称为盘右或倒镜）］的，这一点是经纬仪制造时必须保证做到的。旋转经纬仪望远镜瞄准目标点后可得到一个竖直度盘方向值（称倾斜方向值），该值与望远镜水平时的竖直度盘方向值（90 或 270）间差值的绝对值即为该方向的竖直角值（即经纬仪望远镜视准轴的倾角），仰俯角可根据该方向的倾斜方向判断（通常是根据竖盘

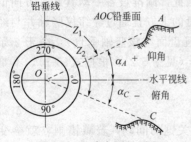

图 5-3　竖直角测量原理

结构及对应的计算公式直接计算得出的，见本书 5.6 部分）。跟水平度盘道理一样，竖直度盘也不一定必须在所测方向的铅垂面内，只要位于与其平行的铅垂面内且使刻划中心位于过空间该点并垂直于该铅垂面的直线上即可。

5.1.3　经纬仪概貌

经纬仪是测量角度的仪器，它虽也兼有其他功能，但主要是用来测角的。根据经纬仪测角精度的不同，我国的经纬仪系列分为 DJ_{07}、DJ_1、DJ_2、DJ_6 等几个等级（当然，随着中国加入 WTO，这种等级划分标准也有些变化），D 和 J 分别是大地测量和经纬仪两词汉语拼音的首字母，角码注字是它的精度指标（即水平角一测回测量平均值的最大偶然中误差）。从上述测角原理不难理解，经纬仪的组成必须具备 3 个基本部件，即对中整平部件［用以将水平度盘中心（即仪器中心）安置在过所测角度顶点的铅垂线上并使该度盘处于水平位置］、照准部件［必须有一个望远镜以照准目标（即建立方向线）且望远镜可上下旋转形成一个铅垂面，以保证照准同一铅垂面上的不同目标时其在水平面上的投影位置不变。它也可以水平旋转，以保证不在同一铅垂面上的目标，在水平面上有不同的投影位置］、读数部件（用以读取在照准某一方向时水平度盘和竖直度盘的读数）。笼统地讲，经纬仪也同水准仪一样由 2 大部分构成，第一部分是基座（样子与水准仪相似），第二部分是照准部（包括平盘系统、竖盘系统、读数系统、望远镜系统等），照准部是经纬仪的核心。图 5-4 是北京光学仪器厂生产的 DJ_6 级光学经纬仪的外貌，经纬仪处于盘左位置。图 5-5 是苏州第一光学仪器厂生产的 DJ_2 级光学经纬仪的外貌，图（a）经纬仪处于盘左位置，图（b）经纬仪处于盘右位置。

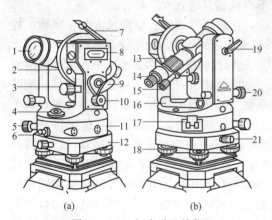

(a)	(b)

图 5-4　DJ_6 级光学经纬仪

1—物镜；2—竖直度盘；3—竖盘指标水准管微动螺旋；4—圆水准器；5—照准部微动螺旋；6—照准部制动扳钮；7—水准管反光镜；8—竖盘指标水准管；9—度盘照明反光镜；10—测微轮；11—水平度盘；12—基座；13—望远镜调焦筒；14—目镜；15—读数显微镜目镜；16—照准部水准管；17—复测扳手；18—脚螺旋；19—望远镜制动扳钮；20—望远镜微动螺旋；21—轴座固定螺旋

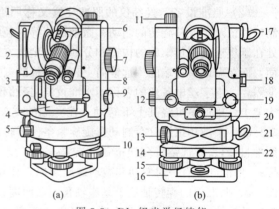

(a)	(b)

图 5-5　DJ_2 级光学经纬仪

1—物镜；2—望远镜调焦筒；3—目镜；4—照准部水准管；5—照准部制动螺旋；6—粗瞄准器；7—测微轮；8—读数显微镜；9—度盘换像旋钮；10—水平度盘拨手轮；11—望远镜制动螺旋；12—望远镜微动螺旋；13—照准部微动螺旋；14—基座；15—脚螺旋；16—基座底板；17—竖盘照明反光镜；18—竖盘指标水准器观察镜；19—竖盘指标水准器微动螺旋；20—光学对中器；21—水平度盘照明反光镜；22—轴座固定螺旋

5.1.4　经纬仪的组成及读数方法

经纬仪主要由对中整平设备、照准设备、读数设备等组成。

（1）对中整平设备　经纬仪对中整平设备包括三脚架、垂球（或光学对中器）、脚螺旋、圆水准器及管水准器等。三脚架的作用是用来支撑仪器的（样子与水准仪差不多，比水准仪大一些），移动三脚架的架腿可使仪器的中心粗略地位于角顶上并使安装仪器的三脚架头平

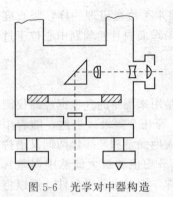

图 5-6　光学对中器构造

面粗略地处于水平位置，经纬仪架腿一般可以伸缩以便利携带（但也有不能伸缩的，其优点是较为稳定，故多用于精度较高的经纬仪）。垂球的作用是用来观察仪器是否对中的，它悬挂于连接三脚架与仪器的中心连接螺旋上［当仪器整平时（即仪器的竖轴铅垂时）它即与竖轴位于同一铅垂线上］，当垂球尖对准地面上角顶的标志时即表示竖轴的中心线及水平度盘的刻划中心与角顶在同一条铅垂线上了。由于垂球对中精度较低，因此现代测量仪器已不用垂球。光学对中器也是用来观察仪器是否对中的，其优点是不像垂球对中那样会受到风力的影响，所以对中精度比垂球高，光学对中器的构造见图 5-6，它是在一个平置的小望远镜（称光学对中器望远镜）前面安装了一块直角棱镜，望远镜的视线通过棱镜后偏转 90°以使其处于铅垂状态且保持与仪器竖轴的重合，当仪器整平后从光学对中器望远镜的目镜看去，若地面点与视场内的圆圈中心重合则表示仪器已经对中，旋转光学对中器望远镜目镜可对分划板调焦（相当于屈光度调节），推拉目镜（或旋转光学对中器望远镜调焦螺旋）可对地面目标进行调焦。光学对中器的安置位置，有的在照准部上，有的则在基座上（如在照准部上则可与照准部共同旋转，而在基座上则不能）。经纬仪的三个脚螺旋位于基座的下部，当旋转脚螺旋时，可使仪器的基座升降，从而将仪器整平。经纬仪的水准器是用来观察仪器是否整平的，它通常有两个，一是圆水准器（用来粗略整平仪器，基本无用）；二是管水准器（用来精确整平仪器），也有不少仪器只有管水准器。

（2）照准设备　经纬仪的照准装置又称照准部，它包括望远镜、横轴及支架、竖轴、控制望远镜及照准部旋转的制动和微动螺旋等。经纬仪望远镜的构造与水准仪基本相同，不同之处在于望远镜调焦螺旋的构造和分划板的刻线方式。经纬仪的望远镜调焦螺旋不在望远镜的侧面，而在靠近目镜端的望远镜筒上，分划板的刻划方式则如图 5-7 所示（可适应不同目标的照准需要，十字丝中各丝的名称同水准仪）。经纬仪横轴与望远镜固连在一起且水平安置在两个支架上，望远镜可绕其上下转动，在一端的支架上有一个制动螺旋（旋紧时望远镜将不能转动）和一个微动螺旋（在制动螺旋旋紧条件下转动微动螺旋可使望远镜作上下微动，以便精确照准目标）。望远镜可随照准部一起绕竖轴在水平方向旋转（以照准不在同一铅垂面上的目标）。照准部也有一对制动和微动螺旋起固定作用与微小转动作用。典型的经纬仪竖轴轴系见图 5-8，照准部的旋转轴位于基座轴套内，而度盘的旋转轴则套在基座轴套外（其目的是使照准部的旋转轴与度盘旋转轴分离，以避免两者互相带动）。经纬仪竖轴轴系根据照准部与度盘的关系可分为两类，一类是照准部和度盘既可共同转动也可各自分别转动。这种仪器可以用复测法测水平角，因而称作复测经纬仪。它是利用一个复测扳手，使照准部与度盘可以脱开也可以固连。其结构见图 5-9。当复测扳手扳下时，弹簧夹将度盘夹住，则旋转照准部时度盘也一起转动，因而度盘读数不发生变化。当复测扳手扳上时，弹簧夹与度盘脱离，则旋转照准部时度盘仍保持不动，从而使读数变化。另一类是照准部和度盘都可单独转动但两者不能共同转动。这类仪器只能用于方向法测角，因而称为方向经纬仪。精度不低于 ±2″ 的经纬仪都是这种结构，大多数 6″ 级经纬仪也采用这种结构。这类仪器有一个水平度盘拨盘手轮，转动它时，水平度盘会在其本身的平面内单独旋转，因此，可以在照准方向固定后任意设置水平度盘读数。为防止观测过程中无意触动水平度盘拨盘手轮而改变读数导致测量错误，通常都设有保护装置。

图 5-7　常见经纬仪的十字丝

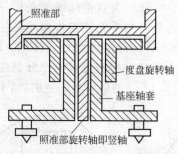

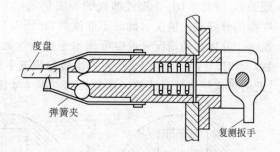

图 5-8 经纬仪竖轴轴系结构示意 　　　　图 5-9 复测扳手的工作机理

(3) 读数设备 经纬仪的读数装置主要包括度盘、读数显微镜、测微器等。不同精度、不同厂家的产品其基本结构是相似的，但测微机构及读数方法则差异很大。光学经纬仪水平度盘和竖直度盘均是由环状平板玻璃制成的，在圆周上刻有 360° 分划，在每度的分划线上注有度数。我国 DJ₆ 级经纬仪一般以 1° 或 30′ 一个分划，DJ₂ 级仪器则将 1° 的分划再分为 3 格（即 20′ 一个分划）。读数显微镜平行设置在望远镜目镜的旁边。通过位于仪器侧面的反光镜可将光线反射到仪器内部，通过一系列光学组件，使水平度盘、竖直度盘及测微器的分划都在读数显微镜内显示出来，以便读取读数。经纬仪最常见的读数方法有分微尺法、单平板玻璃测微器法和对径符合读数法。

① 分微尺法。分微尺法也称带尺显微镜法或显微带尺法。由于这种方法操作简单、读数方便、不含隙动差且历史悠久，大多数 6″ 级经纬仪都采用这种方法。这种测微器是一个固定不动的分划尺（见图 5-10），它有 60 个基本分划（在 0 和 6 数字长线之间，用于读数）和数根参考分划（在 0 和 6 数字长线之外均布，用于调校仪器）。度盘分划经过光路系统放大后，其 1° 的间隔与分微尺的基本分划的总宽度相等。即相当于把 1° 又细分为 60 格，每格代表 1′。图 5-10 显示的是从读数显微镜中看到的影像，图中 H 代表水平度盘，V 代表竖直度盘。度盘分划注字向右增加，而分微尺注字则向左增加。分微尺的 0 分划线

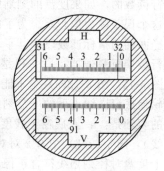

图 5-10 分微尺法读数

即为读数的指标线，度盘分划线则作为读取分微尺读数的指标线。从分微尺上可直接读到 1′，还可以估读到 0.1′。也有些经纬仪不标注水平度盘和竖直度盘，可自己判断，判断方法是让经纬仪照准部不动，转动望远镜，哪个度盘的数字在变哪个度盘就是竖直度盘，另一个自然就是水平度盘了。分微尺法的读数方法是，落在分划尺基本分划范围内的度盘分划线（度盘刻度线）上标注的数字就是要读的度（°），从分微尺 0 分划线到该度盘分划线间夹的分划尺格数就是要读的分（′）（夹几个格就是几分）。图 5-10 中水平度盘读数为 32°03.4′、竖直度盘读数为 91°37.4′。

② 单平板玻璃测微器法。这种测微方法也大多用于 6″ 级经纬仪。由于操作不便、有隙动差，早已被淘汰。图 5-11 为国产 DJ₆-1 型光学经纬仪的读数窗影像，DJ₆-1 型经纬仪将水平度盘和竖直度盘各均匀刻划了 720 条分划线（即将一个圆周均分了 720 份），相邻分划线的间隔是 0.5°（30′），测微分划尺基本分划的总格数是 30 个大格（90 个小格，每个大格再均分成 3 个小格）对应度盘一格的格值（30′），即测微分划尺基本分划一大格格值为 1′，一小格格值为一大格的 1/3（即 20″），估读测微分划尺时可读到一小格格值的 1/10（即测微分划尺最小读数为 2″）。尽管 DJ₆-1 型经纬仪的最小读数为 2″，但其实际测量精度只能达到 6″级经纬仪的水平（因为仪器的精度是由内部结构决定的，而不是通过人为提高最小读数来实

现的），因此，DJ₆-1 型经纬仪的等级仍属于 6″级。图 5-11（b）为双指标线未夹住任何一个度盘的分划线的情况（此时不能读数）；图 5-11（a）为转动测微手轮使双指标线夹住水平度盘一个分划线的情况 ［此时可读水平度盘读数，读数为 317°（母盘读数）＋14′14″（测微读数）＝317°14′14″］；图（c）为再次转动测微手轮使双指标线夹住竖直度盘一个分划线的情况 ［此时可读竖直度盘读数，读数为 92°30′（母盘读数）＋5′44″（测微读数）＝92°35′44″］。

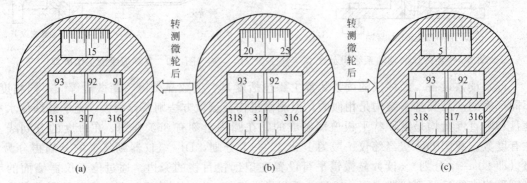

图 5-11　国产 DJ₆-1 型光学经纬仪的读数窗影像

③ 对径符合读数法。分微尺法、单平板玻璃测微器法都是利用位于直径一端的指标进行读数的，如果度盘的刻划中心 O 与照准部的旋转中心 O' 不相重合就会使读数产生误差 x，这个误差称为偏心差。为了能在读数过程中将这个误差消除，2″级及以上的经纬仪都利用直径两端的指标读数以取其平均值（即对径符合读数，这种仪器在构造上有两种，一种是双平行玻璃板测微器，另一种是双光楔，两种构造的作用相同）。对径符合读数的读数方法见图 5-12。图 5-12（a）是不能读的，因为底窗横线上下的度盘刻划线未对齐。转动测微手轮使底窗横线上下的度盘刻划线对齐 ［图 5-12（a）就变成了图 5-12（b）］方可读数，读数的要领是：a. 在底窗上找度盘对径刻划线（度盘对径刻划线是指相差 180°的 2 个度盘刻划线），图 5-12（b）中有 2 对对径刻划线，一对是 139°和 319°，另一对是 140°和 320°；b. 底窗上度盘对径刻划线符合正像在左、倒像在右，相距最近标准的那对对径刻划线的正像刻划注记值就是要读的度（°），很显然，在 2 对对径刻划线中只有 139°和 319°符合标准，故度数值为 139°；c. 符合标准的那对对径刻划线间夹的格数就是要读的整十分数，对径刻划线 139°和 319°之间夹了 4 个格，故整十分数值为 40′；d. 从顶窗（测微窗）上读出不足十分的值，测微窗上注记数字有 2 排，上边一排是分值（′），下边一排是秒值（″），不难理解，测微窗每小格的格值是 1″（可估读到 0.1″），因此，顶窗读数为 4′11.8″；e. 将 b、c、d 值相加即为最终度盘读数（方向值），图 5-12（b）的正确读数为 139°＋40′＋4′11.8″＝139°44′11.8″。

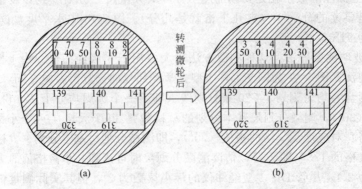

图 5-12　对径符合读数的读数窗影像

④ 光学半数字化读数。后来，人们又对对径符合读数的读数窗影像进行了改进，见图 5-13，并将这种读数窗影像称为"光学半数字化读数"，中间小窗为度盘直径两端的刻划影像，上面的小窗可直接读取度数及整十分数值，下面小窗即为测微分划尺的影像。"光学半数字化读数"法的读数方法见图 5-13，图 5-13（a）是不能读数的（因为中间小窗横线上下的度盘刻划线未对齐），转动测微手轮使中间小窗横线上下的度盘刻划线对齐［图 5-13（a）就变成了图 5-13（b）］方可读数，读数的要领是：a. 上面小窗（T 形）第一排显示完全的三位数的度盘刻划注记值就是要读的度（°），上面小窗下端扣住并显示的数字就是要读的整十分数，图 5-13（b）读数为 $39°50'$；b. 从底窗（测微窗）上读出不足十分的值，测微窗上注记数字有 2 排，上边一排是分值（$'$），下边一排是秒值（$''$），不难理解，测微窗每小格的格值是 $1''$（可估读到 $0.1''$），因此，顶窗读数为 $9'19.8''$；c. 将 a、b 值相加即为最终度盘读数（方向值），图 5-13（b）的正确读数为 $39°50'+9'19.8''=39°59'19.8''$。

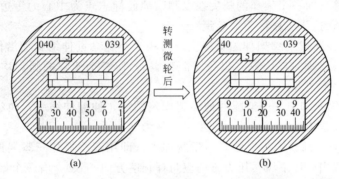

图 5-13　"光学半数字化读数"的读数窗影像

在使用对径符合读数法和对应的光学半数字化读数法的仪器时，读数显微镜不能同时显示水平度盘及竖直度盘的读数。在经纬仪支架左侧有一个刻有直线的旋钮（称换像手轮），当直线水平时，所显示的是水平度盘读数；而直线竖直时则显示的是竖直度盘读数。此外，读数时应打开对应度盘（水平度盘或竖直度盘各有 1 个）的进光反光镜。

"光学半数字化读数"有很多变异形式，不仅 $2''$ 级光学经纬仪有"光学半数字化读数"方式，$3''$ 级、$5''$ 级和 $6''$ 级光学经纬仪也都有"光学半数字化读数"方式，限于篇幅，在此不作过多介绍，大家熟悉了上述各种读数方法后，其他的触类旁通应该是没有问题的。

5.2　经纬仪及电子全站仪的安置方法

经纬仪和电子全站仪（简称全站仪）的安置方法大同小异，因此，本书以经纬仪为例谈安置方法，电子全站仪的安置方法可参照经纬仪。

5.2.1　经纬仪安置的基本要求

所谓经纬仪的安置就是把经纬仪安置在设置有地面标志的测站上。所谓测站就是所测角度的顶点（水平角）或起点（竖直角）。经纬仪安置的目的是确保经纬仪的水平度盘圆心位于测站地面标志点的铅垂线上且水平度盘面与该铅垂线垂直。使经纬仪水平度盘圆心位于测站地面标志点铅垂线上的工作称为"对中"，使经纬仪水平度盘面与测站地面标志点铅垂线垂直的工作称为"整平"。因此，经纬仪的安置工作包括两项内容，一是"对中"，二是"整平"。经纬仪的安置应在测量角度以前进行。电子全站仪、陀螺经纬仪、GPS 接收机的安置方法同经纬仪。经纬仪的安置方法随经纬仪结构的不同而不同，一些老式的低精度（$6''$ 及以下）经纬仪利用垂球进行"对中"（称垂球对中经纬仪），大多数经纬仪利用光学对中器（也称光学铅垂）进行"对中"（称光学对中经纬仪），现在的经纬仪全部采用光学对中器"对中"（有些经纬仪则采用更加先进的激光对点器进行"对中"）。

5.2.2   垂球对中经纬仪的安置方法

垂球对中经纬仪的安置步骤如下。

（1）放架（安放三脚架）

① 先将经纬仪三脚架打开，扭松三个架腿的伸缩腿固定螺旋、抽出伸缩腿，使架腿高度与观测者身高匹配（即观测者能够不躬腰、不踮脚、灵活方便地使用仪器），然后稍微旋紧架腿的固定螺旋。这步工作称为"高适中"。

② 将经纬仪三脚架的三个架腿张开安放在测站上，使三个架腿的腿尖到测站地面标志点的水平距离相等（即三个架腿的腿尖在以测站地面标志点为中心的等边三角形的角顶上，可用手大概丈量）。这步工作称为"等距"。

③ 将脚踏在经纬仪三脚架伸缩腿腿尖踏脚板上小腿贴近伸缩腿面沿伸缩腿的方向用力下踩（千万不能沿铅垂方向下踩，以免踩断架腿），使三个架腿的腿尖均牢固地扎入土中。这步工作称为"尖入土"。

④ 旋松经纬仪三脚架三个架腿的伸缩腿固定螺旋，伸缩伸缩腿，使经纬仪三脚架架头顶面水平，然后旋紧架腿固定螺旋。这步工作称为"顶平"。

⑤ 用手分别对经纬仪三脚架的三个架腿加压（即用双手抓住三脚架伸缩腿固定螺丝上方的两根主杆略微用力往下压，压力方向应与杆长度方向一致），看三个架腿是否向下滑动，若滑动则应再次旋紧架腿固定螺旋，直到不滑为止。这步工作称为"腰牢靠"。

（2）联仪（将经纬仪固定在三脚架上）   从仪器箱中取出经纬仪，旋松经纬仪的全部制动螺旋，左手抓住经纬仪照准部 U 形支架细的一侧（抓牢），将经纬仪放到三脚架顶面上（不松手），右手旋动三脚架头上的中心连接螺旋，将中心连接螺旋旋入经纬仪基座的中心螺孔并旋紧，右手轻推经纬仪基座看经纬仪基座是否能在三脚架顶面上移动，若不动则说明经纬仪与三脚架间已经可靠连接（此时才可以松开抓牢经纬仪的左手），联仪工作结束，否则应重新连接并旋紧三脚架头上的中心连接螺旋，直到满足要求为止。联仪工作的基本要求是"可靠"。

（3）垂球"对中"   在三脚架头中心连接螺旋上挂上垂球，调整垂球线的长度，使垂球尖最大限度地靠近测站地面标志点（但不接触，垂球可以自由摆动），用手不断对摆动的垂球进行阻尼使垂球自己停止摆动并稳定，观察垂球尖是否正对测站地面标志点（即测站地面标志点位于过垂球尖的铅垂线上），若正对则"对中"工作完成，否则应调整经纬仪在三脚架顶面上的位置。调整经纬仪在三脚架顶面上位置的方法是：稍微旋松三脚架头上的中心连接螺旋（只松半个螺距），左手抓住经纬仪照准部 U 形支架细的一侧（抓牢），右手推动经纬仪基座，此时，旋入经纬仪基座的三脚架头中心连接螺旋会带动垂球移动，当垂球尖正对测站地面标志点时钮紧三脚架头中心连接螺旋（重新使经纬仪与三脚架间可靠连接），"对中"工作完成。对中误差一般应小于 2mm。

（4）整平   如图 5-14(a) 所示，转动经纬仪照准部，使照准部水准管平行于两个脚螺旋（1、2）的连线，两手按箭头的方向（或反方向）同时对向转动脚螺旋（1、2），使照准部水准管气泡居中（气泡移动方向与左手大拇指转动方向一致）。将经纬仪照准部顺时针旋转 90°，见图 5-14(b)，使照准部水准管垂直于 1、2 脚螺旋的连线，转动另一只（第三个）脚螺旋（3），再使气泡居中。再将经纬仪照准部顺时针旋转 90°，使照准部水准管反向平行于两个脚螺旋（1、2）的连线，两手按箭头的方向（或反方向）再同时对向转动脚螺旋（1、2），见图 5-14（c），使照准部水准管气泡居中。将经纬仪照准部顺时针再次旋转 90°，见图 5-14（d），使照准部水准管反向垂直于 1、2 脚螺旋的连线，转动另一只（第三个）脚螺旋（3），再次使气泡居中。再次将经纬仪照准部顺时针旋转 90°恢复到第一次转动脚螺旋时的位置，经纬仪照准部水准管气泡应居中（气泡偏离值不得大于半个刻划），若气泡满足居中要求则"整平"工作结束。否则应重新调整，若再次调整仍不行则说明仪器需要校正或维修。经纬仪整平后仪器的水平度盘就处于了水平位置，竖轴也就铅直了。

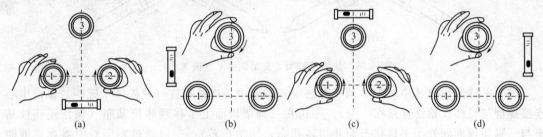

图 5-14　经纬仪整平方法示意

5.2.3　光学对中经纬仪的安置方法

光学对中经纬仪的安置步骤如下。利用激光对点器进行"对中"的经纬仪的安置方法同光学对中经纬仪，区别在于光学对中经纬仪的对中线不可见、激光对点经纬仪的对中线可见。

（1）放架（安放三脚架）　同 5.2.2（1）。

（2）联仪（将经纬仪固定在三脚架上）　同 5.2.2（2）。

（3）操作光学对中器

① 调整经纬仪照准部下方的光学对中器，像水准仪操作望远镜一样，先转动光学对中器目镜调焦螺旋，使十字丝（或对中圆）清晰（称视度调节，简称调屈）。

② 转动对光螺旋（一般通过抽拉光学对中器完成，也有些新仪器通过转动光学对中器调焦螺旋实现），使对中点（测站地面标志点）清晰（简称调焦）。

③ 将眼睛在光学对中器目镜附近上下移动观察目镜，看对中点的像与十字丝间是否有位移现象出现，若有则说明有视差（简称观察视差）。若有视差则通过调焦、调屈＋调焦、调屈＋调焦……的方式消除视差（简称消除视差）。

（4）脚螺旋对中　一边任意转动图 5-14 所示 3 只脚螺旋（1、2、3），一边通过光学对中器观察地面对中点的移动情况，使地面对中点位于光学对中器十字丝交点处（或对中圆的圆心位置）。

（5）伸缩三脚架 2 支架腿整平　转动照准部，使照准部长水准管的铅直投影与某一个三脚架架腿的铅直投影平行［见图 5-15（a），此时照准部长水准管与 A 架腿平行］，左手抓牢三脚架伸缩腿（A 架腿）固定螺丝上方的 1 根主杆（拇指紧贴伸缩腿顶部确保伸缩腿不能滑动），右手稍松该架腿的伸缩腿固定螺丝，然后将右手放在伸缩腿的顶端压住伸缩腿，左手提或压主杆使三脚架架腿升高或降低，使照准部长水准管气泡居中（伸缩架腿时应仔细、切勿摔了仪器），然后，左手抓牢并控制住该三脚架架腿的滑动（拇指紧贴伸缩腿顶部确保伸缩腿不能滑动），右手拧紧该架腿的伸缩腿固定螺丝。

转动照准部 120°，使照准部长水准管的铅直投影与另一个三脚架架腿的铅直投影平行［见图 5-15（b），此时照准部长水准管与 C 架腿平行］，重复上述调整动作，使照准部长水准管气泡再次居中。

（6）脚螺旋严格整平　同 5.2.2（4）。该动作称为"脚整"。

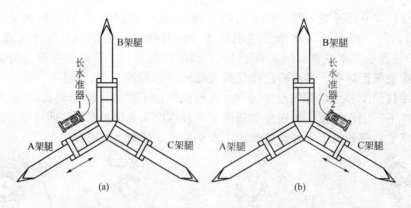

图 5-15　伸缩三脚架 2 支架腿整平（俯视图）

（7）平移经纬仪基座对中　稍松经纬仪三脚架中心连接螺旋（只松一个螺距，保持中心连接螺旋与经纬仪始终连接在一起），一边在三脚架顶面上平移经纬仪基座（保持经纬仪基座与三脚架顶面间处于平移状态而非扭转状态，切勿扭转），一边通过光学对中器观察地面对中点的移动情况，使地面对中点位于光学对中器十字丝交点处（或对中圆的圆心位置），然后拧紧三脚架中心连接螺旋。该动作称为"推中"。

（8）"脚整"　同（6）。

（9）"推中"　同（7）。

不断重复"脚整"、"推中"动作，直到经纬仪又"对中"（误差小于 0.2mm）又"整平"（气泡偏离值不得大于半个刻划）为止。最后一个动作是"脚整"。

5.3　经纬仪角度测量

5.3.1　测回法测量水平角

经纬仪水平角测量的方法很多，有测回法、方向法、全圆方向法、高斯全组合测角法等。测量常用测回法，见图 5-16。图 5-16 中欲测角为 OA 方向与 OB 方向间的水平角 β，则 O 为欲测角的顶点，为此，需要将经纬仪安置在 O 点上。由于经纬仪安置在 O 点上后一般是无法看到 A、B 点的，因此，必须通过工具将 A、B 点的铅垂线在实地标定出来（以便能被 O 点上经纬仪看到），这就是测钎、花杆或觇标（见图 5-17）。为使目标醒目，人们常常在花杆的顶部绑上一面红白（或红黄）相间的小旗（称测旗）。花杆是一种圆形断面、红白相间的直木杆，底端为一个圆锥状铁尖，铁尖的尖端（P）在花杆的中轴线（QT）上。将花杆铁尖放到 A（或 B）点上后立直花杆，则花杆的中轴线即为 A（或 B）点的铅垂线。花杆的长度一般为 1.5m、2m、3m。当花杆的长度不足、竖立后无法被经纬仪看到时，人们就采用觇标标定目标点的铅垂线，觇标的类型很多（最高的觇标可达 60m，为国家一、二等大地测量用觇标，其上部除了撸柱外还有经纬仪观测平台），觇标是永久性测量标志，受国家法律保护，不得破坏，觇标有木制的也有钢制的。图 5-17 为最常见的普通觇标（高度在 10m 以下），觇标撸柱为圆桶状，其中线（TQ）与目标点（地面测量控制点 P）的铅垂线重合（这项工作是通过觇标安装实现的）。测钎是用 $\phi5$mm 的高强、高碳钢丝加工而成的，先将钢丝冷拔抻直，然后在砂轮上将钢丝一端磨成圆锥状（同花杆铁尖），再利用台虎钳将钢丝的另一端弯曲成圆环状，测钎尖端通过测钎直杆部分的中轴线。测钎在工程定位中使用较多，其长度一般不超过 50cm。

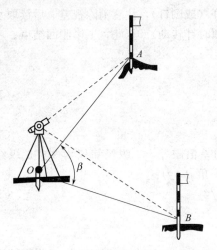

图 5-16　水平角观测现场布置示意

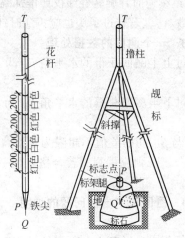

图 5-17　花杆与觇标

在用经纬仪进行水平角观测前，必须先把仪器安置在欲测角的顶点（即测站地面标志点，图 5-16 中 O）上，安置方法见本书 5.2。另外两个点（A、B）上则铅直竖立花杆（或测钎）。如图 5-16 所示，若欲测水平角为 β，则 OA 方向为后方向（称后视方向），OB 方向为前方向（称前视方向）。

以下是测回法 1 个测回的测量过程。1 个测回是由 2 个半测回构成的，这 2 个半测回分别称为上半测回（采用盘左位置观测）和下半测回（采用盘右位置观测）。测量过程中务必记住"转动必先松制动"的基本操作规程（比如，要想转动照准部则必须先松开照准部制动螺旋后才能转动）。

5.3.1.1　上半测回

① O 点经纬仪瞄准 A 点［使经纬仪单线竖丝照准花杆（或测钎）中轴线，或使花杆（或测钎）中轴线位于双线竖丝中央，见图 5-18］，配置水平度盘读数（称配盘）。

② 顺时针旋转经纬仪照准部 2 周再次瞄准 A 点（应注意观察并消除视差，见图 5-19，方法同 3.4.4.2）后读取水平度盘读数 A_L（打开对应的度盘进光窗反光镜，旋转与仰俯反光镜使读数显微镜最明亮、最清晰，调节读数显微镜调焦螺旋，使度盘成像清晰，然后读取度盘读数）。若转过了头应再顺时针转回（不得逆时针转动）。

③ 继续顺时针旋转经纬仪照准部瞄准 B 点［花杆（或测钎），注意消除视差］后读取水平度盘读数 B_L。若转过了头也应再顺时针转回（不得逆时针转动）。至此，上半测回结束。

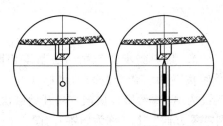

图 5-18　经纬仪水平角观测时瞄准目标

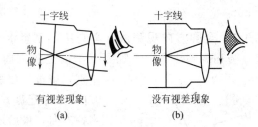

图 5-19　望远镜视差观察

5.3.1.2　下半测回

① 经纬仪望远镜倒转 180°变盘右。

② 逆时针旋转经纬仪照准部 2 周半瞄准 B 点［花杆（或测钎），注意消除视差］后读取水平度盘读数 B_R。若转过了头应再逆时针转回（不得顺时针转动）。

③ 继续逆时针旋转经纬仪照准部瞄准 A 点〔花杆（或测钎），注意消除视差〕后读取水平度盘读数 A_R。若转过了头也应再逆时针转回（不得顺时针转动）。至此，下半测回结束。

5.3.1.3　一个测回的数据处理

通过上半测回获得的水平角 β_L 为：

$$\beta_L = B_L - A_L \tag{5-4}$$

通过下半测回获得的水平角 β_R 为：

$$\beta_R = B_R - A_R \tag{5-5}$$

β_L 与 β_R 间的差值不超限为合格（β_L 与 β_R 间的差值限差，2″级经纬仪为 9″，6″级经纬仪为 24″），否则应重测。若合格，则一个测回的水平角 β_C 为：

$$\beta_C = (\beta_L + \beta_R)/2 \tag{5-6}$$

5.3.1.4　测回法中一些问题的说明

水平角测量过程中务必保持轴座固定螺旋（图 5-4 之 21、图 5-5 之 22）处于顶紧轴座的状态。

若 β 角需要测量 n 个测回，则重复 5.3.1.1～5.3.1.3 动作 n 次，每个测回观测时的不同点在于上半测回第一个动作中〔5.3.1.1 之①〕配盘值的不同，测量规定对第一个测回配盘值必须是 $0°0'×+''$（$×\neq0$），其余相邻测回间的配盘值差值必须为〔$(180/n)°+(60/n)'+(60/n)''$〕。

所谓配盘就是使瞄准方向的水平度盘读数等于一个设定值（可以是规范规定的，也可以是观测者想要的）。配盘方法是瞄准目标后打开拨盘手轮（图 5-5 之 10）的护盖，用手拨动拨盘手轮，水平度盘读数就会随着手的拨动而不断变化，当水平度盘读数变化到配盘值后停止拨动（对于有测微轮的经纬仪，配盘时必须通过拨盘手轮与测微轮的配合才能准确定出配盘值），盖上经纬仪拨盘手轮护盖（观测中务必注意盖上护盖）。图 5-4 所示经纬仪的配盘方法是先将复测扳手（图 5-4 之 17）扳上去，人随着照准部转动，当水平度盘读数变化到配盘值后停止拨动，通过照准部制动、微动螺旋和测微轮的配合精确调出配盘值后将复测扳手扳下来（此时，不管照准部怎样转动经纬仪的水平度盘读数始终不变），旋转照准部精确瞄准目标后再把复测扳手扳上去。

n 个测回测量结束后会得到 n 个测回水平角（为了区别测回表达为 β_{Ci}），β_{Ci} 间的互差不超限为合格（互差限差对 2″级经纬仪为 9″，对 6″级经纬仪为 24″），否则应重测相应的超限测回。若合格，则最终（n 个测回的）水平角值 β 为：

$$\beta = \sum \beta_{Ci}/n \tag{5-7}$$

5.3.2　全圆方向观测法（全圆法）测量水平角

方向观测法适用于观测三个以上的方向，见图 5-20。其观测步骤与测回法基本相同。

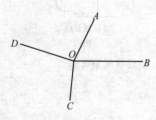

图 5-20　全圆方向观测法
（全圆法）方向示意

差别在于首先要选择一个距离适中、背景清晰的目标作为"零方向"（即配盘方向）（假设为 A），然后，从该方向开始顺次观测各方向，最后还要回到"零方向"上（称为归零）。图 5-20 所示图形一个测回的观测过程如下。

5.3.2.1　上半测回

① O 点经纬仪瞄准 A 点，配置水平度盘读数（称配盘）。

② 顺时针旋转经纬仪照准部 2 周再次瞄准 A 点后读取水平度盘读数 A_L。若转过了头应再顺时针转回（不得逆时针转动）。

③ 继续顺时针旋转经纬仪照准部依次瞄准 B、C、D、A 点后读取水平度盘读数 B_L、C_L、D_L、A_L'。若转过了头也应再顺时针转回（不得逆时针转动）。至此，上半测回结束。

5.3.2.2　下半测回

① 经纬仪望远镜倒转 180°变盘右。

② 逆时针旋转经纬仪照准部 2 周半瞄准 A 点后读取水平度盘读数 A_R。若转过了头应再逆时针转回（不得顺时针转动）。

③ 继续逆时针旋转经纬仪照准部依次瞄准 D、C、B、A 点后读取水平度盘读数 D_R、C_R、B_R、A_R'。若转过了头也应再逆时针转回（不得顺时针转动）。至此，下半测回结束。

5.3.2.3　一个测回的数据处理

A_L 与 A_L' 间（或 A_R 与 A_R' 间）的差值称为"半测回归零差"，限差见表 5-1。

表 5-1　水平角方向观测法各项限差　　　　　　单位：(")

项　　目	经纬仪精度等级			项　　目	经纬仪精度等级		
	±1"级	±2"级	±6"级		±1"级	±2"级	±6"级
光学测微器两次重合读数差	1	3	—	一测回内 2C 互差	9	13	—
半测回归零差	6	8	18	同一方向值各测回互差	6	9	24

对同一方向（i）来讲，盘左、盘右读数相差 180°，即

$$i_L = i_R \pm 180° \tag{5-8}$$

同一方向（i）盘左、盘右读数的差值与 180°的差称为二倍照准误差（2C），即

$$2C = i_L - (i_R \pm 180°) \tag{5-9}$$

一个测回各方向 2C 互差（即最大的 2C 与最小的 2C 间的差值）不能超过表 5-1 的规定。

计算各方向的平均读数（以盘左为准，盘右值应相应±180°后再与盘左取平均）i 为：

$$i = [i_L + (i_R \pm 180°)]/2 \tag{5-10}$$

起始方向 A 的平均读数两个，其差数在容许范围内时，取其平均值作为最终的 A 方向平均读数 A_P。令最终的 A 方向平均读数为"零"，则各方向的平均读数 i 减去 A_P 即为归零后的方向值 i_0。（称归零方向值）。

沿顺时针相邻方向的前方向归零方向值减去后方向归零方向值即为两个方向间的顺时针水平角（不够减加 360°）。

若该测回测量过程中有一项指标超过表 5-1 规定，则整个测回重测。

若需要测量 n 个测回，则重复 5.3.2.1~5.3.2.3 的动作 n 次，每个测回观测时的不同点在于上半测回第一个动作中［5.3.2.1 之①］配盘值的不同，第一个测回配盘值同样必须是 0°0'×"（×≠0），其余相邻测回间的配盘值差值同样必须为 $[(180/n)° + (60/n)' + (60/n)"]$。各测回同一方向的归零方向值互差（同一方向值各测回互差）不得超过表 5-1 的规定（若超限则重测相关超限测回），合格后，将各测回同一方向的归零方向值取平均得到该方向的最终归零方向值，利用各方向最终归零方向值相减得到的顺时针水平角为最终的水平角。

5.3.3　水平角观测注意事项

对中要尽量精确（特别对短边测角，对中要求应更加严格）；当观测目标间高低相差较大时应注意仪器的整平状态；照准标志（指花杆、测钎、橹柱）要竖立铅直；经纬仪瞄准时应尽量瞄准标志的底部；水平角观测过程中若水准管气泡偏离中央超过 2 格时应重新整平仪

器、重新观测。若 5.3.2 中全圆法取消归零动作即为方向法。

5.3.4 竖直角测量的目的

竖直角的观测方法也是测回法，根据竖直角观测时采用的十字丝又分为三丝法和中丝法，测量中惯常采用的竖直角观测方法是中丝测回法，因此，本书只介绍中丝测回法。对测量来讲测量一个空间直线的竖直角是没有实际意义的，测量工作中测量一个空间直线的竖直角的目的是获得空间直线起、终点间的高差（测量上称之为三角高程测量）。利用三角高程测量方法获得的高差不是正常高高差（即不同于水准测量测得的高差）。

5.3.5 三角高程测量原理

三角高程测量时，经纬仪瞄准目标的影像见图 5-21（即十字丝中丝近中央处切准目标的顶部）。

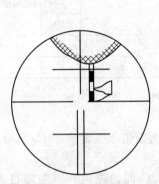

图 5-21 竖直角观测时的瞄准

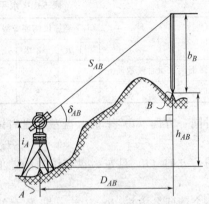

图 5-22 三角高程测量原理

见图 5-22，测量竖直角时将经纬仪安置在起点 A 上（安置方法见本书 5.2），在终点 B 上铅直竖立一根花杆［竖立前先丈量花杆的长度（即竖立后的高度）b_B］。然后丈量经纬仪仪器高 i_A。经纬仪仪器高是指经纬仪望远镜旋转轴（横轴）与地面对中点 A 间的铅直距离。经纬仪瞄准目标 B（即十字丝中丝近中央处切准目标 B 花杆的顶部）获得图 5-22 所示的竖直角 δ_{AB}。若 A、B 点间的水平距离 D_{AB} 已知，从图 5-22 中不难看出：

$$b_B + h_{AB} = i_A + D_{AB} \times \tan\delta_{AB}$$

即 A、B 点间的近似高差 h_{AB} 为：

$$h_{AB} = i_A + D_{AB} \times \tan\delta_{AB} - b_B \tag{5-11}$$

同样，若斜距 S_{AB} 已知，从图 5-22 中也不难看出：

$$b_B + h_{AB} = i_A + S_{AB} \times \sin\delta_{AB}$$

即 A、B 点间的近似高差 h_{AB} 为：

$$h_{AB} = i_A + S_{AB} \times \sin\delta_{AB} - b_B \tag{5-12}$$

很显然，式(5-11)、式(5-12)既没有考虑水准面的弯曲也没有考虑大气折射对竖直角的影响，只有对式(5-11)、式(5-12)的计算结果进行水准面弯曲和大气折射改正才能得到较为准确一些的高差。

经过实验，人们总结出了三角高程测量水准面弯曲改正数（简称地球曲率改正数）c 和大气折光改正数 γ。

$$c = D_{AB}^2 / 2R \tag{5-13}$$

$$\gamma = -0.14 D_{AB}^2 / 2R \tag{5-14}$$

将式(5-13)、式(5-14)组合起来即得三角高程测量地球曲率与大气折光联合改正数 f（简称两差改正）。

$$f = c + \gamma = 0.43 D_{AB}^2 / R \tag{5-15}$$

式(5-13)~式(5-15)中 R 为地球的平均曲率半径，$R = 6371000$m。

给式(5-11)、式(5-12)增加一个改正数 f，即得比较精确的三角高程测量高差计算公式（但计算结果仍不是正常高高差，是一个非常接近正常高高差的高差），即

$$h_{AB} = i_A + D_{AB} \times \tan\delta_{AB} - b_B + f \tag{5-16}$$

$$h_{AB} = i_A + S_{AB} \times \sin\delta_{AB} - b_B + f \tag{5-17}$$

式(5-16)是经纬仪三角高程测量（普通三角高程测量）的高差计算公式，式(5-17)是电子全站仪三角高程测量的高差计算公式（此时，花杆被反射棱镜代替）。

由于式(5-15)是经验公式，因此，人们在进行三角高程测量时大多采用对向观测（或叫直、反觇观测），即由 A 点观测 B 点，再由 B 点观测 A 点，通过取对向观测所得高差的平均值，以抵消两差影响。当由 B 点观测 A 点时，式(5-16)、式(5-17)就会变成：

$$h_{BA} = i_B + D_{BA} \times \tan\delta_{BA} - b_A + f \tag{5-18}$$

$$h_{BA} = i_B + S_{BA} \times \sin\delta_{BA} - b_A + f \tag{5-19}$$

对向观测高差的最或然值 h'_{AB} 为：

$$h'_{AB} = (h_{AB} - h_{BA}) / 2 \tag{5-20}$$

从式(5-20)不难看出，两差改正 f 被抵消。当然，这只是理论上的，实际测量中大气状态时刻在变，因此完全抵消是不可能的。

三角高程测量对竖直角的观测要求见表 5-2。

表 5-2　竖直角观测测回数及限差

测量等级	四等和一、二级小三角		一、二、三级导线	
经纬仪精度等级	±2″	±6″	±2″	±6″
测回数	2	4	1	2
各测回竖直角互差限差	15″	25″	15″	25″

三角高程测量往返测所得的高差之差 f_h（经两差改正后）不应大于 $1 \times 10^{-4} D_{AB}$，即

$$f_h = \pm 1 \times 10^{-4} D_{AB} \tag{5-21}$$

由对向观测所求得的高差平均值为观测量计算的闭合环线（或附合路线）闭合差应不大于 $\pm 5 \times 10^{-6} (\sum D^2)^{1/2}$，$\sum D$ 为闭合环线（或附合路线）总长度。

三角高程控制网一般是在平面网的基础上，布设成三角高程网或高程导线。为保证三角高程网的精度，应采用四等水准测量联测一定数量的水准点，作为高程起算数据。三角高程网中任一点到最近高程起算点的边数，当平均边长为 1km 时，不超过 10 条，平均边长为 2km 时，不超过 4 条。竖直角观测是三角高程测量的关键工作，对竖直角观测的要求见表 5-3。为减少竖向折光变化的影响，应避免在大风或雨后初晴时观测，也不宜在日出后和日落前 2h 内观测，在每条边上均应作对向观测。觇标高 b 和仪器高 i 应用钢尺丈量两次，读至毫米，其较差对于四等三角高程不应大于 2mm，对于五等三角高程不应大于 4mm。

光电测距三角高程测量的高程路线应起闭于高级水准点，高程网或高程导线的边长应不大于 1km，边数不超过 6 条。竖直角应用不低于 ±2″ 级的经纬仪，在四等高程测 3 个测回，五等测 2 个测回。距离应采用标称精度不低于 ±(3mm+3mm/km) 的测距仪。

表 5-3 光电测距三角高程测量主要技术要求

等级	仪器等级	竖直角测回数（中丝法）	指标差较差限差/(″)	竖直角较差限差/(″)	对向观测高差较差限差/mm	附合路线或环线闭合差限差/mm
四等	±2″	3	7	7	$40D^{1/2}$	$20(\sum D)^{1/2}$
五等	±2″	2	10	10	$60D^{1/2}$	$30(\sum D)^{1/2}$
图根	±6″	2	25	25	$400D^{1/2}$	$40(\sum D)^{1/2}$

注：D 为光电测距边长度，km。

5.3.6 竖直角的观测方法

如图 5-22 所示，一个测回的具体观测步骤如下。

① 以盘左照准目标 B 花杆（用十字丝中丝近中央处切准目标 B 花杆的顶部），转动竖盘指标水准器微动螺旋使竖盘指标水准器气泡居中，读取竖盘读数 L，这称为上半测回。

② 将望远镜倒转 180°，以盘右照准目标 B 花杆（用十字丝中丝近中央处切准目标 B 花杆的顶部），转动竖盘指标水准器微动螺旋使竖盘指标水准器气泡居中，读取竖盘读数 R，这称为下半测回。

如果经纬仪带竖盘指标水准器自动补偿装置，则在安置好经纬仪后应立即打开自动补偿装置工作钮（此时若转动经纬仪照准部可听到自动补偿装置工作时的轻微"滴答"声），竖直角测量结束后应马上关闭自动补偿装置工作钮（以保护自动补偿装置），然后才能卸仪器。带竖盘指标水准器自动补偿装置的经纬仪测量竖直角照准目标后可直接读取竖盘读数。

若需要对竖直角测量 n 个测回，则重复①、②动作 n 次。

5.3.7 竖直角观测数据的处理

一测回竖直角观测的数据处理方法如下。

5.3.7.1 计算竖盘指标差 x

$$x = (L + R - 360°)/2 \tag{5-22}$$

5.3.7.2 判别竖盘结构

国内外光学经纬仪的竖盘结构有 2 种，一种是盘左仰角竖盘读数小于 90°的经纬仪（本书称之为 Ⅰ 类经纬仪，其竖盘的刻划顺序见图 5-23），另一种是盘左仰角竖盘读数大于 90°的经纬仪（本书称之为 Ⅱ 类经纬仪，其竖盘的刻划顺序见图 5-24）。同一台经纬仪只需判别一次。

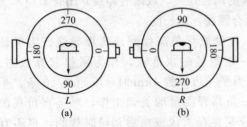

图 5-23 Ⅰ类经纬仪竖盘的刻划顺序

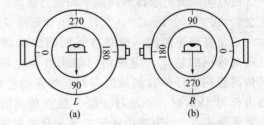

图 5-24 Ⅱ类经纬仪竖盘的刻划顺序

5.3.7.3 计算一测回竖直角 δ

（1）对于 Ⅰ 类经纬仪

$$\delta = 90° - L + x \tag{5-23}$$

或

$$\delta = R - 270° - x \tag{5-24}$$

（2）对于 Ⅱ 类经纬仪

$$\delta = L - 90° - x \tag{5-25}$$

或
$$\delta = 270° - R + x \tag{5-26}$$

5.3.7.4　多测回数据处理

若对竖直角测量了 n 个测回，则可计算出 n 个 δ（为了便于表达改写为 δ_i），n 个 δ_i 计算时的竖盘指标差不得超限（2″级经纬仪指标差变化容许值为 ±15″；6″级经纬仪为 ±25″），若超限则重测超限测回，若不超限则取平均值作为最终的竖直角 δ'。

$$\delta' = \sum \delta_i / n \tag{5-27}$$

对竖盘指标差进行超限约束的原因是，每台仪器的竖盘指标差在一定时间内的变化通常是很小的（可视为固定角）。观测过程中竖盘指标差的变化是仪器误差、观测误差和外界条件的联合影响导致，因此，约束了竖盘指标差的变化也就是约束了观测误差。

5.3.8　经纬仪竖盘指标自动补偿装置的特点

现代经纬仪全部采用竖盘指标自动归零补偿装置。所谓竖盘指标自动归零补偿装置就是当经纬仪稍有倾斜时，这种装置会自动调整光路使读数相当于水准管气泡居中时的读数，这时的指标差为零。竖盘自动归零补偿装置的基本原理与自动安平水准仪的补偿装置原理大致相同。竖盘指标自动归零补偿装置的构造主要有两类形式，都是借助重力作用达到自动补偿、读出正确读数目的的。一类是液体补偿器（利用液面在重力作用下自动水平达到补偿目的），另一类是吊丝补偿器（利用吊丝悬挂补偿元件，在重力作用下稳定于某个位置达到补偿目的）。补偿装置使用日久也会发生变动，因此观测竖直角前也需要对指标差进行检验，若发现指标差超限，可打开照准部支架上调节指标差的盖板，调整里面的两个调整螺丝，使读数窗指标对准正确的竖盘读数即可。

5.4　直线定向

地面上任意 2 点的连线都具有方向性，确定直线方向的工作称为直线定向，要确定地面上任意 2 点的连线方向必须有一个参照物（即实地存在的基准方向）。大家知道，地球上我们能够大致找到的方向就是地球的自转轴（即地球南北方向线）和地磁极，因此，南北方向线就是我们在地球上确定直线方向的基准，这也就是我们的先人为什么要发明司南和磁勺的原因。为确定地面点平面位置，不但要知道直线的长度，并且要知道直线的方向。直线的方向也是确定地面点位置的基本要素之一，所以直线方向测量也是基本测量工作之一。

5.4.1　定向基准方向线

如前所述，地球上确定直线方向的基准方向除了地球的自转轴和地磁极外，另一个就是经过高斯投影后的南北方向（ X 轴）（因为我们画的地图几乎都是以高斯投影面为基准的）。因此，地球上确定直线方向的常用基准方向有 3 个，分别是真南北方向、磁南北方向和坐标南北方向（高斯坐标系）。

（1）真南北方向　某点真子午面内，过该点与真子午线相切向北的方向称为真北方向，其反方向称为真南方向，可用天文测量方法或陀螺经纬仪或 GPS 测定。

（2）磁南北方向　某点磁子午面内，过该点与磁子午线相切向北的方向称为磁北方向，其反方向称为磁南方向。磁南北方向可理解为正常地磁场地区磁针水平静止时所指的方向线，即磁南北方向可用罗盘等带磁针的装置或仪器来测定。陆地上确定磁南北方向大多采用罗盘仪。磁南北方向常在小面积独立地区测量中用作基准方向。

（3）坐标南北方向　高斯投影带内，坐标纵轴的方向即为该带内的坐标南北方向。

5.4.2　三个定向基准方向线间的关系

由于地球的磁南、磁北点与地球的真南、真北点不重合，因此地面上某一点的真子午线方向与磁子午线方向通常是不重合的，它们之间的夹角称为磁偏角，用 δ 表示，见图 5-25。地球上不同地点的磁偏角并不相同，我国磁偏角的变化在 $+6°\sim-10°$ 之间，当磁北方向偏于真北方向以东时称东偏，δ 取正值，偏于真北方向以西时称西偏，δ 取负值。我国北京地区的磁偏角大约西偏 $6°（\delta=-6°）$。

中央子午线在高斯平面上是一条直线，作为该投影带的坐标纵轴，而其他子午线投影后为收敛于两极的曲线，见图 5-26。图中地面点 M、N 等的真子午线方向与中央子午线之间的夹角，称为子午线收敛角，用 γ 表示。γ 角有正有负。在中央子午线以东地区，各点的坐标北偏在真北的东边，γ 取正值，在中央子午线以西地区，γ 取负值。某点的子午线收敛角 γ，可以该点的高斯平面直角坐标为引数，在测量计算用表中查到。

磁北与坐标北的夹角称为磁坐偏角，用 ω 表示。磁坐偏角很少用，因为知道了 δ、γ 也就自然知道了 ω。

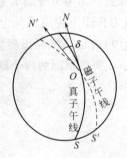

图 5-25　磁偏角

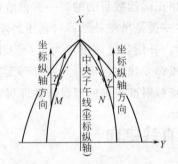

图 5-26　子午线收敛角

5.4.3　直线方向的表示方法

测量中常用方位角、象限角来表示直线的方向。

5.4.3.1　方位角

从直线一端做一个定向基准方向，从该定向基准方向北端起沿顺时针方向到该直线的角度（水平角或球面角）称为该直线相对于该定向基准方向的方位角，角值为 $0°\sim360°$（当等于 $360°$ 时记为 $0°$），用 $\alpha_{\times\times}$ 表示（如 AB 直线的方位角则记为 α_{AB}）。很显然，方位角有 3 种。如果以真南北线为基准方向则称为真方位角，以磁南北线为基准方向称为磁方位角，以高斯坐标纵轴为基准方向称为坐标方位角。测量中经常讲的方位角是指坐标方位角。

图 5-27 为 AB 直线和 BA 直线的方位角 α_{AB} 与 α_{BA}。同名 α_{AB} 与 α_{BA} 互称正、反方位角。当 A、B 点定向基准北方向线平行时（只有坐标北方向具备这种条件），α_{AB} 与 α_{BA} 相差 $180°$，即正、反坐标方位角相差 $180°$，关系式为：

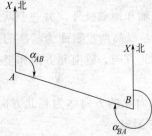

图 5-27　正、反方位角

$$\alpha_{AB}=\alpha_{BA}\pm180° \tag{5-28}$$

5.4.3.2　象限角

直线与定向基准方向线间所夹的小于或等于 90°的角，称为该直线相对于该定向基准方向的象限角，角值为 0°～90°，用 $R_{××}$ 表示（如 AB 直线的象限角则记为 R_{AB}）。象限角按直线的走向分别用 NE××°、SE××°、SW××°、NW××°表达，相应读作北东××°、南东××°、南西××°、北西××°。很显然，象限角也有 3 种。如果以真南北线为基准方向则称为真象限角，以磁南北线为基准方向称为磁象限角，以高斯坐标纵轴为基准方向称为坐标象限角。测量中经常讲的象限角是指坐标象限角。

5.4.3.3　坐标方位角与坐标象限角的关系

坐标方位角与坐标象限角的关系是我们进行地面坐标计算的基础和关键，见图 5-28。我们知道，测量中实际使用的平面直角坐标系是实用高斯平面直角坐标系 XOY，在实用高斯平面直角坐标系 XOY 里，所有的地面点均位于第一象限（即 X、Y 坐标均为正值），当地面上任意 2 点 A、B 发生联系时（即地面上任意 2 点构成直线）就会构成具有实际意义的象限角（R_{AB}）。象限角（R_{AB}）有 NE、SE、SW、NW 4 个方向，因此，我们可建立具有重要实际意义和科学价值的象限坐标系（NSEW 坐标系）。象限坐标系的象限为顺时针顺序，见图 5-28。

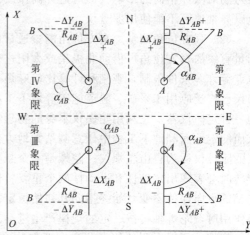

图 5-28　坐标方位角与坐标象限角的关系图

假设 A 点到 B 点的坐标增量为 ΔX_{AB}、ΔY_{AB}，不难理解：

$$\Delta X_{AB}=X_B-X_A \tag{5-29}$$

$$\Delta Y_{AB}=Y_B-Y_A \tag{5-30}$$

式(5-29)、式(5-30) 称为坐标增量公式。ΔX_{AB} 的含义是由 A 点到 B 点 X 坐标增加了多少，ΔY_{AB} 的含义是由 A 点到 B 点 Y 坐标增加了多少。

由图 5-28 可以得到表 5-4。

表 5-4　坐标方位角与坐标象限角的关系表

象限	坐标增量的正、负		R_{AB} 的表达方式	R_{AB} 与 α_{AB} 的关系
	ΔY_{AB}	ΔX_{AB}		
I	+	+	NE××°	$R_{AB}=\alpha_{AB}$
II	+	−	SE××°	$R_{AB}=180°-\alpha_{AB}$
III	−	−	SW××°	$R_{AB}=\alpha_{AB}-180°$
IV	−	+	NW××°	$R_{AB}=360°-\alpha_{AB}$

由表 5-4 可以看出，坐标增量正、负的变化规律与解析几何中坐标正、负的变化规律是完全相同的，这就是象限坐标系的象限为顺时针顺序的原因，因此，可以建立测量坐标计算与解析几何坐标计算方式的统一。

当 A、B 点间的水平距离 D_{AB} 已知时，由图 5-28 和表 5-4 不难得出：

$$\Delta X_{AB}=D_{AB}\times\cos\alpha_{AB} \tag{5-31}$$

$$\Delta Y_{AB}=D_{AB}\times\sin\alpha_{AB} \tag{5-32}$$

式(5-31)、式(5-32) 也称为坐标增量公式 ［为区别式(5-29)、式(5-30) 将其称为坐标增量变形公式］。不难看出，式(5-31)、式(5-32) 与解析几何坐标计算公式极其相似。

坐标方位角与坐标象限角的关系 ［即图 5-28；表 5-4；式(5-29)～式(5-32)］ 也被称为测量坐标计算的指南针（简称一图、一表、四公式，图为核心）。

5.4.4　方位角测量方法

（1）磁方位角测量　磁方位角可通过罗盘仪进行测量。罗盘仪可测量直线的磁方位角或磁象限角，它主要由望远镜（或照准觇板）、磁针和度盘三部分组成。罗盘仪测量时应避免杂磁场对磁针指向的影响（即应避开高压线等产磁场所、罗盘仪附近不得有铁磁制物品、在地磁异常地区不能使用罗盘仪）。

（2）真方位角测量　真方位角测量通常借助天文观测法或陀螺经纬仪进行。天文观测法测量直线的真方位角可借助北极星或太阳进行。由于天文方法测量真方位角受天气、时间和地点等许多条件限制，观测和计算比较麻烦，因此，人们发明了陀螺经纬仪，目前，陀螺经纬仪已广泛应用于采矿、隧道施工等地下工程中。陀螺经纬仪是由陀螺仪和经纬仪组合而成的一种定向仪器。它利用陀螺仪本身的物理特性及地球自转的影响，实现自动寻找真北方向从而测定地面和地下工程中任意测站大地方位角的目的。没有任何外力作用并具有三个自由度的陀螺仪称为自由陀螺仪。陀螺是一个悬挂着的能作高速旋转的转子。自由陀螺仪在高速旋转时会表现出定轴性和进动性两个重要特性。陀螺仪的定轴性是指在无外力矩作用下，陀螺轴的方向保持不变（始终指向其初始恒定方向）。陀螺仪的进动性是指陀螺轴在受到外力矩作用时，陀螺轴将按一定的规律产生进动。因此，在转子高速旋转和地球自转的共同作用下，陀螺轴可以在测站的真北方向两侧作有规律的往复运动，从而可以得出测站的真北方向。陀螺经纬仪分光学陀螺经纬仪和自动陀螺经纬仪 2 种。光学陀螺经纬仪由经纬仪、陀螺仪和陀螺电源三大部分组成。光学陀螺经纬仪采用人工观测方法，为了精确测定真北方向，一般采用逆转点法或中天法进行。光学陀螺经纬仪观测对观测员的操作技术要求较高，存在效率低、劳动强度大、易出错等缺点。随着科学技术的发展，20 世纪 80 年代开始，世界上开始研制并使用全自动陀螺经纬仪。目前，全自动陀螺经纬仪的典型代表是德国威斯特法伦采矿联合公司（WBK）的 Gyromat2000 和日本索佳公司（SOKKIA）的 AGP1，定向精度可达 6″左右。

5.5　测量平面直角坐标计算的基本法则

测量平面直角坐标计算的基本法则有 3 个，即坐标正算、坐标反算、坐标方位角的连续推算。我国的测量工作者在平面直角坐标计算图中习惯将已知点（坐标已知的点）用三角形表示，未知点（坐标未知的点）用小圆圈表示。

5.5.1　坐标正算

见图 5-29，A 点坐标 X_A、Y_A 已知，A、B 的方位角（坐标方位角，α_{AB}）和水平距离（D_{AB}）也已知，求 B 点坐标 X_B、Y_B。这个过程称为坐标正算。计算过程如下。

首先，根据 α_{AB} 和 D_{AB} 计算 A、B 的坐标增量 ΔX_{AB}、ΔY_{AB}。计算公式为 $\Delta X_{AB} = D_{AB} \times \cos\alpha_{AB}$；$\Delta Y_{AB} = D_{AB} \times \sin\alpha_{AB}$。

然后，根据 A、B 的坐标增量 ΔX_{AB}、ΔY_{AB}，以及 A 点坐标 X_A、Y_A，计算 B 的坐标 X_B、Y_B。计算公式为 $X_B = X_A + \Delta X_{AB}$；$Y_B = Y_A + \Delta Y_{AB}$

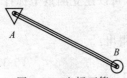

图 5-29　坐标正算

5.5.2　坐标反算

见图 5-30，A、B 两点的坐标 X_A、Y_A、X_B、Y_B 已知，求 A、B 的方位角（坐标方位角，α_{AB}）和水平距离（D_{AB}）。这个过程称为坐标反算。计算过程如下。

① 根据 A、B 两点的坐标 X_A、Y_A、X_B、Y_B 计算 A、B 的坐标增量 ΔX_{AB}、ΔY_{AB}。计算公式为 $\Delta X_{AB} = X_B - X_A$；$\Delta Y_{AB} = Y_B - Y_A$。

② 根据 A、B 的坐标增量 ΔX_{AB}、ΔY_{AB}，计算 A、B 的水平距离 D_{AB}。计算公式为：

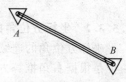

图 5-30　坐标反算

$$D_{AB} = (\Delta X_{AB}^2 + \Delta Y_{AB}^2)^{1/2} \tag{5-33}$$

③ 根据 A、B 的坐标增量 ΔX_{AB}、ΔY_{AB}，计算 A、B 的象限角值（坐标象限角的绝对值）$|R_{AB}|$。由图 5-29 不难看出，其计算公式为：

$$|R_{AB}| = \tan^{-1}|\Delta Y_{AB}/\Delta X_{AB}| \tag{5-34}$$

④ 根据 A、B 坐标增量 ΔX_{AB}、ΔY_{AB} 的正、负，判别 A、B 象限角 R_{AB} 所属的象限，借助图 5-29。

⑤ 根据 A、B 象限角值 $|R_{AB}|$，R_{AB} 所属的象限，以及该 R_{AB} 与 α_{AB} 的关系（借助图 5-29），计算 A、B 的方位角 α_{AB}。

5.5.3　坐标方位角的连续推算

实际测量中，图 5-29 中 A、B 的方位角 α_{AB} 不是实际测量的，而是通过观测水平角推算的，见图 5-31。

由平面解析几何知识可以知道，图 5-31 中，当两个地面点 A、B 的平面直角坐标已知后，若想获得 1 点的坐标只需要测量 AB 直线与 $B1$ 直线间的水平角 β_B 及 $B1$ 直线的水平距离 D_{B1} 即可。1 点坐标的计算方法是，首先利用 5.5.2 介绍的坐标反算原理获得 A、B 的方位角 α_{AB}，然后根据 α_{AB} 及 β_B 求出 $B1$ 的方位角 α_{B1}，最后利用 5.5.1 介绍的坐标正算原理获得 1 点坐标 X_1、Y_1。1 点坐标获得后，我们可以用同样的方法依次获得图 5-31 中 2、3、…、$i-1$、i、$i+1$ 等各点坐标。由此可见，获得 1 点坐标的关键是如何根据 α_{AB} 及 β_B 求出 $B1$ 的方位角 α_{B1}。图 5-31 中，根据 α_{AB} 及 β_B 求 $B1$ 方位角 α_{B1} 的过程称为坐标方位角的推算，根据 α_{AB} 及 β_B、β_1、β_2、β_3、…、β_{i-1}、β_i 等求 $B1$、12、23、…、$(i-1)i$、$i(i+1)$、等各直线方位角的过程称为坐标方位角的连续推算。坐标方位角连续推算的基本计算规则如下。

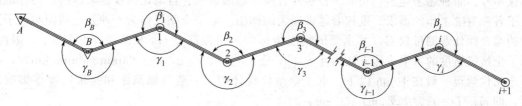

图 5-31　坐标方位角的连续推算

5.5.3.1　左、右角问题

图 5-31 中，β_B、β_1、β_2、β_3、…、β_{i-1}、β_i，以及 γ_B、γ_1、γ_2、γ_3、…、γ_{i-1}、γ_i 均为实际测量观测获得的水平角（测量上称之为转折角或折角）。若坐标方位角的连续推算路线依次为 A、B、1、2、3、…、$i-1$、i、$i+1$…，很显然，β_B、β_1、β_2、β_3、…、β_{i-1}、β_i 均位于推算路线的左侧（测量上称之为左角，用 β_i 表示）；γ_B、γ_1、γ_2、γ_3、…、γ_{i-1}、

γ_i 均位于推算路线的右侧（测量上称之为右角，用 γ_i 表示）。测量领域在各类测量坐标计算中习惯用左角（因此，本书介绍的各类坐标计算方法也均采用左角）。同一点的左、右转折角的和等于 360°，即

$$\beta_i + \gamma_i = 360° \qquad (5\text{-}35)$$

5.5.3.2　坐标方位角的连续推算公式

坐标方位角的连续推算公式有两个，一个是根据左角推算方位角的公式（称左角公式）；一个是根据右角推算方位角的公式（称右角公式），两个公式的计算结果完全相同。

（1）左角公式　参见图 5-31。左角公式的形式是：

$$\alpha_{i(i+1)} = [\alpha_{(i-1)i} + \beta_i] \pm 180° \qquad (5\text{-}36)$$

式(5-36)，当 $\alpha_{(i-1)i} + \beta_i \geqslant 180°$ 时 "$\pm$" 用 "$-$"，反之用 "$+$"，当 $\alpha_{(i-1)i} + \beta_i \pm 180° \geqslant 360°$ 时应再减 360°。

（2）右角公式　同样参见图 5-31。右角公式的形式是：

$$\alpha_{i(i+1)} = [\alpha_{(i-1)i} - \gamma_i] \pm 180° \qquad (5\text{-}37)$$

式(5-37)，当 $\alpha_{(i-1)i} - \gamma_i \geqslant 180°$ 时 "$\pm$" 用 "$-$"，反之用 "$+$"。

5.6　电子全站仪的构造与测量原理

电子技术的发展使人们得以将光学经纬仪电子化发明了电子经纬仪，又由于电磁波测距仪小型化、微型化从而诞生了袖珍型电子测距仪。计算机技术与自动控制技术的发展将电子经纬仪与袖珍型电子测距仪集成起来诞生了电子全站仪。电子全站仪的发展经历了不同的历史时期，电子全站仪的性能也不断地得到提升和完善，当代电子全站仪是电子测距仪、电子经纬仪、计算机技术、自动控制技术的集成，人们为了工作需要还不断对电子全站仪进行嫁接改造，如将电子全站仪智能化、自动化成为测量机器人，[图 5-32 中（a）、（b）]，将测量机器人与 GNSS 接收机集成在一起成为空基测量机器人 [图 5-32（c）]，将测量机器人与三维激光扫描仪集成在一起成为全站扫描仪 [图 5-32（d）]，将测量机器人与陀螺经纬仪集成在一起成为自动全站式陀螺仪 [图 5-32（e）] 实现了低端全站仪的小型化 [也称迷你化，见图 5-32（f）]、高端全站仪的自动化 [图 5-32 中（g）~（h）]。电子全站仪的最新发展是智能化、遥测化、自动化、集成化、多功能、高精度。

目前，电子全站仪已经成为一种应用最广的测量仪器，世界各仪器厂商生产出的电子全站仪型号、品种越来越多，功能多种多样且精度越来越高、自动化程度越来越高，很好地满足了各项测绘工作的需求，发挥着越来越大的作用。电子全站仪作为一种光电测距与电子测角的综合性外业测量仪器，其主要的精度指标为测角标准差 m_β 和测距标准差 m_D，因此，电子全站仪精度的习惯表达方法为 $[\pm m''_\beta; \pm m_D]$，如 $[\pm 3''; \pm (3mm + 3mm/km)]$，电子全站仪测程一般在 10km 以下。电子全站仪设计中，一般遵循测距和测角精度等影响原则，即 $m_D/D = m_\beta/\beta$ 或 $2m_D/D = m_\beta/\beta$。

5.6.1　电子全站仪的构造

电子全站仪通常由主机、反射棱镜（组）、附件等组成，电子全站仪的构造见图 5-33。

5.6.2　电子全站仪的基本使用方法

（1）仪器设置　电子全站仪测量前应首先进行仪器设置。进入仪器设置项目菜单依次如下设置。

① 进行角度测量最小显示设置。

(a) Leica-TCA2003

(b) Leica-TPS1200

(c) Leica-Smart-Station

(d) Leica-Nova MS50

(e) Sokkia-GYRO-X

(f) Trimble-3300

(g) Trimble-S8

(h) Trimble-5600

图 5-32　典型电子全站仪

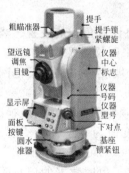
(a) 主机盘右左侧面

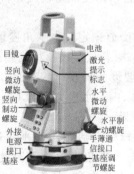
(b) 主机盘右右侧面

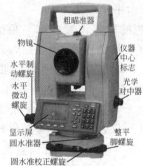
(c) 主机盘左前立面

(d) 主机盘左后立面

(e) 基座式单棱镜

(f) 基座式三棱镜　　(g) 垂准架式单棱镜

图 5-33　普通电子全站仪主机及反射棱镜

② 仪器自动关机设置。

③ 角度单位设置（DMS 为 360°制、GON 为 400gon 制、MIL 为密位制）。

④ 长度单位设置（以"米"为单位，m；以"英尺"为单位，ft）。

⑤ 测距次数设置。测距次数的含义为距离测量模式下按测距键仪器连续测量该次数后停止测量。若设置测距次数为"0"则一起不停地测距、无次数限制。

⑥ 大气折光及地球曲率误差改正参数设置。仪器在进行距离测量时应考虑大气折光及地球曲率所带来的误差，在较长距离测量时需进行误差改正并可根据实际情况选择改正参数，OFF 为无误差改正、14 指误差改正值为 0.14、20 指误差改正值为 0.20。当天顶距在 ±9°以内时即使在大气折光和地球曲率改正功能处于工作的状态下也得不到观测结果，全站仪会显示"W/COVER"。

⑦ 液晶显示屏对比度的调节。

⑧ 与外接手簿或计算机通信的设置（依次为通信设置项目的进入→通信讯协议设置→波特率设置→字长/校验设置→停止位设置）。

⑨ 仪器显示语言的设置（语言设置可选 ENG 和 CHN）。

考虑到大气折光及地球曲率所带来的测距误差，水平距离 HD 及垂直距离 VD 的计算公式为 $HD=L[\cos\alpha-(2\theta-\gamma)\sin\alpha]$、$VD=L[\sin\alpha+(\theta-\gamma)\cos\alpha]$，其中，地球曲率改正项 $\theta=L\cos\alpha/(2R)$；大气折光改正项 $\gamma=KL\cos\alpha/(2R)$；大气折光系数 $K=0.14$ 或 0.20；地球曲率半径 $R=6372km$；α 为天顶距；L 为斜距。若不考虑大气折光及地球曲率所带来的测距误差则水平距离 HD 及垂直距离 VD 的计算公式为 $HD=L\cos\alpha$、$VD=L\sin\alpha$。

（2）角度测量　角度测量应按以下程序进行。

① 进入角度测量模式显示界面。

② 水平角右角和天顶距测量，使仪器显示进入角度测量模式，将仪器望远镜照准目标；仪器则显示天顶距 VZ 及水平角右角 HR。

③ 可进行水平角度值的置零设置、水平角度值锁定、水平角度值任意角度值设置、竖直角补偿器设置（当竖直角补偿器处于开启状态时若仪器没有精确整平则仪器显示屏的第一行天顶距将显示为"Tilt Over!"）、天顶距与坡度的转换（仪器处于坡度状态时测量范围为 ±100％以内，即望远镜在水平方向上 ±45°以内；水平方向为 0％、向上 45°为 +100％、向下 45°为 −100％，超出 ±45°则显示屏第一行显示"VOver"）、天顶距与高度角的转换、水平角度直角蜂鸣设置（若仪器水平角度直角蜂鸣开启则当水平角度值为 0°、90°、180°、270°且范围在 ±1°以内蜂鸣器就发出声音；直至水平角度值为绝对的 0°00′00″、90°00′00″、180°00′00″、270°00′00″时蜂鸣器停止蜂鸣）、水平角右角/左角的转换、角度数据的记录等工作。

（3）距离测量　距离测量应按以下程序进行。

① 进入距离测量模式显示界面。选择斜距测量模式显示界面，或高差/平距测量模式显示界面。

② 设置测距模式。可选择精测、跟踪、粗测。

③ 设置测距条件。设置测距条件包括棱镜常数设置、大气改正值设置、温度及气压设置、测量目标设置。进行测量时一般不需进行大气改正值的输入，而是输入温度、气压值，仪器会自动根据输入的温度、气压值计算出大气改正值。测量目标的设置可选免棱镜测量模式"NO PRISM"、反射片模式"SHEET"、反射棱镜模式"PRISM"。

④ 距离测量的开始/停止设置。当距离测量模式为单次测量时按一次"测距"仪器进行一次距离测量后自动停止，显示屏显示该次测量的结果。当距离测量模式为跟踪测量时按一

次"测距"仪器进行连续的距离跟踪测量，直至按一次"停止"仪器停止测量，显示屏显示最后一次测量的结果。当距离测量模式为连续测量时按一次"测距"仪器进行连续的距离测量，直至测距次数达到设置的次数仪器自动停止测量，显示屏显示最后一次测量的结果；若测距次数没有达到设置的次数而中途需要停止测量则再按一次"停止"仪器停止测量，显示屏显示最后一次测量的结果。

（4）偏心测量　偏心测量模式用于棱镜架设比较困难的情况（如图 5-34 中的立柱中心 A），此时将棱镜架设在和仪器平距相同的点 B 上，设置仪器高和棱镜高进入偏心测量模式，先测量 B 点的角度、距离从而得到 B 点的坐标；再旋转仪器照准立柱中心 A 点得到立柱中心的水平角度值从而得到立柱中心的坐标。

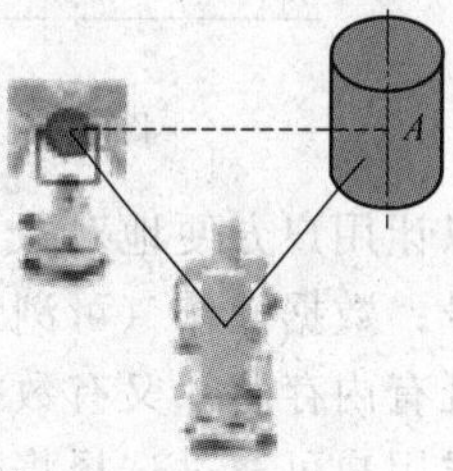

（5）放样　放样应按以下程序进行。

① 设置放样值。进入放样菜单进行放样距离类型的选择，可选择平距、高差、斜距。

图 5-34　偏心测量

② 放样测量。放样值输入完成以后仪器显示并自动返回距离测量显示模式；选择"测距"仪器进行距离测量；在非放样距离类型的标志后面显示实际测量数据；在放样距离类型的表示后面显示实际测量距离与放样值的差值，比如 dHD：0.815m。放样结束可选择取消放样测量。

③ 可进行数据记录。使仪器显示距离测量模式，按键选择"记录"，仪器自动按照所设置的记录口将数据记录到内存或通过通信口传输到到外接手簿或计算机，数据记录完成以后蜂鸣器鸣叫一次。

（6）坐标测量　坐标测量应按以下程序进行。

① 进入坐标测量模式显示界面后设置测距模式。

② 设置测距条件。

③ 设定坐标测量的开始/停止。

④ 输入仪器高，输入棱镜高，输入测站坐标（在坐标测量模式中输入仪器高度、棱镜高度、测站坐标以后仪器将自动保存最后一次输入的值，即使仪器关机也不会丢失）。

⑤ 进行坐标测量或偏心测量。

⑥ 记录数据（使仪器显示距离测量模式；按键选择"记录"，仪器自动按照所设置的记录口将数据记录到内存或通过通信口将数据传输到外接手簿或计算机，数据记录完成以后蜂鸣器鸣叫一次）。

（7）遥测悬高　为了测量不能放置棱镜的目标点的高度只需将棱镜架设在目标点所在铅垂线上的任一点然后进行悬高（VD）测量即可（见图 5-35）。遥测悬高应按程序进行，即进入遥测悬高测量程序按相关菜单操作（可选择有棱镜高度悬高测量，或无棱镜高度悬高测量）。

（8）对边测量　对边测量即测量两目标棱镜的水平距离（dHD）、斜距（dSD）、高差（dVD）和水平角（HR），见图 5-36。可在相应菜单中选择放射对边测量（A-B、A-C），或相邻对边测量（A-B、B-C）完成相关工作。

（9）面积测量　面积测量程序通过对几个点的测量得出这几个点所围合的平面面积，可选择四种单位（即公顷 hm^2、平方英尺 ft^2、亩 arce、平方米 m^2）。测量面积时对各个点的测量必须按照点在空间的顺序测量（即依次顺时针测量或依次逆时针测量）。

（10）数据处理　全站仪内一般都集成有一块可存储几千个点的数据存储芯片，可根据需要将测量数据存储到机内或通过 RS-232 口传输到外接手簿或计算机内。仪器内建程序可

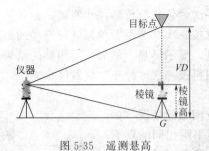

图 5-35　遥测悬高　　　　　　　　　　　　图 5-36　对边测量

以让用户方便地对数据进行浏览、查询、删除等工作。数据处理应按程序进行，即设置点号；数据操作（可浏览数据、查找数据、发送数据、删除数据）；记录口传输（仪器里通常既有内存芯片又有数据通信接口，"记录口"选项的作用就是在当有外接手簿或计算机的时候用户可通过选择将数据存储到内存或直接通过通信接口将数据传送出去）。

（11）坐标放样　放样流程共有三个步骤，即测站设置、方位角设置、放样。

① 测站设置。在放样菜单下按键选择进入"测站设置"，在测站设置下按键输入测站点坐标，当三个坐标项输入完成后按键确认进入"仪器高"的输入窗口输入仪器高。

② 方位角设置。在方位角设置窗口下按键设置后视点坐标，照准后视点后按键选择"是"则方位角设置完毕并返回"放样"菜单。

③ 放样。在测站、方位角设置好以后就可以开始放样了，在放样菜单下按键选择"放样"项进入放样点坐标输入窗口完成输入工作（此窗口输入方法与坐标输入窗口相同，用户可根据前述介绍输入坐标项，确定后进入棱镜高输入窗口输入仪器高），输入后仪器内置程序进行计算并得出计算值在窗口显示。在计算值窗口下有三个显示选项可供选择："极差"是指采用极差坐标（角度和距离）进行放样；"坐标"是指采用直角坐标进行放样；"下点"是指当进行下一坐标点的放样时选择此项。极差坐标放样窗口显示内容为 dHR（与放样点之间的角度差）、dHD（目标点与放样点之间的平距的差值）、dZ（目标点与放样点高差的差值）。若在计算值窗口下选择的是"坐标"或者在极差放样的窗口下选择"坐标"则进入直角坐标放样程序。在直角坐标放样中，整个流程与极差坐标一致，只是在窗口中显示的是目标点与放样点之间的坐标之间的误差。在两种方式进行放样时它们之间可以互换。

（12）数据采集　为了方便工作，在对坐标数据的存储上许多全站仪中都集成了对碎步点的数据采集功能。在此功能下在记录坐标数据时可同时将站点坐标、后视点坐标、方位角等更多的信息存储到内存或计算机中。数据采集应按程序进行，即测站设置、方位角设置和碎步点采集。

碎步点采集在测站和方位角设置好后进行。在放样菜单下按键选择"碎步点"项输入点号以及棱镜高后进入碎步点测量界面进行三个选项的选择，三个选项包括采集模式、测量模式、是否记录。采集模式选择"极差（坐标）"项后仪器所测结果为极差坐标（直角坐标）；测量模式可选择单次、跟踪和连续；当该点数据测量完毕后选择"记录"则该点数据（包括点号、方位角）被存储并返回数据采集界面，然后进行下点的测量。对应"坐标"、"极差"两种数据，在记录时不管处于何种显示下记录的数据格式一律分别为"坐标数据"和"原始数据"。

5.6.3　电子全站仪的常规检校

（1）仪器常数的检验与校正　仪器常数即仪器测距时的加常数。通常仪器常数一般不含误差，但还是应将仪器在某一精确测定过距离的基线上进行观测与比较，该基线应建立在坚实地面上并具有特定的精度，若找不到这样一种检验仪器常数的场地也可自己建立一条 20

多米的基线，然后，用待检验的仪器对其进行观测作比较。在以上两种情形中，仪器安置误差、棱镜误差、基线精度、照准误差、气象改正、大气折射以及地球曲率的影响等因素决定了检验结果的精度。

若在建筑物内部建立检验基线可按以下步骤对仪器常数进行改正（见图 5-37）。即在一条近似水平、长约 100m 的直线 AC 上选择一点 B 观测直线 AB、AC 和 BC 的长度；通过重复以上观测得到仪器常数（仪器常数＝$AC+BC-AB$），若在仪器的标准常数和计算所得的常数之间存在差异则只需将测得的仪器常数与棱镜常数进行综合（在"棱镜常数的设置"选项中将综合后的数值以棱镜常数的形式置入仪器即可）；在某一标准的基线上再次比较仪器基线的长度；通过以上操作发现相差超过 5mm 应与厂商或经销商联系解决。

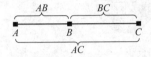

图 5-37　仪器常数检验与校正

（2）长水准器的检验与校正　见图 5-38，将仪器安放于较稳定的装置上（三脚架、仪器校正台等）并固定仪器；将仪器粗整平并使仪器长水准器与基座三个脚螺丝中的两个的连线平行，调整该两个脚螺丝使长水准器水泡居中；转动仪器 180°观察长水准器的水泡移动情况，若水泡处于长水准器中心则无须校正，若水泡移出允许范围则需进行调整。校正时将仪器在一稳定的装置上安放并固定好；粗整平仪器；转动仪器使仪器长水准器与基座三个脚螺丝中的两个的连线平行并转动该两个脚螺丝使长水准器水泡居中；仪器转动 180°待水泡稳定后用校针微调校正螺钉使水泡向长水准器中心移动一半的距离；重复前述两步骤直至仪器转动到任何位置水泡都能处于长水准器的中心为止。

（3）圆水准器的检查和校正　见图 5-39，将仪器在稳定的装置上安放并固定好；用长水准器将仪器精确整平；观察仪器圆水准器水泡是否居中（若水泡居中则无须校正；若水泡移出范围则需进行调整）。校正时将仪器在稳定的装置上安放并固定好；用长水准器将仪器精确整平；用校针微调两个校正螺钉使水泡居于圆水准器的中心即可（用校针调整两个校正螺钉时用力不能过大，两螺钉的松紧程度应相当）。

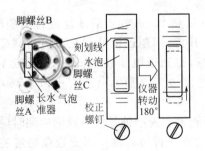

图 5-38　长水准器检验与校正

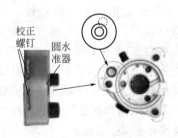

图 5-39　圆水准器检查和校正

（4）望远镜粗瞄准器的检查和校正　见图 5-40，将仪器安放在三脚架上并固定好；将一十字标志安放在离仪器 50m 处；将仪器望远镜照准十字标志；观察粗瞄准器是否也照准十字标志（若也照准则无须校正，若有偏移则需进行调整）。校正时将仪器安放在三脚架上并固定好；将一十字标志安放在离仪器 50m 处；将仪器望远镜照准十字标志；松开粗瞄准器的 4 个固定螺钉调整粗瞄准器到正确位置并固紧 4 个固定螺钉即可。

（5）光学下对点器的检查和校正　见图 5-41，将仪器安置在三脚架上并固定好；在仪器正下方放置一十字标志；转动仪器基座的三个脚螺丝使对点器分划板中心与地面十字标志重合；使仪器转动180°观察对点器分划板中心与地面十字标志是否重合（若重合则无须校正，若有偏移则需进行调整）。校正时将仪器安置在三脚架上并固定好；在仪器正下方放置一十字标志；转动仪器基座的三个脚螺丝使对点器分划板中心与地面十字标志重合；使仪器转动180°并拧下对点目镜护盖，用校针调整4个调整螺钉使地面十字标志在分划板上的像向分划板中心移动一半；重复前述两步骤直至转动仪器时地面十字标志与分划板中心始终重合为止。

图 5-40　望远镜粗瞄准器检查和校正

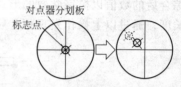

图 5-41　光学下对点器检查和校正

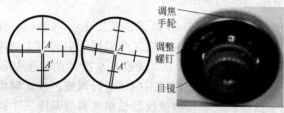

图 5-42　望远镜分划板竖丝检查和校正

（6）望远镜分划板竖丝的检查和校正　见图5-42，将仪器安置于三脚架上并精密整平；在距仪器50m处设置一点A；用仪器望远镜照准A点旋转垂直微动手轮（若A点沿分划板竖丝移动则无须调整，若移动有偏移则需进行调整）。校正时安置仪器并在50m处设置A点；取下目镜头护盖，旋转垂直微动手轮，用十字螺丝刀将4个调整螺钉稍微松动，然后转动目镜头使A点与竖丝重合，拧紧4个调整螺钉；重复检查步骤直至无偏差为止。

（7）仪器照准差C的检校　将仪器安置在稳定装置或三脚架上并精密整平；瞄准平行光管分划板十字丝或远处明显目标，先后进行正镜和倒镜观测；得到正镜读数HL和倒镜读数Hr，计算照准差C（若$C<8''$则无须调整，若$C>8''$则需进行调整），$C=(HL-Hr\pm180°)/2$。校正时在倒镜位置旋转平盘微动手轮使倒镜读数$Hr'=Hr+C$；松开望远镜分划板调整螺钉护盖调整左右两个调整螺钉，使望远镜分划板与平行光管或远处目标重合；重复进行检查和校正直至合格为止。

（8）竖直度盘指标差i的检校　进行完十字丝校正和2C差校正后才能进行本项检校。检验时将仪器安置在稳定装置或三脚架上精密整平并开机；用望远镜分别在正镜和倒镜位置瞄准竖直角为±10°左右的平行光管分划板或远处目标，得到正镜读数VI和倒镜读数Vr；计算指标差i（若指标差小于10''则无须校正，若大于10''则需进行调整），$i=(VI+Vr-360°)/2$。若指标差相差过大应与厂商或经销商联系解决。

（9）测距光轴和视准轴同轴的检测　在进行测距光轴和视准轴是否一致的检测时应先进行十字丝改正和2C差改正。检测时在大于100m处设置一棱镜；将仪器安置在稳定装置或三脚架上精密整平并开机；通过望远镜精确照准棱镜中心进行测距；若反射光接收良好则蜂鸣器立即发出声响、测量值在很短时间内显示（此时不用进行改正，若仪器不是描叙中的情况则应与厂商或经销商联系解决）。这项检测必须在良好天气下进行。

5.6.4　电子全站仪的大气改正与软件的安装

（1）测距值大气改正　电子全站仪的测距显示值为设定大气状态下的标称测距值，实际大气状态与设定大气状态不同时就必须对标称测距值进行大气改正（类似于钢尺的尺长方程式改正），改正方法见本书4.2.4。若一个电子全站仪仪器设置的标准值为温度20℃、气压

1013hPa，则其大气改正值为 $K_{pt}=274.417-0.2905p/(1+0.0036t)$，其中，$p$ 为气压值（hPa）、t 为温度（℃）、K_{pt} 为大气改正值（$\times10^{-6}$），若 $t=36℃$、$p=1017hPa$、$L_0=1000m$ 则 $K_{pt}=13\times10^{-6}$、$L=L_0(1+K_{pt})=1000\times(1+13\times10^{-6})=1000.013m$。

（2）数据下载及格式转换软件安装与应用

① 软件安装。将数据下载及格式转换软件安装盘放入计算机相应驱动器中运行文件（如 SYG-LINK.EXE）进行软件安装；软件安装过程中计算机会显示相应的安装说明；软件安装结束后计算机会自动在桌面上生成一个软件开启的快捷方式（如 SYGLINK）。

② 软件应用。用鼠标双击桌面快捷方式（如 SYGLINK）打开数据下载及格式转换软件；进入"设置"菜单中"通信参数设置"项进行计算机与全站仪的通信参数设置（要求计算机与全站仪的通信参数一致）；进入"通信"菜单选择"从全站仪读取数据"项，程序会自动弹出一个数据格式选择窗口，从窗口中选择与全站仪软件版本相对应的数据格式并进行确认，计算机显示数据窗口并等待数据从全站仪传输过来；将全站仪与计算机的通信线进行连接并设置全站仪通信参数（与计算机一致）；将全站仪开机并进入全站仪数据菜单，然后将有关测量数据进行传输；计算机数据接收窗口会显示接收到的测量数据；对接收到的测量数据进行文件化操作（如存盘等）；对接收到的测量数据进行格式的转换（进入"数据处理"菜单，选择"转换为"项，进行数据格式的转换，可将数据转换为多种数据格式以用于多种成图软件）。

5.6.5　电子全站仪使用注意事项

严禁将仪器直接置于地上，以免砂土对仪器、中心螺旋及螺孔造成损坏。作业前应仔细、全面检查仪器，确定电源、仪器各项指标、功能、初始设置和改正参数均符合要求后再进行测量。在烈日、雨天或潮湿环境下作业时务必在测伞的遮掩下进行，以免影响仪器的精度或损坏仪器。此外在烈日下作业应避免将物镜直接照准太阳，若需要可安装滤光镜。全站仪是精密仪器，务必小心轻放，不使用时应将其装入箱内、置于干燥处，应注意防震、防潮、防尘。若仪器工作处的温度与存放处的温度相差太大应先将仪器留在箱内，直至它适应环境温度后再使用。仪器使用完毕应用绒布或毛刷清除表面灰尘，若被雨淋湿切勿通电开机使用干净的软布轻轻擦干并放在通风处待一段时间后再通电。取下电池务必先关闭电源，否则会造成内部线路的损坏。将仪器放入箱内必须先取下电池并按原布局放置，如果不取下电池可能会使仪器发生故障或耗尽电池的电能，关箱时应确保仪器和箱子内部的干燥，如果内部潮湿将会损坏仪器。若仪器长期不使用应将电池卸下并与主机分开存放，电池应每月充电一次。外露光学件需要清洁时应用脱脂棉或镜头纸轻轻擦净，切不可使用其他物品擦拭。仪器运输时应将其置于箱内，运输时应小心并避免挤压、碰撞和剧烈震动，长途运输最好在箱子周围放一些软垫。发现仪器功能异常非专业维修人员不可擅自拆开仪器，以免发生不必要的二次损伤。

要确保电子全站仪的高精度，在测量时就必须测量气象要素（即大气温度、大气压力和大气湿度）然后将气象要素输入电子全站仪后由电子全站仪自动对观测结果施加气象改正（精度更高时应人工改正）。精度要求高时应在仪器站和置镜站同时测量气象要素取平均作为最终气象要素输入全站仪或用于人工改正。测量气象要素的工具为空盒气压计和通风干湿球温度计，也可采用智能传感器。

电子全站仪测量必须正确输入棱镜常数，不知道常数的棱镜不能用［若用必须按 5.6.3（1）检验获得常数］，不同的棱镜具有不同的常数。

电子全站仪功能很多，目前的高端全站仪普遍具有目标自动照准、目标自动跟踪测量、角度测量、距离测量、坐标测量、地形测量、后方交会测量、放样测量、偏心测量、对边测量、面积测算、点投影、横断面测量、线路计算、格网扫描测量等功能，使用这些功能时务必仔细阅读配套的用户手册（或使用说明书）并按其中的规定认真操作。电子全站仪的各种激光系统不可乱用、不可随意照人，以免给别人造成伤害。

电子全站仪的使用方法越来越简单，当然，要真正掌握和使用好电子全站仪还必须具备扎实的测量基础理论知识和基本工作技能。

思考题与习题

1. 简述经纬仪的构造与测角原理。

2. 经纬仪的常见读数方法有哪些？如何读？

3. 经纬仪安置的目的是什么？简述垂球对中经纬仪和光学对中经纬仪的安置方法。

4. 简述经纬仪测回法测量水平角一测回的过程及数据处理方法。

5. 简述经纬仪方向观测法测量水平角一测回的过程及数据处理方法。

6. 竖直角测量的目的是什么？简述三角高程测量的原理及数据处理方法。

7. 简述经纬仪竖直角测量（中丝法）一测回的观测过程及数据处理方法。

8. 何谓"直线定向"？简述三个定向基准方向线的定义及其相互关系。

9. 何谓"方位角"？何谓"象限角"？坐标方位角与坐标象限角的关系是什么？

10. 已知 A 点坐标为 $X_A = 26537.639\mathrm{m}$、$Y_A = 8990.014\mathrm{m}$，$AB$ 间的水平距离 $D_{AB} = 1055.386\mathrm{m}$、坐标方位角 $\alpha_{AB} = 296°57'38.6''$，试求 B 点的坐标。

11. 已知 A 点坐标为 $X_A = 26537.639\mathrm{m}$、$Y_A = 8990.014\mathrm{m}$，$B$ 点的坐标为 $X_B = 24026.821\mathrm{m}$、$Y_B = 10244.636\mathrm{m}$，试求 AB 间的水平距离 D_{AB} 和坐标方位角 α_{AB}。

12. 见图 5-31。已知 A 点坐标为 $X_A = 10286.513\mathrm{m}$、$Y_A = 3344.652\mathrm{m}$，$B$ 点的坐标为 $X_B = 9114.040\mathrm{m}$、$Y_B = 4296.007\mathrm{m}$，各转折角依次为 $\beta_B = 352°28'31.9''$、$\beta_1 = 339°52'03.0''$、$\gamma_2 = 95°34'28.5''$、$\beta_3 = 207°42'14.0''$、$\beta_4 = 6°06'52.1''$、$\beta_5 = 188°04'44.7''$，试求坐标方位角 α_{B1}、α_{12}、α_{32}、α_{34}、α_{45}、α_{56}。

13. 简述电子全站仪的基本组成与测量原理。

14. 激光经纬仪与激光铅垂仪的特点是什么？其应用领域有哪些？

15. 简述经纬仪的常规检验与校正方法。

16. 经纬仪测量的注意事项有哪些？电子全站仪测量的注意事项有哪些？

17. 用一台盘左仰角竖盘读数小于 90°的经纬仪（即本书中的 I 类经纬仪）对某点进行测量时，一测回的竖盘盘左读数 $L = 86°23'48.9''$、竖盘盘右读数 $R = 273°36'04.7''$，试计算出其竖直角 δ。若假设上述 L、R 是采用盘左仰角竖盘读数大于 90°的经纬仪（即本书中的 II 类经纬仪）获得的观测读数则竖直角 δ 的计算结果又会如何？

第 6 章　控制测量与 GPS 技术

6.1　控制测量概述

控制测量的作用是限制测量误差的传播和累积，保证必要的测量精度，使分区的测图能拼接成整体，使整体设计的工程建筑物能分区施工放样。控制测量贯穿在工程建设的各阶段，包括在工程勘测的测图阶段的控制测量；在工程施工阶段的施工控制测量；在工程竣工后的营运阶段为建筑物变形观测进行的专用控制测量。控制测量分为平面控制测量和高程控制测量，平面控制测量的目的是确定控制点的平面位置（X、Y），高程控制测量的目的是确定控制点的高程（H）。

（1）平面控制测量　平面控制网传统的布设方法有三角网、三边网和导线网。三角网是测定三角形的所有内角以及少量边通过计算确定控制点平面位置的形式。三边网是测定三角形的所有边长（各内角通过计算求得）以确定控制点平面位置的形式。导线网是把控制点连成折线或多边形，测定各边长和相邻边夹角，进而计算它们的平面位置的形式。在全国范围内布设的平面控制网，称为国家平面控制网。国家平面控制网采用逐级控制、分级布设的原则，分一、二、三、四等，目前的国家平面控制网基本借助 GPS 技术构建。在城市地区为满足大比例尺测图和城市建设施工的需要须布设城市平面控制网，城市平面控制网是在国家控制网的控制下布设的，城市按范围大小可布设不同等级的平面控制网（比如按国家二、三、四等精度布置或按一、二级区域控制布置），目前的城市平面控制网基本借助 GPS 技术构建或借助电子全站仪测量实现。

（2）高程控制测量　高程控制测量就是在测区布设高程控制点（水准点），用精确方法测定它们的高程，构成高程控制网。高程控制测量的主要方法有水准测量和三角高程测量。国家高程控制网是用精密水准测量方法建立的，所以又称国家水准网。国家水准网的布设也是采用从整体到局部，由高级到低级，分级布设逐级控制原则的。我国国家水准网也分一、二、三、四共 4 个等级。一等水准网沿平缓的交通路线环形布设，一等水准网是精度最高的高程控制网，是国家高程控制的骨干，也是地学科研工作的主要依据。二等水准网则布设在一等水准环线内，是国家高程控制网的全面基础。三、四等水准网主要是为地形测图或各项工程建设提供高程控制点。城市高程控制网也是用水准测量方法建立的（称为城市水准测量），其精度一般可采用国家二、三、四等的标准，城市高程控制网的布设应满足城市各项基本建设的需要。

6.2　国家控制网

（1）国家平面大地控制网　国家平面大地控制网的建立方法包括常规大地测量法、天文测量法、空间大地测量法。常规大地测量法包括三角测量法、导线测量法、三边测量法及边角同测法。天文测量法是在地面点上架设仪器，通过观测天体（主要是恒星）并记录观测瞬间的时刻来确定地面点的地理位置（即天文经度、天文纬度和该点至另一点的天文方位角）的。天文测量法的优点是各点彼此独立观测，无需点间通视，测量误差不会累积。天文测量法的缺点是精度不高，受天气影响大。天文测量法的用途是在每隔一定距离的三角点上观测天体来推求大地方位角以控制水平角观测误差的累积对推算方位角的影响。空间大地测量法借助现代定位新技术建立国家平面大地控制网，这些技术包括 GPS 技术、甚长基线干涉测量技术、惯性测量技术等。全球定位系统 GPS（global positioning system）可为用户提供精密的三维坐标、三维速度和时间信息，GPS 系统的应用领域相当广泛，可以进行海、空和陆地的导航；导弹的制导；大地测量和工程测量的精密定位；时间的传递和速度的测量等。甚长基线干涉测量系统（VLBI）是在甚长基线的两端（相距几千千米），用射电望远镜接收银河系或银河系以外的类星体发出的无线电辐射信号，通过信号对比，根据干涉原理，直接测定基线长度和方向的一种空间技术，由于其定位的精度高，在研究地球的极移、地球自转速率的短周期变化、地球固体潮、大地板块运动的相对速率和方向中得到广泛的应用。惯性测量系统（INS）是利用惯性力学基本原理，在相距较远的两点之间，对装有惯性测量系统的运动载体（汽车或直升机）从一个已知点到另一个待定点的加速度，分别沿三个正交的坐标轴方向进行两次积分，从而求定其运动载体在三个坐标轴方向的坐标增量，进而求出待定点的位置，它属于相对定位，其相对精度为 $\pm(10\sim20)$ mm/km，测定的平面位置中误差为 ±25 cm 左右。惯性测量技术的优点是完全自主式，点间不要求通视，全天候，只取决于汽车能否开动、飞机能否飞行。惯性测量技术的缺点是相对测量、精度不高。国家平面大地控制网建立的基本原则是大地控制网应分级布设、逐级控制；大地控制网应有足够的精度；大地控制网应有一定的密度；大地控制网应有统一的技术规格和要求。

我国天文大地网在 20 世纪 50 年代初至 60 年代末基本完成，先后共布设一等三角锁 401 条，一等三角点 6182 个，构成 121 个一等锁环，锁系长达 7.3×10^4 km。一等导线点 312 个，构成 10 个导线环，总长约 1×10^4 km。1982 年完成天文大地网的整体平差工作（网中包括一等三角锁系、二等三角网、部分三等网，总共约有 5 万个大地控制点，30 万个观测量，平差结果是网中离大地点最远点的点位中误差为 ±0.9 m，一等观测方向中误差为 $\pm0.46''$）。2000 国家 GPS 大地控制网有 2600 多个测点、46000 多条独立基线，天文大地网与 2000 国家 GPS 大地控制网联合平差解算的未知数多达 15 万个，处理的数据几乎包含了三角测量、导线测量、天文测量、重力测量和 GPS 测量等各类测量的成果，2000 国家 GPS 大地控制网及天文大地网覆盖了我国整个大陆及部分沿海岛屿，而 2000 国家重力基本网则扩展到我国香港、澳门以及南沙等地区，数据处理时考虑了近 70 年来我国大陆板块运动、板内运动、局部地壳运动和新旧大地测量基准、新旧天文系统和不同历元对各类大地测量原始观测数据的影响，并进行了统一处理与归算，将我国非地心大地坐标框架整体、科学地转换为地心大地坐标框架。2000 国家 GPS 大地网、与该网联合平差后的全国天文大地网和 2000 国家重力基本网统称为"2000 国家大地控制网"，该网的构建为全国三维地心坐标系统提供了高精度的坐标框架，为全国提供了高精度的重力基准，为国家的经济建设、国防建设和科学研究提供了高精度、三维的、统一协调的几何大地测量与物理大地测量的基础地理信息。三网平差后得到 2000 国家 GPS 大地网点的地心坐标在 ITRF97 坐标框架内，历元为 2000.0 时的中误差在 ±3 cm 以内。

国家平面大地控制网的布设主要包括技术设计、实地选点、建造觇标、标石埋设、外业测量、平差计算等工作。技术设计工作包括收集资料、实地踏勘、图上设计、编写技术设计书等过程。实地选点工作包括编制选点图、点之记、撰写选点工作技术总结。传统大地测量法必须建造觇标。

（2）国家高程控制网　国家高程控制网建立的目的是确定国家高程基准面，其最主要工作是确定水准原点，我国 1956 黄海高程系统水准原点的高程为 72.289m，1985 国家高程基准水准原点的高程为 72.260m（该基准 1987 年经国务院批准，于 1988 年 1 月正式启用）。为统一全国高程系统，由青岛国家水准原点出发通过水准测量方法在全国范围内建立高程控制点，精确测定其高程，作为各地区高程测量的依据。这些已知高程的固定点称为水准点。布设国家高程控制网的目的和任务有两个，一是建立统一的高程控制网，为地形测图和各项建设提供必要的高程控制基础；二是为地壳垂直运动、平均海面倾斜及其变化和大地水准面形状等地球科学研究提供精确的高程数据。国家高程控制网的布设原则是从高到低、逐级控制。

我国的水准测量分为四等，各等级水准测量路线必须自行闭合或闭合于高等级的水准路线上，与其构成环形或附合路线，以便控制水准测量系统误差的积累和便于在高等级的水准环中布设低等级的水准路线。

国家高程控制网要进行水准路线的设计、选点和埋石。技术设计是根据任务要求和测区情况，在小比例尺地图上拟订最合理的水准网或水准路线的布设方案。一等水准路线应沿路面坡度平缓、交通不太繁忙的交通路线布设，二等水准路线尽量沿公路、大河及河流布设，沿线交通较为方便。水准路线应避开土质松软的地段和磁场甚强的地段，并应尽量避免通过大的河流、湖泊、沼泽与峡谷等障碍物。图上设计完成后，须进行实地选线，其目的在于使设计方案能符合实际情况，以确定切实可行的水准路线和水准点的具体位置。选定水准点时，必须能保证点位地基稳定、安全僻静，并利于标石长期保存与观测使用。水准点应尽可能选在路线附近的机关、学校、公园内。不宜在易于淹没和土质松软的地域埋设水准标石，也不宜在易受震动和地势隐蔽而不易观测的地方埋石。水准点点位选定后，应填绘点之记，绘制水准路线图及结点接测图。按用途区分，水准标石有基岩水准标石、基本水准标石和普通水准标石三种类型，各类水准标石的制作材料和埋设规格及其埋设方法应符合国家水准测量规范规定。因精密水准测量成果需进行重力异常改正，故在一、二等水准路线沿线要进行重力测量，以便精确求得正常高。

我国国家水准网的布设，按照布测目的、完成年代、采用技术标准和高程基准等基本上可分为三个时期。第一期主要是 1976 年以前完成的，以 1956 黄海高程基准起算的各等级水准网；第二期主要是 1976～1990 年完成的，以 1985 国家高程基准起算的国家一、二等水准网；第三期是 1990 年以后进行的国家一等水准网的复测和局部地区二等水准网的复测，现已完成外业观测和内业平差计算工作，成果已提供使用。

6.3　工程控制网

工程控制网包括工程平面控制网和工程高程控制网 2 种。

工程测量的工程平面控制网包括测图控制网、施工控制网、变形观测专用控制网 3 类。工程平面控制网的布设原则是分级布网、逐级控制，要有足够的精度、足够的密度和统一的规格。城市或工程 GPS 网的主要技术要求见表 6-1，城市导线测量的主要技术要求见表 6-2。工程平面控制网与相应等级的国家网比较，平均边长显著地缩短。

表 6-1　城市或工程 GPS 网的主要技术要求

等级	平均距离 /km	固定误差 a /mm	比例误差 b /(mm/km)	最弱边相对中误差	等级	平均距离 /km	固定误差 a /mm	比例误差 b /(mm/km)	最弱边相对中误差
二等	9	≤10	≤2	1/120000	一级	1	≤10	≤10	1/20000
三等	5	≤10	≤5	1/80000	二级	<1	≤15	≤20	1/10000
四等	2	≤10	≤10	1/45000					

注：当边长小于 200m 时，边长中误差应小于 20mm。

表 6-2　城市导线测量的主要技术要求

等级	导线长度 /km	平均边长 /km	测角中误差 /(″)	测距中误差 /mm	不同精度等级经纬仪的测回数			方位角 闭合差 /(″)	导线全长 相对闭合差
					1″级	2″级	6″级		
三等	15	3	±1.5	±18	8	12	—	±3$n^{1/2}$	1/60000
四等	10	1.6	±2.5	±18	4	6	—	±5$n^{1/2}$	1/40000
一级	3.6	0.3	±5	±15	—	2	4	±10$n^{1/2}$	1/14000
二级	2.4	0.2	±8	±15	—	1	3	±16$n^{1/2}$	1/10000
三级	1.5	0.12	±12	±15	—	1	2	±24$n^{1/2}$	1/6000

注：n 为观测的转折角个数。

　　工程测量的工程高程控制网主要采用水准测量建立，在特殊困难地区有时也采用三角高程测量或 GPS 高程。水准测量是建立工程高程控制网的主要方法。城市和工程建设的水准测量实施方法和国家等级水准测量相似，其主要步骤一般包括水准网的图上设计、选点、标石埋设、外业观测、平差计算和成果表编制等。用水准测量方法建立工程高程控制网的主要技术要求见表 6-3。用三角高程测量方法建立工程高程控制网，高程导线各边的高差测定宜采用对向观测，并需检查由两个单方向算得的高程不符值、由对向观测求得的高差较差，并由对向观测求得的高差中数计算闭合环线或附合路线的高程闭合差。

表 6-3　工程水准测量主要技术要求

等级	每公里高差 测量中误差 /mm	路线长度 /km	水准仪 精度	水准尺	观测次数		往返较差、附合或环线 闭合差	
					与已知点联测	附合路线 或环线	平地/mm	山地/mm
二等	2	—	±1mm/km	因瓦	往返各一次	往返各一次	4$L^{1/2}$	
三等	6	≤50	±1mm/km	因瓦	往返各一次	往一次	12$L^{1/2}$	4$n^{1/2}$
			±3mm/km	双面		往返各一次		
四等	10	≤16	±3mm/km	双面	往返各一次	往一次	20$L^{1/2}$	6$n^{1/2}$
五等	15		±3mm/km	单面	往返各一次	往一次	30$L^{1/2}$	
图根	20	≤5	±3mm/km		往返各一次	往一次	40$L^{1/2}$	12$n^{1/2}$

注：1. 结点之间或结点与高级点之间，其路线的长度不应大于表中规定的 0.7 倍。

　　2. L 为往返测段总长度（或附合水准路线长度或环线水准路线长度），以 km 为单位；n 为测站数。

　　工程控制网的布设应遵循 2 条基本原则，即布设工程控制网时应尽量与国家控制网联测（这样可使工程控制网纳入到国家坐标系中，方便各有关部门互相利用资料，避免重复测量造成的浪费）；在布设专用控制网时要根据专用控制网的特殊用途和要求进行控制网的技术设计。在半径 10km 范围内建立的控制网称为小区域控制网，在这个范围内，水准面可视为水平面，不需要将测量成果归算到高斯平面上而直接采用直角坐标并直接在平面上计算坐标。在建立小区域平面控制网时应尽量与已建立的国家或城市控制网连测，将国家或城市高级控制点的坐标作为小区域控制网的起算和校核数据。如果测区内或测区周围无高级控制点或者是不便于联测时也可建立独立平面控制网。

6.4　GPS 测量技术

6.4.1　卫星测地技术（GNSS）概况

　　使用合适的 GNSS 接收机进行测量可以为用户提供精确的定位结果，这是任何测量工程所必需的。目前的全球导航卫星系统（GNSS）主要有 GPS、GLONASS、GALI-LEO、COMPASS 等 4 种，各个 GNSS 系统均可为任何装备了 GNSS 接收机的近地用户提供全球的、全天候的、24 小时的定位、测速和定时服务。全球定位系统（GPS）是由美国国防部掌控的星基无线电导航系统，有关 GPS 星座的最新情况可访问 http：//tycho．usno．navy．mil 或 http：// www．navcen．uscg．gov 网站。全球卫星导航系统（GLONASS）是由俄联邦国防部掌控的与 GPS 类似的导航系统，有关 GLONASS 星座的最新情况可访问 http：// www．glonass-center．ru/frame．html 网站。伽利略导航卫星系统（GALILEO）是由欧盟掌控的全球导航卫星系统，其与 GPS 和 GLONASS 系统不同，GALILEO 系统是一个民用系统且目前还仍处在建设过程中，有关 GALILEO 星座的最新情况可访问 http：// www．galileo-industries．net 网站。中国的北斗卫星导航系统（COMPASS）的英文名称为 Beidou（Compass）Navigation Satellite System，COMPASS 系统已于 2011 年底开通运营，目前其服务范围为亚太大部分地区（即为中国及周边部分地区提供连续无源定位、导航、授时试运行服务，已可满足交通运输、渔业、林业、气象、电信、水利、测绘等行业以及大众用户的应用需求）。

尽管以上 4 个系统在技术细节上有许多差别，但它们都有空间部分、控制部分和用户部分三个基本组成部分。空间部分是指 GNSS 卫星，GPS、GLONASS、和 GALILEO 的卫星轨道高度距地面约为 19308 公里（COMPASS 则为 21500km），每颗卫星都配备了时钟和无线电设备，这些卫星在空中连续播发数据信息（星历、历书、时间与频率的改正等）。控制部分是指分布在地球上的地面站，作用是监控卫星并向卫星上传数据以确保卫星正常地发送数据，这些数据包括星钟改正和新的星历（卫星位置被作为时间的函数）。用户部分是指使用 GNSS 接收机并用相应卫星系统定位的民间和军方用户。

目前有许多专为精密定位而设计的多功能、多用途 GNSS 接收机，主要的精密定位领域是测量、建筑、商业地图测绘、土木工程、精准农业、地面工程和农业的机械控制、航空摄影测量、水道测量及其他与前述设备、子系统、组成部分及软件有关的使用领域。大多数精密定位 GNSS 接收机均可接收和处理多种卫星信号（包括最新的 GPS L2C、GPS L5、GLONASS C/A L2、COMPASS 信号和 GALILEO 信号）从而提高测量与定位精度（这一优点在困难的作业环境下表现的尤其明显），多频率与 GPS＋其他技术的结合使 GNSS 接收机能满足任何高精度测量的要求，多路径抑制与共同跟踪技术可使接收机在树下作业并能跟踪信号较弱的卫星，大多数 GNSS 接收机均能满足快速、简便数据采集的多功能、高精度、可用性及高集成度的要求。

目前，最具代表性、最先进、最可靠、最完善、功能最强、应用最普遍的卫星测地技术（GNSS）是美国的 GPS 技术。

6.4.2　GPS 技术的特点

全球定位系统（Global Positioning System，GPS）作为目前最先进的卫星导航定位系统经过三十多年的发展已成为一种被广泛采用的系统，其应用领域和应用前景已远远超出了该系统设计者当初的设想，目前它在航空、航天、军事、交通运输、资源勘探、通信、气象等几乎所有的领域中都被作为一项非常重要的技术手段和方法来使用（用来进行导航、定时、定位、地球物理参数测定和大气物理参数测定等）。较早采用 GPS 技术的测量领域最初主要将其用于高精度大地测量和控制测量、建立各种类型和等级的测量控制网，目前 GPS 除了继续在这些领域发挥重要作用外还在测量的其他领域得到了充分应用，如用于各种类型的施工放样、测图、变形观测、航空摄影测量、海测和地理信息系统中地理数据的采集等，在各类测量控制网的建立领域 GPS 定位技术已基本取代了常规测量手段，我国采用 GPS 技术布设了新的国家大地测量控制网，很多城市也都采用 GPS 技术建立城市控制网。

(1) GPS 系统的组成　GPS (Global Positioning System) 是由美国建立的一个卫星导航定位系统，利用该系统的用户不仅可在全球范围内实现全天候连续实时的三维导航定位和测速，还可进行高精度的时间传递和高精度的精密定位。GPS 计划始于 1973 年，1994 年进入完全运行状态 (FOC，Full Operational Capability)。完整的 GPS 系统由空间部分、地面控制部分和用户部分等三大部分共同组成。

① 空间部分。GPS 的空间部分由 24 颗 GPS 工作卫星组成，这些 GPS 工作卫星共同组成了 GPS 卫星星座，其中 21 颗为可用于导航的卫星，3 颗为活动的备用卫星，实际上这 3 颗备用卫星同样可用于导航定位。24 颗卫星分布在 6 个倾角为 55° 的轨道上绕地球运行，卫星的运行周期约为 12 恒星时。每颗 GPS 工作卫星都发出用于导航定位的信号，GPS 用户利用这些信号进行工作。

② 控制部分。GPS 的控制部分由分布在全球的由若干个跟踪站组成的监控系统构成，跟踪站根据作用的不同分为主控站、监控站和注入站。1 个主控站位于美国科罗拉多 (Colorado) 的法尔孔 (Falcon) 空军基地，作用是根据各监控站对 GPS 观测的数据计算出卫星的星历和卫星钟改正参数等并将这些数据通过注入站注入到卫星中去，同时它还对卫星进行控制、向卫星发布指令 (当工作卫星出现故障时调度备用卫星替代失效工作卫星的工作)，主控站同时具备监控站功能。除主控站外的 4 个监控站分别位于夏威夷 (Hawaii)、阿松森群岛 (Ascencion)、迪戈加西亚 (DiegoGarcia)、卡瓦加兰 (Kwajalein)，监控站的作用是接收卫星信号监测卫星的工作状态。3 个注入站分别位于阿松森群岛 (Ascencion)、迪戈加西亚 (DiegoGarcia)、卡瓦加兰 (Kwajalein)，注入站的作用是将主控站计算出的卫星星历和卫星钟的改正数等注入到卫星中去。

③ 用户部分。GPS 的用户部分由 GPS 接收机数据处理软件及相应的用户设备 (比如计算机、气象仪器等) 组成，其作用是接收 GPS 卫星发出的信号并利用这些信号完成导航定位等工作。

(2) GPS 信号的特点　GPS 卫星发射两种频率的载波信号 (频率为 1575.42MHz 的 L_1 载波和频率为 1227.60HMz 的 L_2 载波)，它们的频率分别是基本频率 10.23MHz 的 154 倍和 120 倍，它们的波长分别为 19.03cm 和 24.42cm，另外，在 L_1 和 L_2 上又分别调制着多种信号 (这些信号主要有 C/A 码、P 码、Y 码、导航信息等)。C/A 码又称"粗捕获码"，它被调制在 L_1 载波上，是 1MHz 的伪随机噪声码 (PRN 码)，其码长为 1023 位 (周期为 1ms)，每颗卫星的 C/A 码都不一样 (人们用它们的 PRN 号来区分它们)，C/A 码是普通用户用以测定测站到卫星间距离的一种主要信号。P 码又称"精码"，它被调制在 L_1 和 L_2 载波上，是 10MHz 的伪随机噪声码 (其周期为七天)，实施 AS 时 P 码与 W 码会进行模二相加生成保密的 Y 码 (此时，一般用户将无法利用 P 码进行导航定位)。导航信息被调制在 L_1 载波上 (其信号频率为 50Hz，包含有 GPS 卫星的轨道参数、卫星钟改正数和其他一些系统参数)，用户通常需要利用此导航信息来计算某一时刻 GPS 卫星在地球轨道上的位置 (导航信息也称"广播星历")。

(3) SPS 和 PPS 定位服务　GPS 系统针对不同用户提供两种不同类型的服务，即标准定位服务 (SPS，Standard Positioning Service)、精密定位服务 (PPS，Precision Positioning Service)。两种不同类型的服务分别由两种不同的子系统提供，标准定位服务由标准定位子系统 (SPS) 提供，精密定位服务则由精密定位子系统 (PPS) 提供。

(4) GPS 定位的常用观测值　GPS 定位中经常采用以下 7 类观测值中的一种或几种进

行数据处理以确定待定点的坐标或待定点之间的基线向量，这 7 类观测值是 L_1 载波相位观测值、L_2 载波相位观测值半波或全波、调制在 L_1 上的 C/A 码伪距、调制在 L_1 上的 P 码伪距、调制在 L_2 上的 P 码伪距、L_1 上的多普勒频移、L_2 上的多普勒频移。实际 GPS 定位时人们除了大量使用以上 7 类观测值进行数据处理以外，还经常使用由它们通过某些组合而形成的一些特殊观测值进行数据处理，这些观测值包括 Wide-Lane（宽巷观测值）($L_1 - L_2$)、Narrow-Lane（窄巷观测值）($L_1 + L_2$)、Ion-Free（消除电离层延迟的观测值）($2.546L_1 - 1.984L_2$) 等。

(5) GPS 定位的误差源　利用 GPS 定位也会受到各种各样因素的影响，影响 GPS 定位精度的因素大致有 4 类，即与 GPS 卫星有关的因素、与传播途径有关的因素、与接收机有关的因素、其他因素。

与 GPS 卫星有关的因素包括 SA、卫星星历误差、卫星钟差、卫星信号发射天线相位中心偏差等。SA 是美国政府从其国家利益出发通过降低广播星历精度（ε 技术）、在 GPS 基准信号中加入高频抖动（δ 技术）等方法人为降低普通用户利用 GPS 进行导航定位精度的一种技术。GPS 定位需计算在某时刻 GPS 卫星位置所需的卫星轨道参数，轨道参数是通过各种类型的星历（常用星历有广播星历和精密星历两种）提供的，采用星历计算出的卫星位置通常都会与其真实位置有所差异，这就是所谓的星历误差。卫星钟差是 GPS 卫星上所安装的原子钟的钟面时与 GPS 标准时间之间的误差。卫星信号发射天线相位中心偏差是 GPS 卫星上信号发射天线的标称相位中心与其真实相位中心之间的差异。

与传播途径有关的因素包括电离层延迟、对流层延迟、多路径效应等。地球周围的电离层对电磁波的折射效应会使 GPS 信号的传播速度发生变化，这种变化称电离层延迟（电磁波所受电离层折射的影响与电磁波的频率以及电磁波传播途径上电子总含量有关）。地球周围对流层对电磁波的折射效应会使 GPS 信号的传播速度发生变化，这种变化称对流层延迟（电磁波所受对流层折射的影响与电磁波传播途径上的温度、湿度和气压有关）。接收机周围的环境状态会使接收机接收到的卫星信号中包含各种反射和折射信号的影响，这就是所谓的多路径效应。

与接收机有关的因素包括接收机钟差、接收机天线相位中心偏差、接收机软件和硬件误差等。接收机钟差是 GPS 接收机所使用的钟的钟面时与 GPS 标准时之间的差异。接收机天线相位中心偏差是 GPS 接收机天线的标称相位中心与其真实的相位中心之间的差异。GPS 定位结果还会受到诸如处理与控制软件和硬件等的影响，即软硬件误差。

其他因素包括 GPS 控制部分人为或计算机造成的影响，如由于 GPS 控制部分的问题或用户进行不当数据处理时引入的误差等、数据处理软件的影响，如数据处理软件算法不完善对定位结果的影响。

(6) GPS 的定位方法　GPS 的定位方法多种多样，用户可根据不同用途采用不同的定位方法，GPS 定位方法可依据不同的分类标准进行划分。

① 根据定位所采用观测值的不同，GPS 可分为伪距定位、载波相位定位等类型。伪距定位所采用的观测值为 GPS 伪距观测值（伪距观测值既可以是 C/A 码伪距，也可以是 P 码伪距），伪距定位的优点是数据处理简单、对定位条件要求低、不存在整周模糊度问题、可非常容易地实现实时定位，其缺点是观测值精度低（C/A 码伪距观测值的精度一般为 3m，而 P 码伪距观测值的精度一般也在 30cm 左右，从而导致定位成果精度低。另外，采用精度较高的 P 码伪距观测值还存在 AS 问题）。载波相位定位采用的观测值是 GPS 载波相位观测值（即 L_1、L_2 或它们的某种线性组合），载波相位定位的优点是观测值精度高（一般优于 2mm），其缺点是数据处理过程复杂、存在整周模糊

度问题。

② 根据定位模式的不同，GPS 可分为绝对定位、相对定位等类型。绝对定位又称单点定位，是一种采用一台接收机进行定位的模式，它所确定的是接收机天线的绝对坐标，这种定位模式的特点是作业方式简单、可单机作业，绝对定位一般用于导航和精度要求不高的场合。相对定位又称差分定位，这种定位模式采用两台以上的接收机同时对一组相同的卫星进行观测以确定接收机天线间的相互位置关系。

③ 根据获取定位结构时间的不同，GPS 可分为实时定位、非实时定位等类型。实时定位根据接收机观测到的数据实时解算出接收机天线所在的位置。非实时定位又称后处理定位，是通过对接收机接收到的数据进行后处理进行定位的方法。

④ 根据定位时接收机运动状态的不同，GPS 可分为动态定位、静态定位等类型。动态定位就是在进行 GPS 定位时认为接收机的天线在整个观测过程中的位置是变化的（也就是说，在数据处理时将接收机天线的位置作为一个随时间的改变而改变的量），动态定位又分 Kinematic 和 Dynamic 两类。静态定位就是在进行 GPS 定位时认为接收机的天线在整个观测过程中的位置是保持不变的，也就是说，在数据处理时将接收机天线的位置作为一个不随时间的改变而改变的量。静态定位一般用于高精度的测量定位，其具体观测模式是多台接收机在不同的测站上进行静止同步观测，时间由几分钟、几小时甚至数十小时不等。

6.4.3　GPS 的坐标系基准和坐标系统

测量的基本任务是确定物体在空间的位置、姿态及运动轨迹，对这些特征的描述通常都是建立在某一个特定空间框架和时间框架之上的，这个空间框架就是人们常说的坐标系统，时间框架就是时间系统。一个完整的坐标系统是由坐标系和基准两大要素构成的，坐标系指描述空间位置的表达形式，即采用什么方法来表示空间位置；基准指为描述空间位置而定义的一系列点、线、面。大地测量基准一般是指为确定点在空间中的位置而采用的地球椭球或参考椭球的几何参数和物理参数及其在空间的定位、定向方式以及在描述空间位置时所采用的单位长度的定义。人们为描述空间位置采用过很多方法，因而也就产生了各种不同的坐标系，如直角坐标系、极坐标系等，测量中常用坐标系有空间直角坐标系（即本书 1.3.5 的三维地心坐标）、空间大地坐标系（即本书 1.3.1 的大地坐标）、平面直角坐标系（比如本书 1.3.3 的高斯平面直角坐标）。平面直角坐标系是利用投影变换将空间坐标（空间直角坐标或空间大地坐标）通过某种数学变换映射到平面上形成的（又称投影变换），投影变换的方法有很多，常见的有高斯投影、UTM 投影、Lambert 投影（兰波特投影）等，我国采用高斯-克吕格投影。大地测量中的基准是指用以描述地球形状的参考椭球的参数，如参考椭球的长、短半轴以及参考椭球在空间中的定位及定向，还有在描述这些位置时所采用的单位长度的定义。GPS 测量中经常要进行坐标系变换与基准变换，所谓坐标系变换就是在不同的坐标表示形式间进行变换，基准变换是指在不同的参考基准间进行变换。

（1）坐标系的变换方法

① 空间直角坐标系与空间大地坐标系间的转换。相同基准下空间大地坐标系向空间直角坐标系的转换方法为 $X = (N+H)\cos B\cos L$、$Y = (N+H)\cos B\sin L$、$Z = [N(1-e^2)+H]\sin B$。其中，$N = a/(1-e^2\sin^2 B)^{1/2}$，为卯酉圈的半径；$e^2 = (a^2-b^2)/a^2$，$a$ 为地球椭球长半轴、b 为地球椭球的短半轴。相同基准下空间直角坐标系向空间大地坐标系的转换方法为 $L = \arctan(Y/X)$、$B = \arctan\{Z(N+H)(X^2+Y^2)^{-1/2}[N(1-e^2)+H]^{-1/2}\}$、$H =$

$Z/\sin B - N(1-e^2)$，转换时需要采用迭代方法先将 B 求出后再确定 H。

② 空间坐系与平面直角坐标系间的转换。空间坐系与平面直角坐标系间的转换采用的是投影变换的方法，在我国一般采用的是高斯-克吕格投影（转换方法见本书 1.3.3 的高斯平面直角坐标）。

（2）坐标系统的转换方法　不同坐标系统的转换本质上是不同基准间的转换，不同基准间的转换方法有很多，其中最常用的是布尔沙-沃尔夫模型（又称为七参数转换法）。七参数转换法假设两空间直角坐标系间有七个转换参数（3 个平移参数、3 个旋转参数和 1 个尺度参数），若 $(X_A, Y_A, Z_A)^T$ 为某点在空间直角坐标系 A 的坐标；$(X_B, Y_B, Z_B)^T$ 为该点在空间直角坐标系 B 的坐标；$(\Delta X_0, \Delta Y_0, \Delta Z_0)^T$ 为空间直角坐标系 A 转换到空间直角坐标系 B 的平移参数；$(\omega_X, \omega_Y, \omega_Z)$ 为空间直角坐标系 A 转换到空间直角坐标系 B 的旋转参数；m 为空间直角坐标系 A 转换到空间直角坐标系 B 的尺度参数；则由空间直角坐标系 A 到空间直角坐标系 B 的转换关系为 $\begin{bmatrix} X_B \\ Y_B \\ Z_B \end{bmatrix} = \begin{bmatrix} \Delta X_0 \\ \Delta Y_0 \\ \Delta Z_0 \end{bmatrix} + (1+m)R(\omega)\begin{bmatrix} X_A \\ Y_A \\ Z_A \end{bmatrix}$，其中，

$$R(\omega_X) = \begin{pmatrix} 1 & 0 & 0 \\ 0 & \cos\omega_X & \sin\omega_X \\ 0 & -\sin\omega_X & \cos\omega_X \end{pmatrix}、R(\omega_Y) = \begin{pmatrix} \cos\omega_Y & 0 & -\sin\omega_Y \\ 0 & 1 & 0 \\ \sin\omega_Y & 0 & \cos\omega_Y \end{pmatrix}、R(\omega_Z) =$$

$$\begin{pmatrix} \cos\omega_Z & \sin\omega_Z & 0 \\ -\sin\omega_Z & \cos\omega_Z & 0 \\ 0 & 0 & 1 \end{pmatrix}。$$ 由于，ω_X、ω_Y 和 ω_Z 均为小角度，故可认为 $\cos\omega \approx 1$、$\sin\omega \approx \omega$。

于是有 $\hat{R}(\omega) = R(\omega_Z)R(\omega_Y)R(\omega_X) = \begin{bmatrix} 1 & \omega_Z & -\omega_Y \\ -\omega_Z & 1 & \omega_X \\ -\omega_Y & \omega_X & 1 \end{bmatrix}$。由此可得转换公式 $\begin{bmatrix} X_B \\ Y_B \\ Z_B \end{bmatrix} =$

$$\begin{bmatrix} X_A \\ Y_A \\ Z_A \end{bmatrix} + \begin{bmatrix} \Delta X_A \\ \Delta Y_A \\ \Delta Z_A \end{bmatrix} + K\begin{bmatrix} \omega_X \\ \omega_Y \\ \omega_Z \\ m \end{bmatrix}，其中，K = \begin{bmatrix} 0 & -Z_A & Y_A & X_A \\ Z_A & 0 & -X_A & Y_A \\ -Y_A & -X_A & Z_A & Z_A \end{bmatrix}。$$

（3）我国境内 GPS 测量涉及的坐标系统

① WGS-84 坐标系。WGS-84 坐标系是目前 GPS 所采用的坐标系统，GPS 所发布的星历参数就是基于此坐标系统的。WGS-84 坐标系统的全称是 World Geodical System-84（世界大地坐标系-84），是一个地心地固坐标系统。WGS-84 坐标系由美国国防部制图局建立，1987 年取代了当时 GPS 所采用的坐标系统（WGS-72 坐标系统）而成为 GPS 现在使用的坐标系统。WGS-84 坐标系的坐标原点位于地球的质心，Z 轴指向 BIH1984.0 定义的协议地球极方向，X 轴指向 BIH1984.0 的起始子午面和赤道的交点，Y 轴与 X 轴和 Z 轴构成右手系。WGS-84 系所采用椭球参数为 $a = 6378137\text{m}$、$f = 1/298.257223563$、$C_{20}' = -484.16685 \times 10^{-6}$、$\omega = 7.292115 \times 10^{-5}\text{rads}^{-1}$、$GM = 398600.5\text{km}^3/\text{s}^2$。

② 1954 年北京坐标系。1954 年北京坐标系是我国目前广泛采用的大地测量坐标系，该坐标系源自于前苏联采用过的 1942 年普尔科夫坐标系。新中国成立前，我国没有统一的大地坐标系统，新中国成立初期在前苏联专家建议下，我国根据当时的具体情况建立起了全国统一的 1954 年北京坐标系，该坐标系采用的参考椭球是克拉索夫斯基椭球，该椭球的参数为 $a = 6378245\text{m}$、$f = 1/298.3$。遗憾的是，该椭球并未依据当时我国的天文观测资料进行

重新定位，而是由前苏联西伯利亚地区的一等锁，经我国的东北地区传算过来的，该坐标系的高程异常是以前苏联 1955 年大地水准面重新平差的结果为起算值，按我国天文水准路线推算出来的，而高程又是以 1956 年青岛验潮站的黄海平均海水面为基准。1954 年北京坐标系建立后全国天文大地网尚未布测完毕，因此，在全国分期布设该网的同时，相应地进行了分区的天文大地网局部平差，以满足经济和国防建设需要。局部平差按逐级控制原则进行，先分区平差一等锁系，然后以一等锁环为起算值平差环内的二等三角锁，平差时网区的连接部仅作了近似处理。受当时条件限制，1954 年北京坐标系存在着很多缺点，即克拉索夫斯基椭球参数同现代精确的椭球参数的差异较大且不包含表示地球物理特性的参数，给理论和实际工作带来了许多不便；椭球定向不十分明确，椭球的短半轴既不指向国际通用的 CIO 极，也不指向目前我国使用的 JYD 极。参考椭球面与我国大地水准面呈西高东低的系统性倾斜，东部高程异常达 60 余米、最大达 67m；该坐标系统的大地点坐标是经过局部分区平差得到的。因此，全国的天文大地控制点实际上不能形成一个整体，区与区之间有较大的隙距，比如在有的接合部中同一点在不同区的坐标值相差 1~2m，不同分区的尺度差异也很大，而且坐标传递是从东北到西北和西南，后一区是以前一区的最弱部作为坐标起算点，因而一等锁具有明显的坐标积累误差。

③ 1980 年西安大地坐标系。1978 年我国决定重新对全国天文大地网施行整体平差且建立新的国家大地坐标系统，整体平差在新大地坐标系统中进行，这个坐标系统就是 1980 年西安大地坐标系统。1980 年西安大地坐标系统所采用的地球椭球参数的四个几何和物理参数采用了 IAG1975 年的推荐值，它们是 $a = 6378140\text{m}$、$GM = 3.986005 \times 10^{14}\,\text{m}^3/\text{s}^2$、$J_2 = 1.08263 \times 10^{-3}$、$\omega = 7.292115 \times 10^{-5}\,\text{rad/s}$，椭球的短轴平行于地球的自转轴（由地球质心指向 1968.0JYD 地极原点方向），起始子午面平行于格林尼治平均天文子午面，椭球面同似大地水准面在我国境内符合最好，高程系统以 1956 年黄海平均海水面为高程起算基准。

6.4.4　GPS 静态定位方法

GPS 静态定位已在大地测量、工程测量、地籍测量、物探测量及各种类型的变形监测中得到广泛应用，在各种级别、各种用途的控制网中应用最普遍，GPS 静态定位在测量中主要用于测定各种用途的控制点。其中，较常见的是利用 GPS 建立各种类型和等级的控制网，在这些方面 GPS 技术已基本上取代常规测量方法而跃居主导地位。与常规方法比，GPS 布设控制网具有以下 4 方面优势，即测量精度高，GPS 的观测精度明显高于一般常规测量手段，GPS 基线向量的相对精度一般在 $10^{-9} \sim 10^{-5}$ 之间，这是普通测量方法很难达到的；选点灵活、不需造标、费用低，GPS 测量不要求测站间相互通视，故不需要建造觇标、作业成本低并可大大降低布网费用；全天候作业，在任何时间、任何气候条件下均可进行 GPS 观测，大大方便了测量作业，有利于按时、高效地完成控制网布设工作；观测时间短，采用 GPS 布设一般等级控制网时，在每个测站上的观测时间一般在 $1 \sim 2\text{h}$，采用快速静态定位的方法观测时间更短；可实现观测处理自动化，采用 GPS 布设控制网，观测过程和数据处理过程均是高度自动化完成的。布设 GPS 基线向量网主要有测前、测中和测后三个工作阶段。

（1）测前工作　测前工作包括项目策划、技术设计、测绘资料搜集与整理、仪器检验、踏勘与选点埋石 5 项。一个 GPS 测量工程项目策划通常由工程发包方、上级主管部门或其他单位或部门提出，由 GPS 测量队伍具体实施。一个 GPS 测量工程项目通常有以下 6 方面基本要求，即测区位置及其范围，包括测区的地理位置、范围；控制网的控制面积等指标；用途和精度等级，即控制网将用于何种目的，其精度要求是多少，要求达到何种等级；点位分布及点的数量，包括控制网的点位分布、点的数量及密度要求，是否有对点位分布有特殊要求的区域等；提交成果的内容，比如用户需要提交哪些成果，所提交的坐标成果分别属于哪些坐标系，所提交的高程成果分别属于哪些高程系统。除了提交最终的结果外是否还需要提交原始数据或中间数据等；时限要求，即对提交成果的时限要求，亦即何时是提交成果的最后期限；投资经费，即投入工程的经费数量。负责 GPS 测量的单位在获得测量任务后需根据项目要求和相关技术规范进行测量工程的技术设计（技术设计的具体内容和要求见本书 6.4.5）。在开始进行外业测量之前应对现有测绘资料进行全面搜集与整理，这些资料主要包括测区及周边地区可利用的已知点的相关资料（点、坐标等）和测区的地形图等。仪器的检验是指对将用于测量的各种仪器（包括 GPS 接收机及相关设备、气象仪器等）进行检验以确保它们能够正常工作。在完成技术设计和测绘资料的搜集与整理后还需根据技术设计要求对测区进行踏勘并完成选点埋石工作。

（2）测中工作　测中工作是指 GPS 测量的实施工作，包括测区情况的实地了解、卫星状况预报、作业方案确定、外业观测、数据传输与转储、基线处理与质量评估、循环重复作业等工作。通常情况下，选点埋石和测量分别是由两个不同队伍或两批不同人员完成的，因此，负责 GPS 测量作业的队伍到达测区后应先对测区情况作一个详细了解，主要包括点位情况（点的位置、上点的难度）、测区内经济发展状况、民风民俗、交通状况、测量人员生活安排等。应根据测区地理位置以及最新的卫星星历对卫星状况进行预报，作为选择合适观测时间段的依据。所需预报的卫星状况应包括卫星的可见性、可供观测的卫星星座、随时间变化的 PDOP 值、随时间变化的 RDOP 值等。对个别有较多或较大障碍物的测站还应评估障碍物对 GPS 观测可能产生的不良影响。应根据卫星状况、测量作业进展、测区实际情况确定出具体的作业方案并以作业指令的形式下达给各个作业小组，根据情况作业指令可逐天下达，也可一次下达多天的指令。作业方案的内容包括作业小组的分组、GPS 观测的时间段以及测站等。各 GPS 观测小组在得到作业指挥员下达的作业指令后应严格按作业指令要求进行外业观测。外业观测时外业观测人员除应严格按作业规范、作业指令操作外，还应根据一些特殊情况灵活地采取应对措施。外业中常见的情况有不能按时开机、仪器故障和电源故障等。一段外业观测结束后应及时将观测数据传输到计算机中并根据要求进行备份，数据传输时需要对照外业观测记录手簿检查所输入的记录是否正确，数据传输与转储应根据实际工作条件及时进行。对所获得的外业数据应及时进行处理，解算出基线向量并对解算结果进行质量评估，作业指挥员应根据基线解算情况制定出下一步 GPS 观测作业的安排。重复确定作业方案、外业观测、数据传输与转储与基线处理与质量评估四步，直至完成所有 GPS 观测工作。

（3）测后工作　测后工作主要有 3 项，即结果分析、网平差处理与质量评估，技术总结，成果验收。第 1 项工作主要是对外业观测所得到的基线向量进行质量检验并对由合格基线向量构建的 GPS 基线向量网进行平差解算得出网中各点的坐标成果。若需要利用 GPS 测定网中各点的正高或正常高则还需要进行高程拟合。技术总结是指对整个 GPS 网的布设及数据处理情况进行的全面总结。成果验收应按规定程序进行。

6.4.5　GPS 测量技术设计的基本要求

在布设 GPS 网时的技术设计非常重要，技术设计是布设 GPS 网的技术准则，布设 GPS 网时遇到的所有技术问题都需从技术设计中找到答案，因此，每一项 GPS 工程都必须首先进行技术设计。一个完整的 GPS 测量技术设计应包含以下 8 方面内容，即项目来源，应介绍项目的来源、性质；测区概况，应介绍测区地理位置、气候、人文、经济发展状况、交通条件、通信条件等；工程概况，应介绍工程目的、作用、要求、GPS 网等级或精度、完成时间等；技术依据，应介绍作业所依据的测量规范、工程规范、行业标准等；施测方案，应介绍测量所采用的仪器、布网方法等；作业要求，应介绍外业观测时的具体操作规程、技术要求等，包括采样率、截止高度角等仪器参数的设置、对中精度、整平精度、天线高量测方法及精度要求等；观测质量控制，应介绍外业观测质量要求，包括质量控制方法及各项限差要求等；数据处理方案，应介绍详细的数据处理方案，包括基线解算和网平差处理所采用的软件和处理方法等内容。

6.4.6 GPS 测量布网方法

(1) GPS 基线向量网的等级 我国现行全球定位系统测量规范将 GPS 基线向量网分成了 A、B、C、D、E 五个级别（见表 6-4）。GPS 网的精度指标通常是以网中相邻点间的距离误差 s 来表示的，即

$$\sigma = [a^2 + (b \times D)^2]^{1/2}$$

式中，σ 为网中相邻点间的距离中误差（mm）；a 为固定误差（mm）；b 为比例误差（$\times 10^{-6}$ 或 mm/km）；D 为相邻点间的距离（km）。A 级网一般为区域或国家框架网、区域动力学网；B 级网为国家大地控制网或地方框架网；C 级网为地方控制网和工程控制网；D级网为工程控制网；E 级网为测图网。美国联邦大地测量分管委员会（Federal Geodetic Control Subcommittee-FGCS）1988 年公布的 GPS 相对定位的精度标准中有一个 AA 级的等级，此等级的网一般为全球性的坐标框架。

表 6-4 不同等级 GPS 网的精度要求

测量分类	A	B	C	D	E
固定误差 a/mm	≤5	≤8	≤10	≤10	≤10
比例误差 b/10^{-6}	≤0.1	≤1	≤5	≤10	≤20
相邻点距离/km	100~2000	15~250	5~40	2~15	1~10

(2) GPS 基线向量网的布网形式 GPS 网常用的布网形式主要有以下 5 种，即跟踪站式、会战式、多基准站式（枢纽点式）、同步图形扩展式、单基准站式。

① 跟踪站式。若干台接收机长期固定安放在测站上进行常年、不间断的观测，这种观测方式很像是跟踪站，故其布网形式被称为跟踪站式。由于采用跟踪站式布网形式布设GPS 网时接收机在各个测站上进行了不间断的连续观测，观测时间长、数据量大，且在处理采用这种方式所采集的数据一般采用精密星历，故此种形式布设的 GPS 网具有很高的精度和框架基准特性。每个跟踪站为保证连续观测通常需建立专门的永久性建筑（即跟踪站）用以安置仪器设备，从而这使这种布网形式的观测成本很高，一般用于建立 GPS 跟踪站（AA 级网）。普通用途的 GPS 网一般不采用跟踪站式。

② 会战式。布设 GPS 网时一次组织多台 GPS 接收机集中在一段不太长的时间内共同作业，作业时所有接收机在若干天的时间里分别在同一批点上进行多天、长时段的同步观测，在完成一批点的测量后所有接收机又都迁移到另外一批点上进行相同方式的观测，直至所有的点观测完毕，这就是所谓的会战式布网。会战式布网各基线均进行过较长时间、多时段的观测，可较好地消除 SA 等因素的影响，因而具有特高的尺度精度，此种布网方式一般用于布设 A、B 级网。

③ 多基准站式。所谓多基准站式的布网形式（见图 6-1）就是有若干台接收机在一段时间里长期固定在某几个点上进行长时间的观测（这些测站称为基准站），在基准站进行观测

的同时，另外一些接收机则在这些基准站周围相互之间进行同步观测。采用多基准站式布设的 GPS 网，各个基准站间进行了长时间的观测，可获得较高精度的定位结果，这些高精度基线向量可作为整个 GPS 网的骨架。其余进行了同步观测的接收机间除了自身间有基线向量相连外，它们与各个基准站之间也存在有同步观测，因此，也有同步观测基线相连，这样可以获得更强的图形结构。

④ 同步图形扩展式。所谓同步图形扩展式布网形式就是多台接收机在不同测站上进行同步观测，在完成一个时段的同步观测后又迁移到其他的测站上进行同步观测，每次同步观测都可以形成一个同步图形，测量过程中不同的同步图形间一般有若干个公共点相连（整个 GPS 网由这些同步图形构成）。同步图形扩展式布网形式具有扩展速度快、图形强度较高、作业方法简单的优点，同步图形扩展式是布设 GPS 网时最常用的一种布网形式。

⑤ 单基准站式。单基准站式布网方式（也称星形网方式，见图 6-2）以一台接收机作为基准站在某测站上连续开机观测，其余接收机在此基准站观测期间在其周围流动。每到一点就进行观测，流动的接收机之间一般不要求同步，这样，流动的接收机每观测一个时段就与基准站间测得一条同步观测基线，所有这样测得的同步基线就形成了一个以基准站为中心的星形。流动的接收机也称流动站。单基准站式布网方式效率很高，但各流动站一般只与基准站之间有同步观测基线，故其图形强度很弱，为提高图形强度一般需要每个测站至少进行两次观测。

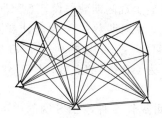

图 6-1 多基准站式

图 6-2 单基准站式

（3）同步图形扩展式 GPS 基线向量网观测作业方式 同步图形扩展式的作业方式具有作业效率高、图形强度好的特点，是目前 GPS 测量中普遍采用的一种布网形式。采用同步图形扩展式布设 GPS 基线向量网时的观测作业方式主要有点连式、边连式、网连式、混连式等 4 种（见图 6-3～图 6-5）。

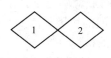

图 6-3 点连式

图 6-4 边连式

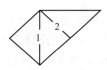

图 6-5 网连式

① 点连式。所谓点连式就是在观测作业时相邻的同步图形间只通过一个公共点相连，这样，当有 m 台仪器共同作业时每观测一个时段就可以测得 $(m-1)$ 个新点，当这些仪器观测了 s 个时段后就可以测得 $[1+s(m-1)]$ 个点。点连式观测作业方式的优点是作业效率高、图形扩展迅速，其缺点是图形强度低，一旦连接点发生问题将影响到后面的同步图形。

② 边连式。所谓边连式就是在观测作业时相邻的同步图形间有一条边（两个公共点）相连，这样，当有 m 台仪器共同同作业时每观测一个时段就可以测得 $(m-2)$ 个新点，当这些仪器观测观测了 s 个时段后就可以测得 $[2+s(m-2)]$ 个点。边连式观测作业方式具

有较好的图形强度和较高的作业效率。

③ 网连式。所谓网连式就是在作业时相邻的同步图形间有 3 个（含 3 个）以上的公共点相连，这样，当有 m 台仪器共同作业时每观测一个时段就可以测得 $[(m-k)]$ 个新点，当这些仪器观测了 s 个时段后就可以测得 $[k+s(m-k)]$ 个点。采用网连式观测作业方式所测设的 GPS 网具有很强的图形强度，但网连式观测作业方式的作业效率很低。

④ 混连式。实际 GPS 作业中通常并不单独采用上面所介绍的某一观测作业模式，而是根据具体情况有选择地灵活采用几种方式作业，这样一种观测作业方式就是所谓的混连式。混连式观测作业方式是实际作业中最常用的作业方式，实际上是点连式、边连式和网连式的一个结合体。

（4）布设 GPS 基线向量网时的设计指标 布设 GPS 网时除应遵循一定的设计原则外，还需设定一些定量指标来指导工作，常见的定量指标主要是效率指标、可靠性指标和精度指标。

① 效率指标。GPS 网设计时可采用效率指标来衡量某种网设计方案的效率以及在采用某种布网方案作业时所需要的作业时间、消耗等。布设一个 GPS 网时，在点数、接收机数和平均重复设站次数（平均重复设站次数指的是总的设站次数与 GPS 网的点数的比值）确定后则完成该网测设所需的理论最少观测期数（观测期数就是同步观测的时段数）就可以确定。但当按某个具体的布网方式和观测作业方式进行作业时要按要求完成整网的测设所需的观测期数与理论上的最少观测期数却常会有所差异，理论最少观测期数与设计观测期数的比值称为效率指标 e，即 $e=s_{\min}/s_{\mathrm{d}}$，其中，$s_{\min}$ 为理论最少观测期数；s_{d} 为设计观测期数。效率指标可用来衡量 GPS 网设计的效率。理论最少观测期数 $s_{\min}$ 可用式 $s_{\min}=\mathrm{INT}(nR/m)$ 计算，其中，R 为平均重复设站次数；m 为接收机数；n 为 GPS 网的点数；$\mathrm{INT}(*)$ 为凑整函数、$\mathrm{INT}(x)=x$。

② 可靠性指标。GPS 网的可靠性可分内可靠性和外可靠性 2 种，GPS 网的内可靠性是指所布设的 GPS 网发现粗差的能力（即可发现的最小粗差的大小），GPS 网的外可靠性是指 GPS 网抵御粗差的能力（即未剔除的粗差对 GPS 网所造成的不良影响的大小）。内、外可靠性指标的算法很多，比较简单有效的可靠性指标是 η 指标，η 指标用整网的多余独立基线数与总的独立基线数的比值（称为整网的平均可靠性指标 η）表示，即 $\eta=l_{\mathrm{r}}/l_{\mathrm{t}}$。其中，$l_{\mathrm{r}}$ 为多余的独立基线数，多余的独立基线数可通过式 $l_{\mathrm{r}}=l_{\mathrm{t}}-l_{\mathrm{n}}$ 计算，其中，l_{n} 为必要的独立基线数，$l_{\mathrm{n}}=n-1$；l_{t} 为总的独立基线数。

③ 精度指标。GPS 网布网方式和观测作业方式确定后 GPS 网的网形就确定了，根据已确定的 GPS 网的网形可得到 GPS 网的设计矩阵 B，从而可得到 GPS 网的协因数阵 Q、$Q=(B^{\mathrm{T}}PB)$，在 GPS 网的设计阶段可采用 $tr(Q)$ 作为衡量 GPS 网精度的指标。

（5）GPS 网的设计准则 GPS 网设计的目的是在保证质量的前提下尽可能地提高效率、降低成本。进行 GPS 的设计和测设时既不能脱离实际应用需求盲目地追求不必要的高精度和高可靠性，也不能为追求高效率和低成本而放弃对质量的要求。GPS 网布网作业准则主要体现在以下 6 个方面。

① 合理选点。为保证对卫星的连续跟踪观测和卫星信号的质量，要求测站上空应尽可能开阔，在 $10°\sim15°$ 高度角以上不能有成片的障碍物。为减少各种电磁波对 GPS 卫星信号的干扰，在测站周围约 $200\mathrm{m}$ 的范围内不能有强电磁波干扰源（比如大功率无线电发射设施、高压输电线等）。为避免或减少多路径效应的发生，测站应远离对电磁波信号反射强烈的地形、地物（比如高层建筑、成片水域等）。为便于观测作业和今后的应用，测站应选在交通便利、上点方便的地方。测站应选择在易于保存的地方。

② 提高 GPS 网的可靠性。包括增加观测期数（独立基线数）、保证一定的重复设站次数、保证每个测站至少与三条以上的独立基线相连、以保证测站具有较高的可靠性、布网时使网中所有最小异步环的边数不大于 6 条。布设 GPS 网时适当增加观测期数（时段数）对提高 GPS 网的可靠性非常有效。随着观测期数的增加所测得的独立基线数就会增加，而独立基线数的增加对网的可靠性的提高非常有益。保证一定的重复设站次数（目的与增加观测期数一致）可确保 GPS 网的可靠性，通过在同一测站上的多次观测可有效地发现设站、对中、整平、量测天线高等人为错误，重复设站次数的增加意味着观测期数的增加，当同一台接收机在同一测站上连续进行多个时段的观测时，各个时段间必须重新安置仪器（以更好地消除各种人为操作误差和错误）。l_t 为总的独立基线数、$l_t = s(m-1)$、s 为观测期数、m 为同步观测接收机的台数。保证每个测站至少与三条以上的独立基线相连可使测站具有较高的可靠性。在布设 GPS 网时各个点的可靠性与点位无直接关系，而与该点上所连接的基线数有关，点上所连接的基线数越多点的可靠性越高。布设 GPS 网时检查 GPS 观测值（基线向量）质量的最佳方法是异步环闭合差，但随着组成异步环的基线向量数的增加其检验质量的能力将逐渐下降，故布网时要使网中所有最小异步环的边数不大于 6 条。

③ 提高 GPS 网的精度。为保证 GPS 网中各相邻点具有较高的相对精度，对网中距离较近的点一定要进行同步观测以获得它们间的直接观测基线。为提高整个 GPS 网的精度可在全面网之上布设框架网并以框架网作为整个 GPS 网的骨架。在布网时要使网中所有最小异步环的边数不大于 6 条。布设 GPS 网时引入高精度激光测距边作为观测值与 GPS 观测值（基线向量）一同进行联合平差或将它们作为起算边长。若需采用高程拟合方法测定网中各点的正常高/正高时则需在布网时选定一定数量的水准点。水准点的数量应尽可能地多且应在网中均匀分布，还要保证有部分点分布在网中的四周将整个网包含在其中。增设长时间、多时段的基线向量可提高 GPS 网的尺度精度。

④ 合理选取与分布 GPS 网的起算点。若要求所布设的 GPS 网成果与旧成果吻合最好，则起算点数量越多越好；若不要求所布设的 GPS 网的成果完全与旧成果吻合则一般可选3~5 个起算点。这样既可保证新老坐标成果的一致性，也可保持 GPS 网的原有精度。为保证整网点位精度均匀，起算点一般应均匀分布在 GPS 网周围（要避免所有起算点分布在网中一侧情况的发生）。

⑤ 合理选取与分布 GPS 网的起算边长。布设 GPS 网时可采用高精度激光测距边作为起算边长。激光测距边的数量可在 3~5 条，它们可设置在 GPS 网中的任意位置，但激光测距边两端点的高差不应过分悬殊。

⑥ 合理选取与分布 GPS 网的起算方位。布设 GPS 网时可引入起算方位，但起算方位不宜太多，起算方位可布设在 GPS 网中的任意位置。

6.4.7　GPS 基线解算原理

（1）基线解算观测值　基线解算一般采用差分观测值，采用最多的差分观测值为双差观测值是由两个测站的原始观测值分别在测站和卫星间求差后所得到的观测值，双差观测值可表达为 $dd(\varphi_f) + v_f = dd(\rho) + dd(\rho_{ion}) + dd(\rho_{trop}) + \lambda_f N_f^{m,n}$ 的形式，其中，$dd(x)$ 为双差分算子（在测站 i，j 和卫星 m，n 间求差）；$dd(\varphi_f)$ 为频率 f 的双差载波相位观测值；v_f 为频率 f 的双差载波相位观测值的残差（改正数）；ρ 为观测历元 t 时的站星距；ρ_{ion} 为电离层延迟；ρ_{trop} 为对流层延迟；λ_f 为频率 f 的载波相位的波长；$N_f^{m,n}$ 为整周未知数。

若在某一历元中对 k 颗卫星数进行同步观测可得到 $(k-1)$ 个双差观测值；若在整个同步观测时段内同步观测卫星的总数为 l 则整周未知数的数量为 $(l-1)$。

在进行基线解算时 ρ_{ion} 和 ρ_{trop} 一般并不作为未知参数，而是通过某些方法将它们消除，如用模型改正或双频改正。因此，基线解算时一般只有两类参数，一类是测站的坐标参数 X_C $(3,1)$、数量为 3 （在基线解算时将基线的一个端点的坐标作为已知值固定，解求另一个点。固定的点称为起点，待求的点称为终点）；另一类是整周未知数参数 X_N $(m-1,1)$ （m 为同步观测的卫星数）、数量为 $(m-1)$。

（2）基线解算方法（平差） 基线解算过程实际上主要是一个平差的过程，平差所采用的观测值主要是双差观测值。基线解算时平差要分三个阶段进行，第一阶段进行初始平差，解算出整周未知数参数（实数）的和基线向量的实数解（浮动解）；在第二阶段将整周未知数固定成整数；在第三阶段将确定了的整周未知数作为已知值，仅将待定的测站坐标作为未知参数再次进行平差解算，解求出基线向量的最终解（整数解或固定解）。

① 初始平差。先根据双差观测值观测方程组成误差方程后，再组成法方程，求解待定的未知参数的精度信息，即待定参数 $X' = \begin{bmatrix} X_C' \\ X_N' \end{bmatrix}$、待定参数的协因数阵 $Q = \begin{bmatrix} Q_{X_C' X_C'} & Q_{X_C' X_N'} \\ Q_{X_N' X_C'} & Q_{X_N' X_N'} \end{bmatrix}$、单位权中误差 σ_0'。通过初始平差解算出的整周未知数参数 X_N 本应为整数，但因观测值误差、随机模型和函数模型不完善等原因常会使其结果为实数，此时与实数的整周未知数参数对应的基线解被称作基线向量的实数解或浮动解。为获得较好的基线解算结果必须准确确定出整周未知数的整数值。

② 整周未知数的确定。确定整周未知数的整数值的方法很多，目前采用的方法基本以搜索法为主，以下是搜索法的工作过程。根据初始平差结果 X_N' 和 $D_{X_N' X_N'}$ （$D_{X_N' X_N'} = \sigma_0'^2 Q_{X_N' X_N'}$），分别以 X_N' 中的每一个整周未知数为中心，以与它们中误差的若干倍为搜索半径（可根据一定的置信水平来加以确定），确定出每一个整周未知数的一组备选整数值。从上面所确定出的每一个整周未知数的备选整数值中一次选取一个组成整周未知数的备选组并分别以它们作为已知值代入原基线解算方程确定出相应的基线解，即 $X_i' = [X_{C_i}']$、$Q_i = [Q_{X_{C_i}' X_{C_i}'}]$ 和 σ_{0i}'。从所解算出的所有基线向量中选出产生单位权中误差最小那个基线向量结果作为最终解算结果，这就是所谓的基线向量整数解（或称固定解），即 $X_i' = [X_{C_i}']$、$Q_i = [Q_{X_{C_i}' X_{C_i}'}]$ 和 σ_{0i}'，若出现 $[\sigma_{0次小}'/\sigma_{0最小}'] \leqslant T$ 的情况则认为整周未知数无法确定，也即无法求出该基线向量的整数解。其中，$T = \zeta_{Ff, f_i 1-\alpha/2}$；$\zeta_{Ff, f_i 1-\alpha/2}$ 是置信水平为 $(1-\alpha)$ 时的 F 分布的接受域，其自由度为 f 和 f_i；$[\sigma_{0次小}'/\sigma_{0最小}']$ 称 RATIO 值；σ_{0i}' 也被称为 RMS；$tr(Q)$ 称为 RDOP 值。

③ 确定基线向量的固定解。确定了整周未知数的整数值后，与之相对应的基线向量就是基线向量的整数解。

6.4.8 GPS 基线解算类型与质量控制

（1）GPS 基线解算的分类 GPS 基线解算有单基线解算和多基线解两类。

① 单基线解算。m 台 GPS 接收机进行了一个时段的同步观测后每两台接收机间就可形成一条基线向量、共有 $[(1/2)m(m-1)]$ 条同步观测基线，其中最多可以选出相互独立的 $(m-1)$ 条同步观测基线，至于这 $(m-1)$ 条独立基线如何选取，只要保证所选的 $(m-1)$ 条独立基线不构成闭和环就可以了。也就是说，凡是构成了闭和环的同步基线是函数相关的，同步观测所获得的独立基线虽不具有函数相关特性，但它们却是误差相关的，实际上所有的同步观测基线间都是误差相关的，所谓单基线解算就是在基线解算时不顾及同步观测基线间的误差相关性对每条基线单独进行解算。单基线解算的算法简单，其解算结果无法反映同步基线间的误差相关特性、不利于后面的网平差处理，一般只用于普通等级 GPS 网的测设。

② 多基线解。多基线解算与单基线解算的不同之处在于其顾及了同步观测基线间的误差相关性，在基线解算时对所有同步观测的独立基线一并解算。多基线解在基线解算时顾及了同步观测基线间的误差相关特性，故在理论上是严密的。

(2) 基线解算阶段的质量控制 基线解算的质量控制指标有 8 个，即单位权方差因子 σ_0'（又称参考因子）、数据删除率、RATIO 值、RDOP 值、RMS 值、同步环闭合差、异步环闭合差、重复基线较差等。单位权方差因子 $\sigma_0' = (V^T P V / f)^{1/2}$，其中，$V$ 为观测值的残差；P 为观测值的权；n 为观测值的总数。被删除观测值的数量与观测值的总数的比值就是所谓的数据删除率。基线解算时若观测值的改正数大于某一个阈值则认为该观测值含有粗差而需将其删除。数据删除率从某一方面反映出了 GPS 原始观测值的质量，数据删除率越高说明观测值的质量越差。RATIO = [RMS$_{次最小}$]/[RMS$_{最小}$]，显然 RATIO ≥ 1.0，RATIO 值反映了所确定出的整周未知数参数的可靠性。这一指标取决于多种因素，既与观测值的质量有关，也与观测条件的好坏有关。GPS 测量中的观测条件指的是卫星星座的几何图形和运行轨迹。RDOP 值指的是基线解算时待定参数的协因数阵的迹 $tr(Q)$ 的平方根，即 RDOP = [$tr(Q)$]$^{1/2}$，RDOP 值的大小与基线位置和卫星在空间中的几何分布及运行轨迹（即观测条件）有关。基线位置确定后其 RDOP 值就只与观测条件有关了，观测条件是时间的函数，故实际上对某条基线向量而言其 RDOP 值的大小与观测时间段有关。RDOP 值表明了 GPS 卫星的状态对相对定位的影响，即取决于观测条件的好坏，不受观测值质量好坏的影响。RMS 即均方根误差（Root Mean Square），RMS = [$V^T V/(n-1)$]$^{1/2}$，其中，V 为观测值的残差；P 为观测值的权；n 为观测值的总数。RMS 表明了观测值的质量，观测值质量越好 RMS 越小，反之观测值质量越差则 RMS 越大，RMS 不受观测条件（观测期间卫星分布图形）好坏的影响，数理统计认为的理论观测值误差落在 1.96 倍 RMS 的范围内的概率是 95%。同步环闭合差是指由同步观测基线所组成的闭合环的闭合差，环的闭和差包括分量闭合差 $\varepsilon_{\Delta X} = \sum \Delta X$、$\varepsilon_{\Delta Y} = \sum \Delta Y$、$\varepsilon_{\Delta Z} = \sum \Delta Z$ 和全长相对闭合差 $\varepsilon = (\varepsilon_{\Delta X^2} + \varepsilon_{\Delta Y^2} + \varepsilon_{\Delta Z^2})^{1/2} / \sum S$，其中 $\sum S$ 为环长。同步观测基线间具有一定的内在联系（即同步环闭合差在理论上应为 0），同步环闭合差超限说明组成同步环的基线中至少有一条错误的基线向量，但同步环闭合差没有超限却并不能说明组成同步环的所有基线在质量上均是合格的。不是完全由同步观测基线所组成的闭合环称异步环，异步环的闭合差称为异步环闭合差，异步环闭合差满足限差要求时表明组成异步环的基线向量的质量是合格的；异步环闭合差不满足限差要求时表明组成异步环的基线向量中至少有一条基线向量的质量不合格，要确定那些质量不合格的基线向量可通过多个相邻的异步环或重复基线判断。不同观测时段对同一条基线的观测结果就是所谓重复基线，这些观测结果间的差异就是重复基线较差。

RATIO、RDOP 和 RMS 这几个质量指标只具有某种相对意义，它们数值的高低不能绝对的说明基线质量的高低。若 RMS 偏大则说明观测值质量较差。观测值质量的好坏取决于接收机的测相精度的高低、周跳修复是否完全、对流层和电离层延迟的影响是否完全消除以及多路径效应是否严重等因素，若 RDOP 值较大则说明观测条件较差。

6.4.9 GPS 基线解算应关注的问题

影响 GPS 基线解算结果的因素主要有以下 5 条，即基线解算时所设定的起点坐标不准确可能会导致基线出现尺度和方向上的偏差；少数卫星的观测时间太短导致这些卫星的整周未知数无法准确确定；在整个观测时段里有个别时间段里周跳太多致使周跳修复不完善；在观测时段内多路径效应比较严重致使观测值改正数普遍较大；对流层或电离层折射影响过大。

上述影响 GPS 基线解算结果因素有些比较容易判别，如卫星观测时间太短、周跳太多、多路径效应严重、对流层或电离层折射影响过大等；另一些因素却不太好判断，如起点坐标不准确等。对因起点坐标不准确对基线解算质量造成的影响问题尚无较容易的判别方法，在实际工作中应尽量提高起点坐标的准确度以避免这种情况的发生。卫星观测时间太短这类问题的判断比较简单，只要查看观测数据的记录文件中有关对与每个卫星的观测数据的数量就可以了，有些数据处理软件还输出卫星的可见性图（图 6-6）使判断更加直观。卫星观测值中周跳太多的情况可从基线解算后所获得的观测值残差上来分析。目前，大部分的基线处理软件一般采用双差观测值，当在某测站对某颗卫星的观测值中含有未修复的周跳时，与此相关的所有双差观测值的残差都会出现显著的整数倍的增大。多路径效应、对流层或电离层折射影响也可通过观测值残差判断，与整周跳变不同的是，路径效应严重、对流层或电离层折射影响过大时观测值残差不是像周跳未修复那样出现整数倍的增大，而只是出现非整数倍的增大，一般不超过 1 周但却又明显地大于正常观测值的残差。

要解决基线起点坐标不准确的问题可在进行基线解算时使用坐标准确度较高的点作为基线解算的起点。较为准确的起点坐标可通过进行较长时间的单点定位或通过与 WGS-84 坐标较准确的点联测得到，也可采用在进行整网的基线解算时所有基线起点的坐标均由一个点坐标衍生而来的办法解决，使得基线结果均具有某一系统偏差，然后再在 GPS 网平差处理时引入系统参数的方法加以解决。若某颗卫星的观测时间太短则可删除该卫星的观测数据，不让它们参加基线解算以可保证基线解算结果的质量。若多颗卫星在相同的时间段内经常发生周跳则可采用删除周跳严重的时间段的方法来尝试改善基线解算结果的质量；若只是个别卫星经常发生周跳则可采用删除经常发生周跳的卫星的观测值的方法来尝试改善基线解算结果的质量。多路径效应往往导致观测值残差较大，因此，可通过缩小编辑因子的方法来剔除残差较大的观测值；另外也可采用删除多路径效应严重的时间段或卫星的方法解决。对对流层或电离层折射影响过大的问题可采用以下 3 种方法，①提高截止高度角、剔除易受对流层或电离层影响的低高度角观测数据（这种方法具有一定的盲目性，高度角低的信号不一定受对流层或电离层的影响就大）；②分别采用模型对对流层和电离层延迟进行改正；③如果观测值是双频观测值则可使用消除了电离层折射影响的观测值来进行基线解算。

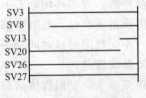

图 6-6 卫星的可见性图

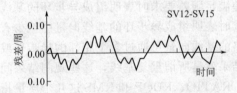

图 6-7 残差图

基线解算时经常需要判断影响基线解算结果质量的因素或需要确定哪颗卫星或哪段时间的观测值质量上有问题，此时可借助残差图。残差图就是根据观测值的残差绘制的一种图表，见图 6-7。图 6-7 是一种常见双差分观测值残差图的形式，其横轴表示观测时间，纵轴表示观测值的残差，右上角的 "SV12-SV15" 表示此残差是 SV12 号卫星与 SV15 号卫星的差分观测值的残差。正常的残差图一般为残差绕着 0 轴上下摆动，振幅一般不超过 0.1 周。图 6-8～图 6-10 表明 SV12 号卫星的观测值中含有周跳。图 6-11～图 6-13 三个残差图表明 SV25 在 T_1～T_2 时间段内受不明因素，如多路径效应、对流层折射、电离层折射或强电磁波干扰影响严重。

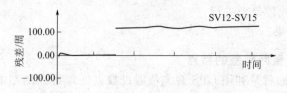

图 6-8　SV12 含有周跳的残差图 1

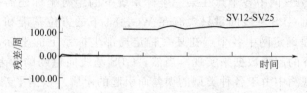

图 6-9　SV12 含有周跳的残差图 2

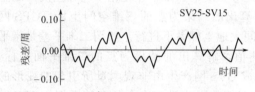

图 6-10　SV12 含有周跳的残差图 3

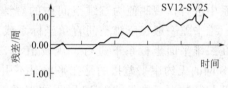

图 6-11　SV25 受不明因素影响的残差图 1

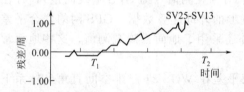

图 6-12　SV25 受不明因素影响的残差图 2

图 6-13　SV25 受不明因素影响的残差图 3

6.4.10　GPS 基线解算的过程

每一个 GPS 接收机厂商生产的接收机都会配备相应的数据处理软件，尽管它们的使用方法有各自不同的特点，但使用步骤上大体相同。GPS 基线解算的过程依次有以下 6 步。

① 原始观测数据的读入。进行基线解算时首先需要读取原始的 GPS 观测值数据。通常各接收机厂商随接收机一起提供的数据处理软件都可直接处理从接收机中传输出来的 GPS 原始观测值数据，而由第三方所开发的数据处理软件则不一定能对各接收机的原始观测数据进行处理，要处理这些数据，首先需要进行格式转换。目前，最常用的格式是 RINEX 格式，对于按此种格式存储的数据大部分的数据处理软件都能直接处理。

② 外业输入数据的检查与修改。读入 GPS 观测值数据后就需对观测数据进行必要的检查，检查的项目包括测站名、点号、测站坐标、天线高等，对这些项目检查的目的是为了避免外业操作时的误操作。

③ 设定基线解算的控制参数。基线解算的控制参数决定了数据处理软件采用何种处理方法来进行基线解算，设定基线解算的控制参数是基线解算时的一个非常重要的环节，通过控制参数的设定可实现基线的精化处理。

④ 基线解算。基线解算的过程一般是自动进行的、无需过多的人工干预。

⑤ 基线质量检验。基线解算完毕后基线结果并不能马上用于后续的处理，还必须对基线的质量进行检验。只有质量合格的基线才能用于后续的处理，不合格则需要对基线进行重新解算或重新测量。基线的质量检验需要通过 RATIO、RDOP、RMS、同步环闭和差、异

步环闭和差和重复基线较差来进行。

　　⑥ 结束并输出结果。

6.4.11　GPS 基线向量网平差的特点

　　GPS 基线解算目的就是利用 GPS 观测值通过数据处理得到测站的坐标或测站间的基线向量值。采用 GPS 观测完整个 GPS 网后经过基线解算可获得具有同步观测数据的测站间的基线向量，为确定 GPS 网中各个点在某一坐标系统下的绝对坐标还需提供位置基准、方位基准和尺度基准，而 GPS 基线向量只含有在 WGS-84 下的方位基准和尺度基准。人们布设 GPS 网的主要目的是确定网中各个点在某一特定局部坐标系下的坐标，这就需要通过在平差时引入该坐标系下的起算数据来实现。当然，GPS 基线向量网的平差还可消除 GPS 基线向量观测值和地面观测中由于各种类型的误差而引起的矛盾。根据平差进行的坐标空间可将 GPS 网平差分为三维平差和二维平差；根据平差时所采用的观测值和起算数据的数量和类型可将平差分为无约束平差、约束平差和联合平差等。所谓三维平差是指平差在空间三维坐标系中进行，观测值为三维空间中的观测值，解算出的结果为点的三维空间坐标，GPS 网的三维平差一般在三维空间直角坐标系或三维空间大地坐标系下进行。所谓二维平差是指平差在二维平面坐标系下进行，观测值为二维观测值，解算出的结果为点的二维平面坐标。GPS 网的无约束平差指的是在平差时不引入会造成 GPS 网产生由非观测量所引起的变形的外部起算数据，常见的 GPS 网无约束平差时没有起算数据或没有多余的起算数据。GPS 网的约束平差指的是平差时所采用的观测值完全是 GPS 观测值（即 GPS 基线向量），且在平差时引入了会使 GPS 网产生由非观测量所引起变形的外部起算数据。GPS 网的联合平差指的是平差时所采用的观测值除了 GPS 观测值以外还采用了地面常规观测值，这些地面常规观测值包括边长、方向、角度等观测值。

　　（1）三维无约束平差　GPS 网的三维无约束平差在 WGS-84 三维空间直角坐标系下进行，平差时不引入使得 GPS 网产生由非观测量所引起的变形的外部约束条件，即进行平差时采用的起算条件不超过三个。GPS 网三维平差的必要起算条件数量为三个，这三个起算条件既可以是一个起算点的三维坐标向量，也可以是其他的起算条件。通过 GPS 网的三维无约束平差可评定 GPS 网的内部符合精度、发现和剔除 GPS 观测值中可能存在的粗差；可得到 GPS 网中各个点在 WGS-84 系下经过了平差处理的三维空间直角坐标；可为将来可能进行的高程拟合提供经过了平差处理的大地高数据。三维无约束平差的结果完全取决于 GPS 网的布设方法和 GPS 观测值的质量，因此，三维无约束平差的结果就完全反映了 GPS 网本身的质量好坏。若平差结果质量不好则说明 GPS 网的布设或 GPS 观测值的质量有问题；反之则说明 GPS 网的布设或 GPS 观测值的质量没有问题。进行 GPS 网三维无约束平差时若指定网中某点准确的 WGS-84 坐标作为起算点则最后得到的 GPS 网中各个点是经过了平差处理的在 WGS-84 系下的坐标。用 GPS 水准替代常规水准测量获取各点的正高或正常高是目前 GPS 应用中一个比较敏感的领域，一般采用的是利用公共点进行高程拟合的方法，在进行高程拟合之前必须获得经过平差的大地高数据，三维无约束平差可提供这些数据。

　　GPS 网三维无约束平差中采用的观测值为基线向量，即 GPS 基线的起点到终点的坐标差，故对与每一条基线向量都可列出一组观测方程

$$
\begin{bmatrix} \nu_{\Delta X} \\ \nu_{\Delta Y} \\ \nu_{\Delta Z} \end{bmatrix} = \begin{bmatrix} -1 & 0 & 0 \\ 0 & -1 & 0 \\ 0 & 0 & -1 \end{bmatrix} \begin{bmatrix} \mathrm{d}X_i \\ \mathrm{d}Y_i \\ \mathrm{d}Z_i \end{bmatrix} + \begin{bmatrix} 1 & 0 & 0 \\ 0 & 1 & 0 \\ 0 & 0 & 1 \end{bmatrix} \begin{bmatrix} \mathrm{d}X_j \\ \mathrm{d}Y_j \\ \mathrm{d}Z_j \end{bmatrix} - \begin{bmatrix} \Delta X_{ij} & -X_i^0 + X_j^0 \\ \Delta Y_{ij} & -Y_i^0 + Y_j^0 \\ \Delta Z_{ij} & -Z_i^0 + Z_j^0 \end{bmatrix}
$$

与此相对应的方差-协方差阵、协因数阵和权阵分别为 $D_{ij} = \begin{bmatrix} \sigma^2_{\Delta X} & \Delta\sigma_{\Delta X\Delta Y} & \Delta\sigma_{\Delta X\Delta Z} \\ \sigma_{\Delta Y\Delta X} & \Delta\sigma^2_{\Delta Y} & \Delta\sigma_{\Delta X\Delta Z} \\ \Delta\sigma_{\Delta Z\Delta X} & \Delta\sigma_{\Delta Z\Delta Y} & \sigma^2_{\Delta Z} \end{bmatrix}$、

$Q_{ij} = D_{ij}/\sigma^2_0$、$P_{ij} = D^{-1}_{ij}$，$\sigma_0$ 为先验的单位权中误差。平差所用的观测方程就是通过上面的方法列出的，为使平差能进行下去还必须引入位置基准。引入位置基准的方法通常有两种。①以 GPS 网中一个点的 WGS-84 坐标作为起算的位置基准并获得一个基准方程 $\begin{bmatrix} dX_i \\ dY_i \\ dZ_i \end{bmatrix} = \begin{bmatrix} X^0_i \\ Y^0_i \\ Z^0_i \end{bmatrix} - \begin{bmatrix} X_i \\ Y_i \\ Z_i \end{bmatrix} = 0$；②采用秩亏自由网基准并引入基准方程 $G^T dB = 0$，其中，$G^T = \begin{bmatrix} 1 & 0 & 0 & \cdots & 1 & 0 & 0 \\ 0 & 1 & 0 & \cdots & 0 & 1 & 0 \\ 0 & 0 & 1 & \cdots & 0 & 0 & 1 \end{bmatrix} = \begin{bmatrix} E & E & E & \cdots & E \end{bmatrix}$、$dB = \begin{bmatrix} db_1 & db_2 & db_3 & \cdots & db_n \end{bmatrix}^T$、$\begin{bmatrix} dX_1 & dY_1 & dZ_1 & \cdots & dX_n & dY_n & dZ_n \end{bmatrix}^T$。根据上面的观测方程和基准方程，按最小二乘原理进行平差解算可得到平差结果，即待定点坐标参数 $\begin{bmatrix} X'_1 \\ Y'_1 \\ Z'_1 \\ \vdots \\ X'_n \\ Y'_n \\ Z'_n \end{bmatrix} = \begin{bmatrix} X^0_1 \\ Y^0_1 \\ Z^0_1 \\ \vdots \\ X^0_n \\ Y^0_n \\ Z^0_n \end{bmatrix} + \begin{bmatrix} dX'_1 \\ dY'_1 \\ dZ'_1 \\ \vdots \\ dX'_n \\ dY'_n \\ dZ'_n \end{bmatrix}$、单位权中误差 $\sigma'_0 = [V^T PV/(3n-3p+3)]^{1/2}$、协因数阵 Q。其中，n 为组成 GPS 网的基线数；p 为基线数。

平差后单位权方差的估值 σ'^2_0 应与平差前先验的单位权方差 σ^2_0 一致，判断它们是否一致可以采用 χ^2 检验。原假设 H_0 为 $\sigma'^2_0 = \sigma'_0$，备选假设 H_1 为 $\sigma'^2_0 \neq \sigma^2_0$，若 $[V^T PV/\chi^2_{\alpha/2}]$ $< \sigma^2_0 < [V^T PV/\chi^2_{1-\alpha/2}]$ 则 H_0 成立（反之则 H_1 成立）。其中，$\sigma'^2_0 = V^T PV/(3n-3p+3)$，$\alpha$ 为显著性水平。

（2）三维联合平差　　GPS 网的三维联合平差一般是在某一个地方坐标系下进行的，平差所采用的观测量除了 GPS 基线向量外有可能还引入了常规的地面观测值，如边长观测值、角度观测值、方向观测值等，平差所采用的起算数据一般为地面点的三维大地坐标，有时还加入了已知边长和已知方位等作为起算数据。

（3）二维联合平差　　二维联合平差与三维联合平差相似，不同之处是二维联合平差一般在一个平面坐标系下进行。与三维联合平差相似之处是平差所采用的观测量除了 GPS 基线向量外有可能还引入常规地面观测值，如边长观测值、角度观测值、方向观测值等，平差所采用的起算数据一般为地面点的二维平面坐标（另外有时还加入了已知边长和已知方位等作为起算数据）。

6.4.12　GPS 网平差的过程及注意事项

在使用数据处理软件进行 GPS 网平差时需按以下 4 个步骤进行，即提取基线向量构建

GPS 基线向量网；三维无约束平差；约束平差/联合平差；质量分析与控制。

（1）提取基线向量、构建 GPS 基线向量网。进行 GPS 网平差首先必须提取基线向量、构建 GPS 基线向量网。提取基线向量时应遵循以下 5 条原则，①必须选取相互独立的基线，若选取了不相互独立的基线则平差结果会与真实的情况不相符合；②所选取的基线应构成闭合的几何图形；③应选取质量好的基线向量，基线质量的好坏可以根据 RMS、RDOP、RATIO、同步环闭合差、异步环闭合差和重复基线较差判定；④应选取能构成边数较少的异步环的基线向量；⑤应选取边长较短的基线向量。

（2）三维无约束平差。在构成了 GPS 基线向量网后还需进行 GPS 网的三维无约束平差，通过无约束平差主要达到以下两个目的，①根据无约束平差的结果判别在所构成的 GPS 网中是否有粗差基线，发现含有粗差的基线时应进行相应的处理，必须使最后用于构网的所有基线向量均满足质量要求；②调整各基线向量观测值的权使它们能够相互匹配。

（3）约束平差/联合平差。进行完三维无约束平差后还需要进行约束平差或联合平差，可根据需要在三维空间进行或二维空间进行。约束平差的具体步骤依次是①指定进行平差的基准和坐标系统；②指定起算数据；③检验约束条件的质量；④进行平差解算。

（4）质量分析与控制。进行 GPS 网质量评定时可采用基线向量改正数、相邻点的中误差和相对中误差指标。根据基线向量改正数的大小可判断基线向量中是否含有粗差，若 $|v_i| < [\sigma_0' q_i^{1/2} t_{1-\alpha/2}]$ 则认为基线向量中不含有粗差，反之则含有粗差。其中，v_i 为观测值残差；σ_0' 为单位权方差；q_i 为第 i 个观测值的协因数；$t_{1-\alpha/2}$ 为在显著性水平 α 下的 t 分布的区间。若质量评定时发现有质量问题则应根据具体情况进行处理。发现构成 GPS 网的基线中含有粗差时应采用删除含有粗差的基线、重新对含有粗差的基线进行解算或重测含有粗差的基线等方法加以解决；发现个别起算数据有质量问题时应放弃有质量问题的起算数据。

在进行 GPS 网约束平差或联合平差时起算数据质量检验至关重要，GPS 网平差中所用的起算数据一般为点的坐标，对起算点坐标的检验可采用方差检验法、符合路线法、检查点法等。采用方差检验法时应遵守相关规定，进行三维无约束平差要进行方差估计、调整观测值的权，直至验后的单位权方差与先验的单位权方差相容。要求统计量 $[f\sigma_0'^2/\sigma_0^2]$ 通过 χ^2 检验，f 为自由度；在进行约束平差时应以三维无约束平差所得到的验后单位权方差作为先验的单位权方差。逐个加入起算数据进行平差解算，同时检验验后的单位权方差与先验的单位权方差之间的相容性，当在加入了某一起算数据后发现它们不一致则说明该起算数据可能存在质量问题。符合路线法是从一个起算点通过一条由 GPS 基线向量组成的 GPS 导线推算另一个起算点的坐标，将此坐标与已知值比较，根据它们差异的大小来判断起算点的质量。为准确地判断起算点质量的好坏一般需采用多条符合路线。采用检查点法应遵守相关规定，即进行平差解算时不将所有起算点坐标固定而是保留一个点作为检查点，平差后比较该点坐标的平差值和已知值，根据它们差异的大小来判断起算点质量的好坏，为准确地判断起算点质量的好坏一般需轮换地将各个起算点分别作为检查点。

6.4.13　GPS 高程的处理方法

在测量中常用的高程系统主要有大地高系统、正高系统和正常高系统。大地高系统是以参考椭球面为基准面的高程系统，某点的大地高是该点到通过该点的参考椭球的法线与参考椭球面的交点间的距离。大地高也称椭球高，大地高一般用符号 H 表示，大地高是一个纯几何量，不具有物理意义，同一个点在不同的基准下具有不同的大地高。正高系统是以大地水准面为基准面的高程系统，某点的正高是该点到通过该点的铅垂线与大地水准面的交点之间的距离，正高用符号 H_g 表示。正常高系统是以似大地水准面为基准的高程系统，某点的正常高是该点到通过该点的铅垂线与似大地水准面的交点之间的距离，正常高用 H_γ 表示。大地高系统、正高系统和正常高系统之间的转换关系见图 6-14，大地水准面到参考椭球面的距离称为大地水准面差距（记为 h_g），大地高与正高之间的关系可以表示为 $H = H_g + h_g$；似大地水准面到参考椭球面的距离称为高程异常（记为 ζ），大地高与正常高之间的关系可以表示为 $H = H_\gamma + \zeta$。GPS 观测所得到的是大地高，为确定出正高或正常高需要有大地水准面差距或高程异常数据。将 GPS 大地高转换为正常高和正高可采用等值线图法、地球模型法、高程拟合法等。图 6-15 为测高能力优异的徕卡第三代 GNSS 系统——Viva GNSS 接收机。

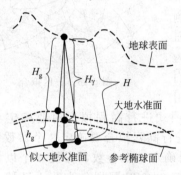

图 6-14　常用高程系间关系

(a) 分体机　　(b) 一体机

图 6-15　徕卡 Viva GNSS

（1）等值线图法　从高程异常图或大地水准面差距图分别查出各点的高程异常 ζ 或大地水准面差距 h_g，然后分别采用 $H_\gamma = H - \zeta$ 和 $H_g = H - h_g$ 可计算出正常高 H_γ 和正高 H_g。采用等值线图法确定点的正常高和正高时要注意以下两方面问题，①应注意等值线图所适用的坐标系统，在求解正常高或正高时要采用相应坐标系统的大地高数据；②采用等值线图法确定正常高或正高时其结果的精度在很大程度上取决于等值线图的精度。

（2）地球模型法　地球模型法本质上是一种数字化的等值线图，目前国际上较常采用的地球模型有 OSU91A 等，但这些模型均不适合于我国。

（3）高程拟合法　高程拟合法利用范围不大的区域中高程异常具有一定几何相关性的原理采用数学方法求解正高、正常高或高程异常。人们通常将高程异常表示为各种多项式的形式，如零次多项式 $\zeta = a_0$；一次多项式 $\zeta = a_0 + a_1 dB + a_2 dL$；二次多项式 $\zeta = a_0 + a_1 dB + a_2 dL + a_3 dB^2 + a_4 dL^2 + a_5 dB dL$ 等。其中，$dB = B - B_0$；$dL = L - L_0$；$B_0 = \sum B/n$；$L_0 = \sum L/n$；n 为 GPS 网的点数。利用公共点上 GPS 测定的大地高和水准测量测定的正常高计算出该点上的高程异常 ζ，存在一个这样的公共点就可以列出一个方程 $\zeta_i = a_0 + a_1 dB_i + a_2 dL_i + a_3 dB_i^2 + a_4 dL_i^2 + a_5 dB_i dL_i$，若共存在 m 个这样的公共点则可列出 m 个方程，即

$$\zeta_1 = a_0 + a_1 dB_1 + a_2 dL_1 + a_3 dB_1^2 + a_4 dL_1^2 + a_5 dB_1 dL_1$$

$$\zeta_2 = a_0 + a_1 dB_2 + a_2 dL_2 + a_3 dB_2^2 + a_4 dL_2^2 + a_5 dB_2 dL_2$$

$$\cdots$$

$$\zeta_m = a_0 + a_1 dB_m + a_2 dL_m + a_3 dB_m^2 + a_4 dL_m^2 + a_5 dB_m dL_m$$

于是有 $V = Ax + L$，通过最小二乘法可求解出多项式的系数 $x = -(A^T PA)^{-1}$

$(A^{\mathrm{T}}PL)$。其中，$A = \begin{bmatrix} 1 & dB_1 & dL_1 & dB_1^2 & dL_1^2 & dB_1 dL_1 \\ 1 & dB_2 & dL_2 & dB_2^2 & dL_2^2 & dB_2 dL_2 \\ & & & \cdots & & \\ 1 & dB_m & dL_m & dB_m^2 & dL_m^2 & dB_m dL_m \end{bmatrix}$；$x = \begin{bmatrix} a_0 & a_1 & a_2 \end{bmatrix}$

$a_3 \quad a_4 \quad a_5]^{\mathrm{T}}$；$V = \begin{bmatrix} \zeta_1 & \zeta_2 & \cdots & \zeta_m \end{bmatrix}^{\mathrm{T}}$；$P$ 为权阵，可根据水准高程和 GPS 所测得的大地高精度确定。

以上高程拟合方法是一种纯几何的方法，一般仅适用于高程异常变化较为平缓的地区（如平原地区），其拟合的准确度可达到一个分米以内。高程拟合方法在高程异常变化剧烈地区（如山区）的准确度有限，因为在这些地区高程异常的已知点很难将高程异常的特征表示出来。采用高程拟合方法应选择合适的高程异常已知点，所谓高程异常的已知点的高程异常值一般是通过水准测量测定正常高、通过 GPS 测量测定大地高后获得的。实际工作中一般通过在水准点上布设 GPS 点或对 GPS 点进行水准联测的方法来实现，为获得好的拟合结果要求采用数量尽量多的已知点，它们应均匀分布且最好能够将整个 GPS 网包围起来。采用

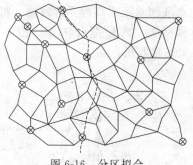

图 6-16　分区拟合

高程拟合方法应有足够的高程异常已知点，用零次多项式进行高程拟合时要确定 1 个参数，因此需要 1 个以上的已知点。采用一次多项式进行高程拟合要确定 3 个参数，需要 3 个以上的已知点。采用二次多项式进行高程拟合要确定 6 个参数，需要 6 个以上的已知点。拟合区域较大时可采用分区拟合方法，即将整个 GPS 网划分为若干区域，利用位于各个区域中的已知点分别拟合出该区域中的各点的高程异常值从而确定出它们的正常高。图 6-16 为一分区拟合实例，拟合分两个区域进行，以虚线为界，位于虚线上的已知点两个区域都采用。

6.4.14　GPS 测量技术总结的撰写要求

完成 GPS 网布设后应认真撰写技术总结。每项 GPS 工程的技术总结不仅是工程系列必要文档的主要组成部分，还能对工程的各个细节有完整、充分的了解，便于今后对成果充分而全面地利用。测量作业单位通过对整个工程的总结还能总结经验、发现不足，为今后进行新的工程提供参考。

技术总结的内容应包括①项目来源：介绍项目的来源、性质；②测区概况：介绍测区的地理位置、气候、人文、经济发展状况、交通条件、通信条件等；③工程概况：介绍工程目的、作用、要求等级或精度、完成时间等；④技术依据：介绍作业所依据的测量规范、工程规范、行业标准等；⑤施测方案：介绍测量所采用的仪器、采取的布网方法等；⑥作业要求：介绍外业观测时的具体操作规程、技术要求等，包括采样率、截止高度角等仪器参数的设置、对中精度、整平精度、天线高的量测方法及精度要求等；⑦观测质量控制：介绍外业观测的质量要求，包括质量控制方法及各项限差要求等；⑧数据处理方案：说明详细的数据处理方案，包括基线解算方法、网平差处理方法等；⑨作业情况：介绍外业观测时实际遵循的操作规程、技术要求、作业观测情况、工作量、观测成果等，技术要求应包括仪器参数的设置，比如采样率、截止高度角等、对中精度、整平精度、天线高的量测方法及精度要求等；⑩数据处理情况：介绍数据处理方法、过程、结果及精度统计与分析情况；⑪结论：对整个工程的质量及成果作出结论。

6.4.15　GPS 测量软件的特点

GPSurvey 软件是美国 Trimble 公司的 GPS 数据处理软件包，具有作业计划、数据传输、基线解算、网平差和坐标转换等在 GPS 数据处理中常用的功能，该软件使用方便，数据处理能力强大，功能多，是比较有代表性的 GPS 接收机测量数据处理软件。GPSurvey 是一个高度集成化的 GPS 数据处理软件，它由以下 10 部分组成。

(1) GPSurvey Desktop（GPSurvey 桌面）　本模块是 GPSurvey 的主控模块，通过该模块的菜单系统可运行 GPSurvey 所有的功能模块。

(2) Project Manager（项目管理器）　本模块的作用是管理 GPSurvey 的项目。GPSurvey 是一个基于项目的数据处理程序，GPSurvey 中的所谓项目就是一组特定的目录、数据和数据库的集合，在 GPSurvey 中的绝大部分操作都是针对某一个具体项目的，原始数据、中间过程、结果文件及其他一些相关数据也是依某一个具体项目分别存储的。

(3) Project Plan（项目作业计划）和 Quick Plan（快速作业计划）　项目作业计划模块的作用是进行外业观测作业的计划工作，它可依据测区地理位置、卫星星历和测站环境预报出在不同时间里卫星的出没状况、运行轨迹和可达到的定位精度等信息。所作计划将被保存到所指定项目的数据库中。快速作业计划模块的作用与项目作业计划模块大体相同，不过所作计划将不被保存到任何项目的数据库中。

(4) GPLoad（GPS 数据装载）　本模块的作用是进行数据通信，数据通信既可在接收机与 GPSurvey 间进行，也可在各种选定的数据采集器（如 TDC1）与 GPSurvey 间进行，甚至还可在不同格式的数据间进行，是一种广义的数据通信。数据通信的目的主要是将各种数据传输到 GPSurvey 的某一个具体项目中去，以便进行数据处理和分析。

(5) Check-in（数据检查）　数据检查模块的作用是检查传输到 GPSurvey 项目中的数据的正确性。数据检查既可采用自动方式进行，也可采用半自动式方式进行，还可采用交互式方式进行。

(6) Wave 基线解算　基线解算模块的作用是进行各种类型的 GPS 观测数据的后处理，包括静态、快速静态、走走停停动态及连续动态等 GPS 观测数据的后处理。

(7) Trimnet Plus（网平差）　这个模块可以对 GPS 数据和常规地面观测值进行平差处理。

(8) Network Map（网图）　网图模块的作用是查看网图、进行 GPS 网的编辑以及环的闭合差检查等。

(9) Utilities（工具集）　工具集模块的作用是进行系统检查、坐标输出、项目报告、生成蓝皮书、输出 DXF 文件、坐标转换及天线编辑等。

(10) GPTrans（坐标转换）　坐标转换模块的作用是进行各种坐标系和基准间的变换。

GPSurvey 软件的主菜单就是 GPSurvey 桌面模块的菜单。该菜单由 Project（项目）、Plan（作业计划）、Load（数据装载）、Process（处理）、Adjust（平差）、View（视图）、Utilities（工具集）和 Help（帮助）几个菜单组成，每个菜单下又有若干个菜单项。

GPSurvey 的数据管理方法是基于项目（Project）的，所有的数据及相关结果皆依不同的项目分类管理，并且数据处理也是在特定的项目下进行的，因此，在处理不同工程的数据时，必须首先建立一个项目。建立起一个项目是使用 GPSurvey 软件进行数据处理的基础。

数据传输就是在接收机与计算机之间进行数据交换。在 GPSurvey 中主要是将不同数据源的数据装入到特定的项目中，用于进行数据处理。最常用的操作是从接收机或 DAT 数据文件中装入数据，用于基线解算。可从接收机中装入数据，也可从数据文件中装入数据。

基线解算按设定的程序进行。基线向量网平差（Trimnet Plus）可采用单高模式或双高模式。

6.4.16 GPS 测量中的常用术语及其含义

RINEX 是 The Receiver Independent Exchange Format（与接收机无关的数据交换格式）的缩写，它是 GPS 测量领域中的一种广为使用的数据格式，绝大部分的数据处理软件均支持这种格式。历书（Almanac）中含有卫星轨道参数、开普勒元素、卫星钟差、电离层延迟参数、卫星健康状态等信息，与卫星星历的内容大体相同，不过较为粗略，GPS 接收机利用此信息捕获卫星。A/S（Anti-Spoofing）是美国军方用以加密精码（P-码）的方法。

基线（Baseline）一般由两个进行了同步观测的测站所构成。方位角（Azimuth）用于平差计算。基准站（Base Station）即 GPS Reference Station。Block Ⅰ、Ⅱ、ⅡR、ⅡF 卫星（Block Ⅰ，Ⅱ，ⅡR，ⅡF Satellites）是指不同代的 GPS 卫星：BlockⅠ是 GPS 的原型卫星，从 1978 年开始发射；24 颗 BlockⅡ卫星构成了 GPS 的卫星星座，它于 1995 年构成；Block IIR 是补充卫星；BlockIIF 是下一代 GPS 卫星。

C/A 码（粗/捕获码，C/A code-Coarse/Acquisition Code）调制在 L1 载波上。码长（Chip）是指传送一位二进制码（0 或 1）所需的时间。码速率（Chip Rate）是指发送二进制码的速度，单位"位/s"，C/A 码的码速率为 1.023MHz。

钟差（Clock Bias）是指钟面时与真世界时之间的差异。钟偏差（Clock Offset）是指两台钟读数上的差异。周跳（Cycle Slip）是一种误差。

基准（Datum）是平差的依据。抖动（Dithering）是指引入数字噪声，美国国防部在实施 SA 时往 GPS 信号中加入抖动以降低其精度。精度衰减因子（Dilution of Precision）DOP$=[tr(A^{\mathrm{T}}PA)]^{1/2}$，其中，$A$ 是设计矩阵，它依赖于卫星-接收机间的几何关系；P 是观测值的权阵。用载波相位的多普勒观测值平滑码相位观测值（Doppler Aiding）可获得更好的测速和定位精度。

多普勒平移（Doppler Shift）是 GPS 的理论基础。动态定位（Dynamic Positioning）是指确定流动接收机依时间序列的坐标的定位技术，每个坐标均由一组单独的数据来确定。截止高度角（Elevation Mask 或 Elevation Angle）是指接收机所跟踪卫星的最低高度角，一般在 10°以上，较高的截止高度角有利于防止大气层的影响及附近物体和多路径的影响。

GPS 坐标系属于地心地固空间直角坐标系（ECEF，Earth-Centered Earth-Fixed Cartesian coordinates）。星历（Ephemeris）是精确描述天体（如 GPS 卫星）位置的以时间为变量的函数的一组参数，目前 GPS 星历有"广播星历"和后处理的"精密星历"。历元（epoch）是指 GPS 接收机记录数据的时刻，有时也用于表示观测间隔或采集数据的频率。事件标记（event mark）是指某个事件的记录，GPS 接收机可记录下事件发生的时间和描述事件的文字记录，一个事件可以通过按键或电信号通过接收机的某个端口输入。全波（full wave）与码有关，GPS 接收机有无码接收机（信号平方）和码跟踪接收机，能跟踪 L2 上的 P 码的接收机，可以以 L2 的波长（约 24cm）生成观测值（全波），被平方后的 L2 载波相位观测值的波长相当于 L2 载波相位原波长的一半（约 12cm）。

大地水准面（Geoid）是一个特殊的重力等位面，可认为是平均海水面及其在大陆下的延伸，该面处处与重力方向垂直。海拔高（Geoid Height）是物理高。几何图形精度衰减因子（Geometric Dilution of Precision，GDOP）是 GPS 精度指标。大地基准（Geodetic Datum）是指与大地水准面的某一部分或全部吻合最好的数学形体，通过定义椭球与地球自然表面上被称为基准原点的一个点的相互关系来定义，全球性的大地基准通常要指定椭球的大小、形状并将椭球的中心置于地球的中心，这种关系可以通过六个量来确定，通常（但不总是）采用原点的大地经、纬度和高程，原点处垂线偏差的两个分量，以及原点至某点的大地方位角等六个参数。

GPS 是美国国防部建立的全球定位系统（Global Positioning System），该系统由位于地球高轨道上的 24 颗卫星所构成，通过观测 GPS 卫星所发射的信号，接收机可以精密地确定出自身的位置。接收机既可以固定在地面上，也可以随着车辆、航空器或低轨卫星运动。GPS 可用于空中、陆地以及海洋导航、制图、测量以及其他一些需要精密定位的应用。GPS 时间（GPS Time）是 GPS 的重要技术参数。GPS 周（GPS Week）是指一周的时间段，以星期日 0 时起算。独立基线（Independent Baselines）用于平差或检验。

电离层（Ionosphere）对 GPS 信号有影响。电离层延迟（Ionosphere Delay）是指波通过电离层时所产生的延迟，相位延迟的大小取决于电子含量且影响载波信号；群延迟的大小取决于电离层中的散射效应且影响调制信号（码），相延迟与群延迟大小相等、符号相反。电离层折射（Ionosphere Refraction）是指当信号穿过电离层时其传播速度的变化量，信号穿过电离层（是一种不均匀的散射介质）时其传播速度与真空中不同，相位延迟的大小取决于电子含量且影响载波信号；群延迟的大小取决于电离层中的散射效应且影响调制信号（码），相延迟与群延迟大小相等、符号相反。卡尔曼滤波（Kalman Filter）是一种用于跟踪含有噪声、随时间变化的信号的数学算法。L-波段（L-band）是 IEEE 电波探测与测距标准 521 号中定义频率 1.0～2.0GHz 的电波波段，GPS 载波采用了 L-波段中的 1227.6MHz 和 1575.42MHz 两个频率。L1 信号（L1 Signal）和 L2 信号（L2 Signal）是 GPS 载波信号。

儒略日/年积日（Julian Date）表示某天是一年中的第几天。准动态定位（Kinematic Surveying）要求在测站上静止观测一段时间。多基线解（Multi-Baseline Solution）是指对同一个时间段中进行同步观测的两个以上测站的观测值共同进行处理解算出它们间的基线向量。多路径（Multipath）是指由于接收机所收到的 GPS 信号的反射信号而造成的干扰。多路径误差（Multipath Error）是指由多路径干扰所引起的误差。多路径干扰（Multipath Interference）是指接收机在接收到直接由信号源所发射出信号的同时还接收到经由诸如地面、建筑物等其他物体反射后的信号。

窄巷观测值（Narrow Lane）是 L1 与 L2 的一种线性组合，即（L1＋L2），该种组合有利于消除电离层折射的影响，该组合观测值的波长为 10.7cm。

NGS 是指美国国家大地测量委员会（The United States National Geodetic Survey）。观测时段（Observing Session）是指两台或多台接收机进行同步观测、接收数据的时间段。设站（Occupation）是指架设 GPS 接收机。PDOP 值的截止值（PDOPmask）是指当 PDOP 值小于此截止值时则不进行定位。相对精度衰减因子 RDOP＝ $(\sigma_{dx}^2 + \sigma_{dy}^2 + \sigma_{dz}^2)^{1/2}$，单位：m/周。SA 为选择性定位能力（Selective Availability），是 DOD 用以控制伪距定位精度的一种方法，其具体内容是通过在时间和星历中加入抖动来降低一般接收机的定位精度。同步时间（Sync Time）是指接收机更新坐标位置和进行数据采集的频率。周时（TOW，Time of Week 或 Selective Availability）是指按一周为周期的时间，单位为秒。对流层改正（Trop，Troposheric correction）是 GPS 的一项重要改正。UTC 为国际协调时（Universal Time Coordinate）。UTM 为通用横轴麦卡托投影（Universal Transverse Mercator）。用户测距精度（URA，User Range Accuracy）用以评估由于某些特定的误差源（主要是卫星钟和星历预报精度）所造成的距离观测误差，将它们转换为长度单位并假定它们不随着其他误差源的改正而改正，此值一般要求小于 10。Y 码（Y code）是对 P-码进行加密后所生成的测距码。

6.5 导线测量

导线测量是目前工程平面控制测量惯常采用的形式。导线是由若干条直线连成的折线，每条直线叫导线边，相邻两直线之间的水平角叫做转折角。测定了转折角和导线边长之后，即可根据已知坐标方位角和已知坐标算出各导线点的坐标。按照测区条件和需要，导线可布置成附合导线、闭合导线、支导线、结点导线、导线网的形式，见图 6-17～图 6-22。图 6-17～图 6-22 中英文字母表示的点为坐标已知的点（称为已知点），阿拉伯数字表示的点为坐标未知的点（称为未知点），导线测量的目的就是确定未知点的坐标。附合导线（见图 6-17）的特点是导线起始于一个已知控制点而终止于另一个已知控制点，控制点上可以有一条边或几条边是已知坐标方位角的边，也可以没有已知坐标方位角的边。闭合导线（见图 6-18、图 6-19）的特点是由一个已知控制点出发最后仍旧回到这一点，形成一个闭合多边形，在闭合导线的已知控制点上必须有一条边的坐标方位角是已知的。支导线（见图 6-20）也称自由导线，其特点是从一个已知控制点出发，既不符合到另一个控制点，也不回到原来的始点（由于支导线没有检核条件，故一般只限于地形测量的图根导线中采用且布设时一般不得超过 3 条边）。结点导线（见图 6-21）是由若干个附合导线交叉（交点称为结点，见图 6-21 中用英文加数字表示的点）构成的枝权状的导线簇，具有很多自由度，计算复杂（需借助最小二乘法进行）。导线网（见图 6-22）是由若干个闭合导线连接构成的，与结点导线一样也具有很多自由度，计算同样复杂（也需借助最小二乘法进行）。导线测量也分内业和外业两大工作内容。

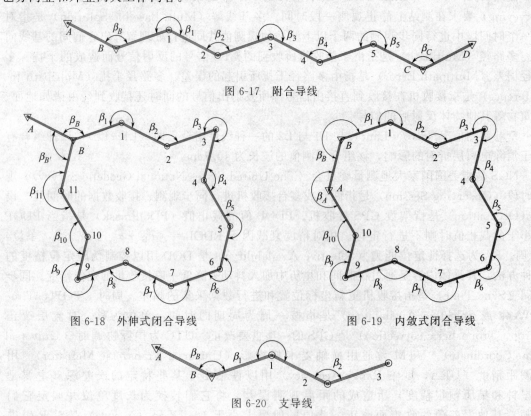

图 6-17　附合导线

图 6-18　外伸式闭合导线　　　　图 6-19　内敛式闭合导线

图 6-20　支导线

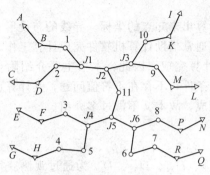

图 6-21　结点导线

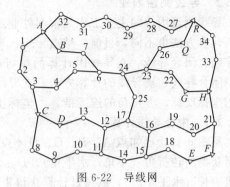

图 6-22　导线网

6.5.1　导线测量外业

导线测量的外业工作包括踏勘、选点、埋石、造标、角度测量、边长测量、方向测定以及导线连接测量。

（1）踏勘选点　踏勘选点之前，应先到有关部门收集原有地形图、高一级控制点的坐标和高程，以及这些已知点的位置详图。然后按坐标把已知点展绘在原有的地形图上，在图上规划导线的布设方案。最后带上所规划的导线网图，到实地选定各点点位并建立标志。选点应考虑便于导线测量、地形测量和施工放样。选点的原则可概括为 5 点，即相邻导线点间应互相通视以便利测角和测边（如果采用钢尺量距，地势应较为平坦）；点位应选在土质坚实处以便于保存标志和安置仪器；导线点应选在地势高、视野开阔处以便于测绘周围的地物、地貌和加密图根点；导线点数量要足够，密度要均匀，以便于控制整个测区；导线边长最好大致相等并应尽量避免忽短忽长（经纬仪半数字化测图时，不同测图比例尺的导线平均边长及边长范围为 1∶500：75m、40～150m；1∶1000：110m、80～250m；1∶2000：180m、100～300m）。导线点位置选定后，要在每一点位上打一木桩，桩顶钉一小铁钉或划"＋"作点的临时性标志，必要时在木桩周围灌上混凝土。一、二、三级导线点或需长期保存的导线点应埋设混凝土桩或标石［为了便于寻找，应在附近房角或电线杆等明显处用红漆写明导线点方位和编号，并量出导线点与附近固定地物点的距离绘一草图（称点之记）并注明相关尺寸位置关系］。

（2）边长（水平距离）测量　导线边长可用电磁波测距仪、电子全站仪或钢尺测定（精度要求很低时甚至可采用经纬仪视距法），若测得的是倾斜距离，还必须根据观测的竖直角或高差，将倾斜距离转换成水平距离。目前全站仪已成为距离测量的主要工具。

（3）角度（水平角）测量　角度（水平角）测量是指测量导线的转折角，一般宜测左角（若测的是右角应换算成左角）。导线等级不同测角技术要求也不同。图根导线转折角可用测回法或全圆测回法测量。

（4）导线连接测量　导线一般应与高级控制点进行连测，以此取得坐标和方位角的起始数据，这项工作称为连接测量。附合导线的两端均是已知点，在已知点上所测的转折角称为连接角。如果没有高一级控制点可以连测，在测区布设的是独立闭合导线，这时，需要在第一点上测出第一条边的磁方位角，并假定第一点的坐标，作为起始数据。

（5）方向测定　测区内有国家高级控制点时，可与控制点连测推求方位，包括测定连测角和连测边；当连测有困难时，也可采用陀螺经纬仪测定方向。为保证测量精度，地下导线每隔一定距离要加测陀螺边，这些工作称为方向测定。

（6）导线测量记录　导线测量过程中要认真作好外业记录工作，记录要准确，字体要端正、清楚，不要涂改并妥善保存。采用电子全站仪测量时可由仪器自动存储、检验与计算。

6.5.2 导线测量内业

导线测量内业的主要工作是根据外业观测数据计算出未知点的坐标。导线的布设形式不同其计算方法也不同，目前，结点导线、导线网人们通常借助计算机软件完成计算工作，附合导线、闭合导线、支导线因计算简单可通过人工计算完成，因此，本书主要介绍附合导线、闭合导线、支导线的计算方法。支导线没有检核条件，不存在不符值问题，其计算可以利用坐标反算、方位角的连续推算、坐标正算轻易完成，故本文不做过多介绍。

6.5.2.1 附合导线计算

见图 6-17，已知点 A、B、C、D 4 点坐标已知，β_B、β_1、β_2、β_3、β_4、β_5、β_C 为通过观测获得的转折角（左角，水平角），D_{B1}、D_{12}、D_{23}、D_{34}、D_{45}、D_{5C} 为通过观测获得的导线边长（水平距离），欲通过计算获得未知点 1、2、3、4、5 点的最或然坐标。计算过程如下。

（1）反算首、尾方位角 $[\alpha_{AB}]$、$[\alpha_{CD}]$ 根据 A、B、C、D 4 点坐标，利用坐标反算原理，反算 AB、CD 的方位角 $[\alpha_{AB}]$、$[\alpha_{CD}]$，应算 2 次，以免出错。

（2）计算各导线边的近似方位角 $\alpha_{i(i+1)}$ 从已知边 AB 开始，沿着 $A \rightarrow B \rightarrow 1 \rightarrow 2 \rightarrow 3 \rightarrow 4 \rightarrow 5 \rightarrow C \rightarrow D$ 的顺序，按照方位角的连续推算原理，利用观测获得的转折角 β_i，以首方位角 $[\alpha_{AB}]$ 为基础，获得各导线边的近似方位角 $\alpha_{i(i+1)}$，直到 α_{CD}。计算公式为：

$$\alpha_{i(i+1)} = [(\alpha_{(i-1)i} + \beta_i) \pm 180°] \tag{6-1}$$

由于观测获得的转折角 β_i 包含误差，因此，根据 β_i 推算的各导线边的方位角为近似方位角，且最后推算的已知边 CD 的方位角 α_{CD} 肯定不等于它的真实方位角 $[\alpha_{CD}]$，α_{CD} 与 $[\alpha_{CD}]$ 的差值反映的就是 7 个转折角 β_i 的总误差，该总误差被称为方位角闭合差。

（3）计算导线的方位角闭合差 ω_α 计算公式为：

$$\omega_\alpha = \alpha_{CD} - [\alpha_{CD}] \tag{6-2}$$

测量工作中，对任何误差都规定有限差，方位角闭合差也不例外，若 ω_α 超限说明某个（或某几个）转折角测量有错误，应重新测量。只有当 ω_α 不超限时方可进行下一步计算。即要求：

$$|\omega_\alpha| \leqslant |\omega_{\alpha X}| \tag{6-3}$$

$\omega_{\alpha X}$ 见表 6-2。对三级导线：

$$\omega_{\alpha X} = \pm 24'' n^{1/2} \tag{6-4}$$

式中，n 为测站数（或转折角的个数），对图 6-17 来讲，$n = 7$。

（4）计算各转折角 β_i 的改正数 $v_{\beta i}$ 方位角闭合差 ω_α 是 n 个（图 6-17 为 7 个）转折角 β_i 的总误差，由于测量时 β_i 是等精度观测的，因此，n 个转折角 β_i 的误差是相等的，其改正数也应该相等，因此，各个转折角 β_i 的改正数 $v_{\beta i}$ 均为：

$$v_{\beta i} = -\omega_\alpha / n \tag{6-5}$$

$v_{\beta i}$ 的取位同 β_i，即 β_i 取位到（″），则 $v_{\beta i}$ 也取位到（″），（″）以后的值进行凑整处理。

$v_{\beta i}$ 凑整处理后会带来一个方位角闭合差分摊不完全的问题，因此，必须求出方位角闭合差分摊后的残余误差 δ_ω（或残余改正量 $\delta_{v\omega}$），即

$$\delta_{v\omega} = \left(\sum_{i=1}^{n} v_{\beta i} \right) + \omega_\alpha \tag{6-6}$$

若根据式（6-6）计算出的 $\delta_{v\omega} = 0$，则说明分摊完善，若 $\delta_{v\omega} \neq 0$。则需要进行二次分摊。

当 $\delta_{v\omega} \neq 0$ 时 $\delta_{v\omega}$ 的值通常也都很小，二次分摊的原则是将 $\delta_{v\omega}$ 拆单（拆成若干个 1），按照 β_i 值的大小由大到小顺序依次分摊，直到全部分摊完毕为止。比如图 6-36 计算的 $\delta_{v\omega} = -3''$（说明欠 3″），则给最大的 β_i 的改正数增加 1″，给第二大的 β_i 的改正数增加 1″，给第

三大的 β_i 的改正数增加 $1''$，其余 β_i 的改正数不变。

这样，二次分摊后各 β_i 的改正数就变成了 $v'_{\beta i}$，应再次校核一下：

$$\left(\sum_{i=1}^{n} v'_{\beta i}\right) = -\omega_\alpha \tag{6-7}$$

校核无误方可进行下一步计算。

（5）计算各转折角 β_i 的最或然值 β'_i　计算公式为：

$$\beta'_i = \beta_i + v'_{\beta i} \tag{6-8}$$

（6）计算各导线边的最或然方位角 $\alpha'_{i(i+1)}$　从已知边 AB 开始，沿着 $A \to B \to 1 \to 2 \to 3 \to 4 \to 5 \to C \to D$ 的顺序，按照方位角的连续推算原理，利用 6.5.2.1（5）计算的各转折角 β_i 的最或然值 β'_i，以首方位角 $[\alpha_{AB}]$ 为基础，获得各导线边的最或然方位角 $\alpha'_{i(i+1)}$，直到 α'_{CD}。计算公式为：

$$\alpha'_{i(i+1)} = [(\alpha'_{(i-1)i} + \beta'_i) \pm 180°] \tag{6-9}$$

由于此时的 β'_i 已不包含误差，因此，根据 β'_i 推算的各导线边的方位角为最或然方位角，且最后推算的已知边 CD 的最或然方位角 α'_{CD} 肯定应该等于它的真实方位角 $[\alpha_{CD}]$，即

$$\alpha'_{CD} = [\alpha_{CD}] \tag{6-10}$$

若式（6-10）不满足要求，说明 6.5.2.1（6）或 6.5.2.1（5）计算过程有误，应重新认真计算。

（7）计算各导线边的近似坐标增量 $\Delta X_{i(i+1)}$、$\Delta Y_{i(i+1)}$　利用观测获得的导线边长（水平距离）$D_{i(i+1)}$ 和 6.5.2.1（6）计算的各导线边的最或然方位角 $\alpha'_{i(i+1)}$ 进行，计算公式为：

$$\Delta X_{i(i+1)} = D_{i(i+1)} \times \cos\alpha'_{i(i+1)} \tag{6-11}$$

$$\Delta Y_{i(i+1)} = D_{i(i+1)} \times \sin\alpha'_{i(i+1)} \tag{6-12}$$

由于观测获得的导线边长（水平距离）$D_{i(i+1)}$ 包含误差，因此，根据 $D_{i(i+1)}$ 计算的各导线边的坐标增量 $\Delta X_{i(i+1)}$、$\Delta Y_{i(i+1)}$ 为近似坐标增量，且由 B 到 C 的近似坐标增量之和肯定不等于 C、B 间的真实坐标之差，B 到 C 的近似坐标增量之和与 C、B 间的真实坐标之差反映的就是 6 条观测导线边长（D_{B1}、D_{12}、D_{23}、D_{34}、D_{45}、D_{5C}）误差引起的坐标增量总误差，该总误差被称为坐标闭合差。坐标闭合差有 2 个，一个是横坐标（Y）闭合差 f_Y，另一个是纵坐标（X）闭合差 f_X。

（8）计算坐标闭合差 f_Y、f_X　横坐标闭合差 f_Y 的计算公式是：

$$f_Y = \sum_{i=B}^{C-1} \Delta Y_{i(i+1)} - (Y_C - Y_B) \tag{6-13}$$

纵坐标闭合差 f_X 的计算公式是：

$$f_X = \sum_{i=B}^{C-1} \Delta X_{i(i+1)} - (X_C - X_B) \tag{6-14}$$

由于导线有长有短，跟距离测量一样，对纵、横坐标闭合差 f_X、f_Y 规定限差也是没有意义的，应该看其相对误差。

不难理解，f_X、f_Y 就是根据近似坐标增量 $\Delta X_{i(i+1)}$、$\Delta Y_{i(i+1)}$ 算得的 C 点位置（称假 C 点）与 C 点真实位置的纵、横坐标差，假 C 点与真实 C 点的直线距离 f 即为导线的总闭合差（全长闭合差）。

（9）计算导线的总闭合差（全长闭合差）f　计算公式为：

$$f = \sqrt{f_X^2 + f_Y^2} \tag{6-15}$$

同样，导线有长有短，对总闭合差 f 规定限差也是没有意义的，应该看其相对误差。

（10）计算导线的总相对闭合差（全长相对闭合差）K　计算公式为：

$$K = f / \left[\sum_{i=B}^{C-1} D_{i(i+1)} \right] \tag{6-16}$$

K 不得超限。

若 K 超限则说明某个（或某几个）导线边长测量有错误，应重新测量。只有当 K 不超限时方可进行下一步计算。即要求：

$$K \leqslant K_X \tag{6-17}$$

K_X 见表 6-2，对三级导线：

$$K_X = 1/6000 \tag{6-18}$$

（11）计算各导线边的近似坐标增量改正数 $v_{\Delta Xi(i+1)}$、$v_{\Delta Yi(i+1)}$

① X 坐标增量改正数 $v_{\Delta Xi(i+1)}$ 的计算。f_X 是导线上各个边长测量误差综合作用产生的，导线边长越长对 f_X 的影响越大，因此，其分摊的误差量也应该越大，故各导线边的 X 坐标增量改正数与其导线边长成正比。因此，有

$$v_{\Delta Xi(i+1)} = - \left\{ f_X / \left[\sum_{i=B}^{C-1} D_{i(i+1)} \right] \right\} \times D_{i(i+1)} \tag{6-19}$$

$v_{\Delta Xi(i+1)}$ 的取位同 A、B、C、D 坐标值，即 A、B、C、D 坐标取位到 "mm"，则 $v_{\Delta Xi(i+1)}$ 也取位到 "mm"，"mm" 以后的值进行凑整处理。

$v_{\Delta Xi(i+1)}$ 凑整处理后会带来一个坐标闭合差 f_X 分摊不完全的问题，因此，必须求出坐标闭合差 f_X 分摊后的残余误差 δ_X（或残余改正量 δ_{vX}），即

$$\delta_{vX} = \left[\sum_{i=B}^{C-1} v_{\Delta Xi(i+1)} \right] + f_X \tag{6-20}$$

若根据式(6-20)计算出的 $\delta_{vX} = 0$ 则说明分摊完善，若 $\delta_{vX} \neq 0$，则需要进行二次分摊。

当 $\delta_{vX} \neq 0$ 时 δ_{vX} 的值通常也都很小，二次分摊的原则是将 δ_{vX} 拆单（拆成若干个 1），按照 $v_{\Delta Xi(i+1)}$ 值的大小由大到小顺序依次分摊，直到全部分摊完毕为止。比如图 6-17 计算的 $\delta_{vX} = 3$mm（说明多分了 3mm），则给最大的 $v_{\Delta Xi(i+1)}$ 减少 1mm，给第二大的 $v_{\Delta Xi(i+1)}$ 减少 1mm，给第三大的 $v_{\Delta Xi(i+1)}$ 减少 1mm，其余的 $v_{\Delta Xi(i+1)}$ 不变。

这样，二次分摊后各 $v_{\Delta Xi(i+1)}$ 就变成了 $v'_{\Delta Xi(i+1)}$，应再次校核一下：

$$\left[\sum_{i=B}^{C-1} v'_{\Delta Xi(i+1)} \right] = - f_X \tag{6-21}$$

校核无误方可进行下一步计算。

② Y 坐标增量改正数 $v_{\Delta Yi(i+1)}$ 的计算。$v_{\Delta Yi(i+1)}$ 的计算方法同 $v_{\Delta Xi(i+1)}$。计算公式为：

$$v_{\Delta Yi(i+1)} = - \left\{ f_Y / \left[\sum_{i=B}^{C-1} D_{i(i+1)} \right] \right\} \times D_{i(i+1)} \tag{6-22}$$

同样应处理残余误差 δ_Y（或残余改正量 δ_{vY}），进行必要的二次分摊，获得 $v'_{\Delta Yi(i+1)}$

$$\delta_{vY} = \left[\sum_{i=B}^{C-1} v_{\Delta Yi(i+1)} \right] + f_Y \tag{6-23}$$

最后也应再次校核一下计算结果，即

$$\left[\sum_{i=B}^{C-1} v'_{\Delta Yi(i+1)} \right] = - f_Y \tag{6-24}$$

校核无误方可进行下一步计算。

（12）计算各导线边的最或然坐标增量 $\Delta X'_{i(i+1)}$、$\Delta Y'_{i(i+1)}$　　将 6.5.2.1（7）计算的各导线边的近似坐标增量 $\Delta X_{i(i+1)}$、$\Delta Y_{i(i+1)}$ 加上 6.5.2.1（11）计算的各导线边的近似坐标增量改正数 $v'_{\Delta Xi(i+1)}$、$v'_{\Delta Xi(i+1)}$，即得各导线边的最或然坐标增量 $\Delta X'_{i(i+1)}$、$\Delta Y'_{i(i+1)}$，计算公式为：

$$\Delta X'_{i(i+1)} = \Delta X_{i(i+1)} + v'_{\Delta Xi(i+1)} \tag{6-25}$$

$$\Delta Y'_{i(i+1)} = \Delta Y_{i(i+1)} + v'_{\Delta Yi(i+1)} \tag{6-26}$$

为了防止计算错误，应校核：

$$\sum_{i=B}^{C-1} \Delta Y'_{i(i+1)} = (Y_C - Y_B) \tag{6-27}$$

$$\sum_{i=B}^{C-1} \Delta X'_{i(i+1)} = (X_C - X_B) \tag{6-28}$$

若式(6-27)、式（6-28）不满足，则说明 6.5.2.1（12）部分计算有误，若经检查 6.5.2.1（12）部分计算正确，则 6.5.2.1（1）部分计算有误。

（13）计算各导线点的最或然坐标 X'_{i+1}、Y'_{i+1}　　计算公式为：

$$X'_{i+1} = X'_i + \Delta X'_{i(i+1)} \tag{6-29}$$

$$Y'_{i+1} = Y'_i + \Delta Y'_{i(i+1)} \tag{6-30}$$

从已知点 B 开始，沿着 $B{\rightarrow}1{\rightarrow}2{\rightarrow}3{\rightarrow}4{\rightarrow}5{\rightarrow}C$ 的顺序进行计算，最后一对计算结果是 C 点的最或然坐标 X'_C、Y'_C。C 点的最或然坐标 X'_C、Y'_C 应该与其真实坐标 X_C、Y_C 相同，即

$$X'_C = X_C \tag{6-31}$$

$$Y'_C = Y_C \tag{6-32}$$

式(6-31)、式(6-32)不满足则说明 6.5.2.1（13）部分计算有误，应重新认真计算。

6.5.2.2　闭合导线计算

闭合导线的计算方法与附合导线完全相同，只须根据具体情况将 6.5.2.1 中的 A、B、C、D 点进行相应替换即可。图 6-17 与图 6-18、图 6-19 的替换关系是：

① 图 6-17 中的 A 就是图 6-18 中的 A，同样也是图 6-19 中的 A；

② 图 6-17 中的 B 就是图 6-18 中的 B，同样也是图 6-19 中的 B；

③ 图 6-17 中的 C 就是图 6-18 中的 B，同样也是图 6-19 中的 A；

④ 图 6-17 中的 D 就是图 6-18 中的 A，同样也是图 6-19 中的 B。

图 6-18、图 6-19 计算时只须按上述替换原则用相应 A、B 替换图 6-17 中 C、D 即可。

6.5.2.3　支导线计算

支导线内业计算只须进行 6.5.2.1（1）、（2）、（7）、（13）四步计算，不存在近似值和不符值的问题。

6.5.3　算例（附合导线）

仍见图 6-36，导线精度为三级导线，已知点 A、B、C、D 坐标为 $X_A = 326751.593\mathrm{m}$、$Y_A = 541623.089\mathrm{m}$；$X_B = 326183.152\mathrm{m}$、$Y_B = 542240.249\mathrm{m}$；$X_C = 325098.299\mathrm{m}$、$Y_C = 542354.307\mathrm{m}$；$X_D = 324430.580\mathrm{m}$、$Y_D = 541994.915\mathrm{m}$。转折角（左角，水平角）观测值 $\beta_B = 157°47'15''$、$\beta_1 = 230°22'06''$、$\beta_2 = 160°41'56''$、$\beta_3 = 241°57'17''$、$\beta_4 = 141°35'47''$、$\beta_5 = 252°47'14''$、$\beta_C = 150°26'40''$。导线边长（水平距离）测量值 $D_{B1} = 246.138\mathrm{m}$、$D_{12} = 215.831\mathrm{m}$、$D_{23} = 197.219\mathrm{m}$、$D_{34} = 284.681\mathrm{m}$、$D_{45} = 226.450\mathrm{m}$、$D_{5C} = 301.811\mathrm{m}$。求未知点 1、2、3、4、5 点的最或然坐标。计算过程如下。

（1）反算首、尾方位角 $[\alpha_{AB}]$、$[\alpha_{CD}]$

$$[\alpha_{AB}]=132°38'49''$$

$$[\alpha_{CD}]=208°17'27''$$

（2）计算各导线边的近似方位角 $\alpha_{i(i+1)}$

$\alpha_{B1}=110°26'04''$；$\alpha_{12}=160°48'10''$；$\alpha_{23}=141°30'06''$；$\alpha_{34}=203°27'23''$；$\alpha_{45}=165°03'10''$；$\alpha_{5C}=237°50'24''$；$\alpha_{CD}=208°17'04''$

（3）计算导线的方位角闭合差 ω_α

$$\omega_\alpha=\alpha_{CD}-[\alpha_{CD}]=-23''$$

对三级导线

$$\omega_{\alpha X}=\pm24''\sqrt{n}=\pm63''$$

$$|\omega_\alpha|\leqslant|\omega_{\alpha X}|$$

故转折角观测结果合格。

（4）计算各转折角 β_i 的改正数 $v_{\beta i}$

$$v_{\beta i}=-\omega_\alpha/n=23''/7=3.28''=3''$$

$$\delta_{v\omega}=\Big(\sum_{i=1}^{n}v_{\beta i}\Big)+\omega_\alpha=3''\times7-23''=-2''$$

故　　　　　　$v_{\beta3}=v_{\beta5}=3''+1''=4''$；$v_{\beta B}=v_{\beta1}=v_{\beta2}=v_{\beta4}=v_{\beta C}=3''$

$$\Big(\sum_{i=1}^{n}v'_{\beta i}\Big)=-\omega_\alpha$$

校核证明计算无误。

（5）计算各转折角 β_i 的最或然值 β'_i　根据公式 $\beta'_i=\beta_i+v'_{\beta i}$，得各转折角（左角，水平角）的最或然值 β'_i。

$\beta'_B=157°47'18''$；$\beta'_1=230°22'09''$；$\beta'_2=160°41'59''$；$\beta'_3=241°57'21''$；$\beta'_4=141°35'50''$；$\beta'_5=252°47'18''$；$\beta'_C=150°26'43''$。

（6）计算各导线边的最或然方位角 $\alpha'_{i(i+1)}$

$\alpha'_{B1}=110°26'07''$；$\alpha'_{12}=160°48'16''$；$\alpha'_{23}=141°30'15''$；$\alpha'_{34}=203°27'36''$；$\alpha'_{45}=165°03'26''$；$\alpha'_{5C}=237°50'44''$；$\alpha'_{CD}=208°17'27''$。

$\alpha'_{CD}=[\alpha_{CD}]$，计算过程无误。

（7）计算各导线边的近似坐标增量 $\Delta X_{i(i+1)}$、$\Delta Y_{i(i+1)}$

$\Delta X_{B1}=-85.939\text{m}$，$\Delta Y_{B1}=230.648\text{m}$；$\Delta X_{12}=-203.831\text{m}$、$\Delta Y_{12}=70.964\text{m}$；$\Delta X_{23}=-154.354\text{m}$、$\Delta Y_{23}=122.760\text{m}$；$\Delta X_{34}=-261.149\text{m}$、$\Delta Y_{34}=-113.334\text{m}$；$\Delta X_{45}=-218.792\text{m}$、$\Delta Y_{45}=58.391\text{m}$；$\Delta X_{5C}=-160.625\text{m}$、$\Delta Y_{5C}=-255.518\text{m}$。

（8）计算坐标闭合差 f_Y、f_X

$$f_X=\sum_{i=B}^{C-1}\Delta X_{i(i+1)}-(X_C-X_B)=0.163\text{m}；\quad f_Y=\sum_{i=B}^{C-1}\Delta Y_{i(i+1)}-(Y_C-Y_B)=-0.147\text{m}$$

（9）计算导线的总闭合差（全长闭合差）f

$$f=\sqrt{f_X^2+f_Y^2}=0.219\text{m}$$

（10）计算导线的总相对闭合差（全长相对闭合差）K

$$K=f/\Big[\sum_{i=B}^{C-1}D_{i(i+1)}\Big]=0.219\text{m}/1472.130\text{m}=1/6700$$

对三级导线 $K_X=1/6000$，$K\leqslant K_X$，导线边长（水平距离）测量合格。

（11）计算各导线边的近似坐标增量改正数 $v_{\Delta Xi(i+1)}$、$v_{\Delta Yi(i+1)}$

$v_{\Delta XB1} = -0.027\mathrm{m}$、$v_{\Delta YB1} = 0.024\mathrm{m}$；$v_{\Delta X12} = -0.024\mathrm{m}$、$v_{\Delta Y12} = 0.022\mathrm{m}$；$v_{\Delta X23} = -0.022\mathrm{m}$、$v_{\Delta Y23} = 0.020\mathrm{m}$；$v_{\Delta X34} = -0.032\mathrm{m}$、$v_{\Delta Y34} = 0.028\mathrm{m}$；$v_{\Delta X45} = -0.025\mathrm{m}$、$v_{\Delta Y45} = 0.023\mathrm{m}$；$v_{\Delta X5C} = -0.033\mathrm{m}$、$v_{\Delta Y5C} = 0.030\mathrm{m}$。

$$\delta_{vX} = \left[\sum_{i=B}^{C-1} v_{\Delta Xi(i+1)}\right] + f_X = 0; \quad \left[\sum_{i=B}^{C-1} v'_{\Delta Xi(i+1)}\right] = -f_X$$

$$\delta_{vY} = \left[\sum_{i=B}^{C-1} v_{\Delta Yi(i+1)}\right] + f_Y = 0; \quad \left[\sum_{i=B}^{C-1} v'_{\Delta Yi(i+1)}\right] = -f_Y$$

经校核，计算无误。

（12）计算各导线边的最或然坐标增量 $\Delta X'_{i(i+1)}$、$\Delta Y'_{i(i+1)}$

$\Delta X'_{B1} = -85.966\mathrm{m}$、$\Delta Y'_{B1} = 230.672\mathrm{m}$；$\Delta X'_{12} = -203.855\mathrm{m}$、$\Delta Y'_{12} = 70.986\mathrm{m}$；$\Delta X'_{23} = -154.376\mathrm{m}$、$\Delta Y'_{23} = 122.780\mathrm{m}$；$\Delta X'_{34} = -261.181\mathrm{m}$、$\Delta Y'_{34} = -113.306\mathrm{m}$；$\Delta X'_{45} = -218.817\mathrm{m}$、$\Delta Y'_{45} = 58.414\mathrm{m}$；$\Delta X'_{5C} = -160.658\mathrm{m}$、$\Delta Y'_{5C} = -255.488\mathrm{m}$。

$$\sum_{i=B}^{C-1} \Delta Y'_{i(i+1)} = (Y_C - Y_B); \quad \sum_{i=B}^{C-1} \Delta X'_{i(i+1)} = (X_C - X_B);$$

经校核，计算无误。

（13）计算各导线点的最或然坐标 X'_{i+1}、Y'_{i+1}

$X'_1 = 326097.186\mathrm{m}$、$Y'_1 = 542470.921\mathrm{m}$；$X'_2 = 325893.331\mathrm{m}$、$Y'_2 = 542541.907\mathrm{m}$；$X'_3 = 325738.955\mathrm{m}$、$Y'_3 = 542664.687\mathrm{m}$；$X'_4 = 325477.774\mathrm{m}$、$Y'_4 = 542551.381\mathrm{m}$；$X'_5 = 325258.957\mathrm{m}$、$Y'_5 = 542609.795\mathrm{m}$；$X'_C = 325098.299\mathrm{m}$、$Y'_C = 542354.307\mathrm{m}$。

$X''_C = X_C$，$Y''_C = Y_C$，经校核计算无误，导线计算结束。

6.6　交会测量

交会测量（也称交会定点）是加密控制点的常用传统方法，它可通过在数个已知控制点上设站，分别向待定点观测方向或距离实现，也可在待定点上设站向数个已知控制点观测方向或距离实现。交会定点的方法主要有角度前方交会法、边长前方交会法、后方交会法和自由设站法等。

（1）角度前方交会　角度前方交会是用经纬仪在已知点 A、B 上分别向待定点 P 观测水平角 α 和 β（见图 6-23），进而计算 P 点坐标。实际工作中，为了检核，有时对三角形的三个内角都进行观测，或者从三个已知点 A、B、C 上分别向待定点 P 进行角度观测（见图 6-24），由两个三角形分别解算 P 点的坐标。

① 双点角度前方交会。下面以图 6-23 为例介绍一下角度前方交会的计算方法，参考本书 5.5。在已知点 A、B 上设站测定控制点 A、B 对待定点 P 的夹角 α、β，即可得到角 γ（$\gamma = 180° - \alpha - \beta$），根据 A、B 坐标可反算 A、B 的方位角 α_{AB} 和水平距离 D_{AB}，根据 D_{AB}、γ、α 利用正弦定理可计算出 BP 的水平距离 D_{BP}，根据 α_{AB}、β 即可得到 BP 边的方位角 α_{BP}。根据 B 点坐标以及 D_{BP}、α_{BP} 按坐标正算原理即可获得 P 点坐标。角度前方交会中，相邻两起始点方向与未知点间的夹角称为交会角。交会角过大或过小，都会影响 P 点位置的测定精度，通常要求交会角一般应大于 30°并小于 150°。

② 三点角度前方交会。图 6-24 是测量中惯常采用的角度前方交会形式，也称三已知点角度前方交会，这时可分 ABP 和 BCP 两组计算 P 点坐标。设两组计算的 P 点坐标分别为

$(X'_P、Y'_P)、(X''_P、Y''_P)$，当两组计算的 P 点坐标较差 ΔD 在限差以内时，取它们的平均值作为 P 点的最后坐标。ΔD 的限差规定是 $\Delta D = [(X'_P - X''_P)^2 + (Y'_P - Y''_P)^2]^{1/2} \leqslant 0.2M$，其中 M 为测图的比例尺分母，ΔD 单位为 mm。

③ 单三角形法。图 6-23 中，如果观测了三角形三个内角则称单三角形法，计算方法是先将角度闭合差反其符号平均分配到这三个角中，然后，按双点角度前方交会方法计算 P 点坐标。

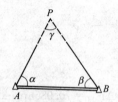

图 6-23　角度前方交会

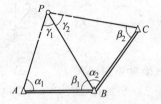

图 6-24　三点前方交会

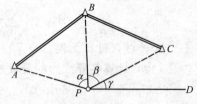

图 6-25　角度后方交会

（2）角度后方交会　见图 6-25，A、B、C 是已知点，经纬仪安置在待定点 P 上，观测 P 至 A、B、C 各方向之间的夹角 α、β，然后根据已知点坐标，即可求出待定点 P 的坐标，这种方法称为后方交会法。后方交会的计算公式很多，这里仅介绍一种计算方法。

① 引入辅助量 a、b、c、d

$$a = (X_B - X_A) + (Y_B - Y_A)\cot\alpha$$
$$b = (Y_B - Y_A) + (X_B - X_A)\cot\alpha$$
$$c = (X_B - X_C) + (Y_B - Y_C)\cot\beta$$
$$d = (Y_B - Y_C) + (X_B - X_C)\cot\beta$$

令

$$K = \frac{a-c}{b-d}$$

② 计算坐标增量

$$\Delta X_{BP} = \frac{-a+Kb}{1+K^2} \text{ 或 } \Delta X_{BP} = \frac{-c+Kd}{1+K^2}; \quad \Delta Y_{BP} = -K\Delta X_{BP}$$

③ 计算待定点坐标

$$X_P = X_B + \Delta X_{BP}$$
$$Y_P = Y_B + \Delta Y_{BP}$$

④ 交会点 P 的检核。为检查测量结果的准确性，必须在 P 点上对第四个已知点进行观测，即再观测图 6-25 中的 γ 角。根据 A、B、C 三点可算得 P 点坐标，再根据计算出的 P 点坐标和已知点 C、D 坐标用坐标反算原理（见本书 5.5）算得方位角 α_{PC} 和 α_{PD}，并由此可计算出 γ 的另一个计算值 γ'（$\gamma' = \alpha_{PD} - \alpha_{PC}$）。将 γ' 与观测角 γ 进行比较可获得其差值 $\Delta\gamma$（$\Delta\gamma = \gamma' - \gamma$）。当交会点是图根等级时，$\Delta\gamma$ 的容许值为 $\pm40'' \times 2^{1/2} = \pm56''$。

⑤ 角度后方交会的危险圆问题。见图 6-26，当待定点 P 正好落在通过 A、B、C 三点的圆周上时，P 点坐标具有无穷多解。因为 P 点在圆周任何位置上，其 α 和 β 角均不变，此时后方交会点就法求解。因此，测量上将通过已知点 A、B、C 的圆称作危险圆。当 A、B、C、P 四点共圆时有 $a=c$、$b=d$、$K=(a-c)/(b-d)=0/0$ 为不定解。因此，$a=c$、$b=d$、$K=(a-c)/(b-d)=0/0$ 就是 P 点落在危险圆上的判别式。

（3）边长前方交会　测边交会定点常采用三边交会法，见图 6-27。图中 A、B、C 为已知点，a、b、c 为测定的边长。由已知点 A、B、C 坐标和坐标反算原理（见本书 5.5）可反算方位角 α_{BA}、α_{BC} 及边长 D_{AB}、D_{CB}。在三角形 ABP 中，根据 D_{AB}、a、b 利用余弦定

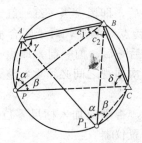
图 6-26　角度后方交会的危险圆

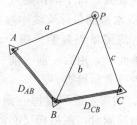
图 6-27　三边交会法

理可算出 $\angle A$ 的角值，根据 α_{BA}、$\angle A$ 可计算出 AP 方位角 α_{AP}，根据 A 点坐标以及 a（即 D_{AP}）、α_{AP} 按坐标正算原理即可获得 P 点坐标（X'_P、Y'_P）。按同样的方法，在三角形 CBP 中，根据 D_{CB}、c、b 利用余弦定理可算出 $\angle C$ 的角值，根据 α_{BC}、$\angle C$ 可计算出 CP 方位角 α_{CP}，根据 C 点坐标以及 c（即 D_{CP}）、α_{CP} 按坐标正算原理又可获得 P 点坐标的另一个计算值（X''_P、Y''_P）。当两组计算的 P 点坐标较差 ΔD 在限差以内时取它们的平均值作为 P 点的最后坐标。ΔD 的限差规定是 $\Delta D = [(X'_P - X''_P)^2 + (Y'_P - Y''_P)^2]^{1/2} \leqslant 0.2M$，其中 M 为测图的比例尺分母，ΔD 单位为 mm。

6.7　高等水准测量

三、四等水准网作为小区域或测区的首级控制网，一般应布设成闭合环线，然后用附合水准路线和结点网进行加密。只有在山区等特殊情况下才允许布设支水准路线。水准路线一般尽可能沿铁路、公路以及其他坡度较小、施测方便的路线布设。尽可能避免穿越湖泊、沼泽和江河地段。水准点应选在土质坚实、地下水位低、易于观测的位置。凡易受淹没、潮湿、震动和沉陷的地方均不宜布设水准点。水准点选定后，应埋设水准标石和水准标志并绘制点之记（以便日后查寻）。水准点间距城区 1~2km，其他地区 2~4km，环线或附合于高级点水准路线的最大长度三等 50km、四等 16km，工矿区水准点的距离还可适当的减小。一个测区至少应埋设三个水准点。水准测量的主要技术要求见表 6-5。

表 6-5　水准测量主要技术要求

等级	每公里高差中误差 /mm	路线长度 /km	水准仪型号	水准尺	观测次数		往返较差、附合或环线闭合差	
					与已知点联测	附合路线或环线	平地/mm	山地/mm
二等	2	—	±1mm/km	因瓦	往返各一次	往返各一次	$4L^{1/2}$	
三等	6	≤50	±1mm/km	因瓦	往返各一次	往一次	$12L^{1/2}$	$4n^{1/2}$
			±3mm/km	双面		往返各一次		
四等	10	≤16	±3mm/km	双面	往返各一次	往一次	$20L^{1/2}$	$6n^{1/2}$
五等	15	—	±3mm/km	单面	往返各一次	往一次	$30L^{1/2}$	
图根	20	≤5	±3mm/km		往返各一次	往一次	$40L^{1/2}$	$12n^{1/2}$

注：1. 结点之间或结点与高级点之间，其路线的长度不应大于表中规定的 0.7 倍；

2. L 为往返测段附合或环线的水准路线长度，km；n 为测站数。

6.7.1　三、四等水准测量实施要点

三、四等水准测量的实施要点主要有以下几点。

① 三等水准测量必须进行往返观测。当使用 ±1mm/km 水准仪和因瓦标尺时，可采用

单程双转点观测，每个测站的观测程序仍按后—前—前—后，即黑—黑—红—红。

② 四等水准测量除支线水准必须进行往返和单程双转点观测外，对于闭合水准和附合水准路线，均可单程观测。每个测站的观测程序也可为后—后—前—前，即黑—红—黑—红。采用单面尺，用后—前—前—后的读数程序时，在两次前视之间必须重新整置仪器，用双仪高法进行测站检查。

③ 三、四等水准测量每一测段的测站数必须为偶数，否则应加入标尺零位误差改正。由往测转向返测时，两根标尺必须互换位置，并应重新安置仪器。

④ 在每一测站上，三等水准测量不得两次对光。四等水准测量尽量少作两次对光。

⑤ 工作间歇时，最好能在水准点上结束观测。否则应选择两个坚固可靠、便于放置标尺的固定点作为间歇点，并作出标记。间歇后，应进行检查。如检查两点间歇点高差不符值三等水准小于 3mm，四等小于 5mm，则可继续观测。否则须从前一水准点起重新观测。

⑥ 在一个测站上，只有当各项检核符合限差要求时，才能迁站。如其中有一项超限，可以在本站立即重测，但须变更仪器高。如果仪器已迁站后才发现超限，则应在前一水准点或间歇点重测。

⑦ 当每千米测站数小于 15 个时，闭合差按平地限差公式计算；如超过 15 站，则按山地限差公式计算。

⑧ 当成像清晰、稳定时，三、四等水准的视线长度，可容许按规定长度放大 20%。

⑨ 水准网中，结点与结点之间或结点与高级点之间的附合水准路线长度，应为规定的 0.7 倍。

⑩ 当采用单面标尺进行三、四等水准观测时，变更仪器高前后所测两尺垫高差之差的限制，与红黑面所测高差之差的限差相同。

6.7.2　三、四等水准测量的观测方法

三、四等水准测量是建立测区首级高程控制最常用的方法。通常用 ±3mm/km 级水准仪和双面水准尺进行，各项技术要求见表 6-5。

6.7.2.1　观测方法

(1) 四等水准测量　视线长度应不超过 100m。每一测站上，按下列顺序进行观测。

① 后视水准尺的黑面，读下丝、上丝和中丝读数 (1)、(2)、(3)；

② 后视水准尺的红面，读中丝读数 (4)；

③ 前视水准尺的黑面，读下丝、上丝和中丝读数 (5)、(6) (7)；

④ 前视水准尺的红面，读中丝读数 (8)。

以上观测顺序称"后—后—前—前"，在后视和前视读数时均先读黑面再读红面，读黑面时读三丝读数，读红面时只读中丝读数。括号内数字为读数顺序。记录和计算格式见表 6-6，括号内数字表示观测和计算的顺序，同时也说明了有关数字在表格内应填写的位置。

(2) 三等水准测量　视线长度应不超过 75m。观测顺序应为后—前—前—后，即

① 后视水准尺的黑面，读下丝、上丝和中丝读数；

② 前视水准尺的黑面，读下丝、上丝和中丝读数；

③ 前视水准尺的红面，读中丝读数；

④ 后视水准尺的红面，读中丝读数。

6.7.2.2　计算和检核

(1) 测站上的计算和检核

表 6-6　四等水准测量记录

测站编号	点号	后尺 下丝 / 上丝 / 后视距/m / 前后视距离差 d/m	前尺 下丝 / 上丝 / 前视距/m / 累积差 ∑d /m	方向及尺号	水准尺读数/m 黑色面	水准尺读数/m 红色面	K 加黑减红/mm	高差中数/m	备注
		(1) (2) (9) (11)	(5) (6) (10) (12)	后 前 后一前	(3) (7) (15)	(4) (8) (16)	(13) (14) (17)	(18)	
1	BM2～TP1	1.614 1.156 45.8 +1.0	0.774 0.326 44.8 +1.0	后 1 前 2 后一前	1.384 0.551 +0.833	6.171 5.239 +0.932	0 −1 +1	+0.8325	K_1=4.787 K_2=4.787
2	TP1～TP2	2.188 1.682 50.6 +1.2	2.252 1.758 49.4 +2.2	后 2 前 1 后一前	1.934 2.008 −0.074	6.622 6.796 −0.174	−1 −1 0	−0.0740	
3	TP2～TP3	1.922 1.529 39.3 −0.5	2.066 1.668 39.8 +1.7	后 1 前 2 后一前	1.726 1.866 −0.140	6.512 6.554 −0.042	+1 −1 +2	−0.1410	
4	TP3～BM7	2.041 1.622 41.9 −1.1	2.220 1.790 43.0 +0.6	后 2 前 1 后一前	1.832 2.097 −0.175	6.520 6.793 −0.273	−1 +1 −2	−0.1740	
校核		∑(9)=177.6 ∑(10)=177.0 (12)末站=+0.6 总距离=354.6			∑(3)=6.876 ∑(8)=25.825 ∑(6)=6.432 ∑(7)=25.382 ∑(16)=+0.444 ∑(17)=+0.443 [∑(16)+∑(17)]/2=+0.4435= ∑(18)			∑(18)= +0.4435	

① 视距计算。后视距离：

$$(9)=(1)-(2)$$

前视距离：

$$(10)=(5)-(6)$$

前、后视距在表内均以 m 为单位。

前后视距差 (11)＝(9)−(10)。对于四等水准测量，前后视距差不得超过 5m；对于三等水准测量，不得超过 3m。

前后视距累积差 (12)＝本站的(11)＋上站的(12)。对四等水准测量，前后视距累积差不得超过 10m；对于三等水准测量，不得超过 6m。

② 同一水准尺红、黑面读数差的检核。同一水准尺红、黑面读数差为：

$$(13)=(3)+K-(4)$$

$$(14)=(7)+K-(8)$$

K 为水准尺红、黑面常数差，一对水准尺的常数差 K 分别为 4.687m 和 4.787m。对于四等水准测量，红、黑面读数差不得数差不得超过 3mm；对于三等水准测量，不得超过 2mm。

③ 高差的计算和检核。黑面读数和红面读数所得的高差分别为

$$(15)=(3)-(7)$$
$$(16)=(4)-(8)$$

黑面和红面所得高差之差 (17) 可同时按以下两式计算，式中"±100"为两水准尺常数 K 之差。"±100"在一个测段的观测中是交替变化的。

$$(17)=(15)-(16)\pm100$$
$$(17)=(13)-(14)$$

四等水准测量黑、红面高差之差不得超过 5mm；三等水准测量不得超过 3mm。

④ 计算平均高差

$$(18)=[(15)+(16)\pm100]/2$$

计算时以 (15) 为基准，将 (16) 加或减 100mm 使之与 (15) 接近。

(2) 总的计算和检核　在手簿每页末或每一测段完成后，应作下列检核。

① 视距的计算和检核

$$末站的(12)=\sum(9)-\sum(10)$$
$$总视距=\sum(9)-\sum(10)$$

② 高差的计算和检核。当测站数为偶数时：

$$总高差=\sum(18)=[\sum(15)+\sum(16)]/2=\{\sum[(3)+(4)]-\sum[(7)+(8)]\}/2$$

当测站数为奇数时：

$$总高差=\sum(18)=[\sum(15)+\sum(16)\pm100]/2$$

6.8　跨河水准测量

一、二等水准路线跨越江河、峡谷、湖泊、洼地等障碍物的视线长度在 100m 以外时必须进行跨河水准测量。传统的跨河水准测量采用水准仪进行，目前多采用 GNSS 技术、测量机器人精密三角高程如精密电子全站仪跨河的跳板法、陆河等距法等进行。跨越水面的高程传递在某种特定条件下还可采用其他方法，如北方严寒季节的冰上水准测量、静水水面传递高程（跨越水流平缓河流、静水湖泊时精度要求不高可采用）、激光水准仪跨越等。

一些工程实践显示，GPS 高精度跨河水准测量可达到国家二等水准测量的精度，在河岸两端地势平缓情况下 GNSS 技术效果良好，下面以南京长江四桥为例阐述一下 GPS 高精度跨河水准测量过程，见图 6-28。图 6-28 共布置了 8 个 GPS 强制归心观测墩（即 G1、G2、G3、G4、G5、G6、G7、G8。G1-G3-G5-G7 近直线布置，G2-G4-G6-G8 也近直线布置），临河点四点 G3、G4、G5、G6 到河流水面的最近距离大于 1km（这一点非常重要）。GPS 高精度跨河水准测量采用 6 机同步环观测，测量中应精确丈量 GPS 天线高（误差应小于1mm）。

6.8.1　GPS 高精度跨河水准测量的基本要求

GPS 高精度跨河水准测量应与 GPS 平面控制测量同步一体化，应建立独立的 GPS 三维基准体系，GPS 三维基准体系应建立与地方坐标系的转换关系，GPS 三维基准体系应专用于跨河土木工程结构的勘察、规划、设计、施工、运营等工作，GPS 三维基准体系的各个GPS 强制归心基准墩（即 G1、G2、G3、G4、G5、G6、G7、G8）间的相邻最大距离不宜

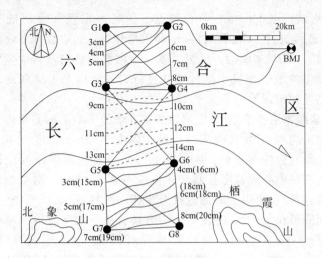

图 6-28　南京长江四桥 GPS 高精度跨河水准测量现场布置

超过 20km、空间距离测量精度应不低于 2mm±1mm/km、最弱边相对中误差应不低于
1/150000。独立的 GPS 三维基准体系中的主基点（图 6-28 中的 G1）必须为国家 A（或 B）
级 GPS 点，若不是则应与至少 4 个国家 A、B 级 GPS 网点进行联测以获得其 2000 国家大地
坐标系坐标。坐标联测时连续观测数据应不少于 24h 并应连续观测 3 个时段且每时段 8h、
采样间隔 30s、截止高度角 10°。若要求独立的 GPS 三维基准体系兼做其他用途时应建立独
立 GPS 三维基准体系与其他坐标系统的转换关系，如要求其同时具有 1954 北京坐标系或
1980 西安坐标系坐标时应建立相应的坐标转换关系，坐标转换时应考虑各坐标系的地球椭
球特征及参考椭球基本几何参数。若要求其同时具有城市坐标系坐标时还应进行投影变换且
应具备相关的技术参数，这些技术参数包括参考椭球几何参数、中央子午线经度值、纵横坐
标加常数、投影面正常高、区域平均高程异常、起算点坐标及起算方位角等，独立 GPS 三
维基准体系的大地坐标系统变换成城市地方坐标系统时应满足投影长度变形值不大于
2.5cm/km 的规定。可根据城市地理位置和平均高程按下列方法选定坐标系统：①当长度变
形值不大于 2.5cm/km 时应采用高斯正形投影统一 3°带的平面直角坐标系统；②当长度变
形值大于 2.5cm/km 时可采用两种方法，一种是投影于抵偿高程面上的高斯正形投影 3°带
的平面直角坐标系统，另一种是高斯正形投影任意带的平面直角坐标系统且其投影面可采用
黄海平均海水面或城市平均高程面。独立 GPS 三维基准体系测量的高程值转换成正常高时，
高程系统应采用 1985 国家高程基准或沿用 1956 年黄海高程系统、城市原高程系统（1985
国家高程基准青岛原点高程为 72.260m，1956 年黄海高程系统青岛原点高程为 72.289m）。
独立 GPS 三维基准体系测量的时间宜采用协调世界时 UTC 记录，当采用北京标准时 BST
时应与 UTC 进行换算。BST 时与 UTC 时两者的关系可用 BST＝UTC＋8h 换算。

　　强制归心基准墩的设置应满足以下各个条件，①基准墩应选在基础坚实稳定、易于长期
保存且有利于安全作业的地方；②基准墩周围应便于安置 GPS 接收设备以及其他测量仪器
并应方便作业且视野应开阔；③基准墩与周围大功率无线电发射源，如电视台、电台、微波
站、通信基站、变电所等的距离应大于 200m，与高压输电线、微波通道的距离应大于
100m；④基准墩附近不应有强烈干扰接收卫星信号的物体，如大型建筑物、玻璃幕墙及大
面积水域等；⑤基准墩视场内高度角大于 10°的障碍物遮挡角累积不应超过 30°；⑥基准墩
应避开地质构造不稳定区域，如断层破碎带、采矿区、油气开采区、地下水漏斗沉降区等易
于发生滑坡、沉陷等局部变形的地点、地下水位变化较大的地点等；⑦基准墩选定后应用场

强仪进行实地场强测试，在 L1、L2 中心频点上的噪声场强宜分别低于 $-180\mathrm{dB/mV}$ 和 $-160\mathrm{dB/mV}$，并应连续进行 24h 的条件测试和数据分析，其中数据有效率应高于 90%，多路径影响 $MP1 < 0.35$、$MP2 < 0.4$）；⑧岩基基准墩内部钢筋与基岩应紧密浇注（浇注深度应不少于 0.6m）；⑨基准墩应埋设水准标志并进行二等及以上水准联测，水准标志与基准墩强制对中标志间高差测定误差应不大于 1mm。

独立 GPS 三维基准体系各个 GPS 强制归心基准墩的三维坐标测量应采用多机同步闭合环形式进行，测量中采用的 GPS 接收天线应能在温度 $-40\sim+60℃$、相对湿度为 100% 的环境中全天候正常工作且应性能良好；GPS 天线应配备有扼流圈或抑径板并应能有效消除多路径误差；天线的相位中心应稳定且其变化量应不超过 1mm。测量中采用的接收机应为双频接收机并应具有并行 24 个以上的通道且至少能同时接收 12 个 GPS 卫星信号。GPS 原始观测数据的采样间隔可在 $1\sim60\mathrm{s}$ 内设置；GPS 接收机应能实时输出原始观测数据、伪距和载波相位差分数据；GPS 接收机还应具有 1s 采样间隔、24h 连续观测数据的存储能力；接收机应具备两个以上的 RS-232 标准接口；接收机应具备支持 TCP/IP 的 LAN 接口。各个 GPS 强制归心基准墩多机同步闭合三维坐标测量时的连续观测数据应不少于 24h 并应连续观测 3 个时段且每时段 8h，采样间隔 30s，截止高度角 10°，多机同步闭合基线处理时应利用精密星历并采用精密计算软件进行。坐标框架与历元的选取应与所联测的基准一致，基线解算应以同步时段为单位进行且应进行卫星与接收机钟差的模型改正、电离层折射改正、对流层折射改正、卫星和接收机天线相位中心改正、潮汐改正、相对论效应改正、地球自转改正，应进行重复基线、同步环闭合差的检核。采用该方式以确定地心坐标系与参心坐标系间的坐标转换参数。

6.8.2　GPS 高精度跨河水准测量的基本原理及作业过程

见图 6-28，通过 6 机同步环观测并经严密平差后可获得 6 个 GPS 观测墩的独立平面直角坐标 (X_i, Y_i) 及 GPS 大地高 h'_i，再根据 6 个 GPS 观测墩的天线高获得 6 个 GPS 观测墩墩底部水准标志点的 GPS 大地高 h_i。6 机同步环 GPS 观测结束后立即在图 6-28 的长江北岸进行北岸四个 GPS 观测墩与国家水准点（BMJ）的二等水准联测工作，二等水准联测时采用闭合水准路线（组成 BMJ-G2-G1-G3-G4-BMJ 的闭合路线），进过严密平差后获得长江北岸四个 GPS 观测墩（G1、G2、G3、G4）墩底部水准标志点的正常高 H_i。6 机同步环 GPS 观测结束后还应立即在图 6-28 的长江南岸进行南岸四个 GPS 观测墩的二等水准高差测量工作（组成 G5-G6-G8-G7-G5 闭合路线进行闭合水准测量），测量时假定 GPS 观测墩 G5 墩底部水准标志点的正常高 H 等于其 GPS 大地高 h，经过严密平差后获得长江南岸四个 GPS 观测墩（G5、G6、G7、G8）墩底部水准标志点的假定正常高 H_j。

根据长江北岸四个 GPS 观测墩底部水准标志点的正常高 H_i 及 GPS 大地高 h_i 可计算出北岸四个点的 GPS 高程异常 ζ_i（$\zeta_i = h_i - H_i$），继而可以在 G1-G3-G4-G2-G1 闭合图形中内插绘制高程异常等值线［图 6-28 中，G1-G3-G4-G2-G1 闭合图形中高程异常等值线的绘制是以 G1（或 G2）高程异常为零绘制而成的］。同理，根据长江南岸四个 GPS 观测墩底部水准标志点的假定正常高 H_j 及 GPS 大地高 h_j 可计算出南岸四个点的假 GPS 高程异常 ζ_j（$\zeta_j = h_j - H_j$），继而也可以在 G5-G7-G8-G6-G5 闭合图形中内插绘制假高程异常等值线［图 6-28 中，G5-G7-G8-G6-G5 闭合图形中高程异常等值线的绘制是以 G1（或 G2）高程异常为零绘制而成的］。

（1）G3-G5 段 GPS 高程异常梯度推算及 G5 推演正常高的确定。见图 6-28，G1-G3-G5-G7 近直线布置。在长江北岸根据 GPS 测量及二等水准测量可获得 G1 的高程异常 ζ_1、G3

的高程异常 ζ_3、G1-G3 水平距离 D_{13}，则 G1-G3 的单位长高程异常增量（高程异常梯度）$K_{13}=\Delta\zeta_{31}/D_{13}=(\zeta_3-\zeta_1)/D_{13}$。在长江南岸根据 GPS 测量及二等水准测量可获得 G5 的假高程异常 ζ_5'、G7 的假高程异常 ζ_7'、G5-G7 水平距离 D_{57}，则 G5-G7 的单位长高程异常增量 $K_{57}=\Delta\zeta_{57}/D_{57}=(\zeta_7'-\zeta_5')/D_{57}$。这样就可推演得到 G3-G5 的单位长高程异常增量 K_{35}，$K_{35}=(K_{13}+K_{57})/2$ 或 $K_{35}=\Delta\zeta_{35}/D_{35}$，于是可得 G5 的真高程异常 $\zeta_5=\zeta_3+\Delta\zeta_{35}=\zeta_3+K_{35}D_{35}$，则 G5 的推演正常高 H_5' 为 $H_5'=h_5-\zeta_5$。

（2）G4-G6 段 GPS 高程异常梯度推算及 G6 推演正常高的确定。见图 6-28，G2-G4-G6-G8 也为近直线布置形式。在长江北岸根据 GPS 测量及二等水准测量可获得 G2 高程异常 ζ_2、G4 高程异常 ζ_4、G2-G4 水平距离 D_{24}，则 G2-G4 的单位长高程异常增量 $K_{24}=\Delta\zeta_{42}/D_{24}=(\zeta_4-\zeta_2)/D_{24}$。在长江南岸根据 GPS 测量及二等水准测量可获得 G6 假高程异常 ζ_6'、G8 假高程异常 ζ_8'、G6-G8 水平距离 D_{68}，则 G6-G8 的单位长高程异常增量 $K_{68}=\Delta\zeta_{68}/D_{68}=(\zeta_8'-\zeta_6')/D_{68}$。同样可推演得到 G4-G6 的单位长高程异常增量 $K_{46}=(K_{24}+K_{68})/2$ 或 $K_{46}=\Delta\zeta_{46}/D_{46}$，则 G6 的真高程异常 ζ_6 为 $\zeta_6=\zeta_4+\Delta\zeta_{46}=\zeta_4+K_{46}D_{46}$，G6 的推演正常高 H_6' 为 $H_6'=h_6-\zeta_6$。

（3）G5、G6 最或然正常高的确定。G5、G6 的推演正常高高差 h_{56}' 为 $h_{56}'=H_6'-H_5'$。根据推演正常高高差 h_{56}' 与长江南岸二等水准测量平差后的最或然正常高高差 h_{56} 的差值 Δh 可大概推断 G5、G6 推演正常高的精度，$\Delta h=h_{56}'-h_{56}=H_6'-H_5'-h_{56}$。根据 Δh 对 G5、G6 的推演正常高进行改正即可获得 G5、G6 的最或然正常高，假设 G5、G6 的改正数为 V_5、V_6，则改正后的 G5、G6 的最或然正常高 H_6、H_5 应满足 $H_6-H_5-h_{56}=0$，亦即 $(H_6'+V_6)-(H_5'+V_5)-h_{56}=0$ 或 $V_5-V_6=H_6'-H_5'-h_{56}=\Delta h$。令 G5、G6 的改正数 V_5、V_6 大小相等、符号相反，即令 $V_5=-V_6$，则有 $V_5=-V_6=\Delta h/2$，于是，可得改正后的 G5、G6 的最或然正常高 H_6、H_5，即 $H_6=H_6'+V_6=H_6'-\Delta h/2$，$H_5=H_5'+V_5=H_5'+\Delta h/2$。长江南岸最或然正常高 H_6、H_5 获得后跨河水准测量工作即告完成。当然，还应进行后续工作（即根据 H_6、H_5 最或然正常高以及长江南岸二等水准测量平差后的最或然正常高高差可获得 H_7、H_8 的最或然正常高）。

另外，根据长江南岸四个 GPS 观测墩（G5、G6、G7、G8）底部水准标志点的最或然正常高 H_i 及 GPS 大地高 h_i 可计算出南岸四个点的 GPS 高程异常 $\zeta_i(\zeta_i=h_i-H_i)$，继而可在 G5-G7-G8-G6-G5 闭合图形中重新内插绘制真高程异常等值线（见图 6-28）。也可根据长江两岸八个 GPS 观测墩（G1、G2、G3、G4、G5、G6、G7、G8）底部水准标志点的真高程异常 ζ_i 插绘出整个跨河水准测量体系的整体高程异常等值线图（见图 6-28）。

思考题与习题

1. 控制测量的分类及主要作用是什么？简述我国国家控制网的基本情况。

2. 工程控制网的类型及基本要求是什么？

3. 简述 GPS 技术的发展概况及应用情况。

4. GPS 采用怎样的坐标系统及时间系统？GPS 测量选点和观测有哪些基本要求？

5. 交会测量有哪些主要类型？其数据处理的基本原则和方法是什么？

6. 简述三、四等水准测量的观测过程。

7. 简述跨河水准测量的实现过程。

8. 见下图，已知 A、B 点的坐标为 $Y_A=3241.459\text{m}$，$X_A=1448.098\text{m}$；$Y_B=2463.738\text{m}$，$X_B=862.695\text{m}$。闭合导线各内角的测量值（水平角）为 $\angle A=127°12'19.3''$，$\angle B=100°36'40.8''$，$\angle 1=148°27'27.7''$，$\angle 2=141°59'08.0''$，$\angle 3=89°28'48.2''$，$\angle 4=112°15'49.1''$。闭合导线各边的测量值（水平距离）为 $D_{B1}=420.406\text{m}$，$D_{12}=661.005\text{m}$，$D_{23}=938.261\text{m}$，$D_{34}=998.933\text{m}$，$D_{4A}=821.299\text{m}$。试求 1、2、

3、4 点的最或然坐标。限差为 $\omega_{aX} = \pm 12'' n^{1/2}$，$K_X = 1/50000$。

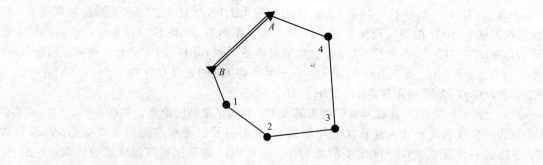

第 7 章　地形图测绘及应用

7.1　地图概论

(1) 地图及其分类　按一定的数学原理、投影方式、制图规则将地表形态按比例缩小绘制在平面上的图件称为地图。按地图承载平面的不同，地图分为实体地图（比如纸质地图、石刻地图等）和虚拟地图（也称数字地图，即传统地图的数字化形式，可通过计算机显示并无级放大或缩小的地图）。按地图用途的不同，地图又可分为地理图、地形图、地籍图、房产图和专题地图几大类。传统的实体地图又可按比例尺细分为大比例尺地图、中比例尺地图和小比例尺地图。地理图是一种服务于大众的、概略反映地表形态的地图，比如常见的世界地图、中华人民共和国地图、北京市地图、山东省地图、济南市地图、福州市地图、烟台市地图等。地形图是一种尽可能详细地描述地表三维形态的地图，可满足各行各业的地理需求，是各种地图编制的基础图件，按比例尺的大小分为大比例尺地形图（1∶500、1∶1000、1∶2000、1∶5000）、中比例尺地形图（1∶10000、1∶20000、1∶25000、1∶50000）和小比例尺地形图（1∶100000、1∶200000、1∶250000、1∶500000、1∶1000000），不同比例尺的地形图有不同的用途，大比例尺地形图多用于各种工程建设的规划和设计，应用于国防和经济建设等多种用途的多属中小比例尺地图。地籍图是一种全面反映土地权属（所有权、使用权）、地理位置、面积、使用状况、用地类型特征等信息的地图，是具有法律效力的土地管理与交易的基础图件。房产图是一种全面反映房屋的权属（所有权、使用权）、地理位置、面积、等信息的地图，是具有法律效力的房产管理与交易的基础图件。专题地图是指为特定的行业或人群服务的地图，专题地图是将地形图综合处理后添加专题要素形成的，专题地图是地图家族里最庞大的一个群体，区划图、地质图、水系图、流域图、历史地图、工程分布图（铁路图、公路图等）、旅游图、交通图、自然资源图、航空图、航海图等都属于专题地图。

(2) 地形图的主要用途　1∶500、1∶1000、1∶2000 地形图主要用于小范围内精确研究、评价地形，可供勘察、规划、设计和施工等工作使用。1∶5000 地形图主要用于小范围内详细研究和评价地形，可供各部门勘察、规划、设计、科研等使用，也可作为编制更小比例尺地形图或专题地图的基础资料。1∶10000 和 1∶25000 地形图主要用于较小范围内详细研究和评价地形，主要满足城市、乡镇、农村、矿山建设的规划与设计；林班调查；地籍调查；大比例尺的地质测量和普查；水电等工程的勘察、规划、设计、科学研究；国防建设等的特殊需要，可作为编制更小比例尺地形图或专题地图的基础资料。1∶50000 地形图是我国国民经济各部门和国防建设的基本用图，这种比例尺地形图主要用于一定范围内较详细研究和评价地形，供工业、农业、林业、水利、铁路、公路、农垦、畜牧、石油、煤炭、地质、气象、地震、环保、文化、卫生、教育、体育、民航、医药、海关、税务、考古、土地等国民经济各部门勘察、规划、设计、科学研究、教学等使用，也是军队的战术用图（供军队现地勘察、训练、图上作业、编写兵要、国防工程的规划和设计等军事活动使用），同时也是编制更小比例尺地形图或专题图的基础资料。1∶100000 地形图的作用与 1∶50000 相似。1∶250000 地形图比较全面和系统地反映了区域内自然地理条件和经济概况，主要供各部门在较大范围内作总体的区域规划、查勘计划、资源开发利用与自然地理调查，也可供国防建设使用或作为编制更小比例尺地形图或专题地图的基础资料。1：500000 地形图综合反映了制图范围内的自然地理和社会经济概况，用于较大范围内进行宏观评价和研究地理信息，是国家各部门共同需要的基本地理信息和地形要素的平台，可以作为各部门进行经济建设总体规划，省域经济布局、生产布局、国土资源开发利用的计划和管理用图或工作底图，也可作为国防建设用图或作为更小比例尺普通地图的基本资料和专题地图的地理底图。1：1000000 地形图综合反映了制图范围内的自然地理和社会经济概况，用于大范围内进行宏观评价和研究地理信息，是国家各部门共同需要的基本地理信息和地形要素的平台，可作为各部门进行经济建设总体规划，经济布局、生产布局、国土资源开发利用的计划和管理用图或工作底图，也可作为国防建设用图或作为更小比例尺普通地图的基本资料和专题地图的地理底图。

7.2 地形图的基本架构

地形图蕴涵着大量的地学、生态学信息，其绘制依据是统一的数学框架、统一的语言系统（地图符号系统）。数学框架包括坐标系统（方格网）、高程系统、规制（图幅大小、比例尺、统一编号方式等）等。统一的语言系统是一个统一的或约定的地图符号体系（在我国称为《地形图图式》，包括地物符号和地貌符号 2 大类）。地表的自然形态称为地形，由地物和地貌构成。地物是指地面上有天然或人工形成的固定物体，天然形成的称为天然地物或自然地物（例如河流、湖泊），人工形成的称为人工地物（例如运河、堤坝、公路、铁路、房屋等）。地貌是指地面高低起伏的自然形态（即起伏）。《地形图图式》专门规定了表达地物和地貌的符号。

图 7-1 为一个大比例尺地形图的图样，"金刚口"为图名，"51.8＋73.2"为图号（地形图的编号，以内图廓西南角坐标 $X＋Y$ 表示，$X＋Y$ 以 km 为单位，保留 1 位小数）。"51.8＋73.2"指"金刚口"图内图廓西南角坐标 $X=51800$m、$Y=73200$m。这种编号法只用于大比例尺地形图，每幅地形图的内图廓西南角坐标通常是通过《大比例尺地形图高斯投影图廓坐标表》查出来的。紧靠在图号下方的最大的正方形轮廓线称为外图廓（外形尺寸为 524mm×524mm，以前曾采用 526mm×526mm），外图廓里面，紧靠外图廓的最大正方形轮廓线称为内图廓（外形尺寸为 500mm×500mm），四周内、外图廓的间距为 12mm（以前曾采用 13mm），内图廓由边长 100mm 的小正方形构成（对 500mm×500mm 规格的内图廓，由 25 个 100mm×100mm 的小正方形构成），这些小正方形的轮廓线即为坐标格网线（也称方格网、方里网），横线上 X 坐标相同，纵线上 Y 坐标相同。内图廓内除了坐标格网线以外的各种线划、数字和符号均为地图符号（用来表示地表的形态）。内、外图廓之间四角位置的数字为最外边一根坐标格网线的坐标值［左下角的"51800"、"73200"是指过内图廓该角点的横向坐标格网线的坐标值（X）为 51800m，过内图廓该角点的纵向坐标格网线的坐标值（Y）为 73200m。左上角的"52300"、"73200"是指过内图廓该角点的横向坐标格网线的坐标值（X）为 52300m，过内图廓该角点的纵向坐标格网线的坐标值（Y）为 73200m。右上角的"52300"、"73700"是指过内图廓该角点的横向坐标格网线的坐标值（X）为 52300m，过内图廓该角点的纵向坐标格网线的坐标值（Y）为 73700m。右下角的"51800"、"73700"是指过内图廓该角点的横向坐标格网线的坐标值（X）为 51800m，过内图廓该角点的纵向坐标格网线的坐标值（Y）为 73700m］。有了这些坐标值就可以根据点的坐标将点画在地图上，同样也可以在地图上量取任意一点的坐标。外图廓外边还有一些附加

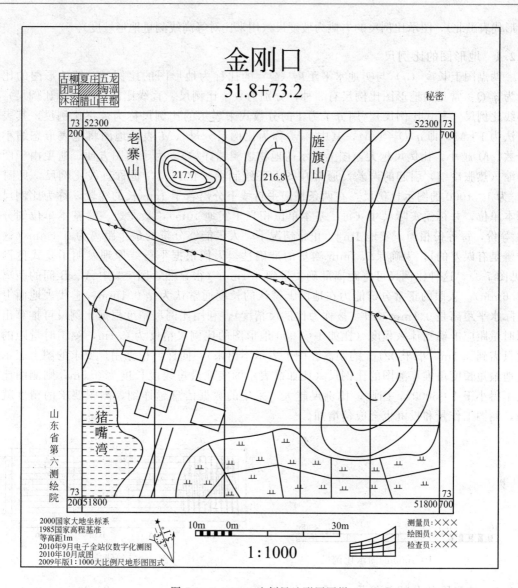

图 7-1　1∶1000 比例尺地形图图样

地图信息，"秘密"反映了该地图的"保密等级"。图名"金刚口"左侧，内含 9 个扁方格的矩形称为"接图表"（用来指导拼图，中间涂满平行斜线的扁方格代表"金刚口"图幅，"金刚口"图幅的正上方应接"夏庄"图幅；"金刚口"图幅的正下方应接"腊山"图幅；"金刚口"图幅的正左方应接"团旺"图幅；"金刚口"图幅的正右方应接"淘漳"图幅；"金刚口"图幅的左上方应接"古柳"图幅；"金刚口"图幅的右上方应接"五龙"图幅；"金刚口"图幅的左下方应接"沐浴"图幅；"金刚口"图幅的右下方应接"羊郡"图幅）。外图廓左边的"山东省第六测绘院"是指测绘该地图的单位。外图廓左下边的几排文字反映的是地图的一些重要基本数据〔采用的坐标系为 2000 国家大地坐标系；高程系为 1985 国家高程基准；等高距 1m；测图时间及方法（反映地图的现势性）为 2010 年 9 月电子全站仪数字化测图；成图时间为 2010年 10 月；采用的图式为 2009 年版 1∶1000 大比例尺地形图图式〕。外图廓右下边的 3 排文字反映的是测量员、绘图员和检查员的名字（用于强调责任）。外图廓正下方有图示比例尺和数字比例尺，图示比例尺的左侧有 3 北方向线间的夹角关系（五星代表真北，箭头代表坐标纵线，

Y形代表磁北），图示比例尺的右侧为坡度尺（用来比对等高线测量地形坡度）。

7.2.1　地形图的比例尺

　　两点图上长度（q）与实地水平距离（Q）的比称为地形图的比例尺，即地形图的比例尺为 q/Q。常见的地形图比例尺有 3 种，分别为数字比例尺、直线比例尺（图示比例尺）和斜线比例尺（复式比例尺）。用分子为 1 的分数式来表示的比例尺称为数字比例尺，其表示方法为 $1:M$，即 $q/Q=1/M$，其中，M 称为比例尺分母（M 表示地图将地表形态缩小的倍数。M 越小，比例尺越大，图上表示的地物地貌越详尽）。为了用图方便，避免由于图纸伸缩（热胀冷缩）引起的误差，通常在图上还绘制图示比例尺［也称直线比例尺，见图 7-2，为 $1:1000$ 的图示比例尺，在两条横向平行线上分出若干 1cm 长的线段，称为比例尺的基本单位，并标注实际尺寸（每一基本单位相当于实地 10m），最左边一段基本单位细分成 10 等份，每等份相当于实地 1m］。正常情况下，人眼能够分辨的最小距离为 0.1mm（这种分辨是有误差的），为确保 0.1mm 测量的准确性，人们根据平行线原理发明了复式比例尺（见图 7-3），这种比例尺可将距离准确丈量到 0.1mm（很显然，图 7-3 中 A、B 间的距离为 24.6mm）。人眼的正常分辨能力在地图上辨认的长度通常认为是 0.1mm，它代表地面上的实际水平距离是 $0.1mm\times M$（被称为比例尺精度），利用比例尺精度根据比例尺可推算出测图时量距应准确到什么程度（比如 $1:1000$ 地形图的比例尺精度为 0.1m，测图时量距的精度只需到 0.1m，小于 0.1m 的距离在图上表示不出来），同样，根据用户要求的图上表示的实地最短长度可推算测图的比例尺（比如欲表示的实地最短线段长度为 0.5m，则测图比例尺不得小于 $1:5000$），因此，比例尺越大，采集的数据信息越详细，测图要求的精度就越高，测图工作量和投资也会成倍增加。

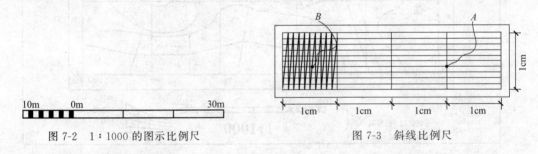

图 7-2　$1:1000$ 的图示比例尺　　　　　　　图 7-3　斜线比例尺

7.2.2　地形图的分幅与编号

　　每张地形图的图幅大小是有统一规定的，这种规定称为地形图的分幅。同样，每张地形图的图号编制规则也是有统一规定的，这种规定称为地形图的编号。地形图的图幅规制有 2 种，一种是弧边梯形的，称为"梯形分幅"（用于中、小比例尺地形图），一种是矩形的（大多为正方形），称为"矩形分幅"（用于大比例尺地形图）。$1:1000000$ 地形图的分幅沿用国际惯例，其余中、小比例尺地形图的分幅编号均以 $1:1000000$ 地形图为基础按国家规定执行（我国地形图分幅和编号依据 GB/T 13989—92《国家基本比例尺地形图分幅和编号》）。

　　（1）$1:1000000$ 地形图的分幅与编号（国际分幅法）　$1:1000000$ 地形图的图幅大小为经差 6°、纬差 4°，见图 7-4。图 7-4 为我国 J-51 的图幅范围（北纬 36°～北纬 40°、东经 120°～东经 126°）。国际 $1:1000000$ 地形图分幅标准（见图 7-5，该图不作为确界依据，仅为示意图）是：从赤道开始纬度每 4°为一列（依次用拉丁字母 A、B、C、…、V 表示，列号前冠以 N 或 S，以区别北半球和南半球。我国地处北半球，图号前的 N 可全部省略），从 180°经线开始自西向东每 6°为一纵行将全球分为 60 纵行（依次用 1、2、3、…、60 表示），

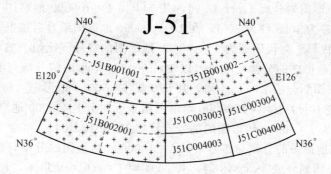

图 7-4　1：1000000、1：500000、1：250000 地形图的分幅与编号

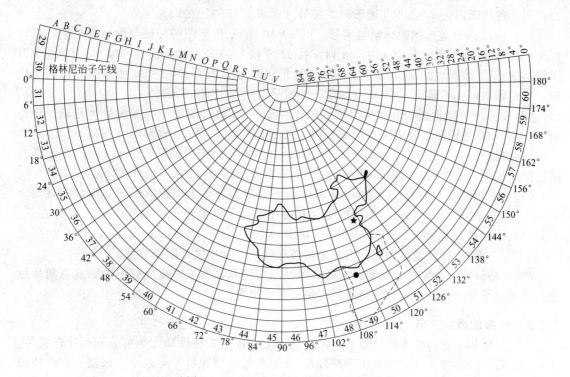

图 7-5　1：1000000 地形图的分幅与编号

列号、行号相结合即为该图的编号（每幅 1：1000000 的地形图图号由该图的列数与行数组成，比如北京所在的 1：1000000 地形图的编号为 J-50）。

（2）1：500000 地形图的分幅与编号　以 1：1000000 地形图的分幅与编号为基础，将每幅 1：1000000 地形图划分成 2 行 2 列，共 4 幅 1：500000 地形图（一幅 1：500000 地形图的范围为经差 3°，纬差 2°），在 1：1000000 地形图编号后加上 1：500000 地形图的比例尺代码、行代码（3 位数）、列代码（3 位数）即为 1：500000 地形图的编号（比如J51B002001，见图 7-4）。

（3）1：250000 地形图的分幅与编号　以 1：1000000 地形图的分幅与编号为基础，将每幅 1：1000000 地形图划分成 4 行 4 列，共 16 幅 1：250000 地形图（每幅 1：250000 地形图的范围为经差 1°30′，纬差 1°），在 1：1000000 地形图编号后加上 1：250000 地形图的比例尺代码、行代码、列代码即为 1：250000 地形图的编号（比如 J51C004003，见图 7-4）。

（4）1：100000 地形图的分幅与编号　以 1：1000000 地形图的分幅与编号为基础，将每幅 1∶1000000 地形图划分成 12 行 12 列，共 144 幅 1∶100000 地形图（每幅 1∶100000 地形图的范围为经差为 30′，纬差 20′），在 1∶1000000 地形图编号后加上 1∶100000 地形图的比例尺代码、行代码、列代码即为 1∶100000 地形图的编号（比如 J51D009011）。

（5）1∶50000 地形图的分幅与编号　以 1∶1000000 地形图的分幅与编号为基础，将每幅 1∶1000000 地形图划分成 24 行 24 列，共 576 幅 1∶50000 地形图（每幅 1∶50000 地形图经差为 15′，纬差 10′），在 1∶1000000 地形图编号后加上 1∶50000 地形图的比例尺代码、行代码、列代码即为 1∶50000 地形图的编号（比如 J51E017016）。

（6）1∶25000 地形图的分幅与编号　以 1∶1000000 地形图的分幅与编号为基础，将每幅 1∶1000000 地形图划分成 48 行 48 列，共 2304 幅 1∶25000 地形图（每幅 1∶25000 地形图经差 7′30″，纬差 5′），在 1∶1000000 地形图编号后加上 1∶25000 地形图的比例尺代码、行代码、列代码即为 1∶25000 地形图的编号（比如 J51F032039）。

（7）1∶10000 地形图的分幅与编号　以 1∶1000000 地形图的分幅与编号为基础，将每幅 1∶1000000 地形图划分为 96 行 96 列，共 9216 幅 1∶10000 地形图（每幅 1∶10000 地形图经差 3′45″，纬差 2′30″），在 1∶1000000 地形图编号后加上 1∶10000 地形图的比例尺代码、行代码、列代码即为 1∶10000 地形图的编号（比如 J51G093004）。

（8）1∶5000 地形图的分幅与编号　以 1∶1000000 地形图的分幅与编号为基础，将每幅 1∶1000000 地形图划分成 192 行 192 列，共 36864 幅 1∶5000 地形图（每幅 1∶5000 地形图的范围是经差 1′52.5″，纬差 1′15″），在 1∶1000000 地形图编号后加上 1∶5000 地形图的比例尺代码、行代码、列代码即为 1∶5000 地形图的编号（比如 J51H093093）。

（9）1∶500、1∶1000、1∶2000 地形图的分幅与编号　采用正方形或矩形，其规格为 50cm×50cm 或 40cm×40cm。图号以图廓西南角坐标公里数为单位编号，X 在前 Y 在后，中间用短线连接（比如 1∶2000 图号 10.0-21.0，1∶1000 图号 10.5-21.5，1∶500 图号 10.50-21.75 等）。带状或小面积测区的图幅按测区统一顺序进行图幅编号。

（10）特殊分幅与编号　当测区未与全国性三角网联系时，可按照假定的独立直角坐标进行分幅与编号。分幅及编号规则的制定要有利于拼图。

7.2.3　地物的表示方法

地物可按铅垂投影的方法缩绘到一张平面图上，按照其特性和大小可分别用比例符号、非比例符号、线形符号（或叫半比例符号）、注记符号、面积符号等表示。根据实际地物的大小，按比例尺缩绘于图上以表示地物的大小、位置和属性特征的符号称为比例符号。尺寸相对较小或无法按照一定比例缩绘的地物（即当地物画在图上太小、不能用比例符号表示时）可用一种象形符号来表示地物的平面位置及属性特征，这类符号称为非比例符号（比如三角点、水准点、独立树、里程碑、钻孔、水井等，仅表示其平面中心位置）。一些带状延伸的地物其横向宽度不能按照比例绘制可用一条与实际走向一致的线条表示，这类符号称为线形符号（比如道路、小溪、通信线、电力线及各种管道等）。有些地物除用一定的符号表示外还需要加以说明和注记（以更准确地表示地物的位置、属性并有利于地形图阅读和应用）的符号形式称为注记符号（比如河流和湖泊的水位；村、镇，工厂、铁路、公路；城市或街区的特别标志物等）。面积符号则用来表示区域性地表特征（比如水田、旱田、园地等），由范围界线、象形符号、文字构成。常用地物符号见表 7-1。

7.2.4　地貌的表示方法

地貌的表示方法很多，包括晕渲法、晕滃法、分层设色法、等高线法。晕渲法是根据光影原理，借助明暗色块，利用艺术手段，形象地描绘地面起伏的方法，体现出了很高的艺术

表 7-1　常用地物符号（1：500、1：1000 地形图图式）

符号说明	符　　号	符号说明	符　　号
三角点 横山-点名 95.93-高程	3.0 ▽ 横山 95.931	小路	4.0　1.0 0.3
导线点 25-点名 62.74-高程	2.5　25 1.5　62.74	阶梯路	0.5
水准点 京石 5 点名 32.804-高程	2.0 ⊗ 京石5 32.804	河流、湖泊、水库、水 涯线及流向	
永久性房屋（四层）	4	水渠	
普通房屋		车行桥	
厕所	厕	人行桥	
水塔	3.0 ▱ 1.0 1.2	地类界	0.2 1.5
烟囱	3.5	旱地	1.5 6.0 1.0 6.0
电力线（高压）	4.0	竹林（大面积的）	3.0 2.0
电力线（低压）	4.0 4.0	草地	0.8 ‖ 6.0 ‖ 1.5 ‖ 6.0
围墙、砖石及混凝 土墙	8.0	耕田、水稻田	6.0 6.0 2.0
土墙	8.0 0.5	菜地	2.0 6.0 2.0 6.0
栅栏、栏杆	8.0　1.0		
篱笆	1.0　8.0	等高线	467.6 465 460
铁丝网	8.0 ×　×　×		
铁路	0.2　10.0 0.2　0.5		
公路	0.3　沥砾 0.3		
简易公路	0.15　碎石 0.3		
大车路	8.0　2.0		

性，但无法体现地面起伏的数值。晕渲法也是根据光影原理，借助疏密不同晕线，形象地描绘地面起伏的方法，相对降低了地貌描述的艺术性要求，但也无法体现地面起伏的数值。分层设色法是将地面高程按区域进行归类，用不同的颜色表达不同高程范围的地面起伏概貌，比如用浅蓝色代表浅海区域，深蓝色代表深海区域，绿色代表平均海拔 100m 以下的平原地区，浅黄色代表平均海拔 $100\sim500$m 的丘陵地区，中黄色代表平均海拔 $500\sim1000$m 的地区，深黄色代表平均海拔 $1000\sim2000$m 的地区，黄褐色代表平均海拔 $2000\sim3000$m 的地区，深褐色代表平均海拔 3000m 以上的地区。分层设色法表达地貌既不形象也不精细。等高线法是一种既形象又精细的表达地貌的方法，是地形图表达地貌主要手段。

(1) 等高线原理 图 7-6 为一山丘，设想当水面高程为 90m 时与山头相交得一条交线，交线上各点高程均为 90m。若水面向上升 5m，又可与山头相交得一条高程为 95m 的交线。若水面继续上涨至 100m，又得一条高程为 100m 的交线。将这些交线垂直投影到水平面得三条闭合的曲线，这些曲线称为等高线，注上高程，就可在图上显示出山丘的形状。因此，地面上高程相等的点，按其内在的联系，依次、顺序、圆滑连接而成的封闭曲线称为等高线。按固定步长（高差）绘制的等高线称为基本等高线。两条相邻基本等高线间的高差称为等高距（用 h 表示），常用等高距有 1m、2m、5m、10m 等几种，等高距应根据地形图的比例尺和地面

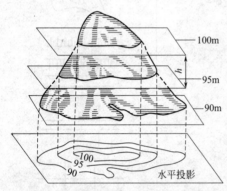

图 7-6 用等高线表示地貌的原理

起伏情况确定，在一张地形图上只能采用一种等高距，图 7-6 的等高距 h 为 5m。图上两相邻等高线间的水平距离称为等高线平距（用 d 表示）。等高线的高程应为基本等高距的整倍数。地形图上按规定等高距勾绘的等高线称为首曲线。为便于看图，每隔四条首曲线加粗一根首曲线，这根加粗的首曲线被称为计曲线（比如等高距为 1m 的等高线，则高程为 5m、10m、15m、20m 等 5m 倍数的等高线为计曲线），计曲线上每隔一定距离要断开并标注高程（其他基本等高线不标注高程）。在地势平坦地区，为更清楚地反映地面起伏，可在相邻两首曲线间加绘等高距一半的等高线（称为间曲线）。在地形较为平坦的区域为了能更准确地利用地形图设计工程建筑物，有时还在间曲线的基础上再绘制出高差为四分之一等高距的等高线（通常把这一等高线称为四分之一等高线或助曲线）。间曲线和助曲线只描绘局部、不封闭，间曲线为比首曲线略细的实线，助曲线则为虚线。地面坡度是指等高距 h 与等高线平距 d 之比，用 i 表示，即 $i=h/d$。等高距应根据地形和比例尺确定，具体可参照表 7-2。

表 7-2　地形图的基本等高距

地形类别	比例尺				备　注
	1:500	1:1000	1:2000	1:5000	
平地	0.5m	0.5m	1m	2m	等高距为 0.5m 时，特征点高程可注至 cm，其余均注至 dm
丘陵	0.5m	1m	2m	5m	
山地	1m	1m	2m	5m	

(2) 几种典型地貌的等高线 图 7-7(a) 和 (b) 为山丘和盆地的等高线画法，它由若干闭合的曲线组成，根据注记的高程才能把两者加以区别（自外圈向里圈逐步升高的是山丘，自外圈向里圈逐步降低的是盆地），图中垂直于等高线顺山坡向下画出的短线称为示坡线（示坡线指向坡度降低的方向）。图 7-7(c) 为山脊与山谷的等高线（形状类似抛物线），

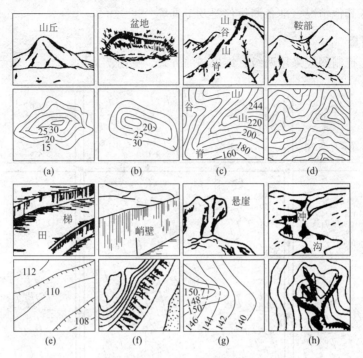

图 7-7　几种典型地貌的表示方法

山脊等高线是凸向低处的曲线（各凸出处拐点的连线称为山脊线或分水线），山谷等高线是凸向高处的曲线（各凸出处拐点的连线称为山谷线或集水线或合水线），山脊或山谷两侧山坡的等高线近似于一组平行线。鞍部是介于两个山头之间的低凹地，呈马鞍形，其等高线的形状近似于两组双曲线簇，见图 7-7(d)。梯田及峭壁的等高线见图 7-7(e) 和 （f）。悬崖等高线会出现相交的情况，覆盖部分为虚线，见图 7-7(g)。坡地上，由于雨水冲刷而形成的狭窄而深切的沟叫冲沟，见图 7-7(h)。以上每种典型地貌形态都可近似地看成由不同方向、不同斜面组成的曲面，相邻斜面相交的棱线以及特别明显的地方（比如山脊线、山谷线、山脚线等）称为地貌特征线或地性线，这些地性线构成了地貌的骨架，地性线的端点或其坡度变化处（比如山顶点、盆底点、鞍部最低点、坡度变换点）称为地貌特征点，它们是测绘地貌的关键点。

　　（3）等高线的性质　　根据上述等高线原理和典型地貌的等高线特征可总结出等高线的性质，即：在同一根等高线上各点高程相等；等高线是自行闭合的连续曲线（如不能在本图幅内闭合则必在图外闭合，故等高线必须延伸到图幅边缘）；除悬崖峭壁外等高线在图上一般不会相交和重合（等高线在悬崖处会相交，在峭壁处会重合）；在等高距 h 不变前提下等高线平距越小，坡度越陡（平距越大，坡度越缓，平距相等则坡度相等，平距与坡度成反比）；等高线和山脊线、山谷线正交（等高线通过山脊线及山谷线时必须改变方向且与其正交）；等高线不能在图内中断（但遇道路、房屋、河流等地物符号和注记处可以局部中断）。

7.3　地形图的测绘方法

7.3.1　测图前的准备工作

　　要完成地形图测绘任务，测绘地形图前必须进行必要的准备工作，这些工作包括抄录测区内所有的控制点资料（平面位置和高程位置）、收集已有的图件、准备测图规范及地形图图式、了解测区其他情况、准备测量仪器及工具等。

7.3.2 控制测量

地形图测绘控制网应采用两级三维控制的方式，见图 7-8。

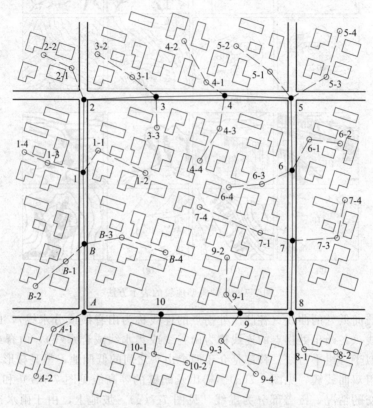

图 7-8 地形图测绘两级三维控制网布置

首级三维控制应采用闭合导线和闭合水准路线形式，图 7-8 中的小黑点就是首级三维控制点，这些点既是导线点又是水准点。闭合导线的外业工作包括测量闭合导线所有导线边的水平距离和所有导线转折角。闭合水准路线的外业工作是测量所有测段的高差。采用独立测量系统时可以假定 A 点的三维坐标（X_A、Y_A、H_A）和 AB 的方位角 α_{AB}（α_{AB} 也可通过陀螺经纬仪、罗盘仪或天文大地测量方法确定），然后，即可根据闭合导线和闭合水准路线的外业测量数据（边长、角度、高差）计算各个首级三维控制点的三维坐标（X_i、Y_i、H_i）了。图 7-8 中的首级三维控制点包括 A、B、1、2、3、4、5、6、7、8、9、10。若与国家点联测则必须进行坐标联系测量和水准联系测量。

二级三维控制应采用支导线和支水准路线的形式，图 7-8 中的小圈点就是二级三维控制点，这些点既是导线点又是水准点。二级三维控制点的依据（基准点）是首级三维控制点。支导线的外业工作包括测量支导线所有导线边的水平距离和所有导线转折角。支水准路线的外业工作是测量所有测段的高差。然后，利用相关首级三维控制点的三维坐标（X_i、Y_i、H_i），以及支导线和支水准路线的外业测量数据（边长、角度、高差）即可计算出各个二级三维控制点的三维坐标（X_{ij}、Y_{ij}、H_{ij}）了。图 7-8 中的二级三维控制网包括：$B\rightarrow A\rightarrow A\text{-}1\rightarrow A\text{-}2$；$A\rightarrow B\rightarrow B\text{-}1\rightarrow B\text{-}2$；$A\rightarrow B\rightarrow B\text{-}3\rightarrow B\text{-}4$；$B\rightarrow 1\rightarrow 1\text{-}1\rightarrow 1\text{-}2$；$B\rightarrow 1\rightarrow 1\text{-}3\rightarrow 1\text{-}4$；$1\rightarrow 2\rightarrow 2\text{-}1\rightarrow 2\text{-}2$；$2\rightarrow 3\rightarrow 3\text{-}1\rightarrow 3\text{-}2$；$2\rightarrow 3\rightarrow 3\text{-}3$；$3\rightarrow 4\rightarrow 4\text{-}1\rightarrow 4\text{-}2$；$4\rightarrow 4\rightarrow 4\text{-}4$；$4\rightarrow 5\rightarrow 5\text{-}1\rightarrow 5\text{-}2$；$4\rightarrow 5\rightarrow 5\text{-}3\,5\text{-}4$；$5\rightarrow 6\rightarrow 6\text{-}1\rightarrow 6\text{-}2$；$5\rightarrow 6\rightarrow 6\text{-}3\rightarrow 6\text{-}4$；$6\rightarrow 7\rightarrow 7\text{-}1\rightarrow 7\text{-}2$；$6\rightarrow 7\rightarrow 7\text{-}3\rightarrow$

7-4；7→8→8-1→8-2；8→9→9-1→9-2；8→9→9-3→9-4；9→10→10-1→10-2。

地形图测绘控制网中的三维控制点也称为图根控制点。地形图测绘控制网的布设目的是能够通过各个三维控制点（包括首级和二级）将测量区域内的全部地形测绘出来。

7.3.3　碎部点的选择方法

地形图测绘过程也称碎部测量。地形图是根据测绘在图纸上的碎部点来勾绘的，因此碎部点选择恰当与否直接影响地形图的质量，地物、地貌的特征点统称为地形特征点（或叫碎部点），正确选择地形特征点是碎部测量中十分重要的工作，它是地形图测绘的基础。选择碎部点的基本要求主要有以下 3 点。

① 对地物应选择能反映地物形状的特征点，一般选在地物轮廓的方向线变化处（比如房屋的房角、河流水涯线或水渠或道路的方向转变点、道路交叉点等），连接有关特征点，便能绘出与实地相似的地物形状。形状不规则的地物通常要进行取舍，主要地物凸凹部分在地形图上大于 0.4mm 时均应测定出来（小于 0.4mm 时可用直线连接）。一些非比例表示的地物（比如独立树、纪念碑和电线杆等独立地物）则应选在中心点位置。

② 地貌特征点通常选在最能反映地貌特征的山脊线、山谷线等山性线上（比如山顶、鞍部、山脊、山谷、山坡、山脚等坡度或方向的变化点），利用这些特征点勾绘等高线才能在地形图上真实地反映出地貌来。

③ 碎部点密度应适当，过稀不能详细反映地形的细小变化，过密则会增加野外工作量，造成浪费。为能如实反映地面情况，即使在地面坡度变化不大的地方也应每相隔一定距离立尺（碎部点在地形图上的间距应控制在 2～3cm，地面平坦或坡度无显著变化地区，地貌特征点的间距可以采用最大值）。地形点密度和它到测站的最大距离可随测图比例尺的大小和地形变化情况确定（见表 7-3）。

表 7-3　碎部点的密度和最大视距长度

测图比例尺	地形点最大间距/m	最大视距/m		测图比例尺	地形点最大间距/m	最大视距/m	
		主要地物点	次要地物点和地形点			主要地物点	次要地物点和地形点
1：500	15	60	100	1：2000	50	180	250
1：1000	30	100	150	1：5000	100	300	350

7.3.4　碎部测量

碎部测量有很多种方法。目前，传统的图解测图法（平板仪测图、经纬仪测图、平板仪配合经纬仪测图等）已基本不再使用，现代碎部测量主要采用电子全站仪全数字化测图、GPS 测图和摄影测量成图（航测成图），特殊情况下也可以采用精度不高的经纬仪数字化地形测图。

7.3.4.1　经纬仪数字化碎部测图作业

如图 7-9 所示，在一个图根控制点（A）上安置经纬仪，选择另一个图根控制点（B）作为后视点立花杆，根据 A、B 坐标反算 AB 的方位角 α_{AB}。

$$\alpha_{AB} = \arctan[(Y_B - Y_A)/(X_B - X_A)] \tag{7-1}$$

丈量经纬仪的仪器高 q。将经纬仪（盘左状态）瞄准 B 点花杆，同时使经纬仪水平度盘读数变为 α_{AB}（通过配盘实现），此时对于光学经纬仪已经实现了水平度盘读数与坐标方位角的理论上的一致（因为方位角与经纬仪水平度盘读数均为顺时针增大，见图 7-9。当然，由于经纬仪的系统误差及操作误差，水平度盘读数与坐标方位角间会有微小的差异，这种差

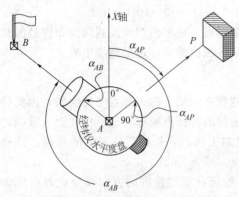

图 7-9　经纬仪数字化测图
原理与现场布置

异在 $1'$ 以下），若是电子经纬仪则应设置水平角度增加方向为顺时针方向（在瞄准 B 方向后可直接输入 α_{AB} 实现配盘，此时该电子经纬仪也已经实现了水平度盘读数与坐标方位角的理论上的一致）。

对 A 点周边 100m 范围的任何一个碎部点都可以迅速获得基本观测数据［水平度盘读数；竖直度盘读数；碎部点上塔尺的三丝读数（上丝读数、中丝读数、下丝读数）］并迅速用计算器计算出碎部点三维坐标（平面直角坐标 X_i、Y_i；高程 H_i）。

每个碎部点的测量过程是（见图 7-9）：在碎部点 P 上竖立一根塔尺。经纬仪竖丝瞄准塔尺中线，在保证经纬仪十字丝三丝均能读到塔尺刻度的前提下全面制动经纬仪（包括水平和竖直），使竖盘指标线位置正确（非竖盘指标自动归零经纬仪应旋转竖盘指标水准器微动螺旋使竖盘指标水准器气泡居中。竖盘指标自动归零经纬仪应使经纬仪竖盘指标自动归零装置处于工作状态。电子经纬仪应在测量开始前校验调整），连读经纬仪水平度盘读数 α_{AP}、经纬仪竖直度盘读数 L_{AP}、塔尺上丝读数 S、塔尺中丝读数 Z、塔尺下丝读数 X。根据 α_{AP}、L_{AP}、S、Z、X 即可计算出 P 点的三维坐标（平面直角坐标 X_P、Y_P；高程 H_P）。计算方法是：

（1）根据 L_{AP} 计算经纬仪视线倾角　即竖直角 δ_{AP}。

$$\delta_{AP} = \pm(L_{AP} - 90°) \tag{7-2}$$

式(7-2)适用于天顶距竖盘经纬仪（即经纬仪望远镜铅直时竖直度盘读数为 $0°$ 或 $180°$，望远镜水平时竖直度盘读数为 $90°$ 或 $270°$），当盘左仰角经纬仪竖直度盘读数大于 $90°$ 时式(7-3)中"±"用"+"，反之用"−"。

（2）根据 δ_{AP}、S、Z、X 及经纬仪仪器高 q 计算设站点（A）到碎部点（P）的水平距离 D_{AP} 和高差 h_{AP}

$$D_{AP} = K|S-X|\cos^2\delta_{AP} + C\cos\delta_{AP} \tag{7-3}$$

$$h_{AP} = (K|S-X|\sin2\delta_{AP})/2 + C\sin\delta_{AP} + q - Z + f \tag{7-4}$$

式中，K 为视距乘常数（一般情况下 $K=100$）；C 为视距加常数（一般情况下 $C=0$）；f 为地球曲率与大气折射联合改正数，$f=0.43D_{AP}^2/R$，R 为地球平均曲率半径（$R=6371$km）。由于 f 的值远远低于经纬仪测图的误差，故在经纬仪测图时忽略 f 的影响，认为 $f=0$。一般经纬仪的 C 也为零，故式(7-3)、式(7-4)可简化为：

$$D_{AP} = K|S-X|\cos^2\delta_{AP} \tag{7-5}$$

$$h_{AP} = (K|S-X|\sin2\delta_{AP})/2 + q - Z \tag{7-6}$$

（3）根据设站点（A）的三维坐标（X_A、Y_A、H_A）、水平距离 D_{AP}、高差 h_{AP}、经纬仪水平度盘读数 α_{AP}（即 AP 的方位角）计算碎部点（P）的三维坐标（平面直角坐标 X_P、Y_P；高程 H_P）

$$X_P = X_A + D_{AP}\cos\alpha_{AP} \tag{7-7}$$

$$Y_P = Y_A + D_{AP}\sin\alpha_{AP} \tag{7-8}$$

$$H_P = H_A + h_{AP} \tag{7-9}$$

为提高计算速度可采用编程性计算器，借助应用程序进行快速计算，只要将每个碎部点的观测数据（经纬仪水平度盘读数 α_{AP}、经纬仪竖直度盘读数 L_{AP}、塔尺上丝读数 S、塔尺

中丝读数 Z、塔尺下丝读数 X）输入计算器，计算器立即就可计算出碎部点的三维坐标（平面直角坐标 X_P、Y_P；高程 H_P），从数据输入到计算出结果一般只需 30s 左右。

（4）经纬仪数字化测图的内业　若现场带有笔记本电脑的话可在现场直接随测随将碎部点绘制在 AutoCAD 绘图界面上，并随时将各个碎部点的关联关系用合乎《测图规范》要求的线形进行优质连接。若现场没有笔记本电脑的话则必须手工画出示意性草图，标清碎部点及相互间的关联关系，每次野外作业回来立即在电脑上绘图。整个外业测量结束后，应对 AutoCAD 地形图进行必要的整饰与调整（比如图形的闭合、直角的修整、与地形图图式的匹配等）。利用 AutoCAD 绘制地形图时所有碎部点均必须在二维平面上绘制（即只利用其平面直角坐标 X_P、Y_P 绘图，绘图时认为所有碎部点的高程均为零，AutoCAD 定点时将 Z 坐标缺省设置为零），因为只有二维平面才能实现图形的自动封闭和闭合。而所有碎部点的高程 H_P 则是利用文字功能直接标注在 AutoCAD 绘图界面上的。这一点务必要引起大家的注意。

（5）特殊的碎部测量方法　有些碎部点比较隐蔽，用各种方法难以测量，可采用一些变通方法，比如角度交会法和距离交会法等。

7.3.4.2　电子全站仪数字化测图

电子全站仪能同时测定距离、角度、高差，提供待测点三维坐标，将仪器野外采集的数据，结合计算机、绘图仪，以及相应软件，就可以实现自动化测图。目前，电子全站仪数字化测图主要有电子全站仪结合电子平板模式、电子全站仪自动存储模式、电子全站仪加电子手簿或高性能掌上电脑模式 3 种模式。电子全站仪结合电子平板模式是以便携式电脑作为电子平板，通过通信线直接与电子全站仪进行通信、完成记录数据与传输、实时成图，它具有图形直观、准确性强、操作简单等优点，即使在地形复杂地区也可现场测绘成图（避免了野外绘制草图的麻烦）。电子全站仪自动存储模式利用电子全站仪的固化内存或自带的记忆卡（存储卡）将野外测得的数据通过一定的编码方式直接记录，同时在野外现场绘制复杂地形的草图（供室内成图时参考对照），电子全站仪自动存储模式操作过程简单，无需附带其他电子设备，对野外观测数据直接存储，纠错能力强（可进行内业自动纠错处理）。电子全站仪加电子手簿或高性能掌上电脑模式通过通信线将电子全站仪与电子手簿或掌上电脑连接，把测量数据记录在电子手簿或便携式电脑上，同时进行一些必要的简单属性操作、绘制现场草图，内业时把数据传输到计算机中进行成图处理，该模式的特点是携带方便，掌上电脑采用图形界面交互系统可对测量数据进行简单编辑从而减少内业工作量。

电子全站仪数字化测图包括测图准备、数据获取、数据输入、数据处理、数据输出等五个阶段。测图准备工作与传统地形测图一样，包括资料准备、控制测量、测图准备等。电子全站仪加电子手簿测图模式从数据采集到成图输出的 4 个基本过程是野外碎部点采集、数据传输、数据处理、图形处理与成图输出。野外碎部点采集时通常采用"解算法"进行，用电子手簿记录三维坐标（X、Y、H）及绘图信息（既要记录测站参数、距离、水平角、竖直角等碎部点位置信息，还要记录编码、点号、连接点和连接线型四种信息），另外，在采集碎部点时还要及时绘制观测草图。数据传输用数据通信线连接电子手簿和计算机，把野外观测数据传输到计算机中，每次观测的数据要及时传输以避免数据丢失。数据处理包括数据转换和数据计算，是指对野外采集的数据进行的预处理并通过数据处理检查可能出现的各种错误；数据转换是把野外采集到的数据进行编码，将测量数据转换成绘图系统所需的编码格式；数据计算主要针对地貌将测量数据输入计算机生成平面图形、建立图形文件、绘制等高线。图形处理与成图输出时，编辑、整理经数据处理后所生成的图形数据文件，对照外业草图修改整饰新生成的地形图，应补测或重测存在漏测或测错的地方，然后进行图幅整饰（加注高程、注记等），最后进行成图输出。

电子全站仪数字化测图的野外数据采集仅测定碎部点的位置并不能满足计算机自动成图的需要，必须将所测地物点的连接关系和地物类别（或地物属性）等绘图信息记录下来并按一定的编码格式记录数据。编码应按照《1∶500、1∶1000、1∶2000 地形图要素分类与代码》（GB/T 14804）进行。地形信息的编码通常由 4 部分组成，即大类码、小类码、一级代码、二级代码，分别用 1 位十进制数字顺序排列。大类码是测量控制点，分平面控制点、高程控制点、GPS 点和其他控制点四个小类码，编码分别为 11、12、13 和 14。小类码又分为若干一级代码，一级代码又分为若干二级代码，比如小三角点是第 3 个一级代码，5 秒小三

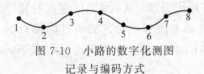

图 7-10　小路的数字化测图
记录与编码方式

角点是第 1 个二级代码，则小三角点的编码是 113，5 秒小三角点的编码是 1132。野外观测除要记录测站参数、距离、水平角和竖直角等观测量外还要记录地物点连接关系的信息编码，比如一条小路，见图 7-10 和表 7-4（为记录格式）。表 7-4 中连接点是指与观测点相连接的点号，连接线型是测点与连接点之间的连线形式（有直线、曲线、圆弧和独立点四种形式，分别用 1、2、3 和空为代码）。小路的编码为 443，点号同时也代表测量碎部点的顺序，表中略去了观测值。目前开发的测图软件大多根据开发者自身的特点、需要、作业习惯、仪器设备和数据处理方法制定自己的编码规则，利用电子全站仪进行野外测图时，编码通常由地物代码和连接关系的简单符号组成，比如代码 F0、F1、F2 分别表示特种房、普通房、简单房（F 字为"房"的汉语拼音首字母，以下类同），L1、L2 表示第一条路、第二条路的点位等。

表 7-4　小路的数字化测图编码

单元	点号	编号	连接点	连接线型	单元	点号	编号	连接点	连接线型
第一单元	1	443	1	2	第二单元	5	443	5	-2
	2	443				6	443		
	3	443				7	443	-4	
	4	443			第三单元	8	443	5	1

7.3.4.3　航空摄影测量成图

利用航空摄影相片绘制地形图的方法称为航空摄影测量成图（航测成图）。航测成图可把大量野外工作变为室内作业，具有速度快、成本低、精度均匀、不受季节限制等优点。我国(1∶100000)～(1∶10000)的国家基本图、各专业部门工程规划设计用的 1∶5000 和 1∶2000 大比例尺地形图通常习惯采用航测成图。航空相片（航片）是用航空摄影机在飞机上对地面进行摄影得到的，它是航测成图的基本资料。航测成图要求航片影像要覆盖整个测区，在天气晴朗条件下，按选定的航高和航线进行连续飞行摄影。相邻两航片间要有部分影像重叠（通常规定航向重叠不应小于 60%、旁向重叠不应小于 30%）。航片影像范围的大小称像幅，目前国内常用的航片像幅为 230mm×230mm，相片四边的中点设有框标，对边框标的连线构成直角坐标系的轴线，根据框标可量测像点坐标。航片与地形图具有很多不同点，具体可概括为投影方式不同、表达方式不同、地面起伏会引起像点位移、航空相片会产生倾斜误差等。通常情况下，航测成图借助内业判读和外业调绘来识别和综合有关地物与地貌信息，并按统一的图示符号和文字注记绘注在相片上，这项工作称为相片调绘。航空摄影测量是通过航片来测制地形图的，它包括航空摄影、航测外业、航测内业三部分工作内容。航测外业主要包括控制测量和相片调绘。航测内业则包括控制加密和测图。控制加密是在外

业控制测量基础上由室内进行的，主要由电子计算机来完成（俗称"电算加密"）。航空摄影测量可测制线划地形图、相片平面图、影像地形图以及数字地面模型（DTM）。航测成图方法经历了全模拟法、模拟-数值法、模拟-解析法及数字-解析法等几个阶段。仪器不同，其测图的方法也不相同，但其测图的基本原理是一致的。目前，航测成图的常用方法有综合法、全能法和 GPS 辅助法等。

（1）综合法　综合法测图是航空摄影测量和地形测量相结合的一种测图方法。航片通过航测内业进行纠正和影像镶嵌，获得地面影像点的平面相关位置，镶嵌好的相片平面图拿到野外进行地物调绘和地貌测绘，得到航测地形原图（也称影像地图），其测图流程为：航空摄影→相片处理→野外控制测量→相片纠正→镶嵌相片平面图与相片复照→野外测图与调绘。综合法测图主要适用于平坦地区，多用于地形图的修测和大型工程的规划设计。

（2）全能法　全能法测图利用相片和立体测图仪，根据空间交会原理，在室内经过相对定向和绝对定向的工作过程，建立按比例缩小的且与地面完全相似的光学（或数学）立体模型，然后用此模型测绘地物和地貌，进而绘制出地形图。其测图流程为：航空摄影→相片处理→野外控制测量与调绘→内业控制点加密→内业测图→清绘与整饰。全能法是通过测图仪器的机械补偿装置或计算机的内置解算软件对航片的倾斜和地形起伏影响进行纠正，因此它适合于各类地形和多种比例尺的测图。

（3）GPS 辅助法　为减少地面控制测量工作量，目前，人们利用安装在航摄飞机上的 GPS 接收机测定摄影中心在曝光瞬间的空间三维坐标，将它作为观测值参加空中三角测量平差。从 20 世纪 80 年代初，美国、德国等国家率先进行了 GPS 辅助空中三角测量的理论和试验研究，在理论和实际应用方面均取得了举世瞩目的成功。我国自 1990 年开始，先后进行了多次机载 GPS 航测成图的模拟试验和生产性试验，目前也已步入实际应用阶段。

7.3.5　地形图绘制

当将碎部点展绘在图上后就可对照实地随时描绘地物和等高线了。如测区较大，由多幅图拼接而成，还应及时对各图幅衔接处进行拼接检查，经过上述检查与整饰，才能获得合乎要求的地形图。

（1）地形图的地物描绘　地物要按地形图图式规定的符号表示。房屋轮廓需用直线连接起来，而道路、河流的弯曲部分则应逐点连成光滑的曲线。不能依比例描绘的地物应按规定用非比例符号表示。

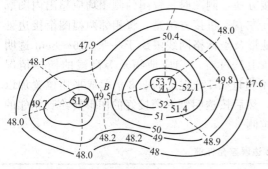

图 7-11　等高线的勾绘

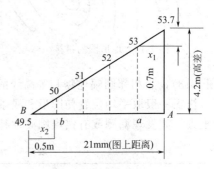

图 7-12　等高线内插原理

（2）地形图的等高线勾绘　当图纸上测得一定数量的地形点后即可勾绘等高线。由于等高线表示的地面高程均为等高距 h 的整倍数，因而需要在两碎部点之间内插设以 h 为间隔的等高点。内插是在同坡段上进行的。先用铅笔轻轻地将有关地貌特征点连起勾出地性线（见图 7-11 中的虚线），然后在两相邻点之间按其高程内插等高线。由于测量的碎部点是沿地性线在坡度变化和方向变化处立尺测得的，因此图上相邻点之间的地面坡度可视为均匀的，在内插时可按平距与高差成正比的关系进行处理。图 7-11 中 A、B 两点的高程分别为 53.7m 及 49.5m，两点间距离由图上量得为 21mm，当等高距为 1m 时就有 53m、52m、51m、50m 四条等高线通过（见图 7-12），内插时先算出一个等高距在图上的平距，然后计算其余等高线通过的位置［先计算等高距 1m 对应的平距 d（$d=21/4.2=5mm$），然后计算 53m 及 50m 两根等高线至 A 及 B 点的平距 x_1 及 x_2 并定出 a 及 b 两点（$x_1=0.7×5=3.5m$，$x_2=0.5×5=2.5m$），再将 ab 分为三等份（等分点即为 52m 及 51m 等高线通过的位置）。同法，可定出其他各相邻碎部点间等高线的位置］，将高程相同的点连成平滑的曲线即为等高线（见图 7-11）。实际手工勾绘等高线工作中，根据内插原理一般采用目估法勾绘等高线（见图 7-11，先按比例关系估计 A 点附近 53m 及 B 点附近 50m 等高线的位置，然后三等分求得 52m、51m 等高线的位置，如发现比例关系不协调则进行适当调整）。目前的地形图专业绘制软件可自动高精度地勾绘等高线。地形图测绘结束后应按测量规范要求进行拼接和整饰，还应根据质量检查规定进行检查，检查合格后，所测的图才能使用。

（3）地形图的检查　地形图野外观测任务完成后应首先完成图纸与地形的校对工作，在确认无误后还应进行必要的检查工作以保证地形图测绘的准确性。检查工作包括室内检查、野外巡视和设站检查等内容。室内检查应检查观测和计算手簿的记载是否齐全、清楚和正确，各项限差是否符合规定，图上地物、地貌的真实性、清晰性和易读性，各种符号的运用、名称注记等是否正确，等高线与地貌特征点的高程是否符合，有无矛盾或可疑的地方，相邻图幅的接边有无问题等（如果发现错误或疑问应到野外进行实地检查修改以确保测定区域内的地形图准确无误）。在图面检查的基础上将图纸带到测定区域将图纸与测区实地核对，检查测区内的地物、地貌有无遗漏，图纸上的地物、地貌连接是否与实际相符合，即野外巡视（野外巡视检查中，对发现的问题应及时处理，必要时应重新安置仪器进行检查并予以修正）。在完成上述 2 项工作的基础上还应对测区内每幅图纸进行部分抽查（抽查量占测定区域的十分之一左右），即对测定区域内的主要地物和地貌重新测量（若发现问题应及时修改），称之为设站检查。

（4）地形图的图幅拼接　当测区较大，采用分块、分幅测图时，每幅图施测完后在相邻图幅的连接处无论是地物或地貌往往都不能完全吻合，因此，就需对所测的几幅图进行拼接。为拼接方便，测图时每幅图的测图均应超出内图廓 1cm 左右。拼接方法是：将相邻两幅图衔接边处的地形及坐标格网线蒙绘于一张宽 6～8cm 透明纸条上就可看出相应地物及等高线的衔接情况

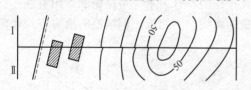

图 7-13　地形图的拼接

（见图 7-13），当相邻图幅地物和等高线的偏差不超过表 7-5 规定的 2.8 倍时取平均位置加以修正，修正一般取平均位置使图形和线条衔接，然后按透明纸上衔接好的图形转绘到相邻的图纸上去，如发现漏测或有错误则必须补测或重测。

表 7-5　地形图接边误差允许值

地区类别	点位中误差（图上）	邻近地物点间距中误差（图上）	等高线高程中误差（等高距 h）			
			平地	丘陵地	山地	高山地
山地、高山地和设站施测困难的旧街坊内部	0.75mm	0.6mm	$h/3$	$h/2$	$2h/3$	h
城市建筑区和平地、丘陵地	9.5mm	0.4mm				

（5）地形图的整饰　每幅图拼接完毕后应擦去图上不需要的线条与注记，修饰地物轮廓线及等高线使其合理、清晰、美观、明了，最后整饰图框（即内图廓外的各项内容）。整饰应遵循先图内后图外，先地物后地貌，先注记后符号的原则进行。工作顺序为：内图廓→坐标格网→控制点→地形点符号及高程注记→独立物体及各种名称、数字的绘注→居民地等建筑物→各种线路、水系等→植被与地类界→等高线及各种地貌符号等。图外的整饰包括外图廓线、坐标网、经纬度、接图表、图名、图号、比例尺、坐标系统及高程系统、施测单位、测绘者及施测日期等。图上地物以及等高线的线条粗细、注记字体大小均按规定进行绘制。

（6）地形图的验收　将地形图测绘过程中的有关测量原始记录、计算资料、手稿等整理好，写出相关技术总结报告（便于交付图纸时相关单位的审核与质量评定，属于测区测图成果，是必须归档、保管的原始档案和资料，也是以后用图和使用中的技术依据）。

7.4　地形图的阅读与应用

（1）地形图的阅读方法　工程规划和设计阶段需要应用各种比例尺的地形图。用图时应认真阅读，充分了解各种地物分布和地貌变化情况，然后，才能根据地形与有关资料，做出科学、合理、经济的规划与设计。地形图阅读时必须熟悉地形图的数学要素、地物符号和地貌符号等。阅读用等高线表示的较为复杂的地貌时不但要依据等高线的特性，而且要具备一定的实践经验。地形图应用中对地形图比例尺的选择要得当，对地形图图式要熟悉，应做好坐标系统及高程系统的统一工作。地形图的图外注记主要阅读图名与图号、接图表与图外文字说明、图廓与坐标格网、直线比例尺与坡度尺（应用图解坡度尺时，用卡规在地形图上量取两等高线 a、b 点平距 ab，在坡度尺上比较即可查得 ab 的角值，见图 7-14，约为 $1°42'$）、三北方向（地形图的方向以上方为北，若图幅的上方不朝正北，那么在图边一定标有指北方向）、地图的现势性等。地形图中地形要素的阅读主要有地物和地貌 2 块，应按图式和图例进行。

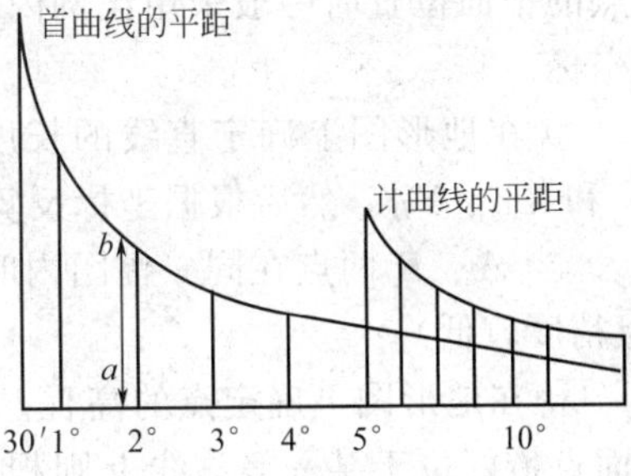

图 7-14　坡度尺的使用

（2）地形图的野外应用　野外使用地形图时，经常需要进行地形图定向、在图上确定站立点位置、将地形图与实地进行对照，以及野外填图等工作。当使用的地形图图幅数较多时，为方便使用需进行地形图的拼接和粘贴（方法是根据接图表所表示的相邻图幅的图名和图号，将各幅图按其关系位置排列好，按左压右、上压下的顺序进行拼贴，构成一张范围更大的地形图）。地形图的野外定向就是使图上表示的地形与实地地形一致，常用方法有罗盘定向和地物定向 2 种。罗盘定向根据地形图上的三北关系图，将罗盘刻度盘的北字指向北图廓并使刻度盘上的南北线与地形图上的真子午线（或坐标纵线）方向重合，然后转动地形图使磁针北端指向磁偏角（或磁坐偏角）值就完成了地形图的定向。地物定向是在地形图上和实地分别找出相对应的两个位置点（比如本人站立点、房角点、道路或河流转弯点、山顶、独立树等），然后转动地形图使图上位置与实地位置一致。当站立点附近有明显地貌和地物时可利用它们确定站立点在图上的位置，当站立点附近没有明显地物或地貌特征时可采用交会方法来确定站立点在图上的位置。当进行完了地形图定向并确定了站立点的位置后就可以根据图上站立点周围的地物和地貌符号，找出与实地相对应的地物和地貌，或者观察实地地物和地貌来识别其在地图上所表示的位置。野外填图是指把土壤普查、土地利用、矿产资源分布等情况填绘于地形图上，野外填图时应注意沿途具有方位意义的地物并随时确定本人站立点在图上的位置，同时，站立点要选择视线良好的地点以便于观察较大范围的填图对象、确定其边界并填绘在地形图上（通常用罗盘或目估方法确定填图对象的方向，用目估、步测或皮尺确定距离）。

（3）地形图的选择　　工程建设需要在地形图上进行工程建筑物的规划设计，为保证工程设计的质量所使用的地形图应具有一定的精度。地形图的精度通常指它的数学精度，即地形图上各点的平面位置和高程的精度，地形图上地物点平面位置的精度是指地物点对于邻近图根点的点位中误差，而高程精度则是指等高线所能表示的高程精度。地形图所能表示的地面点的实际精度主要与地形图比例尺的大小和等高线等高距的大小有关。选用地形图时，可根据工程建设阶段选图，可按点位精度要求选图，可根据点的高程精度选定等高距，还可按点位和高程精度综合选图。实际工作中使用的地形图是复制的蓝图，由于复制会使图纸产生变形而引起误差，所以在选用时还必须顾及图纸变形的影响。对地形图的选用，除从精度要求考虑外，有时还要考虑设计时工作的方便（比如若想在图纸上将设计的建筑物全部清晰绘出则要求采用较大的比例尺，但精度要求可低于图面比例尺，这时可采用实测放大图，也可按小一级比例尺的精度要求施测大一级比例尺的地形图）。

（4）地形图的信息采集　　地形图是国家各部门、各项工程建设中必需的基础资料，在地形图上可以获取各种各样的、大量的信息。并且，从地形图上确定地物的位置和相互关系及地貌的起伏形态等情况比实地确定更直观、更全面、更方便、更迅速。

① 在地形图上确定一点的平面位置。图上一点的位置，通常采用量取坐标的方法来确定，图框边线上所注的数字就是坐标格网的坐标值，它们是量取坐标的依据。在地形图上确定点的平面位置时一般采用比例内插的方式进行。通过地形图可确定点的平面直角坐标和大地坐标。

② 在地形图上确定直线的长度和方向。先在图上量得直线两端点 A 和 B 的坐标 X_A、Y_A 和 X_B、Y_B，然后根据坐标反算原理计算出直线 AB 的长度（水平距离）D_{AB} 和方位角 α_{AB}。当 A、B 两点在同一幅图内时直线的长度和方向有时也可用比例尺和量角器直接量得（但精度较低）。

③ 在地形图上确定点的高程。地形图上一点的高程可借助图上的等高线来确定。如果地面点恰好位于某一等高线上则根据等高线的高程注记或基本等高距便可直接确定该点高程。若要确定位于相邻两等高线之间的某地面点高程则可采用做相邻两等高线公垂线再内插的方法解决（精度不高时可用目估法内插）。

④ 在地形图上确定一直线的坡度。两条相邻等高线间的坡度是指垂直于两条等高线两个交点间的坡度。垂直于等高线方向的直线具有最大的倾斜角，该直线称为最大倾斜线（或坡度线），通常以最大倾斜线的方向代表该地面的倾斜方向。最大倾斜线的倾斜角也代表该地面的倾斜角。直线 A、B 的坡度确定应首先采集 A、B 两点的坐标和高程（X_A、Y_A、H_A 和 X_B、Y_B、H_B），然后计算出 A、B 两点的水平距离 D 和高差 h，则坡度 $i = \tan\alpha = h/D$，α 为 AB 倾角。当然，也可利用地形图上的坡度尺求取坡度。

⑤ 在地形图上设计规定坡度的线路。首先按给定坡度 i 计算线路通过相邻两等高线的最短距离 $b(b = d/iM$，d 为等高距，M 为地形图数字比例尺分母），然后从线路起点 A 开始以 A 为圆心、d 为半径作弧交下一根等高线于 1 点；再以 1 点为圆心、d 为半径作弧交再下一根等高线于 2 点；依此一直进行到 B 点为止（将这些相邻点连接起来便得到同坡度路线）。选择路线时若相邻两条等高线之间的平距大于 d 则说明这两条等高线之间的最大坡度小于规定坡度（这时就可按等高线间最短距离定线）。另外，从 A 到 B 的线路可采用上述方法选择多条，究竟选用哪条应根据占用耕地、撤迁民房、施工难度、地质条件及工程费用等

因素综合确定。

⑥ 在地形图上沿已知方向绘制断面图。地形断面图是指沿某一方向描绘地面起伏状态的竖直剖面图。在交通、渠道及各种管线工程中可根据断面图显示的地面起伏状态，量取有关数据进行线路设计。断面图可在实地直接测定也可根据地形图绘制。绘制断面图时，首先要确定断面图绘制采用的水平方向比例尺和垂直方向比例尺。通常，在水平方向采用与所用地形图相同的比例尺，而垂直方向的比例尺通常要比水平方向大 10 倍左右（以突出地形起伏状况）。断面图绘制时先在地形图上绘出断面线 AB（获得断面线与等高线的交点，假设依次为 1、2、3、…、n），然后根据地形图获得各个交点到 A 或 B 的水平距离及各个交点的高程（包括 A、B 点高程），再以水平距离为横坐标、高程为纵坐标按设定的横、纵向比例尺将各个交点（包括 A、B 点）的位置绘出，最后用平滑曲线由起点 A 开始依次连接各个交点直至 B 点，即得沿 AB 方向的地形断面图。

⑦ 在地形图上确定两地面点间是否通视。要确定地面上两点之间是否通视可根据地形图判断，若地面两点间的地形比较平坦，通过在地形图上观看两点之间是否有阻挡视线的建筑物就可进行判断。当两点间地形起伏变化较复杂时则应采用绘制简略断面图的方法来确定其是否通视。

⑧ 在地形图上绘出填挖边界线。在平整场地的土石方工程中可在地形图上根据等高线确定填方区和挖方区的边界线。

⑨ 在地形图上确定汇水面积。在修建交通线路的涵洞、桥梁或水库堤坝中，需要确定有多大面积的雨水量汇集到桥涵或水库（即需要确定汇水面积），以便进行桥涵和堤坝的设计工作。汇水面积通常在地形图上确定。汇水面积是指由谷口沿两侧连续山脊线所构成的区域，可在地形图上直接确定。

⑩ 在地形图上进行库容计算。进行水库设计时，如坝的溢洪道高程已定，就可确定水库的淹没面积，淹没面积为溢洪道高程以下的汇水面积（可根据等高线圈出），淹没面积以下的蓄水量（体积）即为水库的库容。计算库容一般采用等高线法。先求淹没面积中各条等高线所围成的面积，然后计算各相邻两等高线之间的体积，其总和即为库容。若溢洪道高程不等于地形图上某一条等高线的高程时，就要根据溢洪道高程用内插法求出水库淹没线，然后计算库容（计算时水库淹没线与下一条等高线间的高差不等于等高距）。

⑪ 在地形图上确定土坝坡角线位置。水利工程中的土坝坡脚线是指上坝坡面与地面的交线，先将坝轴线画在地形图上，再按坝顶宽度画出坝顶位置。然后根据坝顶高程、迎水面与背水面坡度画出与地面等高线相应的坝面等高线，相同高程的等高线会与坡面等高线相交，连接所有交点得到的曲线就是土坝的坡脚线。

（5）地形图的图斑面积量算　在工程规划设计时，常需要测定地形图上某一区域的图形面积（称图斑面积）。例如，做流域规划时需要求流域面积，修建水库时需要求出水库的汇水面积和库容，在河道或渠道施工前需要求出各横断面的面积等。地形图图斑面积的量算方法很多，比较准确的方法是几何图形法和坐标法。

① 几何图形法。当欲求面积的边界为直线时可把该图形分解为若干个规则的三角形，然后量出各个三角形的边长，按海伦公式（秦九韶公式）计算出各个三角形的面积 S。最后，将所有三角形的面积之和乘以该地形图比例尺分母（M）的平方，即为所求面积。假设三角形的边长为 a、b、c，则该三角形的面积 S 为 $S=[p(p-a)(p-b)(p-c)]^{1/2}$，其中，$p=(a+b+c)/2$。

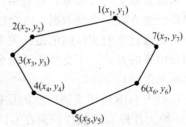

图 7-15　坐标计算法算面积

② 坐标计算法。如果图形为任意多边形且各顶点的坐标已知，则可利用坐标计算法精确求算该图形的面积。见图 7-15，各顶点应按照同一个方向（顺时针或逆时针）顺序编号，面积计算公式为：

$$S = \left| \sum_{i=1}^{n} \left[x_i (y_{i+1} - y_{i-1}) \right] \right| / 2 \qquad (7\text{-}10)$$

或

$$S = \left| \sum_{i=1}^{n} \left[y_i (x_{i+1} - x_{i-1}) \right] \right| / 2 \qquad (7\text{-}11)$$

式(7-10) 中，当 $i=1$ 时，y_{i-1} 用 y_n 代替；当 $i=n$ 时，y_{i+1} 用 y_1 代替。式(7-11) 中，当 $i=1$ 时，x_{i-1} 用 x_n 代替；当 $i=n$ 时，x_{i+1} 用 x_1 代替。式(7-10)、式(7-11) 应用时，各顶点必须在同一个象限。若各顶点不在同一个象限，则应根据坐标轴将一个图形分成多个，在每个象限里分别计算，最后将各个计算面积相加。对曲线构成的图斑也可采用坐标计算法，各个计算点应为曲线的拐点。在 AutoCAD 图上，各计算点的坐标可通过 ID 命令捕捉获得。

③ 其他方法。对于不规则图形（曲线形图斑）既利用坐标计算法计算面积也可采用图解法求算图形面积。图解法求算图形面积的常用方法是透明方格法和透明平行线法。限于篇幅，本书不做详细介绍。

7.5 地理信息系统

地理信息系统（geographic information system，GIS）是在计算机软、硬件支持下，采集、存储、管理、检索、分析和描述地理空间数据，适时提供各种空间的和动态的地理信息，用于管理和决策过程的计算机系统。它是集计算机科学、地理学、测绘遥感学、空间科学、环境科学、信息科学和管理科学等为一体的边缘学科，其核心是计算机科学，基本技术是地理空间数据库、地图可视化和空间分析。

GIS 的基本功能主要包括数据采集与输入、地图编辑、空间数据管理、空间分析、地形分析、数据显示与输出。GIS 所管理的数据主要是二维或三维的空间型地理数据，包括地理实体的空间位置、拓扑关系和属性三个内容。GIS 对这些数据的管理是按图层的方式进行的，既可将地理内容按其特征数据组成单独的图层，也可将不同类型的几种特征数据合并起来组成一个图层，这种管理方式对数据的修改和提取十分方便。

虽然数据库系统和图形 CAD 的一些基本技术都是地理信息系统的核心技术，但地理信息系统和这两者都不同，它是在这两者结合的基础上加上空间管理和空间分析功能构成的。GIS 与通用的数据库技术之间的主要区别可概括为 3 个方面，即侧重点不同［数据库技术侧重于对非图形数据（非空间数据）的管理，即使存储图形数据也不能描述空间实体间的拓扑关系；而 GIS 的工作过程主要处理的是空间实体的位置及相互间的空间关系，管理的主要是空间数据］、对数据管理的方式不同［通用数据库技术按字段来管理数据，通过选择关键字来建立索引进行检索，对数据的存储是根据数据的不同类别将其存储为不同的文件；GIS 以图层的方式来管理数据，一个图层对应一个图形文件和一个属性数据文件，对空间实体的查询是通过空间实体间的拓扑关系（或位置关系）来进行］、数据结构不同（数据库技术采用自由表的方式，不支持长字段名；GIS 采用矢量和栅格两种空间数据结构，对字段名的长度并无限制）。

由于 GIS 应用受到广泛的重视，各种 GIS 软件平台纷纷涌现，据不完全统计目前有近500 种。各种 GIS 软件厂商在 GIS 功能方面都在不断创新、相互包容。大多数著名的商业遥感图像软件都汲取了 GIS 的功能，而一些 GIS 软件（比如 Arc/Info）也都汲取图像虚拟可视化技术。为了更好地使广大用户对不同平台软件功能进行了解，一些国家机构还专门对各种软件进行测试。总体来说，各种软件各有千秋，互为补充，目前市面上用户使用较多的软件平台有 Arc/Info、Mapinfo、Intergraph MGE、GRASS 等软件。地理信息系统广泛应用于地质、矿产、地理、测绘、水利、石油、煤炭、铁道、交通、城建、规划及土地管理等行业，系统的总体结构见图 7-16，它通常可分为"输入"、"图形编辑"、"库管理"、"空间分析"、"输出"以及"实用服务"六大部分。根据地学信息来源多种多样、数据类型多、信息量庞大的特点，GIS 系统目前一般采用矢量和栅格数据混合的结构，在力求矢量数据和栅格数据形成一个整体的同时兼顾栅格数据既可与矢量数据相对独立存在又可作为矢量数据的属性，以满足不同问题对矢量、栅格数据的不同需要。

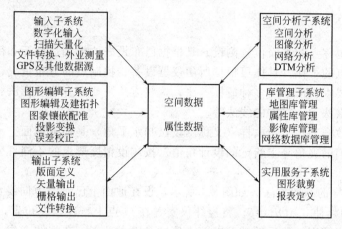

图 7-16　GIS 系统的总体结构

思考题与习题

1. 何谓"地图"？简述地图的分类方法及主要地图的特点。

2. 地形图的主要用途有哪些？简述地形图的基本架构。

3. 何谓地形图的比例尺？它有哪些类型？

4. 我国地形图是如何进行分幅与编号的？

5. 地物的常用表示方法有哪些？地貌的常用表示方法有哪些？

6. 何谓等高线？它有哪些性质？

7. 如何进行地形图测绘的控制测量工作？

8. 地形图测绘中如何选择碎部点？

9. 简述经纬仪数字化碎部测图的作业过程。

10. 简述电子全站仪数字化测图的作业过程。

11. 航空摄影测量成图的方法主要有哪些？各有什么特点？

12. 简述地形图绘制的基本要求与程序。

13. 地形图的图斑面积量算方法主要有哪些？各有什么特点？

14. 地理信息系统的基本特征是什么？主要功能有哪些？各功能的作用是什么？

15. 见图 7-15，已知 1、2、3、4、5、6、7 点的坐标为 $x_1 = 1068.960$m、$y_1 = 1016.002$m；$x_2 = 626.076$m、$y_2 = 923.455$m；$x_3 = 513.342$m、$y_3 = 834.932$m；$x_4 = 618.024$m、$y_4 = 641.791$m；$x_5 = 839.465$m、$y_5 = 541.197$m；$x_6 = 1169.615$m、$y_6 = 686.053$m；$x_7 = 1298.454$m、$y_7 = 867.122$m。试计算该多边形的面积。

第8章 测量放样

把图纸上设计好的工程结构位置（包括平面和高程位置）在实地标定出来的工作，称为测量放样（或测设）。测量放样的主要工作包括点位放样、高程放样、坡度放样、曲线放样等。

8.1 点位放样

点位放样（也称点的平面位置测设）是根据已布设好的控制点坐标和待测设点的坐标在实地定出待测设点的工作。具体可根据所用仪器设备、控制点的分布情况、测设场地地形条件及测设点精度要求灵活采用多种放样方法，这些方法主要有直角坐标法、极坐标法、角度交会法、距离交会法和十字方向线法等。

（1）水平角放样　水平角放样（又称测设已知水平角）是根据地面上一已知方向测设出另一方向，使它们的夹角等于给定的设计角值。按测设精度要求的不同可分为一般方法和精确方法。

① 水平角放样的一般方法。如图 8-1 所示，设在地面上已有一方向线 OA，欲在 O 点测设第二方向线 OB，使 $\angle AOB = \beta$。将经纬仪安置在 O 点上，在盘左位置，用望远镜瞄准 A 点，使度盘读数为零度，然后转动照准部，使度盘读数为 β，在视线方向上定出 B_1 点。再用盘右位置，重复上述步骤，在地面上定出 B_2 点。由于放样测量有误差，B_1 与 B_2 往往不重合，取 B_1 与 B_2 点的中点作为 B，并用木桩标定其点位，则 $\angle AOB$ 就是要测设的水平角。该方法也称为盘左、盘右分中法。

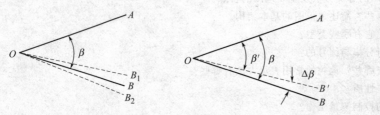 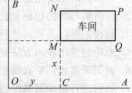

图 8-1　水平角一般放样　　　图 8-2　水平角精密放样　　　图 8-3　直角坐标法

② 水平角放样的精密方法。当测设精度要求较高时，可采用精密放样方法测设已知水平角，见图 8-2。将经纬仪安置于 O 点，按水平角放样的一般方法测设出已知水平角 $\angle AOB'$，定出 B' 点。然后较精确地测量 $\angle AOB'$ 的角值（一般采用多个测回取平均值的方法）β'，并测量出 OB' 的水平距离。根据 β' 和 OB' 的水平距离（OB'）计算 B' 点处 OB' 线段的垂距 $B'B$，计算公式为 $(B'B) = (OB')\Delta\beta''/\rho'' = (\beta - \beta')(OB')/206265''$。然后，用小钢尺从 B' 点沿 OB' 的垂直方向丈量垂距 $B'B$ 得 B 点，并用木桩标定其点位，则 $\angle AOB$ 即为 β 角。若 $\Delta\beta > 0$ 时，应从 B' 点往内调整 $B'B$ 至 B 点；若 $\Delta\beta < 0$ 时，则应从 B' 点往外调整 $B'B$ 至 B 点。

（2）水平距离放样　水平距离放样（也称测设已知水平距离）是从地面一已知点开始，沿已知方向测设出给定的水平距离以定出第二个端点的工作。根据测设精度要求的不同可分为一般测设方法和精密测设方法。水平距离放样可采用钢尺、光电测距仪、电子全站仪、

GPS 技术。

①　用钢尺放样已知水平距离的一般方法。在地面上，由已知点 A 开始沿给定方向，用钢尺量出已知水平距离 L 定出 B 点。为校核与提高测设精度，在起点 A 处改变读数，按同法量已知距离 L 定出 B' 点。由于量距有误差，B 与 B' 两点一般不重合，其相对误差在允许范围内时取两点的中点作为最终位置。

②　用钢尺放样已知水平距离的精密方法。当水平距离的测设精度要求较高时，按照上述一般方法在地面测设出的水平距离还应再加上尺长、温度和高差 3 项改正，但改正数的符号与精确量距时的符号相反。水平距离精密放样的放样过程为：将经纬仪安置在 A 点上并标定出给定直线 AB 的方向，沿该方向概量并在地面上打下尺段桩和终点桩，桩顶刻上十字标志；用水准仪测定各相邻桩桩顶间的高差；按精密丈量方法先量出整尺段的距离并加上尺长改正、温度改正和高差改正计算每尺段的水平长度及各尺段长度之和得最后结果为 L_0；用已知应测设的水平距离 L 减去 L_0 得余长 D（即 $L-L_0=D$），然后计算余长段应测设的距离 S（真实长度 D 减掉温度改正、尺长改正、高差改正后的钢尺名义长度 S）；根据 S 在地面上测设余长段并在终点桩上作出 B 点的标记，此时 A、B 点间的真实水平距离就是待测设的水平距离 L，放样结束。如 B 点不在终点桩上时应另打终点桩并标记出 B 点。为了检核，通常应再放样一次，若两次放样之差在允许范围内则取平均位置作为终点 B 的最后位置。

③　用电子全站仪精密放样已知水平距离。用电子全站仪精密放样已知水平距离的方法见本书前面部分。

（3）直角坐标法放样点位　当建筑场地已建立有相互垂直的主轴线或建筑方格网时，可采用此法。见图 8-3，OA、OB 为两条互相垂直的主轴线，建筑物的两个轴线 MQ、PQ 分别与 OA、OB 平行。设计总平面图中已给定车间的四个角点 M、N、P、Q 的坐标，欲在地面上放样 M、N、P、Q 四点位置，测设方法如下。

假设 O 点坐标为 $x=0$、$y=0$，M 点的坐标 x、y 已知，先在 O 点上安置经纬仪，瞄准 A 点，沿 OA 方向从 O 点向 A 测设距离 y 得 C 点，然后将仪器搬至 C 点，仍瞄准 A 点，向左测设 $90°$ 角获得 CM 方向线（利用 8.1 所述的水平角放样方法），沿此方向线从 C 点测设距离 x（利用 8.1 所述的水平距离放样方法）即得 M 点，沿此方向继续利用 8.1 所述的水平距离放样方法可测设出 N 点。同法可测设出 P 点和 Q 点。最后应检查建筑物的四角是否等于 $90°$，各边的水平距离是否等于设计长度，误差在允许范围之内即可。直角坐标法计算简单，施测方便、精度较高，是一种应用较广泛的传统方法。

（4）极坐标法放样点位　极坐标法是根据水平角和距离测设点的平面位置的方法，是一种万能型传统方法。见图 8-4，A、B 是某建筑物轴线的两个端点，附近有测量控制点 1、2、3、4、5，首先利用坐标反算原理计算放样（测设）数据 β_1、β_2 和 D_1、D_2。然后即可进行轴线端点（A、B）位置的测设。

测设 A 点时，在点 2 安置经纬仪，先测设出 β_1 角（利用水平角放样方法），在 $2A$ 方向线上用钢尺或光电测距仪测设距离 D_1（利用水平距离放样方法），即得 A 点，再搬仪器至点 4，用同法定出 B 点。最后丈量（或测量）AB 的水平距离，AB 的水平距离应与设计的长度一致（误差应在允许范围之内），以资检核。

如果使用电子全站仪测设 A、B 点的平面位置（图 8-4），则更加方便，它不受测设长度的限制，测法如下。把电子全站仪安置在 2 点，丈量仪器高，通过菜单键选择放样功能，进入放样功能界面后，根据电子全站仪的提示输入 2 点（称测站）三维坐标（x_2、y_2、H_2）、3 点（称后视点）三维坐标（x_3、y_3、H_3）、2 点仪器高、反射棱镜杆高，瞄准 3 点后在仪器上确认（回车），然后，输入 A 点（称放样点）三维坐标（x_A、y_A、H_A），一人手持反射棱镜杆（通过杆上的圆水准气泡保持反射棱镜杆铅直）立在大致 A 点附近。电子全站仪瞄准反射棱镜，启动测量命令，电子全站仪即可显示手持反射棱镜杆底部（尖端）的三维坐标（x_G、y_G、H_G），若切换显示页面电子全站仪还可显示欲放样点与手持反射棱镜杆底部间的差值及偏差方向（用箭头表示），根据差值及偏差方向即可移动手持反射棱镜杆。再次启动测量命令，再次获得差值及偏差方向，再次根据差值及偏差方向移动手持反射棱镜杆，直到（x_G、y_G、H_G）与（x_A、y_A、H_A）相等为止（误差应在允许范围以内），即得 A 点的实际位置。电子全站仪可实现点的三维放样。电子全站仪测设精度高、速度快，在施工放样中受天气和地形条件影响较小，是目前生产实践中广泛应用的方法。

（5）角度交会法放样点位　角度交会法又称方向线交会法。当待测设点远离控制点且不便量距时可采用此法。角度交会法是在 2 个控制点上分别安置经纬仪，根据相应的水平角测设出相应的方向，根据两个方向交会定出点位的一种方法。见图 8-5，根据放样点 P 的设计坐标及控制点 A、B、C 的坐标，首先利用坐标反算原理算出测设数据 β_1、γ_1、β_2、γ_2 角值。然后将经纬仪安置在 A、B、C 三个控制点上测出 β_1、γ_1、β_2、γ_2 各角。并且分别沿 AP、BP、CP 方向线，在 P 点附近各打两个小木桩，桩顶上钉上小钉，以表示 AP、BP、CP 的方向线。将各方向的两个方向桩上的小钉用细线绳拉紧，即可交出 AP、BP、CP 三个方向的交点，此点即为所求的放样点 P。由于测设误差，三条方向线不交于一点时会出现一个很小的三角形（称为误差三角形），当误差三角形边长在允许范围内时可取误差三角形的重心作为 P 点的点位（若超限则应分析原因重新交会）。

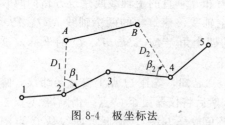

图 8-4　极坐标法

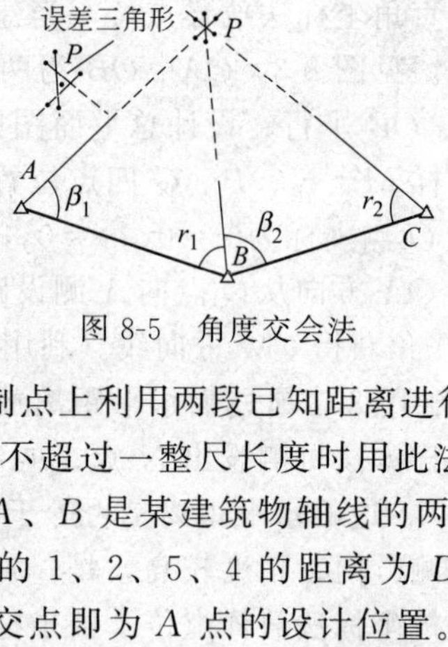

图 8-5　角度交会法

（6）距离交会法放样点位　距离交会法是从两个控制点上利用两段已知距离进行交会定点的方法。若场地平坦、量距方便且控制点离测设点又不超过一整尺长度时用此法比较适宜。在施工中细部位置测设常采用此法。见图 8-6，设 A、B 是某建筑物轴线的两个端点，通过计算或从设计图纸上求得 A、B 点距附近控制点的 1、2、5、4 的距离为 D_1、D_2、D_3、D_4。用钢尺分别从控制点 1、2 量取 D_1、D_2，其交点即为 A 点的设计位置。同法可定出 B 点。实际测量 AB 长度并与设计长度进行比较，其误差应在允许范围之内。

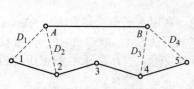

图 8-6　距离交会法

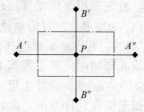

图 8-7　十字方向线法测设点位

（7）十字方向线法放样点位　十字方向线法是利用两条互相垂直的方向线相交得出待测设点位的一种方法。见图 8-7，设 A、B、C、D 为一个基坑的范围，P 点为该基坑的中心点位（主轴线交点），在开挖基坑时，P 点会遭到破坏（因挖土而消失）。为随时恢复 P 点的位置则可采用十字方向线法重新测设 P 点。首先，在 P 点架设经纬仪，设置两条相互垂直的直线，并分别用 4 个桩点 A′、A″、B′、B″ 来固定。当 P 点破坏后需要恢复时则利用桩点 A′A″ 和 B′B″ 拉出两条相互垂直的直线，根据其交点重新定出 P 点。为防止由于桩点发生移动而导致 P 点产生测设误差可在每条直线的两端外再各设置两个桩点以便能够发现错误。当然更精确的方法是利用 2 台经纬仪建立 A′A″、B′B″ 直线（铅垂面）。

8.2　高程放样

将点的设计高程测设到实地上去称为高程放样，是根据附近的水准点用水准测量的方法进行的。土木工程施工有地面施工和地下施工 2 类，因此，高程放样可分为地面上的高程放样、隧洞（隧道）高程放样、地面开挖高程放样、高空施工高程放样。

（1）地面上的高程放样　见图 8-8，水准点 BM50 的高程已知（假设为 7.327m），今欲测设 A 点，使其高程等于设计高程 H（假设为 5.513m），可将水准仪安置在水准点 BM50 与 A 点中间，后视 BM50 得标尺读数（假设为 0.874m）。则水准仪视线高程 H_1 为 $H_1 = H_{BM50} + 0.874 = 7.732 + 0.874 = 8.201$m。要使 A 点的高程等于 5.513m，则 A 点水准尺上的前视读数 b 必须为 $b = H_1 - H_A = 8.201 - 5.513 = 2.688$m。测设时，先在 A 点地面上牢固地打一高木桩，将水准

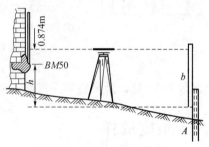

图 8-8　地面上高程放样

尺紧靠 A 点木桩的侧面上下移动，直到尺上读数为 b 时，沿尺底画一横线，此线即为设计高程 H 的位置。测设时应始终保持照准部长水准管气泡居中。在建筑设计和施工中，为计算方便，通常把建筑物的室内设计地坪高程用 ±0 标高表示，建筑物的基础、门窗等高程都是以 ±0 为依据进行测设的，因此，首先要在施工现场利用测设已知高程的方法测设出室内地坪高程的位置。

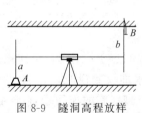

图 8-9　隧洞高程放样

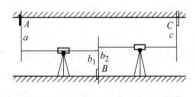

图 8-10　隧洞高程放样（转点）

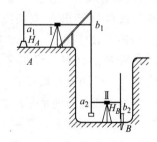

图 8-11　地面开挖高程放样

（2）隧洞（隧道）高程放样　在地下隧洞（隧道）施工中，高程点位通常设置在隧洞（隧道）顶部。通常规定当高程点位于隧洞（隧道）顶部时，在进行水准测量时水准尺均应倒立在高程点上。见图 8-9，A 为已知高程（H_A）的水准点，B 为待测设高程为 H_B 的位置，由于 $H_B = H_A + a + b$，则在 B 点上应有的标尺读数 $b = H_B - (H_A + a)$。因此，将水准尺倒立并紧靠 B 点木桩上下移动，直到尺上读数为 b 时，即可在 B 点尺底画出设计高程 H_B 的位置。同样，对于多个测站的情况，也可以采用类似的分析和解决方法（见图 8-10），A 为已知高程（H_A）的水准点，C 为待测设高程为 H_C 的点位，A、C 相距较远必须通过转点设站实现，假设 A、C 间隧道地面上设了一个转点 B，不难看出，$H_C = H_A - a - b_1 + b_2 + c$，则在 C 点上应有的标尺读数 $c = H_C - (H_A - a - b_1 + b_2)$。

（3）地面开挖高程放样　地面开挖（比如深基槽、基坑）时，地下开挖面与地面间的高差较大，要放样地下开挖面上一点的高程时，标尺放在地下开挖面上时地面上看不到标尺（见图8-11），因此在地面上无法按本节所述方法放样地下开挖面上一点的高程，为此，可采用悬挂钢尺的方法进行测设。见图8-11，钢尺悬挂在支架上，零端向下并挂一重物，A 为已知水准点（高程为 H_A），B 为待测设点位（高程为 H_B）。在地面和待测设点位附近安

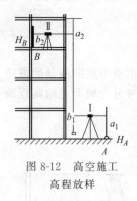

图8-12　高空施工
高程放样

置2台水准仪，地面上水准仪对地面上的标尺和钢尺读数分别为 a_1、b_1，开挖面上水准仪对开挖面上的钢尺和标尺读数分别为 a_2、b_2。由于 $H_B = H_A + a_1 - (b_1 - a_2) - b_2$，则可计算出 B 点处标尺的读数 $b_2 = H_A + a_1 - (b_1 - a_2) - H_B$。将水准尺紧靠 B 点木桩的侧面上下移动，直到尺上读数为 b_2 时，沿尺底画一横线，此线即为设计高程 H_B 的位置。

（4）高空施工高程放样　高空施工高程放样的方法与开挖高程放样类似，见图8-12。只是 B 点处标尺读数的计算方法不同，高空施工高程放样 B 点处标尺读数（前视读数）b_2 应为 $b_2 = H_A + a_1 + (a_2 - b_1) - H_B$，将水准尺紧靠 B 点木桩的侧面上下移动，直到尺上读数为 b_2 时，沿尺底画一横线，此线即为设计高程 H_B 的位置。

8.3　坡度放样

坡度放样方法（又称已知坡度线测设）就是在地面上定出一条直线，其坡度值等于已给定的设计坡度。在交通线路工程、排水管道施工和敷设地下管线等项工作中经常涉及该问题。坡度放样的过程见图8-13。设地面上 A 点高程是 H_A，现要从 A 点沿 AB 方向测设出一条坡度 i 为 -0.1% 的直线。先根据已定坡度和 AB 两点间的水平距离 D 计算出 B 点的高程 H_B，计算公式为 $H_B = H_A - iD$。用本书8.2所述测设已知高程的方法，把 B 点高程测设出来，则 AB 两点连线的坡度就等于已知设计坡度 i。

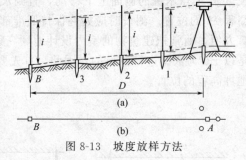

图8-13　坡度放样方法

当 AB 两点间的水平距离较长时，应沿 AB 方向线定出一些中间点1、2、3，中间点的间距按工程类型确定，常用间距有10m、20m、50m、100m。用水准仪测设时，在 A 点安置仪器〔见图8-13(a)〕，使一个脚螺旋在 AB 方向线上，而另两个脚螺旋的连线垂直于 AB 线〔见图8-13(b)〕，量取仪器高 i，用望远镜瞄准 B 点上的水准尺，旋转 AB 方向上的脚螺旋，使视线倾斜，水准仪对准 B 尺上读数为仪器高 i_1 时仪器的视线即平行于设计的坡度线。在中间点1、2、3处打上木桩，然后在桩顶上立水准尺使其读数皆等于仪器高 i_1，这样各桩顶的连线就是测设在地面上的坡度线。若桩顶上立的水准尺读数为 q（不等于仪器高 i_1），则 q 与 i_1 的差值即为该桩顶与设计的坡度线垂直差距 h，$h = q - i_1$，若 $h > 0$，表示桩顶比设计坡度线低 h；$h < 0$ 则表示桩顶比设计坡度线高 h。在坡度线中间的各点也可用经纬仪的倾斜视线进行标定。若采用激光经纬仪及激光水准仪代替经纬仪及水准仪，在中间尺上可根据光斑在尺上的位置调整或读出尺子的高低，从而使测设坡度线中间点变得更为便捷。

8.4　曲线放样

在修建渠道、公路、铁路、隧洞（隧道）等建筑物时，从一个直线方向改变到另一个直线方向需用曲线连接，使路线沿曲线缓慢变换方向。常用的曲线是圆曲线。圆曲线测设分两部分，首先定出曲线上主点的位置，然后定出曲线上各个细部点的位置。圆曲线除主点外，还应在曲线上每隔一定距离（弧长）测设一些点，这项工作称为圆曲线的细部放样（测设）。测设细部的方法很多，常用的方法主要有直角坐标法、偏角法、坐标放样法。直角坐标法也称切线支距法，放样时以曲线起点（或曲线终点）为坐标原点，通过该点的切线为 X 轴，垂直于切线的半径为 Y 轴，建立直角坐标系进行放样。偏角法的原理与极坐标法相似，曲线上的点位是根据切线与弦线的夹角（称为偏角）和规定的弦长测定的。

坐标放样法是一种万能放样方法，是目前普遍采用的方法。坐标放样法利用电子全站仪进行，可对任意曲线、任意曲线上的任意点进行放样。坐标放样法根据曲线上放样点的坐标、周围 2 个已知控制点的坐标，利用极坐标法放样进行。曲线上放样点的坐标可根据曲线方程计算也可以根据 AutoCAD 设计图借助坐标采集命令（ID 命令）获取。利用电子全站仪按坐标放样法进行放样可实现放样工作的三维化，具有速度快、精度高、过程简单等多种优点。在公路、铁路、隧道、渠道、隧洞等各类工程施工中得到了普遍的应用。曲线放样的详细过程可参考本书第 10 章。

思考题与习题

1. 水平角放样主要有哪些方法？如何进行？
2. 水平距离放样主要有哪些方法？如何进行？
3. 简述直角坐标法放样点位的过程。
4. 简述极坐标法放样点位的过程。
5. 简述角度交会法放样点位的过程。
6. 简述距离交会法放样点位的过程。
7. 简述十字方向线法放样点位的过程。
8. 如何进行地面上的高程放样？
9. 隧洞（隧道）高程放样有什么特点？如何进行？
10. 如何进行地面开挖高程放样？
11. 如何进行高空施工高程放样？
12. 曲线放样有哪些主要方法？特点是什么？

第9章 土木建筑工程测量

9.1 土木建筑工程的特点

(1) 土木工程的特点 土木工程是建造各类工程设施的科学技术的总称，它既指工程建设的对象（即建在地上、地下、水中的各种工程设施，例如房屋、道路、铁路、运输管道、隧道、桥梁、运河、堤坝、港口、电站、飞机场、海洋平台、给水和排水设施以及防护工程等），也指工程建设所应用的材料、设备以及相关的勘测、设计、施工、保养、维修等技术。土木工程技术是人类文明的最重要标志之一，是人类文明形成及社会进化过程中必需的民生工业，是国家建设的基础行业，只要有人类生存就需要土木工程。建造工程设施的物质基础是土地、建筑材料、建筑设备和施工机具，借助这些物质条件就能经济而便捷地建成既满足人们使用要求和审美要求，又能安全承受各种荷载的工程设施，这也是土木工程学科的出发点和归宿。土木工程行业涉及的范围非常广泛，它包括房屋建筑工程、公路与城市道路工程、铁道工程、桥梁工程、隧道工程、航站（机场）工程、地下工程、给水排水工程、港口工程、码头工程、水利工程（包括运河、水库、大坝、水渠等）等。我国劳动人民创造了许多土木工程奇迹，"古有长城都江堰，今有三峡青藏线"，土木工程具有社会性、综合性、民族性、实践性和统一性（即技术、经济与艺术的统一）。

(2) 建筑工程的特点 有人类历史就有建筑，建筑总是伴随着人类的存在而存在。从建筑的功能性发展到建筑文化，经历了千万年的变迁。人工建造的住宅、公共建筑和城市艺术被称为建筑工程（简称建筑）。建筑是人工创造的空间环境，通常认为是建筑物和构筑物的统称。直接供人们使用的建筑称为建筑物（比如住宅、学校、办公楼、影剧院、体育馆等），间接供人们使用的建筑称为构筑物（比如水塔、蓄水池、烟囱、贮油罐等）。我国的建筑方针是"适用、安全、经济、美观"，这个方针也是评价建筑优劣的基本准则。建筑的基本要素是指不同历史条件下的建筑功能、建筑的物质技术条件和建筑形象。满足功能要求是建筑的主要目的，在构成的要素中起主导作用。建筑功能主要指3方面条件的满足，即满足人体尺度和人体活动所需的空间尺度；满足人的生理要求；满足不同建筑的使用特点要求。建筑的物质技术条件是指建造房屋的手段，包括建筑材料及制品技术、结构技术、施工技术和设备技术等。建筑形象是功能和艺术的综合反映，不同社会、不同时代、不同地域、不同民族的建筑都有不同的建筑形象，它反映了当时的生产水平、文化传统、民族风格等信息。

(3) 建筑物的分类 建筑物通常可按使用功能、建筑规模与数量、建筑层数、承重结构采用的材料进行分类。建筑物按使用功能可分为民用建筑、工业建筑、农业建筑、其他建筑。民用建筑指供人们工作、学习、生活、居住用的建筑物，包括居住建筑（比如住宅、宿舍、公寓等）和公共建筑。公共建筑按性质的不同又可分为文教建筑、托幼建筑、医疗卫生建筑、观演性建筑、体育建筑、展览建筑、旅馆建筑、商业建筑、电信与广播电视建筑、交通建筑、行政办公建筑、金融建筑、餐饮建筑、园林建筑、纪念建筑。工业建筑指为工业生产服务的生产车间及为生产服务的辅助车间、动力用房、仓储用房等。农业建筑指供农（牧）业生产和加工用的建筑（比如种子库、温室、畜禽饲养场、农副产品加工厂、农机修理厂等）。其他建筑指不属于以上3种建筑的建筑（比如兵工建筑、人防建筑等）。建筑物按建筑规模和数量可分为大量性建筑和大型性建筑 2 类。大型性建筑修建数量很有限，这类建筑在一个国家或一个地区具有代表性，对城市面貌的影响也较大。目前人们还习惯按建筑层数将建筑分为多层建筑、高层建筑和超高层建筑。建筑物按承重结构采用材料的不同可分为木结构建筑、砖（或石）结构建筑、钢筋混凝土结构建筑、钢结构建筑、混合结构建筑等。

（4）建筑工程的等级划分　建筑物的等级通常按耐久性和耐火性进行划分。建筑物的耐久等级主要根据建筑物的重要性和规模大小进行划分，以作为基建投资和建筑设计的重要依据，我国《民用建筑设计通则》以主体结构确定的建筑耐久年限将建筑物划分为一级（耐久年限 100 年以上，适用于重要的建筑和高层建筑，比如纪念馆、博物馆、国家会堂等）、二级（耐久年限 50～100 年，适用于一般性建筑，比如城市火车站、宾馆、大型体育馆、大剧院等）、三级（耐久年限 25～50 年，适用于次要建筑，比如交通、居住建筑及厂房等）、四级（耐久年限 25 年以下，适用于简易建筑和临时性建筑）4 个等级。耐火等级是衡量建筑物耐火程度的标准，它通常是由组成建筑物的构件的燃烧性能和耐火极限的最低值来确定，我国现行《建筑设计防火规范》将建筑物的耐火等级划分为一级、二级、三级、四级 4 个等级。

（5）建筑工程的基本构件与常见结构体系　一幢建筑一般是由基础、墙或柱、楼地层、楼梯、屋顶和门窗 6 大部分所组成，一幢建筑除上述几大基本组成部分外对不同使用功能的建筑物还有许多特有的构件和配件（比如阳台、雨篷、台阶、排烟道等）。不同的建筑会采用不同的结构体系，结构体系是指结构抵抗外部作用的构件组成方式，高层建筑中基本的抗侧力单元是框架、剪力墙、实腹筒（又称井筒）、框筒及支撑（由这几种单元可组成多种结构体系），常见的建筑的结构体系有木结构、砖木结构、砖混结构、钢筋混凝土结构、框架结构、框剪结构、排架结构、剪力墙结构、框剪结构、筒体结构、框筒结构、悬吊结构、筒中筒结构、多筒体系等。

9.2　土木建筑工程测量的基本工作

狭义的土木建筑工程测量是指工业与民用建筑工程、建筑设备安装与建筑小区内市政工程等施工、竣工阶段的测量工作，土木建筑施工测量应以中误差作为衡量测量精度的标准，以二倍中误差作为允许误差（极限误差）。

9.2.1　建筑施工测量的准备工作

土木建筑施工测量的准备工作一般包括施工图审核、测量定位依据点的交接与检测、测量方案的编制与数据准备、测量仪器和工具的检验校正、施工场地测量等内容。施工测量前，应根据工程任务要求收集和分析有关施工资料，这些资料一般包括城市规划及测绘成果；工程勘察报告；施工设计图纸及相关变更文件；施工组织设计或施工方案；施工场区地下管线、建（构）筑物等的测绘成果。应对施工图进行认真审核并对定位依据点进行可靠性检测，应根据不同施工阶段的需要审核总平面图、建筑施工图、结构施工图、设备施工图等图纸，施工图审核内容应包括坐标系统与高程系统、建筑轴线关系、几何尺寸、各部位高程等，应及时了解和掌握有关工程设计的变更文件以确保测量放样数据的准确、可靠。平面控制点或建筑红线桩点是工程建筑物定位的依据，应认真做好成果资料与现场点位或桩位的交接工作并妥善做好点位或桩位的保护工作。平面控制点或建筑红线桩点（建筑红线桩点是指根据城市规划行政主管部门的批准，经有测量资质的单位实地测量钉桩的建筑用地范围的边界点）使用前应进行内业验算与外业检测，定位依据桩点数量应不少于三个，检测红线桩的允许误差为角度 30″、边长 1/5000、点位 3cm。城市规划部门提供的水准点是确定建筑物高程的基本依据，水准点数量应不少于两个，使用前应采用附合水准路线的方式进行检测，允许闭合差 $\pm 5N^{1/2}$（mm）（N 为测站数）。

施工测量方案是指导施工测量的技术依据，方案编制的内容（具体可根据施工测量任务的大小及复杂程度增减）通常包括工程概况；任务要求；施工测量技术依据、测量方法和技术要求；起始依据点的检测；建筑物定位放线、验线与基础以及 ± 0.000 以上的施工测量；安全、质量保证体系及具体措施；成果资料整理与提交等。建筑小区工程［建筑小区是指新建与改（扩）建的居住区、公共建筑群与工业厂区的总称。居住区泛指不同居住人口规模的居住生活聚居地和特指由城市主要道路或自然分界线所围合，设有与其居住人口规模相应的、较完善的、能满足该区居民物质与文化生活所需的公共服务设施的相对独立的居住生活聚居地区］、大型复杂建筑物、特殊工程的施工测量方案编制还应根据工程的实际情况增加相关内容（比如场地准备测量、场区控制网测量、装饰与安装测量、竣工测量与变形测量等）。

施工测量数据准备一般应包括两方面内容，即根据施工图计算施工放样数据和根据放样数据绘制施工放样简图。施工测量放样数据和简图均应进行独立校核，施工测量计算资料应及时整理、装订成册并妥善保管，测量仪器、量具应按规定进行严格的检验校正并妥善维护（为保证测量成果的准确可靠，测量仪器、量具应按国家计量部门或工程建设主管部门的有关规定进行检定，经检定合格后方可使用。测量仪器和量具除应按规定周期检定外，对经常使用的电子全站仪、经纬仪、水准仪等的主要轴系关系应在每项工程施工测量前进行检验校正且在施工过程中还应每隔 1～3 个月进行定期的检验校正。测量仪器和量具的使用应遵守有关操作规程并应精心保管、加强维护保养以确保其始终处于良好状态）。

施工场地测量通常是指场地平整、临时水电管线敷设、施工道路、暂设建（构）筑物及物料与机具场地的划分等施工准备阶段的测量工作。场地平整测量应根据总体竖向设计和施工方案的有关要求进行，宜采用"方格网法"（平坦地区方格网规格宜为 20m×20m，地形起伏地区宜为 10m×10m），方格网（建筑方格网是指由矩形或正方形的格网组成的，与拟建的建筑物、构筑物轴线平行的施工控制网）的平面位置可根据红线桩点或原有建（构）筑物进行测设，高程可按允许闭合差 $\pm 5N^{1/2}$（mm）（N 为测站数）的精度用水准仪测定。施工道路、临时水电管线与暂设建（构）筑物的平面、高程位置应根据场区测量控制点和施工现场总平面图测设，平面位置误差一般不应超过 50mm，高程误差一般不应超过 20mm。应根据现状地形图、地下管线图对场地内需要保留的原有地下建（构）筑物、地下管网及树木（树冠范围）等进行现场标定。施工场地测量中应做好原始记录，及时整理有关数据和资料并绘制成有关图表归档保存。

9.2.2 土木建筑施工平面控制测量

土木建筑施工平面控制测量主要指场区平面控制网和建筑物平面控制网的测量。平面控制测量前应收集场区及附近城市平面控制点、建筑红线桩点等的资料，确认点位稳定和成果可靠时可将其作为平面控制测量的起始依据，若发现其作为起始数据不能满足场区或建筑物平面控制网的精度要求时经委托方和监理单位同意可采用一个已知点和一个已知方向作为起始数据进行布网。平面控制测量宜采用工程建设所在地的现行坐标系统或建筑工程设计采用的坐标系统（采用后者时应提供两种坐标系统的换算关系）。平面控制网的点位应根据建筑设计总平面图及施工总平面布置图综合考虑、设计确定，点位应选在通视良好、土质坚硬、便于施测又能长期保留的地方，平面控制点的标志和埋设应符合相关要求并妥善保护。场区平面控制网可根据场区地形条件与建筑物总体布置情况布设成建筑方格网、导线网、三角网、边角网或 GPS 网，场地大于 1km² 或重要建筑区应按一级网的技术要求布设场区平面控制网；场地小于 1km² 或一般建筑区宜按二、三级网的技术要求布设场区平面控制网。建筑方格网宜在地势平坦、建筑物为矩形布置的场地布设，各等级建筑方格网的边长、测角中误差、边长相对中误差的要求分别是：一级 100～300m、±5″、1/50000；二级 100～300m、±10″、1/25000；三级 50～300m、±15″、1/10000，建筑方格网布设后应对建筑方格网轴线交点的角度及轴线距离进行测定，并调整控制点使测角中误差与边长相对中误差符合规定。导线网宜在地势平坦但不便布设建筑方格网的场地布设，不同等级导线网的导线长度、平均边长、测角中误差、边长相对中误差、导线全长相对闭合差、方位角闭合差要求分别是：一级 2.0km、200m、±5″、1/50000、1/25000、±5$N^{1/2}$（N 为导线点数）；二级 1.0km、100m、±10″、1/25000、1/10000、±10$N^{1/2}$，当导线边长小于 100m 时边长相对中误差按 100m 推算，导线边长应大致相等（相邻边长之比不宜超过 1：3）。三角网宜在地势起伏较大、建筑物采用非矩形布置的场地布设，三角形的各内角应在 60°左右（不宜小于 30°，极其特殊情况下的个别角也应不小于 25°），不同等级三角网的边长、测角中误差、三角形闭合差、起始边相对中误差、最弱边相对中误差要求分别是：一级 100～300m、±5″、±10″、1/50000、1/25000；二级 100～300m、±10″、±20″、1/25000、1/10000。布设边角网时，对通过测边组建的中点多边形、大地四边形或直边扇形应根据经各项改正后的边长观测值进行圆周角条件及组合角条件的检核，不同等级边角网的边长、测角中误差、边长相对中误差要求分别是：一级 100～300m、±5″、1/50000；二级 100～300m、±10″、1/25000。由于目前电子全站仪和 GPS 的广泛普及，三角网和边角网的形式已很少采用。采用 GPS 技术布设控制网可采用静态、快速静态、RTK（即实时动态定位技术，是一种基于载波相位观测值的实时差分的全球定位测量技术）以及网络 RTK 等方式进行，相应的作业方法及数据处理应遵守国家相关规定。采用网络 RTK 技术布设控制网作业前应事先向区域内的 GNSS 综合服务系统测绘网络服务中心申请注册 IP 地址，网络 RTK 用户作业开始应采用 GPRS 或 CDMA 方式访问 IP 地址，经网络中心确认身份后方能接收到 GNSS 发送的差分改正信息，采用常规 RTK 或网络 RTK 技术布设控制网时应对相关边长进行必要的现场校核并在确认其符合精度要求的前提下使用。建筑物平面控制网宜布设成矩形（特殊时也可布设成十字形主轴线或平行于建筑物外廓的多边形），建筑物平面控制网测量可根据建筑物的不同精度要求分三个等级，钢结构、超高层、连续程度高的建筑宜采用一级（测角中误差±5″、边长相对中误差 1/50000）；框架、高层、连续程度一般的建筑宜采用二级（测角中误差±10″、边长相对中误差 1/25000）；一般建筑宜采用三级（测角中误差±20″、边长相对中误差 1/10000），根据施工需要将建筑物外部控制转移至内部时其内控点宜设置在已建成的建筑物预埋件或测量标志上（投点允许误差为 1.5mm），建筑物平面控制网测定并验线合格后应按规定的精度在控制网外廓边线上测定建筑轴线控制桩（作为控制轴线的依据）。水平角观测仪器的测角标称精度一般应不低于±2″，水平角观测应在通视良好、成像清晰稳定时进行，作业中仪器应不受阳光直接照射，若气泡偏离超过一格应在测回间重新整置仪器（有纵轴倾斜传感器校正的电子经纬仪可不受此限）。距离测量一般采用电子全站仪、电子测距仪（手持式）进行［测距标称精度应优于（3mm＋3mm）/km，在进行光电测距的同时应进行气象数据测定并对测距仪测得的斜距进行气象和加、乘常数改正］，若采用普通钢尺必须对钢尺进行鉴定以获得其尺长方程式（钢尺量距应往返丈量，丈量时应使用拉力计且拉力应与鉴定时一致，距离丈量结果中应加入尺长、温度、倾斜等项改正），测边外业结束后应进行精度评定。平面控制测量外业结束后应进行内业计算和点位调整，计算所用的全部外业资料及起算数据须经两人独立检核、确认合格有效后使用，各等级平面控制网的计算可根据需要采用严密平差法或近似平差法，平差计算一般应使用计算机软件进行（应对所用程序进行检验与确认，应对输入、输出数据进行校对并进行计算正确性的检验，为确保万无一失应2次输入基础数据获得2次计算结果加以比对），平差计算若手工进行应采取两人对算或验算的方式。控制点位调整时应根据各点平差计算坐标值确定归化数据，并在实地标志上将其改正到设计位置。内业计算完成后应汇总的资料包括平面控制网图（可按适当比例绘制）、各项外业观测资料、平差计算资料及成果表等。

9.2.3 土木建筑施工的高程控制测量

土木建筑施工高程控制网一般应采用水准测量方法构建，特殊情况可采用光电测距三角高程或 GPS 高程。高程控制测量前应收集场区及附近高程控制点及建筑区域内临时水准点等资料，在确认其点位稳定、符合精度要求及成果可靠时可作为高程控制测量的起始依据。若起始数据不能满足场区高程控制网精度要求时，经委托方和监理单位同意可选定一个水准点作为起始数据进行全面布网。水准测量等级可根据工程施工具体要求采用二、三、四等或等外，也可根据场区的实际需要专门布设（特殊需要可另行设计），采用四等和等外的高程控制时可采用光电测距三角高程或 GPS 高程。高程控制网应布设成附合路线、结点网或闭合环的形式。建筑场区高程控制点布设时，应在每幢建筑物附近至少设置两个（主要建筑物附近应不少于三个），建筑物相距较远时控制点间距不宜大于 100m。高程控制点应选在土质坚实、便于施测和使用并易于长期保存的地方（到基坑边缘的距离应不小于基坑深度的两倍），高程控制点的标志与标石的埋设应符合相关规定，也可利用固定地物或平面控制点标志进行设置。高程控制点应采取保护措施并在施工期间定期复测（遇特殊情况应及时进行复测）。

各等级水准测量必须起闭在高等级水准点上，水准测量的主要技术要求应符合国家的有关规定。二等水准测量采用光学测微法，往测奇数站的观测顺序为"后→前→前→后"，偶数站的观测顺序为"前→后→后→前"，返测奇、偶数站的观测顺序分别按往测偶、奇数站的观测顺序进行。三等水准测量采用中丝读数法，每站观测顺序为"后→前→前→后"，当使用标称精度不低于 1mm/km 的水准仪和因瓦标尺测量时可采用光学测微法进行单程双转点观测。四等水准测量采用中丝读数法，可直读距离，双面标尺每站观测顺序为"后→后→前→前"，单面标尺每站观测顺序为"后→前"（两次仪器高应变动 0.1m 以上）。等外水准测量采用中丝读数法，不用读距离，每站观测顺序为"后→前"。水准观测应在成像清晰而稳定时进行，要撑伞防止强阳光照射。二、三、四等水准测量每测站观测不宜两次调焦，转动仪器的微倾螺旋与测微螺旋时最后应为旋进方向，每一测段测站数应为偶数。

光电测距三角高程测量（仪器的测角标称精度应不低于 2″，测距标称精度应不低于 3mm+3mm/km）宜在平面控制点的基础上布设成高程导线或三角高程网，高程导线各边的高差测定应采用对向观测的方式，采用电子全站仪可直接布设成光电测距三维控制网。四等和等外光电测距三角高程测量路线应分别起闭于不低于三等和四等的水准点上，进行对向观测时宜在较短时间内完成，距离超过 100m 的单向观测应考虑地球曲率和大气折光影响。若采用具有气象和地球曲率自动改正功能的全站仪观测时应通过两测回对向观测直接求得高差。光电测距三角高程测量的边长应加入气象改正与加、乘常数改正，仪器高、觇牌高或反射镜高应在观测前后用测量杆分别量至 1mm（较差不大于 2mm 时取其中数）。

GPS 高程应获取比较准确的高程异常分布情况并有均布的、足够数量的同测水准点。

高程控制网外业测量结束后应进行内业计算，计算既可采用软件也可人工进行，计算所用的全部外业资料与起算数据须经两人独立检核确认合格有效后方可使用。

高程控制测量完成后应提交高程控制网示意图、各项外业观测资料、平差计算资料及高程成果表等资料。

9.2.4 建筑定位放线与基础施工测量

建筑物定位是指根据设计条件，利用平面控制点、建筑红线桩点或根据拟建建筑与既有建筑物关系，将拟建建筑物四廓的主轴线桩（简称角桩）测设到地面上（作为基础放样和细部放样的依据）的工作。所谓放线是指按照设计图纸上建（构）筑物的平面尺寸，根据主轴线桩将建筑施工位置用线放样到实地的测量工作。

建筑物定位放线和基础施工测量的主要内容包括建筑物定位放线、桩基施工测量、基槽（坑）开挖中的放线与抄平、建筑物的基础放线、±0.000 以下的测量放线与抄平等。建筑物定位放线和基础施工测量前应收集相关测量成果资料，这些资料包括规划单位提供的测量平面控制点或建筑红线桩点、高程控制点；建筑场区平面控制网和高程控制网；既有建（构）筑物或道路中线位置等。建筑物定位放线以测量控制点或场区平面控制点定位时应选择精度较高的点位和方向为依据，以建筑红线桩点定位时应选择沿主要街道且较长的建筑红线边为依据，以既有建（构）筑物或道路中线定位时应选择外廓规整且较大的永久性建（构）筑物的长边（或中线）或较长的道路中线为依据。建筑物定位放线时的起点允许误差为 15mm，边长相对误差应不大于 1/6000 且边长绝对误差应不大于 10mm。建筑物定位放线应在施工单位验线合格后按有关规定申请验线（所谓验线是指对已测设于实地的建筑施工用线的正确性及精度进行检测的工作），经批准后方可施工。建筑物主轴线控制桩是基槽（坑）开挖后基础放线、首层及各层结构放线及竖向控制的基本依据，应在施工现场总平面布置图中标出其位置并采取措施加以妥善保护。建筑物定位放线包括的工作内容主要有根据建筑物平面控制网点测设建筑物主轴线控制桩；根据主轴线控制桩测设建筑物角桩；根据角桩标定基槽（坑）开挖边界灰线等。建筑物定位的方法应根据现场实际情况选择；当建筑物轴线平行于定位依据且为矩形时宜选用直角坐标法；当建筑物轴线不平行于定位依据或为任意形状时宜选用极坐标法；当建筑物与定位依据相距较远且量距困难时宜选用角度（方向）交会法；当建筑物到定位依据的距离不超过所用钢尺长度且场地量距条件较好时宜选用距离交会法；使用光电测距仪定位时宜选用极坐标法（仪器的测角标称精度应不低于 $2''$，测距标称精度应不低于 3mm＋3mm/km）；使用电子全站仪定位时宜选用坐标放样法；GPS 定位适用于任何情况，但应重视各个放样点间相对尺寸的经常性校核工作。

桩基和沉井施工测量前应根据总平面图测定桩基和沉井施工影响范围内的地下构筑物及管线的位置，为施工中相应措施的制定提供数据，以防止桩基和沉井施工中发生事故并确保施工安全。桩基和沉井施工的平面及高程控制桩均应设在桩基施工影响范围之外（以保证桩位的稳定）。采用建筑物平面控制网测设桩基及板桩轴线位置的允许误差为 ±10mm。桩基竣工后应以定位精度进行竣工测量并提交桩位测量放线图和桩位竣工图（基坑挖至设计标高的桩位图及桩顶实测标高等）。沉井施工测量时，以建筑物平面控制网为基准测设沉井中线的允许误差为 ±5mm，沉井施工过程中的中线投点允许误差为 ±5mm，标高测设允许误差为 ±5mm，沉井竣工后应以定位精度进行竣工测量并提交定位测量记录和工程竣工图（内含实测标高、位移）等测量资料。

进行基槽（坑）开挖和基础放线时，条形基础放线应以轴线控制桩为基准测设基槽边线（两灰线外侧为槽宽，允许误差为 −10～＋20mm）；杯形基础放线应先以轴线控制桩为基准测设柱中心桩，再以柱中心桩及轴线方向定出柱基开挖边线（中心桩的允许误差为 3mm）；

在条形基础与杯形基础开挖中应在槽壁上每隔 3m 距离测设距槽底设计标高 50cm 或 100cm 的水平桩（允许误差为 ±5mm）。

整体开挖基础放线时，地下连续墙施工应以轴线控制桩为基准测设连续墙中线（中线横向允许误差为 ±10mm）；混凝土灌注桩施工应以轴线控制桩为基准测设灌注桩中线（中线横向允许误差为 ±20mm）；大开挖施工时应根据轴线控制桩分别测设出基槽上、下口位置桩并标定出开挖边界线（上口桩允许误差为 −20～+50mm，下口桩允许误差为 −10～+20mm）；整体开挖基础当挖土接近槽底时应及时测设坡脚与槽底上口标高并拉通线控制槽底标高（严禁超挖）。

在垫层（或地基）上进行基础放线前应以建筑物平面控制网为基准检测建筑物外廓轴线控制桩，无误后再投测主轴线（允许误差 ±3mm）。基础外廓轴线投测应先进行闭合检测，合格后再用墨线弹出细部轴线与施工线，基础外廓轴线放线允许误差是 $L(B) \leqslant 30$ 时为 ±5mm，$30 < L(B) \leqslant 60$ 时为 ±10mm，$60 < L(B) \leqslant 90$ 时为 ±15mm，$90 < L(B) \leqslant 120$ 时为 ±20mm，$120 < L(B) \leqslant 150$ 时为 ±25mm，$L(B) > 150$ 时为 ±30mm，其中 L 为基础长度，B 为基础宽度（均以 m 为单位）。

9.2.5 结构施工测量

结构施工测量主要内容包括主轴线内控基准点设置、施工层放线与抄平、建筑物主轴线竖向投测、施工层标高的竖向传递、大型预制构件的弹线与结构安装测量等。结构施工测量应在首层放线验收后按有关规定申请复核并经批准后实施。结构施工测量采用外控法进行轴线竖向投测时，应将控制轴线引测至首层结构外立面上，作为各施工层主轴线竖向投测的方向基准。结构施工测量采用内控法进行轴线竖向投测时应在首层或最底层底板上预埋钢板并划"十"字线钻孔作为基准点，同时应在各层楼板对应位置预留 200mm×200mm 的孔洞以便传递轴线。轴线竖向投测前应检测控制桩、基准点并确保其位置正确，投测的允许误差为 $H/4000$ 且每层最大不超过 3mm，$H \leqslant 30m$ 时最大不超过 5mm，$30m < H \leqslant 60m$ 时最大不超过 10mm，$60m < H \leqslant 90m$ 时最大不超过 15mm，$90m < H \leqslant 120m$ 时最大不超过 20mm，$120m < H \leqslant 150m$ 时最大不超过 25mm，$H > 150m$ 时最大不超过 30mm，H 为总高。控制轴线投测到施工层后应组成闭合图形且间距不宜大于所用钢尺长度，控制轴线应选建筑物外廓轴线，单元、施工流水段分界轴线，楼梯间、电梯间两侧轴线，每施工流水段的内控点数不得少于 3 个。施工层放线时应先检测投测轴线，闭合后再测设细部轴线及施工线，各部位放线允许误差为：外廓主轴线长度 L（单位为 m）$\leqslant 30$ 时为 ±5mm，$30 < L \leqslant 60$ 时为 ±10mm，$60 < L \leqslant 90$ 时为 ±15mm，$90 < L \leqslant 120$ 时为 ±20mm，$120 < L \leqslant 150$ 时为 ±25mm，$L > 150$ 时为 ±30mm；细部轴线为 ±2mm；承重墙、梁、柱边线为 ±3mm；非承重墙边线为 ±3mm；门窗洞口线为 ±3mm。

标高竖向传递应采用钢尺从首层起始标高线垂直量取，当传递高度超过钢尺长度时应另设一道起始线，每栋建筑应由三处分别向上传递，标高允许误差为 $H/4000$ 且每层最大不超过 3mm，$H \leqslant 30m$ 时最大不超过 5mm，$30m < H \leqslant 60m$ 时最大不超过 10mm，$60m < H \leqslant 90m$ 时最大不超过 15mm，$90m < H \leqslant 120m$ 时最大不超过 20mm，$120m < H \leqslant 150m$ 时最大不超过 25mm，$H > 150m$ 时最大不超过 30mm，H 为总高。施工层抄平前应先检测三个传递标高点，当较差小于 3mm 时以其平均点作为本层标高的起测点。抄平时宜将水准仪安置在待测点范围的中心位置，使用标称精度不低于 3mm/km 的水准仪一次性地进行精密定平，水平线标高允许误差为 ±3mm。标高竖向传递也可采用电子全站仪和 GPS，使用时应注意数据处理方法及观测要领。

建筑物围护结构封闭前应将外控轴线引测至结构内部（作为室内装修与设备安装放线的依据），控制线可采用平行借线法引测。结构施工中测设的轴线及标高线均应以墨线标定，线迹应清晰明确，墨线宽度应小于 1mm。

砌体结构施工测量中，在基础墙顶放线时应弹出墙体轴线，在楼板上放线时对内墙应弹出两侧边线，外墙应弹出内边线。墙体砌筑前应按有关施工图绘制皮数杆作为控制墙体砌筑标高的依据，皮数杆全高绘制误差应不超过 2mm。皮数杆的设置位置应选在建筑物各转角及施工流水段分界处，相邻间距不宜大于 15m，立杆时应先用水准仪抄平（标高线允许误差为±2mm）。各施工层墙体砌筑到一步架高度后应测设 50cm（或 100cm）水平线作为结构、装修施工的标高依据，相邻标高点间距宜不大于 4m，水平线允许误差为±3mm。

钢筋混凝土结构施工测量的内容包括装配式框架、现浇框架、框架-剪力墙、剪力墙等结构形式的施工测量。钢筋混凝土构件进场后应检查其几何尺寸，构件几何尺寸允许误差为：长度方面梁−5～+10mm，柱−10～+5mm；宽度及高度方面梁、柱均为±5mm。预制梁柱安装前应在梁两端与柱身三面分别弹出几何中线或安装线，弹线允许误差为±2mm。预制柱安装前应检查结构中支承埋件的平面位置及标高（结构支承埋件的允许误差为中心位置±5mm，顶面标高−5～0mm）并绘简图记录误差情况。预制柱安装时应用两台经纬仪或电子全站仪，在相互垂直的轴线上同时检测构件安装的垂直度（当观测面为不等截面时经纬仪或电子全站仪应安置在轴线上，当观测面为等截面时经纬仪或电子全站仪可不安置在轴线上但仪器中心至柱中心的直线与轴线的水平夹角不得大于 15°），预制柱安装测量的垂直度允许误差为±3mm。柱顶面的梁或屋架位置线应以结构平面轴线为基准测设，允许误差为 $H/4000$ 且每层最大不超过 3mm，$H \leqslant 30m$ 时最大不超过 5mm，$30m < H \leqslant 60m$ 时最大不超过 10mm，$60m < H \leqslant 90m$ 时最大不超过 15mm，$90m < H \leqslant 120m$ 时最大不超过 20mm，$120m < H \leqslant 150m$ 时最大不超过 25mm，$H > 150m$ 时最大不超过 30mm，H 为总高。预制梁安装后应对柱身垂直度进行复测并做记录。在现浇混凝土结构中，墙、柱钢筋绑扎完成后应在竖向主筋上测设标高并用油漆标注（作为支模与浇灌混凝土高度的依据），测设方法及允许误差同标高竖向传递。现浇柱支模后应用经纬仪或电子全站仪检测模板垂直度，测法及允许误差同预制柱安装。

采用滑动模板施工时，模板组装前应根据建筑物轴线控制桩在基础顶面放线，放线时应先检测投测轴线，闭合后再测设细部轴线及施工线，各部位放线允许误差为：外廓主轴线长度 L（单位为 m）≤30 时为±5mm，$30 < L \leqslant 60$ 时为±10mm，$60 < L \leqslant 90$ 时为±15mm，$90 < L \leqslant 120$ 时为±20mm，$120 < L \leqslant 150$ 时为±25mm，$L > 150$ 时为±30mm；细部轴线为±2mm；承重墙、梁、柱边线为±3mm；非承重墙边线为±3mm；门窗洞口线为±3mm。滑模施工过程中检测模板垂直度的仪器、设备可根据建筑物高度与施工现场条件选用经纬仪、电子全站仪、线锤、激光铅垂仪等，其相对误差应不大于 1/10000。模板垂直度检测工作应设观测站，当采用经纬仪或电子全站仪检测时应设置在轴线控制桩上，当采用激光铅垂仪检测时应设置在结构外角处。在滑升过程中，每滑升一个浇灌层高度应自检一次，每次交换班时应全面检查一次并记录结构垂直、扭转与截面尺寸等偏差数值（作为模板纠偏的依据）。模板滑升前应在结构竖向钢筋上测设统一的标高点作为测量门窗口与顶板支模高度的依据，测法及允许误差同标高竖向传递。各层室内水平线测设时，在逐间引测后应与该层的起始标高点校核（允许误差为±3mm）。

升板结构施工中，基础施工完成后应根据轴线控制桩测设建筑物主轴线、细部轴线、柱边线等，其各项允许误差为：外廓主轴线长度 L（单位为 m）≤30 时为±5mm、$30 < L \leqslant 60$ 时为±10mm，$60 < L \leqslant 90$ 时为±15mm，$90 < L \leqslant 120$ 时为±20mm，$120 < L \leqslant 150$ 时为

±25mm，$L > 150$ 时为 ±30mm；细部轴线为 ±2mm；承重墙、梁、柱边线为 ±3mm；非承重墙边线为 ±3mm；门窗洞口线为 ±3mm。为：外廓主轴线长度 L（单位为 m）≤30 时为 ±5mm，30<L≤60 时为 ±10mm，60<L≤90 时为 ±15mm，90<L≤120 时为 ±20mm，120<L≤150 时为 ±25mm，$L > 150$ 时为 ±30mm；细部轴线为 ±2mm；承重墙、梁、柱边线为 ±3mm；非承重墙边线为 ±3mm；门窗洞口线为 ±3mm。预制柱安装测量同钢筋混凝土结构施工中的预制柱。现浇柱施工时应用经纬仪或电子全站仪检测模板的垂直度，允许误差为 $H/4000$ 且每层最大不超过 3mm，H≤30m 时最大不超过 5mm，30m<H≤60m 时最大不超过 10mm，60m<H≤90m 时最大不超过 15mm，90m<H≤120m 时最大不超过 20mm，120m<H≤150m 时最大不超过 25mm，$H > 150$m 时最大不超过 30mm，H 为总高。楼板制作时应在胎膜上抄平弹线（标高允许误差为 ±2mm）。各层楼板提升施工前应在每根柱上抄平弹线（作为测量提升差异与搁置差异的基准，水平线标高允许误差为 ±2mm）。楼板提升施工前应复测每根柱的竖向偏差并绘制方向偏差图。楼板提升过程中应用经纬仪或电子全站仪检测柱身竖向偏移及楼板水平位移情况并做好记录。

9.2.6　工业建筑施工测量

在我国，工业建筑施工测量一般是指 1km² 以内的中、小型工业建筑的新建与改、扩建工程的施工测量。工业建筑施工测量平面控制网的坐标系统应与设计坐标系统一致。工业建筑施工测量高程控制网应以设计给定的高程基准点为基准进行布网和联测。厂房定位、厂区管线、变形测量及竣工测量等应遵守相关规范规定并满足相关专业、行业的特殊要求。

工业建筑施工测量中，厂区平面控制网的测设可参考本书 9.2.2，布设方格网时宜选一级或二级，控制网的主轴线应与主要建筑物轴线平行。厂区高程控制网的测设可参考本书 9.2.3，厂区高程控制网宜选三等或四等水准测量。厂区控制网的桩点应按相关规定进行埋设并做好保护工作。

厂房基础施工测量应以厂房平面控制网为依据，基础位置线与标高线的允许误差应符合相关规定。主体结构施工前应对基础的平面位置与标高进行实测并记录误差值。应根据厂房平面控制网将纵、横向柱轴线测设在各柱基杯口上（允许误差 ±3mm）。应根据厂区高程控制网将 −60cm 水平线测设在各柱基杯口内（允许误差 ±3mm）。厂房梁柱安装方法及要求与钢筋混凝土结构相同，预制柱初步固定后应用经纬仪或电子全站仪检测其垂直度（不得超过施工允许误差）。

吊车梁安装测量中，应在梁顶和两端划出中线，牛腿上吊车梁安装中线宜采用平行借线法测设，测设前应先校核跨距（允许误差为 ±2mm），吊车梁中线允许误差为 ±3mm。应根据厂房平面控制网将吊车轨道中线投测至吊车梁上（允许误差为 ±2mm），中间加密点的间距不得超过柱距的二倍（允许误差为 ±2mm）并应将各点平行引测到牛腿顶部的柱子侧面作为轨道安装的依据。轨道安装中线应在屋架固定后测设。轨道安装前应用吊钢尺法把标高引测至高出轨面 50cm 的柱子侧面（允许误差为 ±2mm）。

屋架安装后应实测屋架垂直度、节间平直度、标高、挠度（起拱）等并做记录。

厂区改、扩建施工测量应以原厂区控制点为依据，恢复厂区平面控制网（其精度应不低于原控制网精度），若原控制网保存良好且改、扩建区不大于原厂区的 1/3 时可对原控制网进行恢复与扩展（扩展控制点应与原控制网一起组成新控制网并进行整体平差计算）。当无法恢复原厂区平面控制网时，可在改、扩建区布设导线网或 GPS 网作为平面控制，导线测量应符合国家相关规范规定。

厂房改、扩建施工测量应以原厂房平面控制点为依据恢复、扩展厂房平面控制网。若原厂房无平面控制点可根据具体实际情况重建厂房平面控制网，对有行车轨道的厂房应以现有行车轨道中线为依据；当厂房内主要设备与改、扩建后的设备有联动或衔接关系时应以现有设备中线为依据；若厂房内无行车轨道及联动或衔接设备则应以厂房柱中线为依据。恢复、扩展或重建厂房平面控制网时的测量精度应不低于原控制网精度。厂房改、扩建标高测量应以厂房内的标高点为依据，若厂房内无标高点可根据具体情况施测，对有行车轨道的厂房应以轨道的实测平均标高为依据；当厂房内主要设备在改、扩建中与原有设备有联动或衔接关系时应以原有设备安装基准点或设备底座标高为依据；当厂房内无行车及联动设备时应以厂区水准点为依据。

厂区铁路专用线施工中，应以厂区平面控制网为基础，以相应的厂房平面控制网精度测设铁路专用线的进厂起点、路线交点（JD）、曲线起点（ZY）、曲线中点（QZ）、曲线终点（YZ）、道岔岔心及路线终端。对延长到厂房内的支线应以厂房平面控制网为依据进行定位。路线定位后应用经纬仪或电子全站仪以一测回检测转角 A（测角允许误差为 $2''$ 级仪器 $\pm15''$）。铁路专用线中桩间距在直线段应不大于 50m，圆曲线段宜为 20m，中桩桩位测量的允许误差为纵向 1/3000，横向 ±20mm。曲线辅点的测设可采用极坐标法、坐标法、GPS法、支距法等，曲线测量的允许误差为纵向 1/3000，横向 ±25mm。中桩高程测量应以厂区高程控制网为基础用附合水准路线测定，其允许闭合差为 $\pm10N^{1/2}$（mm），N 为测站数。

9.2.7　建筑装饰施工及设备安装测量

建筑装饰与设备安装施工测量的主要内容包括室内地面面层施工、吊顶及屋面施工、墙面装饰施工、玻璃幕墙和门窗安装、电梯和管道安装等工程的施工测量。建筑装饰与设备安装施工测量前应查阅施工图纸、了解设计要求、验算有关测量数据，应核对图上坐标和高程系统与施工现场是否相符并对其测量控制点和其他测量成果进行校核与检测。

建筑装饰与设备安装施工测量中，室内外水平线测设时每 3m 距离的两端高差应小于 1mm，同一条水平线的标高允许误差为 ±3mm；室外铅垂线应采用经纬仪或电子全站仪投测两次（结果较差应小于 2mm），当竖直角超过 40° 时可采用陡角棱镜或弯管目镜进行投测；室内铅垂线可采用线锤、激光铅垂仪、经纬仪或电子全站仪投测，其相对误差应小于 $H/3000$（H 为总高）；对精度要求较低的一般装饰与安装工程的施工测量各项误差可相应放宽 $0.5\sim1$ 倍。

室内地面面层施工时应在建筑物四周墙面及柱子上测设出 50cm 或 100cm 水平线（作为室内地面面层施工的标高控制线），并用水准仪或激光扫平仪检测基层标高。应按设计要求在基层上以十字直角定位线为基准弹线分格（量距相对误差应小于 1/10000，测设直角的误差应小于 $\pm20''$）。检测标高及水平度时的检测点间距对大厅宜小于 5m，房间宜小于 2m 或按施工交底要求实施。现制水磨石地面施工应根据 50cm 水平线检查基层顶面标高并检查房间墙面的方正度，应按设计要求在基层面上以十字直角定位线为基准弹线分格（无特殊要求时分格间距可为 1m。在分格铜条或玻璃条固定后要检测其顶面标高是否符合要求），正式开磨后应随时监测磨石面的标高及水平度与水平控制线的符合情况。

人造石饰面板（比如大理石、马赛克、预制水磨石、缸砖等）预制块地面施工时，应在基层面上弹分格线，在纵横两个方向上排好尺寸，根据确定后的块数和缝宽在基层面上弹纵横控制线（应每隔 $1\sim4$ 块弹一条控制线并严格控制方正）。

塑料地面施工时，应在基层面上弹十字直角定位线或对角定位线。若地面砖不合房间尺寸应沿墙面四周或两边弹出 $200\sim300$mm 镶边线。塑料地面砖铺贴后应从 50cm 水平线向下量 35cm 定出四周点，交圈后弹出踢脚线上口墨线。

　　木制地板施工时应每 5～10 根龙骨弹一道龙骨控制线，应检查龙骨标高、平整度（允许误差为±3mm）。长条地板应从靠门口较近的一边开始铺钉，每钉 600～800mm 宽要弹线、找直、修正（弹在已钉好的板条上）。拼花地板铺设前，房间应先弹出十字直角定位线，后弹周圈边线（以 300mm 为宜），长宽相差应小于 100mm。铺人字地板应先弹出房间的十字直角定位线再弹圈线，圈边四周必须一致。

　　吊顶施工应以 50cm 水平线为依据，用钢尺量至吊顶设计标高，再沿墙四周弹水平控制线。应在顶板上弹十字直角定位线（其中一条应与外墙面平行），十字线应按实际空间匀称确定，直线点应标在四周墙上。对具有天花藻井及顶棚悬吊设备、灯具或装饰物比较复杂的吊顶，在大厅吊顶前应按其设计尺寸，在其铅垂投影的地面上按 1:1 放出大样后再投到顶棚上，再移动龙骨至适当位置或以顶棚十字定位线为基础向四周扩展等距方格网来控制顶棚悬吊设备及装饰物的相互位置关系。

　　屋面施工中应检查各向流水实际坡度是否符合设计要求并测定其实际偏差，应在屋面四周测设水平控制线及各向流水坡度控制线，在卷材防水层面要测设十字直角控制线。

　　墙面装饰施工中，内墙面装饰铅直控制线应按小于 1/3000 的相对误差进行投测，水平控制线测设时每 3m 距离的两端高差应小于 1mm，同一条水平线的标高允许误差为±3mm。装饰墙面按设计需要分格分块时应按小于 1/10000 的相对误差测量分格线及分块线。外墙面水平控制线测设时每 3m 距离的两端高差应小于 1mm，同一条水平线的标高允许误差为±3mm。

　　外墙面砖、马赛克铺贴时，在建筑物四角应吊出铅垂钢丝并牢固地固定，用以控制墙面垂直度、平整度及面砖出墙面的位置，其允许误差为±3mm。应根据分格高度及宽度，在底子灰面上弹出若干水平线及垂直线，水平线及垂直线的间距应根据设计要求和面砖尺寸确定。在遇门窗洞口时要拉横通线并找出垂直、方正。

　　大理石面板的铺贴时，墙面、柱面、门窗套应用线锤从上到下找出垂直后在地面上顺墙面、柱面等弹出大理石面层外廓线（以 5cm 为宜），再在此基准线上弹出大理石板就位线。

　　壁纸或墙布裱糊时，裱糊第一幅壁纸或玻璃纤维墙布前应弹垂直线一道（作为裱糊时的基准线），顶棚壁纸第一幅也要先弹一条基准线。在墙面上应弹一圈顶棚标高水平控制线。

　　大型壁画铺贴时，在墙面上要弹水平和垂直控制线，其间距应根据设计需要确定，壁画出墙面位置及倾斜度应借助壁画左右两侧的钢丝控制。

　　玻璃幕墙和门窗安装前应按装饰工程平面与标高设计要求检测门窗洞口净空尺寸偏差并绘图记录，高层建筑外墙面垂直度应在每层结构完工后检测并记录偏差、绘制平面图，建筑主体结构完工后应在有垂直龙骨的主要部位用悬吊钢丝法（垂准线法）沿墙面检测其垂直度并做好记录、绘制出竖向剖面图。玻璃幕墙和门窗安装时应在门窗洞口四周弹墙体纵、横轴线（外墙面控制线），在内外墙面应按要求弹 50cm 水平控制线，层高、全高允许误差应与结构施工测量精度相同，应借助经纬仪或电子全站仪进行竖向投测并根据需要在外墙面弹垂直通线，幕墙随主体同步安装时应以控制结构的轴线及标高线为基准进行安装幕墙的施工测量控制，控制垂直龙骨可采用激光铅垂仪或铅垂吊钢丝法（所用线锤的质量和钢丝直径应随高差的增加而增加，与高差 h 对应的悬挂线锤质量 w 及钢丝直径 d 为：$h<10m$ 时 $w>1kg$，d 取 0.5mm；$h=10～30m$ 时 $w>5kg$，d 取 0.5mm；$h=30～60m$ 时 $w>10kg$，d 取 0.5mm；$h=60～90m$ 时 $w>15kg$，d 取 0.5mm；$h>90m$ 时 $w>20kg$，d 取 0.7mm），幕墙分格轴线的测量放线应与主体结构的测量放线配合（对其误差应在分段分块内控制、分配、消除、以不使其累积），幕墙与主体结构连接的预埋件应按设计要求埋设（其测量放线允许误差为高差±3mm、埋件轴线偏差 6mm），在框架安装施工时应对幕墙的垂直及立柱位置的正确性随时监测与校核。

直升梯（包括观景梯）安装中，在结构施工开始时应做好直升梯安装的筹备工作（在电梯井底层应以结构控制线为准及时量测出每层电梯井的净空尺寸并绘出平面图），应采用垂准线法检查电梯井中心的竖向偏差并绘制出电梯井两个方向的纵剖面图，应根据检查结果提供最佳的电梯井净空尺寸断面图，应准确测设出电梯井的轨道中心位置并用钢丝固定（各条铅垂线固定后应分别丈量铅垂线间的距离，两铅垂线全高上下较差应小于 1mm，铅垂线的误差应小于 0.7mm/5m），应在每层弹 50cm（或 100cm）水平控制线（每层梯门套两边应弹两条垂直线，其相对误差应小于 1/3000，应确保电梯门槛与门地面水平度一致）。

自动扶梯安装中，应按平面图进行放线，应检测绞车基础水平度及标高位置是否与设计要求相符，并在自动扶梯四个角点测设四个水平点（两次独立观测各点高差之差应小于 1mm，四点高差较差应小于 2mm），应保证绞车主轴轴承最低点平面位置及标高与设计位置之差小于 1mm，检测电梯绞车主轴水平度的误差应小于轴长的 1/10000。

管道安装前要检查穿墙、穿层孔洞位置是否符合设计要求，应以结构控制线为依据进行管道安装工作。

9.2.8　特殊工程施工测量

所谓特殊工程施工测量主要是指一些特殊建筑［比如运动场馆、影剧院、形体复杂的建（构）筑物、高耸塔型建（构）筑物及钢结构高层、超高层建筑等］的施工测量工作。特殊工程的基础施工测量与一般建筑的基础施工测量方法大致相同。特殊工程的施工测量，在开工前也应由施测单位预先编制施工测量方案，并由测量、施工、设计、建设与监理等单位共同审定、批准后方可实施。特殊工程施工测量的平面控制网应根据建筑群体的整体布局及工程的特点和精度要求优化设计并优选测量方法、测量仪器和测量等级，应专门设计能满足工程要求的专用测量标志，宜布设平高控制网（平高控制点是具有平面坐标和高程的控制点。平高控制点常用于航空摄影测量的外业像控点，目前也常用于建筑施工测量，平高控制点便于同时测设细部点的坐标和高程）。特殊工程施工测量的技术资料一般应包括工程定位测量记录、基槽验线记录、楼层平面放线记录、楼层标高抄测记录、建筑物垂直度与标高观测记录、沉降观测记录和技术报告等。

运动场馆、影剧院施工测量时，运动场馆建筑物平面控制网应与运动场馆建筑物整体结构的坐标系统一致（若不一致应建立坐标换算关系）。圆形、椭圆形比赛道的平面控制网布设时控制点应包括其圆心、椭圆的两焦点以及直线与曲线、曲线与曲线的连接点。运动场馆比赛道平面细部定位点的测量误差应不大于普通建筑施工测量平面点位允许误差的 1/3，测设的长度误差应为正号误差并符合设计要求。运动场馆、影剧院建筑物的平面细部定位点及结构曲面细部定位点测设宜采用全站仪三维坐标法、GPS 法、极坐标法、交会法、偏角法与弦线法等方法，并应使用不同的测量方法或测量细部定位点的间距进行校核（其差值应小于施工测量允许误差的 2/3）。细部定位点应根据建筑物的形状、面层材料选择铜质、不锈钢质等圆形标志（其直径应小于 5mm，标志中心的十字线刻划误差应不超过 0.5mm。若钻圆孔作为标志中心则其孔径应小于 2mm）。矩形运动场馆、影剧院建筑物布设矩形平面控制网时，除应对矩形的四个边角进行测角、测边外，还应进行对角线的方向及距离测量并通过平差求出平面控制点的最或然值位置。对高程精度要求较高的运动场馆，布设高程控制网时宜采用二等水准测量，细部高程点测量的限差应为普通建筑施工测量高程允许误差的 1/3。大型运动场馆、大跨度影剧院施工测量使用经纬仪的标称精度应不低于 2″，电子全站仪的标称精度应不低于 2″ 和 2mm+2mm/km，水准仪的标称精度应不低于 1mm/km。运动场馆、影剧院钢网架结构施工定位测量中周边支承梁或支承柱的测量精度应与其相应的网架拼装精度一致，整体吊装或整体滑动安装网架支承点间的距离确定应顾及网架吊起后自重引起的变形。特殊运动场馆、影剧院钢结构的施工测量应首先计算出其钢结构各节点的三维坐标并使用全站仪进行各节点的三维坐标定位（其误差应符合设计要求）。网架周边支承梁或支承柱间的距离宜用全站仪通过测角、测边（对矩形周边应测周边支承梁或支承柱的对角线；对圆形周边应测多边形的边及对角线）然后进行简易平差（其测量值与设计值之差应不大于10mm），网架周边支承梁或支承柱的实测高程与设计高程之差应不大于5mm。

形体复杂建（构）筑物的基础施工测量与一般建筑基础施工测量方法基本相同，形体复杂建（构）筑物施工测量的平面控制宜采用二级精度，高程控制宜采用三等水准测量。形体复杂建（构）筑物施工测量控制网的布设应选定既满足该建（构）筑物的主体结构放样要求又兼顾其他非主体结构施工放样的控制点作为主控点并组成强度最佳的控制图形。主控点应为半永久性控制点（应妥善设置保管并设置备桩），在结构施工过程中应定期检测各主控点（主控点平面位置检测误差应符合二级控制的精度要求）。在结构施工过程中高程控制点也应经常进行检测，每施工完一个结构层均应及时进行高程控制点检测（检测误差应符合三等水准测量要求）。

高耸塔形建（构）筑物通常包括电视广播发射塔、100m以上的烟囱、水塔、观光塔、伞塔、瞭望塔等。高耸塔形建（构）筑物施工测量的控制网宜设计为田字形、十字形或辐射形等控制图形，图形的中心点应与高耸塔形建（构）筑物的中心点重合。高耸塔形建（构）筑物施工测量的平面控制应采用一级精度，高程控制宜采用二等水准测量。高耸塔形建（构）筑物施工测量必须根据平面与高程控制网直接测定施工轴线与标高（同时应使用不同的测量方法进行校核，其允许误差均为3mm）。当结构施工到±0.000后，应在首层结构面埋设200mm×200mm×6mm的钢板，将塔身的轴线控制点及中心点点位准确地标在钢板上并镶以直径小于2mm的铜芯。基础结构以上塔身垂直度的测设宜使用相对误差为1/100000～1/200000的激光铅垂仪、激光经纬仪或光学铅垂仪，垂直度控制应采用强制对中的内控法［所使用仪器在100m处的投测圆（误差圆）直径应不大于10mm］。低于100m的高耸塔形建（构）筑物宜在塔身建筑的中心位置及主控轴线的两端控制点上设置三个垂直方向控制点组成"一"或"L"形控制图形。100m以上的高耸塔形建（构）筑物宜设置包括塔身中心点及十字主控轴线各端控制点的五个垂直方向控制点，其设置铅垂仪的点位必须从控制轴线上直接测定并以不同的测设方法进行校核（其投测误差应不大于3mm）。高耸塔形建（构）筑物测设应按规定仔细设置垂直控制点并在施工用滑模平台上设置铅垂仪的激光接收靶或十字线标志，通过调整滑模平台位置使其符合设计要求。高耸塔形建（构）筑物中心垂直度测量允许误差依次为高度 $H \leqslant 100m$ 时15mm，$100m < H \leqslant 200m$ 时25mm，$200m < H \leqslant 250m$ 时35mm，$250m < H \leqslant 300m$ 时45mm，$300m < H \leqslant 350m$ 时50mm。高大水塔、广播电视发射塔的施工测量，其允许误差除应符合本规定外，对有特殊要求的工程应由设计、施工、测量、监理等单位共同协商确定。高耸塔形建（构）筑物施工用滑模平台的调整应符合现行国家标准《滑动模板工程技术规范》中的有关规定。塔身施工到100m后应进行日照变形观测，若施工跨季度、年度，日照变形应每月观测一次。应对日照变形观测记录进行计算分析并换算成塔身日照变形的偏斜量与方位，进而绘制出日照变形曲线并列出最小日照变形时段以指导施工测量。广播电视发射天线桅杆施工中，当筒式钢筋混凝土桅杆在塔身顶部向上施工时，应在二级风力以下由控制轴线点直接测定塔的中心点（同时根据塔楼实际结构的中心点确定桅杆向上施工的中心点，测量误差控制与塔身施工测量相同）。钢桅杆吊装中，在筒式钢筋混凝土桅杆顶层灌筑混凝土前应用前方交会法或轴线

交会法测定出筒式钢筋混凝土桅杆顶层的桅杆中心点（并顾及实际结构中心线，确定钢桅杆基座吊装中心十字线与钢桅杆地脚螺栓的位置。地脚螺栓中心线对基座中心线的测量允许误差应不大于 1mm）。高耸塔形建（构）筑物的标高测定宜用高质量钢尺沿塔身铅垂线方向丈量（向上、向下两次丈量较差应符合相关规范规定），亦可悬吊钢尺用水准仪直接从地面将标高传递到各施工层（其精度应与基础的高程控制精度相同），还可利用电子全站仪或 GPS 完成。

钢结构高层、超高层建筑施工测量的平面控制宜采用一级精度，高程控制宜采用二等水准测量，并应测设为平高控制网。±0.000 以下部分施工测量控制网应将地面平高控制网的纵、横轴线测设到基础混凝土面层上以组成基础平面控制网（其精度与地面平高控制网精度相同）并测设出柱行列中轴线［其相邻柱中心间距的测量允许误差为 1mm，第一根柱至第 N 根柱间距的测量允许误差为 $(N-1)^{1/2}$（mm）］。预埋钢板应水平并与地脚螺栓垂直，依据纵、横控制轴线交会出的定位钢板上的纵、横轴线允许误差应不超过 0.5mm，在灌注基础混凝土前应按设计位置认真检查与调整纵、横轴线（允许误差为 0.5mm），预埋钢板的水平度应采用标称精度不低于 1mm/km 的水准仪进行控制（其允许误差为 0.5mm）。安装前应对柱、梁、支撑等主要构件尺寸及中线位置进行复测，构件的外形与几何尺寸的允许误差应符合现行国家标准《钢结构工程施工质量验收规范》（GB 50205）中的有关规定。在基础混凝土面层上第一层钢柱安装前应对由钢柱地脚螺栓部位的十字定位轴线控制点组成的柱格网进行复测和调整（其允许误差为 1mm），安装时柱底面的十字轴线应对准地脚螺栓部位的十字定位轴线（允许误差 0.5mm），钢柱顶端面的纵、横柱十字定位轴线的允许误差为 1mm。当施工到 ±0.000 时应对平高控制网的坐标和高程进行复测并调整（其允许误差为 2mm）。地上部分钢柱垂直度的测设应采用标称相对误差优于 1/40000 的激光铅垂仪或光学铅垂仪或激光准直仪进行，应根据平高控制网布设竖向控制点并对布设的竖向控制点进行校核（其精度应与平高控制网相同），竖向控制点宜用不锈钢永久标志。竖向控制宜采用内控的误差圆投测方法进行竖向投测，每个施工层投测完成后应及时进行校核（符合精度要求后方可施工）。钢结构焊接时除执行保持柱身垂直度的有关规定外还应通过经纬仪或电子全站仪随时进行监测校正（10m 高的结构柱的垂直度允许误差为 5mm，建筑总高 H 的垂直度允许误差为 $H/4000$，且在 $30\text{m} < H \leqslant 60\text{m}$ 不超过 10mm，$60\text{m} < H \leqslant 90\text{m}$ 不超过 15mm，$90\text{m} < H \leqslant 120\text{m}$ 不超过 20mm，$120\text{m} < H \leqslant 150\text{m}$ 不超过 25mm，$150\text{m} < H \leqslant 180\text{m}$ 不超过 30mm，$H > 180\text{m}$ 时符合设计要求）。在进行柱、梁、支撑等大型构件安装时应以柱为准调整梁与支撑（以确保建筑物的整体垂直度），在焊接时可根据需要做好观测与记录工作（包括柱与梁焊接缝收缩引起的柱身垂直度偏差的测定；柱的日照温差变形测定；塔吊锚固在结构上对结构的垂直度影响测定；柱身受风力影响的测定等）。层间高差及建筑总高度应采用水准测量或高质量钢尺沿柱身外向上、向下丈量测定（或用电子全站仪或用 GPS），当对钢结构进行丈量测定时可不加温度改正（每层高差允许误差为 ±3mm），建筑总高度 H 允许误差为 $H/4000$，且每层最大不超过 3mm，$H \leqslant 30\text{m}$ 时最大不超过 5mm，$30\text{m} < H \leqslant 60\text{m}$ 时最大不超过 10mm，$60\text{m} < H \leqslant 90\text{m}$ 时最大不超过 15mm，$90\text{m} < H \leqslant 120\text{m}$ 时最大不超过 20mm，$120\text{m} < H \leqslant 150\text{m}$ 时最大不超过 25mm，$H > 150\text{m}$ 时最大不超过 30mm。

9.2.9　建筑小区市政工程施工测量

建筑小区市政工程施工主要包括小区内的给水、排水、燃气、供热、电力、电信、工业等管线工程和道路工程等。建筑小区市政工程的中线定位应依据定线图或设计平面图，按照图纸给定的定位条件，根据建筑小区内施工平面控制网点进行测设［或依据与附近主要建

（构）筑物间的相互关系测设或根据城市测量控制点测设]。建筑小区市政工程的高程与坡度控制应使用建筑小区内设计给定的水准点及以上述水准点为基点统一布设的施工水准点。建筑小区市政工程定位后，其平面位置、高程均应在施工前与已建成的市政工程相衔接并进行检测（若发现关系不符应及时与业主、设计单位进行联系并加以解决）。中线桩位可采用极坐标法、直角坐标法、方向交会法、距离交会法或平行线法、等进行测定，桩位测定完成后应变换观测方法或条件进行校核。测设使用仪器应按规定进行检验校正，角度观测仪器的测角标称精度应不低于 $2''$，量距应采用检定合格的优质钢卷尺或标称精度不低于 $2''$ 和 $3mm+3mm/km$ 的电子全站仪，高程测量应采用标称精度不低于 $3mm/km$ 的水准仪。距离测量相对误差应小于 $1/6000$，高程测量应采用四等或等外水准引测施工水准点，细部测设时应采用两个水准点作后视推求视线高（允许误差为 $\pm 5mm$），并以平均视线高程为准。测设点位时应与附近区域性控制点进行联测以求出道路、地下管线的中线起点、终点、转折点等点位的坐标，联测坐标的技术要求（允许误差）为附合导线长度小于 $800m$，方位角闭合差 $\pm 30'' N^{1/2}$，量边往返丈量的相对误差 $1/6000$，导线全长相对闭合差 $1/5000$，其中 N 为导线点数，当导线超长时其绝对闭合差应不大于 $20cm$，导线边数超过 12 时应适当提高测角精度。

管线工程一般分期、分阶段施工，在与其他建（构）筑物相衔接时应对定位工作进行检测或调整，当建筑小区室外管线与室内管线连接时宜以室内管线的位置和高程为准；当建筑小区室外管线与市政干线连接时宜以市政干线预留口位置或市政规划位置及高程为准；当新建管线与原有管线连接时宜以原有管线位置和高程为准。各种管线的起点、交点、井位及终点相对于附近定位依据点的定位测量允许误差，对敷设在沟槽内的及架空管线为 $10mm$，地下管线为 $20mm$。测量要配合地下管线的施工工作，地下管线施工过程中，管线施工挖槽前应测设中线控制桩，应测设间距不大于 $150m$ 的施工水准点，随着施工的进行在基槽内投测管线中心线（间距宜为 $10m$，最长不应超过 $20m$）并在基槽内测设高程及坡度控制桩（间距不宜超过 $10m$，非自流管道间距可放宽至 $20m$），在管线安装过程中应及时检测安装位置的准确性，对属于建筑小区内的管线主干线应在回填土前测出起点、终点、交点及井位的坐标、管外顶高程（压力管）或管内底高程（自流管），各类管线安装高程与模板高程的测量允许误差对自流管为 $\pm 3mm$、压力管为 $\pm 10mm$。架空管道施工中，中线定位后应检查各交点处中心线的转角（其观测值与设计值之差应不超过 $10'$，否则应进行调整），中心线及转角调整后即可测设管架中心线及基础中心桩（其直线投点误差应不大于 $5mm$，基础间距测量的相对误差应小于 $1/3000$），在基础浇筑混凝土时应对直埋螺栓固定平面位置及高程进行检测以确保其正确性，对支架柱（柱高 H）应进行垂直度检测（允许误差为 $H/2000$ 且绝对值应不大于 $5mm$）。

道路工程施工时应重视与建筑物出入口相衔接的定线测量工作。与已建建筑物出入口相接时应以出入口位置为准调整连接段中线，与已建成道路相接时应注意保持线形的直顺并应注意服从城市规划的要求。测量工作应配合道路的施工，道路施工测量控制桩的间距在直线段宜为 $20m$，曲线段宜为 $10m$，需要进行纵、横断面测量时的断面点间距不宜大于 $20m$，道路施工中宜采用边桩控制施工中线和高程的方法，施工过程中应结合季节变化、施工部署对道路中线和高程的控制桩进行检测。道路圆曲线辅点的测设宜由曲线两端闭合于中部，闭合差在允许误差范围内时应将闭合差按比例分配到各辅点桩上。道路起、终点与交点相对于定位依据点的定位允许误差，对道路直线中线定位为 $\pm 25mm$，道路曲线横向闭合差为 $\pm 50mm$。道路工程各种施工高程控制桩的测量允许误差为纵或横断面测量 $\pm 20mm$，施工边桩 $\pm 5mm$，竣工检测 $\pm 10mm$。

9.2.10　变形测量

变形测量主要内容包括施工阶段中建（构）筑物的地基基础、上部结构及其场地的各种沉降（包括上升）测量、水平位移测量以及其他各种位移测量等。变形测量应能真实反映建（构）筑物及施工场地的实际变形程度和变形趋势，检查地基基础及结构设计是否符合预期要求，检验工程质量以保证安全施工。施工阶段中变形测量工作主要包括施工建（构）筑物及邻近建（构）筑物变形测量；邻近地面沉降监测、护坡桩位移监测、重要施工设备（比如钻机、塔吊等）的安全监测等；地基基坑回弹观测和地基土分层沉降观测；因特殊的科研和管理等需要进行的变形测量等。变形测量应按测定沉降或水平位移的要求建立沉降或水平位移监测控制网并对监测网进行周期性观测，变形测量成果应及时处理（重要的还应进行变形分析）并对变形趋势做出预报。变形测量的等级划分及精度要求应根据设计、施工给定的或有关规范规定的建筑物变形允许值，顾及建筑结构类型和地基土的特征等因素合理选择，通常情况下，变形测量的等级划分及精度要求可参考表 9-1（表中，变形点的高程中误差和点位中误差是相对于最近基准点而言的；沉降测量可视需要按变形点的高程中误差或相邻变形点高差中误差确定测量等级；当水平位移测量用坐标向量表示时则向量中误差为表中相应等级点位中误差的 1/2）。

表 9-1　变形测量的等级划分及精度要求　　　　单位：mm

| 等级 | 沉降测量 | | 水平位移测量 | 适用范围 |
	变形点高程中误差	相邻变形点高差中误差	变形点点位中误差	
一等	±0.3	±0.1	1.5	变形特别敏感的高层建筑、高耸构筑物、重要古建筑、工业建筑和精密工程设施等
二等	±0.5	±0.3	3.0	变形较敏感的高层建筑、高耸构筑物、古建筑、工业建筑、重要工程设施和重要建筑场地的滑坡监测等
三等	±1.0	±0.5	6.0	一般性的高层建筑、高耸构筑物、工业建筑、滑坡监测等
四等	±2.0	±1.0	12.0	一般建筑物、构筑物和滑坡监测等

通常情况下，应进行变形测量的项目包括地基基础设计等级为甲级的建筑物；复合地基或软弱地基上的设计等级为乙级的建筑物；加层、扩建建筑物；受邻近深基坑开挖施工影响或受场地地下水等环境因素变化影响的建筑物；需要积累建筑经验或进行设计反分析的工程；因施工、使用或科研要求进行观测的工程等。确定变形测量观测周期的主要因素包括建筑物的结构特征；建筑物的重要性；变形的性质、大小与速率；工程地质情况与施工进度；变形对周围建筑物和环境的影响等。变形测量应能正确反映建筑物的变形全过程，变形观测过程中根据变形量的变化情况可对观测周期做适当调整。变形测量方法应根据建（构）筑物的性质、施工条件、观测精度及周围环境确定。变形测量系统通常由基准点、工作基点与变形观测点等构成。基准点应选设在变形影响范围以外、便于长期保存的位置，每项独立工程至少应有三个稳固可靠的基准点且宜每半年检测一次。工作基点应选设在靠近观测目标、便于联测且比较稳定的位置，对工程较小、观测条件较好的工程可不设工作基点而直接依据基准点测定变形观测点。变形观测点应选设在变形体上能反映变形特征的位置，并可从工作基点或邻近基准点对其进行观测。变形测量每次观测时宜采用相同的观测网形和观测方法在基本相同（或相近）的环境和条件下观测，应使用同一仪器和设备并固定观测人员，对所使用的仪器设备应定期进行检验校正，每项观测的首次观测应在同期至少进行两次（无异常时取其平均值作为初始值，以提高初始值的可靠性），周期性观测中若发现与上次相比出现异常

或测区受到震动、爆破等外界因素影响时应及时复测或增加观测次数。

沉降测量应根据不同观测对象确定工作内容和范围，建筑物沉降观测应测定其地基沉降量与沉降差并计算沉降速度和建（构）筑物的倾斜度，基坑回弹观测应测定在基坑开挖后由于卸除地基土自重而引起的基坑内外影响范围内相对于开挖前的回弹量，地基土分层沉降观测应测定地基内部各分层土的沉降量、沉降速度以及有效压缩层的厚度，建筑场地沉降观测应分别测定建筑物相邻影响范围内的相邻地基沉降以及建筑物相邻影响范围之外的场地地面沉降。沉降测量高程系统应采用施工高程系统，当然也可采用假定高程系统，当监测工程范围较大时应与该地区的水准点进行联测。沉降测量基准点的埋设应坚实稳固、便利观测工作，基准点应埋设在变形区以外且标石底部应在冻土层以下（因条件限制需在变形区内设置基准点时应埋设深埋式基准点，埋深至降水面以下 4m），可利用永久性建（构）筑物设立墙上基准点或利用基岩凿埋标志，基准点的标石形式应符合相关规定。沉降监测网应布设成闭合环、结点网或附合路线形式，其主要技术要求和测量方法可参考表 9-2（表中，N 为测段的测站数，观测一等网时视线长度应≤15m，前后视距差≤0.3m，前后视距累计差≤1.5m）。

表 9-2 沉降监测网各等级水准观测技术要求 单位：mm

等级	相邻基准点高差中误差	每站高差中误差	往返较差、附合或环线闭合差	检测已测高差较差	使用仪器、观测方法及要求
一等	±0.3	±0.07	±0.15$N^{1/2}$	0.2$N^{1/2}$	标称精度不低于 0.5mm/km 的水准仪，按国家一等水准测量的技术要求施测
二等	±0.5	±0.15	±0.30$N^{1/2}$	0.5$N^{1/2}$	标称精度不低于 0.5mm/km 的水准仪，按国家一等水准测量的技术要求施测
三等	±1.0	±0.30	±0.50$N^{1/2}$	0.8$N^{1/2}$	标称精度不低于 1mm/km 的水准仪，按国家二等水准测量的技术要求施测
四等	±1.5	±0.60	±1.00$N^{1/2}$	1.5$N^{1/2}$	标称精度不低于 3mm/km 的水准仪，按国家三等水准测量的技术要求施测

沉降观测点应布置在变形明显而又有代表性的部位，标志应稳固可靠、便于观测和保存，并不影响施工及建筑物的使用和美观，点位应避开暖气管、落水管、窗台、配电盘及临时构筑物。承重墙可沿墙的长度每隔 10～15m 或每隔 2～3 根柱基设置一个观测点；在转角处、纵横墙连接处、裂缝和沉降缝两侧基础埋深相差悬殊处、不同地基或结构分界处、高低或新旧建筑物分界处等也应设置沉降观测点，框架结构建筑应在柱基上设置观测点；电视塔、烟囱、水塔、大型贮藏罐等高耸构筑物的沉降观测点应布置在基础轴线对称部位，且每个构筑物应不少于四个观测点，观测点的埋设应符合相关规定。

相邻地基沉降指由于毗邻高低层建筑荷载差异、新建高层建筑基坑开挖、基础施工中井点降水、基础大面积打桩等因素引起的相邻地基土应力重新分布而产生的附加沉降。对二倍于新建建（构）物基础深度范围内的相邻原有建筑物应进行地基沉降观测，布点要求同前。相邻地基沉降观测点既可选在建筑物纵横轴线或边线的延长线上亦可选在通过建筑物重心的轴线延长线上，点位布设范围宜为建筑物基础深度的 2～3 倍并由外墙向外由密到疏布设。

沉降观测应采用几何水准测量或液体静力水准测量等方法。沉降观测点的精度等级和观测方法应根据工程需要的观测等级确定并符合表 9-3 的规定（表中，N 为测站数，观测一等网时应设双转点、视线长度≤15m，前后视距差≤0.3m，视距累积差≤1.5m）。

表 9-3 沉降观测点的精度要求和观测方法 单位：mm

等级	高程中误差	相邻点高差中误差	往返较差及附合或环线闭合差	观测方法及使用仪器
一等	±0.3	±0.15	±0.15$N^{1/2}$	按国家一等精密水准测量，使用标称精度不低于0.5mm/km 水准仪、精密液体静力水准测量、微水准测量等
二等	±0.5	±0.30	±0.30$N^{1/2}$	按国家一等精密水准测量，使用标称精度不低于0.5mm/km 水准仪、精密液体静力水准测量等
三等	±1.0	±0.50	±0.60$N^{1/2}$	按国家二等水准测量，使用标称精度不低于1mm/km 水准仪、液体静力水准测量
四等	±1.5	±1.00	±1.40$N^{1/2}$	按国家三等水准测量，使用标称精度不低于1mm/km 水准仪

沉降观测中应记录每次观测时建（构）筑物的荷载变化、气象情况与施工条件变化。荷载变化期间的沉降观测时机的确定原则是：高层建筑施工期间每增加 2～4 层或电视塔（烟囱等）每增高 10～15m 应观测一次；基础混凝土浇筑、回填土与结构安装等增加较大荷载前后应进行观测；基础周围大量积水、挖方与暴雨后应观测；出现不均匀沉降时应根据情况增加观测次数；施工期间因故暂停施工超过三个月应在停工时及复工前进行观测。结构封顶至工程竣工沉降观测时机的确定原则是：均匀沉降且连续三个月内平均沉降量不超过 1mm 时每三个月观测一次；连续两次每三个月平均沉降量不超过 2mm 时每六个月观测一次；外界发生剧烈变化时应及时观测；交工前应观测一次；交工后建设单位应每六个月观测一次直至基本稳定（1mm/100 天）为止。建（构）筑物基础沉降观测点应埋在底板上，由于不均匀沉降引起的基础倾斜值、基础挠度、平均沉降量及整体刚度较好的建（构）筑物主体结构倾斜值等的估算可按相关规定进行。高层建筑施工中应对塔吊轨道、钻机进行沉降观测，观测精度为沉降观测点三等精度。

基坑回弹观测点设置时，应在深基坑最能反映回弹特征的十字轴线上设置观测点且不宜少于 5 个，钻孔应铅垂并设置保护管（应在基础开挖前钻孔，施测后用白灰回填），回弹观测标志顶部高程应低于基坑底面 20～30cm。基坑回弹观测应在基坑开挖前、后及基础混凝土浇筑前各观测一次，读数前应仔细检查悬吊尺（磁重锤）与标志顶部的接触情况，对传递高程的钢尺应进行尺长与温度等项改正，基坑回弹观测点测得的高差中误差应不超过±1mm。

地基土分层沉降观测点应选择在建（构）筑物的地基中心附近，观测标志埋深最浅的应在基础底面 50cm 以下，最深的应超过理论上的压缩层厚度，观测的标志应由内管和保护管组成（内管顶部应设置半球状立尺标志），应在基础浇灌前开始观测（观测的周期宜符合相关规定，观测的高差中误差应不超过±1mm）。

场地地面沉降通常是指由于长期降雨、地下水位变化、大量堆载和卸载及采掘等原因引起的地面沉降。场地地面沉降观测点布设范围宜为建筑物基础深度的 1.5～2.0 倍，点位应自外墙附近向外由密到疏布设，具体布设方法宜选用平行于建（构）筑物轴线方格网法、沿建（构）筑物各个角辐射网法或散点法。应采用几何水准测量方法进行观测。

位移测量应根据不同观测项目确定具体工作内容，水平位移观测应测定建筑物地基基础等在规定平面位置上随时间变化的位移量和位移速度，主体倾斜观测应测定建筑物顶部相对于底部或上层相对于下层的水平位移和高差并分别计算整体或分层的倾斜度、倾斜方向及倾斜速度，日照变形观测应测定建（构）筑物上部由于向阳面与背阳面温度引起的偏移及其变化规律，挠度观测应测定其挠度值及挠曲程度，裂缝观测应测定建筑物上裂缝的分布位置、走向、长度、宽度及其变化程度，滑坡观测应测定滑坡的周界、面积、滑动量、滑移方向、主滑线及滑动速度并视需要进行滑坡预报。水平位移监测网可采用建筑基准线、三角网、边角网、导线网、GPS等形式，宜采用独立坐标系统并进行一次布网。水平位移监测网的基准点应埋设在变形影响范围以外坚实稳固、便于保存处，应通视良好、便于观测与定期检验，宜采用带有强制归心装置的观测墩，照准标志也宜采用有强制对中装置的觇牌。水平位移监测网的主要技术要求应符合表9-4中的规定（表中未考虑起始误差的影响）。

表 9-4　水平位移监测网的主要技术要求

等级	相邻基准点的点位中误差/mm	平均边长/m	测角中误差/(″)	最弱边相对中误差	作 业 要 求
一等	1.5	<300	±0.7	≤1/250000	宜按国家一等平面控制测量要求观测
		<150	±1.0	≤1/150000	宜按国家二等平面控制测量要求观测
二等	3.0	<300	±1.0	≤1/150000	宜按国家二等平面控制测量要求观测
		<150	±1.5	≤1/100000	宜按国家三等平面控制测量要求观测
三等	6.0	<350	±1.5	≤1/70000	宜按国家三等平面控制测量要求观测
		<200	±2.0	≤1/50000	宜按国家四等平面控制测量要求观测
四等	10.0	<400	±2.5	≤1/50000	宜按国家四等平面控制测量要求观测

　　水平位移观测可根据实际情况采用 GPS 法、测量机器人法、视准线法、经纬仪投点法、激光准直法、前方交会法、边角交会法、导线测量法、小角度法、极坐标法、垂线法、近景摄影测量法和三维激光跟踪测量法等。水平位移观测点的精度等级应根据工程需要的观测等级确定并符合相关规定。采用视准线法进行水平位移观测时应在建（构）筑物的纵、横轴（或平行纵、横轴）方向线上埋设控制点，视准线上应埋设三个控制点（间距不小于控制点至最近观测点间的距离且均应在变形区以外），观测点偏离基准线的距离应不大于20mm。采用经纬仪、电子全站仪、电子经纬仪投点法和小角度法时应对仪器竖轴倾斜进行检验。采用激光准直法进行水平位移观测时，激光器使用前必须进行检验校正（使仪器射出的激光束轴线、发射系统轴线和望远镜视准轴三者共轴，并使观测目标与最小激光斑共焦），对要求具有 $10^{-5} \sim 10^{-4}$ 量级准直精度时宜采用标称精度不低于 2″ 的激光经纬仪，当要求达到 10^{-6} 量级准直精度时宜采用标称精度不低于 1″ 的激光经纬仪，对较短距离（比如数十米）的高精度准直宜采用衍射式激光准直仪或连续成像衍射板准直仪，对于较长距离（比如数百米）的高精度准直宜采用激光衍射准直系统或衍射频谱成像及投影成像激光准直系统。用前方交会法进行水平位移观测时控制点应不少于三个（其间距应不小于交会边的长度），交会角应在 60°～120° 范围内，当三条方向线交会形成误差三角形时应取其内心位置，同一测站上应以同仪器、同盘位、同后视点进行观测，各测回间应转动基座120°，位移值可通过观测周期之间前方交会点坐标值的变化量计算。用极坐标法进行水平位移观测时，钢尺丈量距离不应超过一个尺段，并应进行尺长、温度和倾斜等改正。建（构）筑物主体倾斜观测时宜测定顶部观测点对其相应底部观测点的偏移值，应在同一铅垂面上设立上、下观测点并应分别在两个互相垂直的方向上进行观测。高层建筑基础施工中，应对基坑边坡、护坡桩、地下连续墙等进行监测，观测方法与精度等级应符合相关规定。应用测斜仪进行基坑边坡、护坡桩与地下连续墙等水平位移观测时，观测点应布置在最有可能发生变形、对工程施工与运行安全影响最大的部位，测斜管的一对导槽宜安置与变形方向一致，埋设钻孔式测斜管时的钻孔直径宜大于测斜管外径 50mm，填充材料宜与周围岩（土）体强度相近，管底应埋于预计发生移位的深度以下 3～5m，倾斜角不应大于 3°，钢筋混凝土体内的测斜管应在浇筑混凝土之

前整体固定在钢筋架上。建筑场地的滑坡观测点应根据地质条件及周围环境情况埋设在滑动量较大、滑动速度较快的位置，进行滑坡水平位移观测的同时应进行沉降观测，应将两者综合分析以获得滑坡位移规律。对超高层建（构）筑物进行日照变形观测时，观测点应设置在观测体向阳的不同高度处，应用经纬仪或激光经纬仪测定各观测点相对于底部点的位移值（或测算观测点的坐标变化量），观测日期应选在昼夜晴朗、无风（或微风）、外界干扰较少的日子，观测时间应选在一天的 24h 内（白天每 1h、夜间每 2h 观测一次），在观测的同时应测定观测体的向阳面及背阳面温度和太阳的方位，应根据观测结果绘制日照变形曲线图并求得最大和最小日照变形时段，观测精度应根据具体情况分析确定，用经纬仪观测时观测点相对于测站点的点位中误差采用投点法应不超过 1.0mm，采用测角法应不超过 2.0mm。挠度观测时，对建筑物基础或平置构件可在两端及中间设三个沉降观测点以推算挠度值，对建（构）筑物主体或竖置构件可在上、中、下设三个水平位移观测点以推算挠度值，也可用测斜仪测出建筑物不同高度处各点相对于最低点铅垂线的水平位移来推算挠度值。裂缝观测应包括裂缝所在的位置、走向、长度及宽度等，裂缝表面平整可在裂缝处绘制方格网坐标用钢尺量测，当裂缝在三维方向上均有变化时应埋设特制的能测定三维变化的标志并用游标卡尺进行量测，重要裂缝应选择有代表性的位置于裂缝两侧埋设标点并用游标卡尺定期测定两标点间的距离变化（同时，在裂缝的起点与终点设立标志，观测其长度及走向变化），大面积或不可及的裂缝可用近景摄影测量和三维激光跟踪测量方法观测变形量。

变形测量资料整理过程中应对已取得的资料进行校核，应检查外业观测项目是否齐全，成果是否符合精度要求，应舍去不合理的数据。应合理进行内业计算并将变形点观测结果绘制成各种需要的图表，沉降观测成果统计应符合相关规定。应根据已获得的监测成果分析建筑物的变形原因及变形规律，做出今后变形趋势的预报并提出今后的观测建议。工程交工时，各项变形测量成果应根据需要提交，这些资料包括基准点及观测点位分布图，变形测量成果表，变形量分别与时间、荷载等关系的曲线图，变形分析与交工后的有关观测建议等。

9.2.11　竣工测量及竣工图的编绘

竣工测量与竣工图编绘的主要工作包括竣工图的编绘与实测；地下管线工程竣工测量与综合地下管线图的展绘等。竣工图应在收集汇总、整理现有图纸资料的基础上进行编绘与实测，将竣工地区内的地上、地下建（构）筑物和管线的平面位置与高程及周围地形如实反映出来并加上相应的文字说明。竣工测量应充分利用原有场区控制网点成果资料（若原控制点被破坏应予以恢复或重新建立，恢复后的控制点点位精度应能满足施测细部点的精度要求）。竣工图的坐标和高程系统应采用工程建设所在地习用的坐标与高程系统，必要时应进行联测与换算。竣工图的编绘范围与比例尺应与施工总图相同（宜为 1∶500），图的种类、内容、图幅大小、图例符号应与原施工总图一致。竣工测量成果资料和竣工图是验收与评价工程施工质量的基本依据，同时也是运营管理、维修、改扩建的依据，还是城市基本建设工程的重要技术档案，因此，应按现行有关规定进行审核、会签、归档和保存。

竣工图的编绘与实测过程中，按设计施工图纸、设计变更文件进行定位与施工的工程，其竣工图可依上述图纸资料换算为工程建设所在地习用的坐标、高程与相关尺寸进行编绘。一般工程可只编绘竣工图，当工程有特殊需要或管线密集时宜可分类编绘各项专业图。对未按设计图施工或施工后变化较大的工程；多次变更设计造成与原有资料不符的工程；缺少设计变更文件及施工检测记录的工程；按图纸资料的数据进行实地检测，其误差超过施工验收标准的工程；地下管线等隐蔽工程应根据实测资料编绘竣工图。竣工图的实测应测定建（构）筑物的主要细部点坐标、高程及有关元素，并根据测量数据展绘、编制成图。对不测细部坐标和高程的地物可按地形测图的要求进行测绘。细部点坐标可采用电子全站仪、GPS 等多种方法施测。建筑红线桩点、表示建筑用地范围的永久性围墙外角应按实际位置测绘并注明坐标与高程。建筑场区内竣工图编绘时，应绘出地面的建（构）筑物、道路、铁路、架空与地面上的管线、地面排水沟渠、地下管线等隐蔽工程、绿地园林等设施。矩形建（构）筑物在对角线两端应注明坐标，排列整齐的住宅可注明其外围四角的坐标，主要墙外角和室内地坪应注明高程，圆形建（构）筑物应注明中心点坐标、接地处的半径，室内地坪与地面应注明高程，建筑小区道路中心线起点、终点、交叉点应注明坐标与高程，变坡点与直线段每 30～40m 处应注明高程，曲线应注明转角、半径与交点坐标，路面应注明材料与宽度，厂区铁路中心线起点、终点、交点应注明坐标（曲线上应注明曲线诸元素，铁路起点、终点、变坡点、直线段每 50m 与曲线内轨轨面每 20m 处应注明高程），架空电力线与电信线杆（塔）中心、架空管道支架中心的起点、终点、转点、交叉点应注明坐标（注明坐标的点与变坡点应注明基座面或地面的高程，与道路交叉处应注明净空高），地下管线的展绘应符合有关规定。编绘竣工图时，坐标与高程的编绘点数不应少于设计图上注明的坐标与高程点数，建（构）筑物的附属部位可注明相对关系尺寸。建（构）筑物的细部点坐标与高程应直接标注在图上（注记应平行于图廓线），当图面小、负荷太大时可在细部点旁注明编号并将其坐标与高程编制为成果表。竣工测量完成后，应根据需要提交有关资料，这些资料包括场区内及附近的平面与高程控制点位置图；建筑红线桩点、场地控制网点、建（构）筑物控制网点坐标与高程成果表；设计变更通知、洽商及处理记录；建（构）筑物施工定位放线资料；各项预检资料、工程验收记录；竣工图或竣工分类专业图。

地下管线竣工测量应采用解析法，实测地下管线细部点的精度应符合相关规定。地下管线细部点应按种类、顺线路编号，编号宜采用"管线代号＋线号＋顺序号"形式，管线起点、交叉点和终点应注编号全称（其他点可仅注顺序号），管线交叉点仅编一个号，四通应顺干线编号，排水管道应顺水流方向编号。地下管线竣工测量管线类别代号、取舍要求与调查项目应符合相关规定。地下管线细部点坐标宜采用导线串联法与极坐标法施测。地下管线细部点高程应采用附合水准路线，使用标称精度不低于 3mm/km 的水准仪按等外水准精度要求施测，地下管线细部点高程宜作为转点纳入水准路线中测定，当细部点密集时可用中视法测定，也可采用光电测距三角高程方法由高程控制点单向观测测定或采用 GPS 高程。地下管线细部测量应测出地下管线起点、终点、转折点、分支点、交叉点、变径点、变坡点、主要构筑物中心位置（直线段宜每隔 150m 一点，曲线段应包括起、中、终三点的坐标与高程，相近同高的细部点可测一个高程）。同种类双管或多管并行的直埋管线，当两最外侧管线的中心间距不大于 1m 时应测并行管线的几何中心，大于 1m 时应分别测各管线的中心。有检查井的管线可测井盖中心，地下管线小室应以检查井中心为定向点量测小室地下空间尺寸。非自流管线应在回填土之前（自流管道可在回填土之后）测量其特征点的实际位置，特殊情况不能在回填土前测量时可先通过三个固定地物用距离交会法拴出点位并测出与一个固定地物的高差（待以后还原点位再测坐标和联测高程）。地下管线细部点坐标和高程测算完成后应抄录或打印管线成果表、绘制竣工线路位置略图。综合地下管线图中的不同管线宜用不同颜色的线条符号表示（图式符号应符合相关规定），管径或沟道宽度不小于 1m 的应按实宽用双线表示，管径小于 1m 的可按图式符号用单线表示，点号应注记于点位旁，管径（或断面尺寸或条数）应平行管线走向注记（字头一律向上、向左），变径处应在变径点两边分别注明不同管径，自流管道应用箭头符号表明流向并在管道交叉处或每隔 3～5 个井绘一个箭头。地下管线竣工测量完成后应根据需要提交相关资料，这些资料包括工作说明（包括地下管线种类、起止地点、实测长度、实测情况、遗留问题及处理意见等）；地下管线成果表与略图；地下管线工程分类专业竣工图与综合竣工图；测量与调查资料、施工平面图、纵横断面图；质量检查记录等。

思考题与习题

1. 简述土木工程和建筑工程的特点。
2. 工程建筑物有哪些分类方法？如何分类？建筑工程的等级是如何划分的？
3. 建筑工程的基本构件有哪些？建筑工程的常见结构体系有哪些？
4. 简述如何做好建筑施工测量的准备工作。
5. 建筑施工平面控制测量有哪些基本要求？
6. 建筑施工的高程控制测量有哪些基本要求？
7. 如何进行建筑定位放线与基础施工测量？
8. 如何进行建筑主体结构施工测量？
9. 工业建筑施工测量有哪些主要工作，基本要求是什么？
10. 简述如何进行建筑装饰施工及设备安装测量？
11. 特殊工程施工测量主要有哪些工作？
12. 如何做好建筑小区市政工程的施工测量工作？
13. 简述变形测量的基本工作与要求。
14. 竣工测量及竣工图编绘有哪些规定？

第10章 铁路工程测量

10.1 铁路工程的特点

铁路工程是一项人工投入大、材料消耗大、资金投入大的工程。铁道工程设计的主要内容包括：①从经济的角度论证所设计线路在交通运输系统中的地位、作用和效益并论证其可行性；②全线线路的平面和纵剖面设计；③路基、线路、上部建筑、桥梁、隧道、涵洞等工程设计；④车站、机务、给水、供电、铁路信号等项目的设计等。国际上采用的铁路分类方法多种多样，铁路依轨距大小分为宽轨铁路、标准轨铁路、窄轨铁路；依拖曳动力分为人力铁路（早期的）、马力铁路（早期的）、蒸汽铁路、内燃机铁路、电力铁路；依行车速度分为普通铁路、高速铁路；依建造处所分为地下铁路、地面铁路、高架铁路；依使用目的分为观光铁路、临港铁路、矿山铁路、森林铁路。国际上习惯按铁路车站的功能型式将铁路车站分为端点站、中间站、交会站，我国则将车站分为特级站、一级站、二级站、三级站、四级站。铁路车站的月台是为火车停靠供旅客上下车厢之平台，月台按其型态可分为岛式月台、侧式月台、混合式月台。我国铁路工程技术规范对线路等级、正级数目、限制坡度、最小曲线半径、牵引种类、机车类型、到发线有效长度、机车交路、闭塞类型等都有详细的规定，对线路平面的缓和曲线长度及两相邻曲线间的夹直线长度、纵断面的竖曲线及坡段长度、路基宽度和路肩标高、桥梁涵洞的计算荷载和洪水频率标准、车站分布和站坪长度等也有详细的技术标准，对轨道的道床厚度和钢轨高度的预留地位，编组站、区段站、客运站、货运站、机务段、车辆段、客车整备所预留地区的范围，旅客站房规模，机车架修库和架修机会段的修配车间主库，长途通信电缆（包括电缆管道）和长途明线路的杆面型式，高压架空电力线路和高压电缆线路的导线截面，牵引变电所的分布和规模，接触网支柱负载能力（预定远期位置不动时），远期为蒸汽牵引用的给水水源设备，远期蒸汽牵引用的水塔（或山上水槽）容量，电气集中信号楼面积，通信机械房规模，电力变、配电所的机械设备房屋规模等也有统一的设计要求。铁路基本建设工程大致分生产性房屋和非生产性房屋两大类，生产性房屋包括旅客站房、生产房屋，如货场货物仓库、机务段洗修库等；非生产性房屋包括办公房屋、居住房屋、食堂、浴室、乘务员公寓、招待所、商场、学校、托儿所、医院等。

铁路选线设计是整个铁路工程设计中关系全局的总体性工作，线路空间位置设计的主要内容是线路平面设计与纵断面设计，目的是在保证行车安全和平顺前提下兼顾工程投资和运营费用关系的平衡。铁路路基是承受并传递轨道重力及列车动态作用的结构，是轨道的基础，是保证列车正常运行的重要构筑物。铁路轨道由钢轨、轨枕、道床、路基等组成。铁路轨道部件包括钢轨、轨枕、扣件、联结零件、道床、道岔等。铁路轨道加强设备主要有防爬设备、轨距杆、轨撑等。铁路轨道类型与铁路等级有关，我国铁路正线轨道类型分特重型（年通过总质量＞50Mt）、重型（年通过总质量25～50Mt）、次重型（年通过总质量15～25Mt）、中型（年通过总质量8～15Mt）、轻型（年通过总质量＜8Mt）等五种。钢轨的功用是为车轮提供连续、平顺和阻力最小的滚动表面以引导列车运行方向；直接承受车轮的巨大压力并分布传递到轨枕；在电气化铁道或自动闭塞区段还兼做轨道电路用。铁路对钢轨质量、断面、材质等三个关键要素均有相应的要求，这些要求包括足够的强度和耐磨性、较高的抗疲劳强度和韧性、一定的弹性、足够光滑的顶面、良好的可焊性、高速铁路钢轨的高平直度等。我国钢轨标准长度为 12.5m 和 25m 两种，对 75kg/m 钢轨只有 25m 长一种。用于曲线内股的缩短轨，对 12.5m 标准轨系列的缩短轨有短 40mm、80mm、120mm 三种；对 25m 轨的有短 40mm、80mm、160mm 三种。当然现在还有长尺钢轨，法国生产的长尺钢轨为 72～80m、德国为 120m、我国为 100m。我国钢轨的断面型号依重量 38kg/m、43kg/m、50kg/m、60kg/m、75kg/m（标准）的不同断面尺寸也有所不同。轨枕按材质可分为木枕、砼枕、钢枕等。扣件包括木枕扣件、混合式扣件、混凝土枕扣件等。接头联结的要求是夹板（鱼尾板）孔应大于螺栓直径（不受剪）。构造轨缝是指因孔、螺栓径构造上能拉开的轨缝，一般仅考虑其摩阻力。接头夹板和螺栓应交错使用。道床功能是提供线路弹性、排水、分散荷载、提供阻力（保持线路方向，校正几何形位）、减振降噪等。道碴一般应采用花岗岩或变质岩，石灰石易粉化已很少用于干线。道床粒径一般为 25～70mm，粒径越小，强度及排水性越差，但接触面积大、吸收动能能力强。道岔是机车车辆从一股轨道转入或越过另一股轨道时必不可少的线路设备，是铁路轨道的一个重要组成部分。轨道几何形位（几何尺寸）是指轨道各部分几何形状、相对位置、基本尺寸。从轨道平面位置看，轨道由直线、曲线、缓和曲线组成。

10.2　铁路工程测量的基本工作

　　狭义的铁路工程测量是指铁路线路测量，铁路基本建设工程测量（即生产性房屋和非生产性房屋建设测量）可参考本书第 9 章。铁路线路测量是铁路线路在勘测、设计和施工等阶段中所进行的各种测量工作的统称。主要包括：①为选择和设计铁路线路中心线的位置所进行的各种测绘工作；②为把所设计的铁路线路中心线标定在地面上的放样工作；③为进行路基、轨道、站场的设计和施工进行的测绘和放样工作等。我国修建一条铁路新线一般要经过方案研究、初测和初步设计、定测和施工设计等三个设计工作阶段。方案研究是在小比例尺地形图上找出线路可行的方案，初步选定一些重要的技术标准（比如线路等级、限制坡度、牵引种类、运输能力等），提出初步方案。初测是为初步设计提供资料而进行的勘测工作，其主要任务是提供沿线大比例尺带状地形图以及地质和水文资料。初步设计的主要任务是在提供的带状地形图上选定线路中心线的位置（亦称纸上定线）。经过经济、技术比较提出一个推荐方案，同时确定线路的主要技术标准（如线路等级、限制坡度、最小半径等）。定测是为施工技术设计而做的勘测工作，其主要任务是把上级部门已经批准的初步设计中所选定的线路中线放样到地面上去，并进行线路的纵断面测量和横断面测量；对个别工程还要测绘大比例尺的工点地形图。施工技术设计是根据定测取得的资料，对线路全线和所有单体工程做出详细设计，并提供工程数量、作出工程预算。该阶段的主要工作是线路纵断面设计和路基设计，并对桥涵、隧道、车站、挡土墙等作出单独设计。

10.2.1　铁路新线初测

　　铁路新线的初测工作包括插大旗、平面测量（传统方法是导线测量，现在多用 GPS 测量）、高程测量、地形测量。初测在一条线路的全部勘测工作中占有重要位置，它决定着线路的基本方向。

　　（1）插大旗　根据方案研究确定的小比例尺地形图上所选线路的位置，在野外用"红白旗"标出其走向和大概位置，在拟定的线路转向点和长直线的转点处插上标旗，为导线测量及各种专业调查指示方向。大旗点的选定要考虑线路的基本走向（即要尽量插在线路位置附近）和测绘工作的基本要求（导线测量、地形测量等），一般情况下大旗点即为导线点，故大旗点要便于测角、量距及测绘地形。插大旗是一项十分重要的工作，应考虑设计、测量等各方面的要求，通常由技术负责人来做。插大旗可借助 GPS 技术完成。

（2）初测平面测量　　初测导线是测绘线路带状地形图和定测放线的基础。《铁路测量技术规则》规定，导线起终点以及每隔 30km 距离应与国家大地点（三角点、导线点、I 级军控点）或其他单位不低于四等精度的大地点进行联测，最好采用 GPS 全球定位技术进行。初测导线的最低精度应优于 1/10000。初测导线与国家大地点联测时应先将导线测量成果改化到大地水准面上，再改化到高斯平面上，然后才能与大地点坐标进行比较检核，为此，要进行导线长度的改化（特别是当导线处于高海拔地区或位于投影带边缘时）。假设导线在地面上的长度为 S，其改化到大地水准面上的长度为 S_0 为 $S_0 = S(1 - H_m/R)$，S_0 再改化至高斯平面上的长度 S_g 为 $S_g = S_0[1 + y_m^2/(2R^2)]$，其中 H_m 为导线两端的平均高程；y_m 为导线边到中央子午线的平均距离；R 为地球平均半径（$R = 6371km$）。初测导线计算中一般是采用坐标增量 ΔX、ΔY 来计算闭合差的，故只须求出坐标增量总和（$\sum \Delta X$，$\sum \Delta Y$），将其经过两化改正求出改化后的坐标增量总和，才能计算坐标闭合差，两次改化后的坐标增量总和计算公式为 $\sum \Delta X_s = \sum \Delta X[1 - H_m/R + y_m^2/(2R^2)]$、$\sum \Delta Y_s = \sum \Delta Y[1 - H_m/R + y_m^2/(2R^2)]$，其中 $\sum \Delta X_s$、$\sum \Delta Y_s$ 为两化改正后的纵、横坐标增量和（单位为 m）；$\sum \Delta X$、$\sum \Delta Y$ 为导线的纵、横坐标增量和（单位为 m）；y_m 为导线距中央子午线的平均距离（即导线两端点横坐标的平均值）；H_m 为导线两端点的平均高程（国家高程）。高斯平面直角坐标系是采用分带投影建立的，因此，使得参考椭球体上统一的坐标系被分割成各带独立的直角坐标系。铁路初测导线与国家大地点联测时，有时两已知点会处于两个投影带中，因而，必须先将邻带的坐标换算为同一带的坐标才能进行检核，这项工作简称坐标换带。它包括 6° 带与 6° 带的坐标互换、6° 带与 3° 带的坐标互换等。坐标换带的具体方法大家可查阅《控制测量》或《大地测量》专著或教科书，限于篇幅，本书不做详细介绍。

（3）初测高程测量　　初测高程测量的任务有两个，一是沿线路设置水准点构成线路的高程控制网；二是测定导线点和加桩的高程为地形测绘和专业调查服务（提供基本高程信息）。初测高程测量由水准点高程测量和加桩（中桩）高程测量两部分工作构成。线路水准点一般应每隔 2km 设置一个，重点工程地段应根据实际情况增设水准点。水准点高程一般应按四等水准测量要求的精度施测。水准点高程测量应与国家水准点联测，每 30km 长应联测一次、形成附合水准路线。水准点高程测量可采用水准测量、光电测距三角高程测量或 GPS 高程测量方法进行，高程应取位到 mm。水准测量的水准仪精度应不低于 ±3mm/km，水准尺应采用整体式，可采取一组往返测或两台水准仪并测的方法（高差较差在限差以内时取平均），视线长度应不大于 100m（跨越深沟、河流时可增至 150m），前、后视距离应大致相等（其差值不宜大于 5m），视线离地面高度不应小于 0.3m 并应在成像清晰稳定时进行测量，当跨越大河、深沟其视线长度超过 150m 时应按四等跨河水准测量要求进行。利用电子全站仪进行光电测距三角高程测量或利用 GPS 进行高程测量可与平面导线测量合并进行，水准点的设置要求、闭合差限差及检测限差应符合水准测量要求，导线点或 GPS 点应作为高程转点。加桩是指导线点或 GPS 点之间所钉设的板桩，它用于里程计算和专业调查，一般每 100m 钉设一桩（在地形变化处及地质不良地段亦应钉设加桩），加桩也应进行高程测量，称加桩高程测量，测量方法可以是水准测量、光电测距三角高程、GPS 高程、普通三角高程（高程取位到 mm），加桩水准测量应使用精度不低于 ±3mm/km 的水准仪、按等外水准测量精度施测。可采用单程观测，水准路线应起闭于水准点，导线点和 GPS 点应作为转点，转点高程应取位到 mm，加桩高程取位到 mm，加桩光电测距三角高程测量可与水准点光电测距三角高程测量或 GPS 高程同时进行。若单独进行加桩光电测距三角高程测量或 GPS 高程测量时，其高程路线必须起闭于水准点，其限差应符合水准测量要求。困难地段和隧道顶的加桩高程测量亦可采用普通三角高程测量（其三角高程路线应分段起闭于具有水准高程的导线点或 GPS 点上）。

10.2.2　铁路新线定测

铁路新线定测阶段的测量工作主要有中线测量、线路纵断面测量和线路横断面测量。

（1）线路平面组成及位置标志　由于受地形、地质、技术条件等的限制和经济发展的需要，铁路线路的方向要不断改变。为了保持线路的圆顺，在改变方向的两相邻直线间须用曲线连接起来，这种曲线称平面曲线。平面曲线有圆曲线和缓和曲线两种形式。圆曲线是一段具有相同半径的圆弧，缓和曲线则是连接直线与圆曲线间的过渡曲线，其曲率半径由无穷大逐渐变化到圆曲线的半径。铁路干线的平面曲线都应加设缓和曲线，地方和厂矿专用线在行车速度不高时，可不设缓和曲线。在地面上标定线路的位置是将一系列的木桩标定在线路的中心线上，这些桩称为中线桩（简称中桩）。中线桩除了标出中线位置外还应标出各个桩的名称、编号及里程等。对线路位置起控制作用的桩称线路控制桩，直线上的控制桩有交点桩（用 JD 表示）和直线转点桩（用 ZD 表示），曲线上也有一系列控制桩（见本章后半部分）。控制桩通常为钉入地下的 4～5cm 见方的方木桩，控制桩桩顶应与地面齐平，并钉一小钉表示其精确点位。直线和曲线上的控制桩均应设置标志桩，标志桩为宽 5～8cm 的板桩，上面写有点的名称、编号及里程。标志桩钉在离控制桩 30～50cm 处，直线上钉在线路前进方向的左侧，曲线上则钉在曲线的外侧，字面向着控制桩。为详细标出直线和曲线的位置和里程，在直线上每 50m、在曲线上每 20m 钉一个中线桩（里程为整百米的称百米桩，里程为整千米的称千米桩），在地形明显变化和线路与其他道路管线交叉处应设置加桩。百米桩、千米桩和加桩用宽 4～5m 的板桩钉设，上端标明里程，字面背着线路前进方向，桩顶上不需钉小钉。里程是指中线桩沿线路至线路起点的距离，它是沿线路中线计量的、以 km 为单位，一般以线路起点为 DK0+000，DK 表示定测里程。交点虽不是中线点，但它是重要的控制点，一般也要标明它的里程，因此它只是一种相应的里程。

（2）中线测量　中线测量是新线定测阶段的主要工作，它的任务是把在带状地形图上设计好的线路中线放样到地面上，并用木桩标定出来。中线测量包括放线和中桩放样两部分工作。放线是把纸上定线各交点间的直线段放样于地面上，中桩放样是沿着直线和曲线详细放样中线桩。放线的任务是把中线上直线部分的控制桩（JD、ZD）放样到地面上以标定中线的位置，放线的方法多种多样，常用方法有 GPS 法、电子全站仪坐标法、拨角法、支距法、极坐标法等，具体应根据地形条件、仪器设备条件及纸上定线与初测导线距离的远近等选择一种或几种联合使用。拨角法放线根据纸上定线交点的坐标，预先在内业计算出两相邻交点间的距离及直线的转向角，然后根据计算资料在现场放出各个交点、定出中线位置。拨角放线的工作程序是计算放线资料、实地放线、联测与放线误差的调整。初测导线与纸上定线相距较近时，为控制好线路位置可采用支距法放线，它以导线点（GPS 点或航测外控点）为基础独立放样出中线的各直线段，然后将两相邻直线段延伸相交得到交点，由于每一直线段都是独立放出的故误差不会积累，但放线程序较繁，其工作程序是准备放线资料、放点、穿线、交点。极坐标法放线一般利用电子全站仪进行，具有测距速度快、精度高的特点，可在一个导线点上安置电子全站仪同时放样几条直线上的若干点。放线工作完成后，地面上已有了控制中线位置的转点桩 ZD 和交点桩 JD，根据转点和交点桩即可将中线桩详细放样在地面上，这些工作通称中线测量，包括直线和曲线两部分。中线上应钉设千米桩、百米桩和加桩，直线上中桩间距不宜大于 50m，在地形变化处或按设计需要应另设加桩（加桩一般宜设在整米处），中线距离应用电子全站仪或钢尺往返测量（在限差以内时取平均值），百米桩、加桩的钉设以第一次量距为准，中桩桩位误差按《铁路测量技术规则》要求纵向应小于 $(S/2000+0.1)$、横向小于 10cm（其中 S 为转点至桩位的距离、以 m 为单位），定测控制桩是直线转点、交点、曲线主点桩。一般都应采用固桩，固桩可埋设预制混凝土桩或就地灌注混凝土桩，桩顶应埋入铁钉。

（3）线路纵断面测量　铁路新线初测和定测阶段都要进行高程测量。它包括水准点高程测量和中桩高程测量。线路水准点高程测量（现场称基平测量）任务是沿线布设水准点、施测水准点的高程（作为线路及其他工种测量工作的高程控制点）。定测阶段水准点布设应在初测水准点布设的基础上进行。首先对初测水准点逐一检核，其不符值在 $\pm 25K^{1/2}$ mm 以内时（K 为水准路线长度，以 km 为单位）采用初测成果，只有在确认超限情况下才能更改，若初测水准点远离线路则应重新移设至距线路 100m 的范围内，水准点的布设密度一般 2km 一个（长度在 300m 以上的桥梁和 500m 以上的隧道两端和大型车站范围内均应设置水准点），水准点应设置在坚固的基础上或埋设混凝土的标桩（以 BM×× 表示并统一编号）。定测水准点高程测量方法及要求同初测水准点高程测量。在铁路水准点测量中跨越河流或深谷时，由于前、后视线长度相差悬殊及水面折光影响，不能按通常方法进行水准测量，故当跨越大河、深沟视线长度超过 200m 时应按跨河水准测量进行。初测时的中桩高程测量是测定导线点及加桩桩顶的高程为地形测量建立图根高程控制，定测时则是测定中线上各控制桩、百米桩、加桩处的地面高程为绘制线路纵断面提供高程依据。中桩水准测量一般可采用一台水准仪单程测量，水准路线应起闭于水准点，限差为 $\pm 30L^{1/2}$ mm（L 为水准路线长度，以 km 计），中桩高程宜观测两次（其不符值应不超过 10cm、取位至 cm，中桩高程闭合差在限差以内时不作平差），中桩高程计算可采用仪器视线高法，隧道顶部和个别深沟的中桩高程可采用三角高程测量法或 GPS 法测定。线路中桩水准测量往往需要跨越深谷，当跨越的深谷较宽时也可采用跨河水准测量方法。中桩高程可与水准点光电测距三角高程或 GPS 点、GPS 高程一起进行，也可与线路中线光电测距同时进行，若单独进行中桩高程测量或与中线放样同时进行时应起闭于水准点上并满足限差 $\pm 30L^{1/2}$ mm 的要求及检测限差 ± 50mm 的要求，直线转点、曲线起终点及长度大于 500m 的曲线中点均应作为中桩高程测量的转点。按照线路中线里程和中桩高程绘制出的沿线路中线的地面起伏变化图称纵断面图，铁路线路纵断面图中横向表示里程（比例尺 1：10000）、纵向表示高程（比例尺为 1：1000，比横向比例尺大 10 倍以突出地面的起伏变化），铁路线路纵断面图上还应包括线路的平面位置、设计坡度、地质状况等资料，因此，它是施工设计的重要技术文件之一，图的上部按比例绘出地面线及设计坡度线并注明沿线桥涵、隧道、车站等建筑物的形式和中心里程以及沿线水准点的位置和高程，图中其他各项内容包括工程地质特征、路肩设计标高、设计坡度（是中线纵向的设计坡度，斜线方向代表纵坡度，斜线上方数字表示坡度的千分率（‰）、下方数字表示坡段长度）、地面标高（为中桩高程）、加桩（竖线表示百米桩和加桩的位置，数字表示至相邻百米桩的距离）、里程（表示勘测里程，在百米桩和千米桩处注字）、线路平面（是线路平面形状示意图，中央实线代表直线段，曲线段向下凸者为左转，向上凸者为右转，斜线代表缓和曲线，斜线间的直线为圆曲线；曲线起终点的里程，只注百米以下里程尾数）、连续里程（表示线路自起点开始计算的里程千米数，短实线表示千米标位置，下面注字为千米数，短线左侧注字为千米标至相邻百米桩的距离）等。

（4）线路横断面测量　铁路线路横断面是指沿垂直线路中线方向的地面断面线，横断面测量的任务是测出各中线桩处的横向地面起伏情况并按一定比例尺绘出横断面图，横断面图主要用于路基断面设计、土石方数量计算、路基施工放样等。横断面测量的密度和宽度应根据地形、地质情况和设计需要确定，一般应在百米桩和线路纵、横向地形明显变化处及曲线控制桩处测绘横断面，在大桥桥头、隧道洞口、挡土墙重点工程地段及地质不良地段横断面应适当加密，横断面测绘宽度应根据地面坡度、路基中心填挖高度、设计边坡及工程需要确定，横断面测量应满足路基、取土坑、弃土堆及排水沟设计的需要和施工放样要求。线路横断面方向在直线段应垂直线路中线，在曲线地段则应与测点处的切线相垂直。确定直线地段横断面的方向可用经纬仪或十字直角瞄准器直接测定。用十字直角瞄准器测定，可将十字直角瞄准器立于中线测点上，用一个方向瞄准中线上远方定向标杆，则十字直角瞄准器瞄准的另一个方向就是横断面的方向。横断面测量的方法很多，包括电子全站仪法、GPS 法、经纬仪视距法、经纬仪测距法、水准仪法等，具体应根据地形条件、精度要求和设备条件选择。经纬仪视距法测量横断面时，将经纬仪安置在中线上，利用视距方法直接测出横断面上各地形变化点相对于测站的距离和高差。这种方法速度快、精度亦可满足路基设计要求，尤其在横向坡度较陡地区优点更为明显，因此是铁路线路横断面测量的常用方法。经纬仪测距法测量横断面时，将经纬仪安置在中线点上，在横断面上地形变化处立标杆，用经纬仪照准标杆上仪器高的标记读取竖直角，用皮尺量出仪器到标杆标记处的斜距，根据竖直角和斜距在现场即可绘出横断面图，这种方法工效高、质量也较好。水准仪法测量横断面时，用十字直角瞄准器定方向，用皮尺量距，用水准仪测高程，这种方法精度最高，但仅适用于地形较平坦的地段，安置一次仪器可以测多个断面。利用电子全站仪测量横断面，不仅速度快、精度高，而且安置一次仪器可以测多个断面，是目前采用最多的方法（值得注意的是，由于视线长，为防止各断面点互相混淆，应画出草图、做好记录）。我国《铁路测量技术规则》规定，横断面测量的限差为高程小于（$H/100 + L/200 + 0.1$）、距离小于（$L/100 + 0.1$），其中 H 为检查点至线路中桩的高差、单位为 m；L 为检查点至线路中桩的水平距离、单位为 m。横断面图绘制时，为便于路基断面设计和面积计算，其水平距离和高程应采用相同的比例尺（一般为 1∶300），横断面图最好采取现场边测边绘的方法，这样既可省去记录，又可实地核对检查、避免错误，若用全站仪测量、自动记录则可在室内通过计算绘制横断面图、大大提高工效。目前横断面图大多采用以 AutoCAD 为基础平台的软件绘制。

10.2.3　铁路圆曲线放样

铁路线路平面曲线部分为两种类型，一种是圆曲线（主要用于专用线和行车速度不高的线路上）、另一种是带有缓和曲线的圆曲线（铁路干线上均用此种曲线）。铁路曲线放样一般分两步进行，先放样曲线主点，然后依据主点详细放样曲线。铁路曲线放样的传统常用方法有偏角法、切线支距法和极坐标法，目前多采用 AutoCAD 图上采集放样数据、GPS 或电子全站仪放样的方法。

（1）圆曲线要素计算　为了放样圆曲线的主点，要先计算出圆曲线要素。与圆曲线有关的点有 JD（交点，即两直线相交的点）、ZY（直圆点，按线路前进方向由直线进入曲线的分界点）、QZ（曲中点，为圆曲线的中点）、YZ（圆直点，按线路前进方向由圆曲线进入直线的分界点）。其中，ZY、QZ、YZ 三点称为圆曲线的主点。圆曲线要素包括 T（切线长，为交点至直圆点或圆直点的长度）、L（曲线长，即圆曲线的长度，亦即自 ZY 经 QZ 至 YZ 的弧线长度）、E_0（外矢距，为 JD 至 QZ 的距离），另外，还有两个基本参数，即 α，转向角（沿线路前进方向下一条直线段向左转则为 α_L、向右转则为 α_R）与 R（圆曲线的半径）。α、R 为计算曲线要素的必要资料，是已知值。α 可由外业直接测出亦可由纸上定线求得，

R 为设计时采用的数据。圆曲线要素的计算公式为 $T=R\tan(\alpha/2)$；$L=R\alpha\pi/180°$；$E_0=R\sec(\alpha/2)-R$，计算 L 时 α 以度（°）为单位。因此，只要已知 α、R 即可按上述公式计算各曲线要素（也可根据 α、R 由《铁路曲线放样用表》中查取）。圆曲线主点里程计算是根据计算出的曲线要素由一已知点里程推算的，一般沿里程增加的方向由 ZY→QZ→YZ 进行推算，若 ZY 点的里程已知则 QZ 点的里程为（ZY+L/2）、YZ 点的里程为（QZ+L/2），若已知交点 JD 的里程则需先计算出 ZY 或 YZ 的里程并由此推算其他主点的里程。

（2）主点放样　目前主点放样多根据主点坐标用电子全站仪或 GPS 进行。传统的主点放样方法是在交点（JD）上安置经纬仪，瞄准直线Ⅰ方向上的一个转点，在视线方向上量取切线长 T 得 ZY 点，瞄准直线Ⅱ方上的一个转点，量 T 得 YZ 点；将视线转至内角平分线上量取 E_0，用盘左、盘右分中得 QZ 点。在 ZY、QZ、YZ 点均要左方木桩上钉小钉以示点位。为保证主点的放样精度，以利曲线详细放样，切线长度应往返丈量，其相对较差不大于 1/2000 时取其平均位置。

（3）圆曲线放样　仅将曲线主点放样在地面上还不能满足设计和施工需要，为此应在两主点之间加测一些曲线点，这种工作称圆曲线详细放样。曲线上中桩间距宜为 20m；若地形平坦且曲线半径大于 800m 时圆曲线内的中桩间距可为 40m 且圆曲线的中桩里程宜为 20m 的整倍数。在地形变化处或按设计需要应另设加桩，则加桩宜设在整米处。目前圆曲线放样也多根据主点坐标用电子全站仪或 GPS 进行。传统的圆曲线放样方法有偏角法、长弦偏角法、切线支距法、极坐标法等，限于篇幅本书不做进一步的介绍。

10.2.4　铁路缓和曲线的特性与放样

当列车以高速由直线进入曲线时就会产生离心力，危及列车运行安全和影响旅客的舒适。为此要使曲线外轨比内轨高些（超高），使列车产生一个内倾力以抵消离心力的影响。为解决超高引起的外轨台阶式升降，需在直线与圆曲线间加入一段曲率半径逐渐变化的过渡曲线，这种曲线称为缓和曲线。另外，当列车由直线进入圆曲线时，由于惯性力的作用，会使车轮对外轨内侧产生冲击力，为此，加设缓和曲线可以减少冲击力。另外，为避免通过曲线时，由于机车车辆转向架的原因，使轮轨产生侧向摩擦，圆曲线的部分轨距应加宽，这也需要在直线和圆曲线之间加设缓和曲线来过渡。

缓和曲线是直线与圆曲线间的一种过渡曲线。它与直线分界处的半径为 8，与圆曲线相连处的半径与圆曲线半径 R 相等。缓和曲线上任一点的曲率半径 P 与该点到曲线起点的长度成反比，即 $\rho\propto1/L$ 或 $\rho L=C$，C 是缓和曲线的半径变更率（是一个常数），由于 $L=L_0$ 时 $\rho=R$ 故 $RL_0=C$，L_0 为缓和曲线总长。$\rho L=C$ 是缓和曲线的必要条件，实用中能满足这一条件的曲线均可作为缓和曲线，如辐射螺旋线、三次抛物线等。我国的缓和曲线均采用辐射螺旋线。

（1）缓和曲线的方程式　按照 $\rho L=C$ 为必要条件导出的缓和曲线方程为 $x=L-L^5/(40C^2)+L^9/(3456C^4)+\cdots$；$y=L^3/(6C)-L^7/(336C^3)+L^{11}/(42240C^5)+\cdots$。根据放样要求的精度，实际应用中可将高次项舍去，顾及 $RL_0=C$，上述缓和曲线方程式可简化为 $x=L-L^5/(40R^2L_0^2)$。$y=L^3/(6RL_0)$，上述缓和曲线方程式中，x、y 为缓和曲线上任一点的直角坐标，坐标原点为直缓点（ZH）或缓直点（HZ），通过该点的缓和曲线切线为 X 轴；L 为缓和曲线上任意一点 P 到 ZH（或 HZ）的曲线长；L_0 为缓和曲线总长度。当 $L=L_0$ 时则 $x=x_0$、$y=y_0$，故有 $x_0=L_0-L_0^3/(40R^2)$、$y_0=L_0^2/(6R)$，X_0、Y_0 为缓圆点（HY）或圆缓点（YH）的坐标。

（2）缓和曲线的插入方法　缓和曲线是在不改变曲线段方向和保持圆曲线半径不变的条

件下插入到直线段和圆曲线之间的。缓和曲线的一半长度处在原圆曲线范围内，另一半处在原直线段范围内，这样就使圆曲线沿垂直切线方向向里移动了一个距离 p，圆心 O' 移至 O，即 $O'O = p\sec(\alpha/2)$，显然插入缓和曲线之后使原来的圆曲线长度变短了。插入缓和曲线之后曲线主点有五个，它们是直缓点 ZH、缓圆点 HY、曲中点 QZ、圆缓点 YH 及缓直点 HZ。

（3）缓和曲线常数的计算方法　通常将 β_0、d_0、m、p、X_0、Y_0 等称为缓和曲线常数。β_0 为缓和曲线的切线角，即 HY（或 YH）点的切线角与 ZH（或 HZ）点切线的交角，是圆曲线一端延长部分所对应的圆心角；d_0 为缓和曲线的总偏角；m 为切垂距，即 ZH（或 HZ）到圆心 O 向切线所作垂线垂足的距离；p 为圆曲线的内移量，即垂线长与圆曲线半径 r 之差；X_0、Y_0 为缓圆点（HY）或圆缓点（YH）的坐标（前已叙及）。各常数的计算公式为 $\beta_0 = 180°L_0/(2R\pi)$、$d_0 = \beta_0/3 = 180°L_0/(6R\pi)$、$m = L_0/2 - L_0^3/(240R^2)$、$p = L_0^2/(24R) - L_0^4/(2688R^3) \approx L_0^2/(24R)$。缓和曲线常数既可以计算，$r$ 和 L_0 为引数也可由《铁路曲线放样用表》中查取。

（4）缓和曲线连同圆曲线的放样　缓和曲线连同圆曲线放样最简单的方法就是极坐标放样法。极坐标法放样借助电子全站仪或 GPS 进行。首先根据同时具有曲线坐标系坐标 (X_Q, Y_Q) 和测量坐标系坐标 (X_C, Y_C) 的 2～3 个公共点，按照两个平面直角坐标系的转换关系 [式(10-1)] 计算出两个平面直角坐标系的原点距（ΔX、ΔY）和偏转角 α。

$$\begin{bmatrix} X_C \\ Y_C \end{bmatrix} = \begin{bmatrix} \cos\alpha & \sin\alpha \\ -\sin\alpha & \cos\alpha \end{bmatrix} \begin{bmatrix} X_Q \\ Y_Q \end{bmatrix} + \begin{bmatrix} \Delta X \\ \Delta Y \end{bmatrix} \tag{10-1}$$

然后，利用式(10-1)，将按相等的放样间隔获得的曲线各个放样点的曲线坐标系坐标 (X_{QI}, Y_{QI}) 转换成测量坐标系坐标 (X_{CI}, Y_{CI})，将电子全站仪安置在一个测量坐标系坐标已知的控制点上，后视另一个测量坐标系坐标已知的控制点，按本书第 8 章中点位放样的方法即可准确放样出各个曲线放样点。当然也可以利用 GPS 按第 6 章中的方法进行放样。

另外，现在铁路设计完全在 AutoCAD 界面上进行，对任何复杂曲线，包括圆曲线、辐射螺旋线式缓和曲线、三次抛物线式缓和曲线、长大曲线（曲线转向角比较大的曲线）、回头曲线（曲线总转向角大于或接近 180°时的曲线，也称套线）等，我们均可利用 AutoCAD 的 ID 命令获得这些曲线上任意一点的测量坐标系坐标，然后，直接在测量平面控制点上安置电子全站仪迅速进行曲线放样，更可以利用 GPS 进行快速放样。利用电子全站仪或 GPS 放样曲线，可以显著提高工作效率和放样精度。

（5）曲线放样的注意事项　曲线放样时应注意三点，①曲线主点桩应单独放样（一般不得与曲线放样同时进行）；②用任意点极坐标法放样主点时必须更换测站点或后视点以做校核（其点位较差应不大于 5cm）；③用极坐标法详细放样曲线时应加强检核（每百米不宜少于 1 点，当置镜点多于 2 个时应形成闭合环）。

10.2.5　铁路线路施工测量

铁路线路施工时，测量工作的主要任务是放样出作为施工依据的桩点的平面位置和高程。这些桩点是指标志线路中心位置的中线桩和标志路基施工界线的边桩。线路中线桩在定测时已标定在地面上是路基施工的主轴线，但由于施工与定测间相隔时间较长往往会造成定测桩点的丢失、损坏或位移，因此在施工开始前必须进行中线的恢复工作和水准点的检验工作，以检查定测资料的可靠性和完整性，这项工作称为线路复测。在线路复测后、路基施工前对中线的主要控制桩应钉设护桩。由于施工中经常需要找出中线位置，而施工过程中经常发生中线桩被碰动或丢失，为迅速又准确地把中线恢复在原来位置，必须对交点、直线转点及曲线控制桩等主要桩点设置护桩。修筑路基之前，需要在地面上把路基施工界线标定出来，这些桩称为边桩，放样边桩的工作称为路基边坡放样。

（1）线路复测　线路复测工作的内容和方法与定测时基本相同。施工复测前，施工单位应检核线路测量的有关图表资料并会同设计单位进行现场桩橛交接。主要桩橛有直线转点（ZD）、交点（JD）、曲线主点、有关控制点、三角点、导线点、水准点等。线路复测包括转向角测量、直线转点测量、曲线控制桩测量和线路水准测量。线路复测的目的是恢复定测桩点和检查定测质量，而不是重新放样，因此要尽量按定测桩点进行，若桩点有丢失和损坏则应予以恢复，若复测与定测成果的误差在容许范围之内应以定测成果为准。若超出容许范围则应多方查找原因，确实证明定测资料错误或桩点位移时方可采用复测成果。复测与定测成果的不符值限差规定可按图根测量和等外水准执行。施工复测中要增加或移设的水准点、增测的横断面等一律应按新线勘测要求进行。由于施工阶段对土石方数量计算的要求比定测时要准确，因此横断面要测得密一些，其间隔应根据地形情况和控制土石方数量需要的精度确定，一般平坦地区每 50m 一个，起伏大的地区应不大于 20m 一个，同时中线上的里程桩也应加密。

（2）护桩设置　护桩一般设在两根交叉的方向线上（交角应在 $60°\sim90°$ 之间），每一方向上的护桩应不少于三个，以便在有一个不能利用时用另外两个护桩仍能恢复方向线。若地形困难亦可用一根方向线加测精确距离或用三个护桩作距离交会。设护桩时应将经纬仪或电子全站仪安置在中线控制桩上，选好方向后以远点为准用正倒镜定出各护桩的点位，然后测出方向线与线路所构成的夹角并量出各护桩间的距离。为便于寻找护桩，护桩位置应用草图及文字作详细说明。护桩的位置应选在施工范围以外并考虑施工中桩点不至于被破坏、视线不至于被阻挡。

（3）路基边坡放样　路基横断面是根据中线桩的填挖高度和所用材料在横断面图上画出的。路基的填方称为路堤、挖方称为路堑，在填挖高为零时称为路基施工零点。路基施工填挖边界线的标定称为路基边坡放样，它用木桩标出路堤坡脚线或路堑坡顶线到线路中线的距离作为修筑路基填挖方开始的范围。放样边桩时应根据不同的条件采用不同的方法。传统的路基边坡放样有断面法、计算法等。在较平坦地区，当横断面测量精度较高时可根据填挖高绘出路基断面图，在图上直接量出坡脚（或坡顶）到中线桩的水平距离，根据量得的平距即可到实地放出边桩，这是放样边桩中最常采用的方法，即断面法。采用计算法路基边坡放样时，边桩到中线桩水平距离的计算公式为 $D_1=D_2=b/2+mH$，其中 b 为路堤或路堑（包括侧沟）的宽度（根据设计决定）；m 为路基边坡坡度比例系数（依填挖材料定，通常填方为 1.5、挖方为 1 或 0.75）；H 为填挖高度，倾斜地面上随着地面横向坡度起伏的变化会使 D_1、D_2 不相等故无法利用上述公式直接计算。若横断面测量精度高，可在路基设计断面图上量取距离，否则应用试探法在实地进行放样。放样路堤边桩时，先在断面方向上根据路基中线桩的填挖高度大致估计边桩 1 的位置并立水准尺，用水准仪测出 1 点与中桩的高差 h_1、用尺量出 L 点到中桩的水平距离 D'，根据高差 h_1 按 $D_1=D_2=b/2+mH$ 计算出路堤下坡一侧到中桩的正确平距 D，$D=b/2+1.5（H+h_1）$，若 $D>D'$ 说明边桩的位置在 1 点外边（若 $D<D'$ 则在 L 点的里边），根据 ΔD 的值（$\Delta D=D-D'$）重新移动水准尺的位置再次试测直至 $\Delta D<0.1m$ 时止，可认为此时的立尺点为边桩的位置，为减少试测次数在路堤下坡一侧移动尺子时的距离要比算出的 ΔD 大些为好（在放样路堤上坡一侧时的计算公式为 $D=b/2+1.5（H-h_1')$，此时尺子移动的距离要比算出的 ΔD 小些为宜），放样路堑边桩时距离 D 的计算公式为下坡一侧 $D=b/2+m（H-h_1）$、上坡一侧 $D=b/2+m（H+h_1')$，试探法要在现场边测边算，有经验之后试测一两次即可确定边桩位置，在地形复杂地段采用此法较

为准确和便捷。

（4）竣工测量　在路基土石方工程完工之后、铺轨之前应当进行线路竣工测量，其任务是最后确定线路中线位置并作为铺轨的依据，同时检查路基施工质量是否符合设计要求。竣工测量的内容包括中线测量、高程测量和横断面测量。中线测量中，首先根据护桩将主要控制点恢复到路基上进行线路中线贯通测量，在有桥、隧的地段应从桥梁、隧道的线路中线向两端引测贯通；贯通测量后的中线位置应符合路基宽度和建筑物接近限界的要求，中线控制桩和交点桩应固桩；曲线地段应支出交点并重新测量转向角值，测角精度与铁路线路复测时相同，当新测角值与原来转向角之差在允许范围内时仍采用原来的资料；同时应对曲线的控制点进行检查，对曲线的切线长、外矢距等也应检查，误差在 1/2000 以内时仍用原桩点，曲线横向闭合差应不大于 5cm，在中线上直线地段每 50m 或曲线地段每 20m 应放样一桩，道岔中心、变坡点、桥涵中心等处均需钉设加桩，全线里程应自起点连续计算，并应消灭由于局部改线或假设起始里程而造成的里程不能连续的"断链"现象。竣工高程测量时应将水准点移设到稳固的建筑物上或埋设永久性混凝土水准点，水准点间间距不应大于 2km，精度应与定测时相同，全线高程必须统一，务必要消灭因采用不同高程基准而产生的"断高"现象，中桩高程可按复测方法进行，路基高程与设计高程之差应不超过 5cm。横断面测量主要检查路基宽度及侧沟、天沟的深度，宽度与设计值之差应不大于 5cm，路堤护道宽度误差应不大于 10cm，若不符合要求且误差超限应进行整修。

10.2.6　铁路既有线测量

为适应和促进国民经济发展，必须大力增强铁路的运输能力。这方面除了修建新线之外，对既有铁路进行技术改造、充分挖掘潜能，亦是一种有效的措施之一。改造既有铁路的原则是在满足运输需要和保证安全前提下充分利用既有建筑物与设备、发挥其潜在能力。既有铁路的线路改造方式主要是落坡和改善线路平面、延长站线、修建复线插入段、增大曲线半径、增建第二线等。既有铁路改造的外业勘测与新线勘测不同，它是沿一条运营铁路进行勘测，选线工作较新线少，勘测时要充分了解和考虑既有铁路原有的设备，要考虑改造中能保证铁路的正常运营和相互配合，这是一项比较复杂、细致的工作，以分阶段进行为宜。这项测量工作的内容主要有线路纵向丈量、横向调绘、水准测量、横断面测量、线路平面测绘、地形测绘、站场测绘及绕行线定测等。既有铁路的勘测放样一般应分两个阶段进行，即初测与初步设计、定测与施工设计。由于各勘测阶段的目的不同，因此面对某些测量资料要求的广度和深度也不一样。

（1）既有线的纵向丈量　线路纵向丈量又称百米标纵向丈量或里程丈量。它沿既有线丈量，定出千米标、百米标及加标，作为勘测放样和施工的里程依据。千米标、百米标及加标统称里程桩。线路里程丈量的起点应在《设计任务书》中作出规定，一般应从附近的车站中心或大型建筑物中心的既有里程引出并应与附近的千米标里程核对，而且应与既有线文件上的里程取得一致，按原里程方向连续推算。其"断链"位置应在车站、大型建筑物、曲线以外的直线百米标上。丈量时，双线区段里程沿下行方向进行。并行直线地段的上行线里程是采用将下行线里程向上行线投影的方法来确定的，使两者里程一致。曲线地段，宜从曲线测量起点开始分别丈量，并在曲线测量终点外的直线上取得投影"断链"。当上行线为绕行线时，应单独丈量，"断链"设在曲线外的百米标处。车站内的里程丈量应沿正线进行，当车站为鸳鸯股道布设时应从车站中心转入另一股道连续丈量并推算里程。支线、专用线、联络线等，应以联轨道岔中心为里程起点。距离丈量可采用沿轨道中心丈量、混合丈量（直线上沿钢轨顶丈量曲线上沿轨道中心丈量）、沿路肩丈量等三种方法。沿轨道中心丈量时在起点里程处定出线路中心作为里程及百米标丈量起点，前、后尺手各用一根轨道分中尺放在钢轨上将钢尺置于轨道尺中心进行丈量，每丈量一尺段应用红铅笔标划在枕木上或平稳的道碴上并用白粉笔划圈，在枕木上注明千米标、百米标、加标字样以供后尺手识别，此法因质量能得到保证，用得较多。混合丈量方法在平道上沿轨顶进行比较简单、方便，但在有较大坡道上（10‰以上）丈量时要注意保持钢尺水平，曲线地段则仍用轨道分中尺移到轨道中心丈量，此法简单、能保证质量但也要注意安全。沿路肩丈量距离必须与钢轨保持一定的相等距离，但遇到桥梁、隧道、曲线时应用放桩尺移到轨道中心进行丈量，过了此段之后再移到路肩上进行丈量，同时应另有专人用放桩尺将所有千米标、百米标及加标移到钢轨上，有轨道电路的既有线用该法在路肩上丈量不影响列车运行且能保证人身安全也能满足质量要求，但遇桥、隧、曲线等要移上移下稍有不便且会增加测量误差。既有线的纵向量距时应当使用经过检定或与已检定过的钢卷尺进行过比对的钢尺，同时对丈量结果要进行尺长改正和温度改正，丈量一般应由两组人员各拿一根钢卷尺独立进行：每千米核对一次，当两组丈量结果的相对较差小于 1/2000 时以第一组丈量的里程为准，同时应与原有桥梁、隧道、车站等建筑物的里程核对，并在记录本上注明其差数。

（2）里程桩标记　对里程进行丈量时应设千米标、百米标和加标。曲线范围内应每 20m 设一加桩，加桩里程应为 20m 的整倍数。除此之外，在一些特殊地点还应增设加标，这些特殊地点包括桥梁中心、大中桥的桥台挡碴墙前缘和台尾、隧道进出口、车站中心、进站信号机和远方信号机等（取位至 cm）；涵渠、渡槽、平交道口、跨线桥、坡度标、圆曲线和缓和曲线始终点标、跨越铁路的电力线与通信线及地下管线的中心（取位至 dm）；新型轨下基础、站台、路基防护及支挡工程等的起终点和中间变化点（取位至 dm）；路堤和路堑最高处及填挖零点、路基宽度变化处、路基病害地段（取位至 m）。拟设加标处最好在里程丈量前派人预先确认并用粉笔在钢轨腰部、轨枕头部注明名称以便记录。线路里程的位置包括千米标、百米标和加标，均应用白油漆标记，直线地段在左侧钢轨（面向下行方向分左、右）外侧的腰部划竖线；曲线范围内（包括曲线起终点 40～80m）的内、外股钢轨的外侧腰部均应划竖线。千米标和半千米标应写全里程，百米标及加标可不写千米数。

（3）线路调绘　线路调绘又称横向测绘，是对既有线路两侧 30～50m 以内的地物、地貌进行的调查测绘。其目的是作为修改和补充既有线平面图及作为拆迁建筑物、路基加宽、路基防护、排水系统布置、土方调配以及第二线左右侧选择等意见的依据。调绘时，以纵向里程为纵坐标、横向距离为横坐标，以支距法进行测绘（测绘比例尺为 1：2000 或 1：1000），测绘结果必须在现场按比例描绘在记录本上。应根据纵向丈量记录先在室内将所测地段的百米标、加标自下而上抄录在记录本中的中线右侧 1cm 以内，以中线左右各 1cm 宽度绘一直线表示路肩线，路肩上的各种标志（比如千米标、坡度标、信号机等）测绘在中线左侧 1cm 之内。测绘时，一人用十字直角瞄准器瞄准施测点，两人用皮尺以附近桩号为准量出该点的纵向里程，再以中线为准量出横向距离。绘图时横向距离一般减去 3m，以路肩线为零点，向两侧按比例绘图。在 30m 以外的地物、地貌可用目估测绘。在记录本上应测绘的内容包括路堤坡脚线、路堑边坡顶、取土坑、弃土堆、排水沟、公路、房屋、电杆、河流、水塘、挡墙、桥涵、隧道洞口、平交道和立交桥等，道路和河流与线路相交时要测出交角，通信线、电力线跨过线路时要测出交角和在轨道面以上的高度，对有拆迁可能的建筑物要详细测绘，应记录对第二线左右侧的意见。

（4）既有线中线平面测量　既有铁路在长期运营过程中，由于列车的冲击会使线路位置和形状发生变化（尤其曲线部分），为了改建既有线和增建第二线，首先应把既有线路的现状测绘出来以便更新选择半径和计算拨正量使线路恢复到较佳状态。在运营线上进行线路中线测量，为保证人身和行车安全以及固定测绘成果便于据此进行施工，常将中线平行外移到路肩上并用桩加以标定，这些标桩称"中线外移桩"。这样，中线放样工作就可在路肩上进行了。外移桩在直线地段宜设在百米标处左侧路肩上，曲线地段应设在曲线外侧路肩上、距线路中心一般为 2.0～3.0m，外移桩应注明里程但不另外编号，同一条线路上的外移桩到中线的距离应相等，若有困难则在一个曲线范围内应相等，这样便于计算，外移桩的设置可利用放桩尺，使用时用横木的内边紧贴钢轨头的内侧，为了行人安全和保护外移桩，应将桩顶打到与地面齐平。外移桩间的距离在直线地段不应长于 500m 或短于 50m，在曲线地段不应长于 100m。桩与桩之间应通视并尽可能将其设置在千米标或半千米标处。所设外移桩应及时记入手簿，注明其位置及外移距离。在遇到特大桥及隧道时应将外移桩移回线路中心，当增建的第二线变侧或与曲线外侧非同侧时外移桩需在曲线前的直线上用等距平行线法换侧，应用经纬仪量出直角并将外移桩移到线路中心或对侧，前后换侧点的距离应不小于 200m，得一平行导线后再继续前进。在曲线地段，为了便于测量应将外移桩设在曲线外侧，但在连续反向曲线的情况下为减少外移桩的换边次数也可将外移桩设在曲线内侧的路肩上。既有线直线测量可在直线各中线外移桩上安置经纬仪或电子全站仪进行外移导线的测量，同新线导线测量一样，在起点应测定起始边的方位角，然后按百米标的前进方向测出各外移桩的水平角（距离）。既有线曲线测量是为给既有线选择合理的设计半径和曲线的拨正量提供平面资料的，既有线曲线测量常用的方法有矢距法、偏角法、正矢法等。正矢法由于操作、计算简便易于掌握成为铁路工务部门线路养护中拨道的常用方法，但正矢法精度较低，在既有线改建和增建第二线的勘测中很少使用。用矢距法测量曲线是利用曲线上的外移导线进行的，相邻外移桩的连线称照准线，利用它来测量曲线上每 20m 点的矢距值，测各外移桩的转向角，同时测若干个大转向角作为检核用，曲线上各转向角的测量按二级导线要求进行。偏角法测量既有线时曲线基本上与放样新线曲线相同，差别在于目的不同，在外移桩上量测偏角时应用放线尺定出测点的外移位置，沿轨道中心进行时应用轨道丁字尺把置镜点和每20m 的测点从左轨引到线路中心点，沿外轨面进行时应用特制小木块定出测点（钢轨中心）位置。偏角法与矢距法相比，其操作、记录、计算均较简单，但从外移桩上放设第二线（或第一线）位置时不如矢距法方便。

（5）既有线路高程测量　　既有线高程测量是为核对或补设沿线既有水准点，同时对既有线所有百米标及加标沿轨顶进行高程测量并作为纵断面设计的依据。水准点的高程和编号应以既有线资料为准并要到实地加以核对、确认，不但里程和位置要相符，同时注字也要清晰，比如痕迹已不清楚应加凿并按原号编注。当水准点遗失、损坏或水准点间的距离大于 2km 时应补设水准点。在大中桥头、隧道洞口、车站等处应增设水准点并另行编号。水准点高程测量可采用一组往返测亦可采用两组水准并测，其高差较差与原水准点的高程闭合差，均不应超过 $\pm 20K^{1/2}$ mm（*K* 为单程水准路线长度，以 km 为单位），若闭合差超限则应返工重测。只有确认原水准点高程有误后才能改动原高程。新补设的水准点高程应与其前、后水准点高程闭合。水准点高程施测时应单独进行，不宜同时兼作中桩高程测量。既有线高程应采用国家统一的高程基准系统（1985 国家高程基准或 1956 年黄海高程系），若个别地段有困难时可引用其他高程系统，但全线高程测量连通后应消除断高，换算成统一的国家高程基准系统。中桩高程在直线地段取左轨轨顶高程，在曲线地段取内轨轨顶高程。中桩高程应测量两次，与水准点高程的闭合差不应超过 $\pm 20K^{1/2}$ mm，在限差以内时按与转点个数成正比的原则分配闭合差，两次中桩高程较差在 20mm 以内时以第一次测量平差后的高程为准（取位至 mm）。

（6）既有线路横断面测量　　既有线横断面测量是一项繁重的工作。横断面图是线路维修、技术改造时设计、施工的重要依据，拔道、道床抬高或降低、施工间距及施工措施等都要在横断面图上进行考虑。在线路维修或改建时要考虑到限界要求，因此，对既有线的建筑物及设备的位置、标高等在测量横断面时均应详细测绘、记录，所以它比新线横断面测量精度要求高。既有线百米标、地形变化处的加标、挡土墙、护坡、路基病害处、平交道口、隧道洞口、涵管中心及桥台台尾处等均应测绘比例尺为 1：200 的横断面图，在轨顶、碴肩、碴脚、路肩、侧沟、平台等处均应布测点。横断面密度及宽度以满足设计需要为原则，直线地段一般每隔 20～40m（曲线地段一般每隔 20m）测一个横断面。横断面宽度从既有线中心向两侧应测到最后一个路基设备（如取土坑、弃土堆、排水沟、天沟等）以外 5m，若拟修建铁路第二线则第二线一侧为 20m，同时离开路基坡脚和路堑边缘应不小于 20m。横断面方向可用十字直角瞄准器或经纬仪放样。横断面测绘中的距离可用钢尺或皮尺丈量，距离应自轨道中心起算。为便于丈量可自轨头内侧开始量起，以 0.72m（半个轨距）为起点，由于曲线上内轨有加宽因此应从外轨的内侧量起，丈量曲线内侧距离时应扣除 0.72m。测点高程一般用水准仪测定，在每个断面上可根据轨面高程求出其他点的高程，对深堑高堤和山坡陡峻的断面可用电子全站仪、GPS、经纬仪斜距法、水准仪斜距法、断面仪进行测绘，但路肩及其以上的测点仍应借助水准仪测定。横断面测量中距离、高程应取位至 cm，检查时的限差为高程 ±5cm、距离 ±10cm。

10.2.7 铁路既有站场测量

既有线的站场测量资料是车站改建设计的依据。既有线站场测量的特点是面积大、地物多、车站作业频繁、测量精度要求高，与既有线路测量相比难度和复杂性大得多。尤其在大的枢纽进行站场测绘，采用一般的方法几乎不可能，必须结合具体的测量点，采用不同的作业方法。在工作开始前要先作好测区资料收集及准备工作，如专用线、联络线的接轨点、站内曲线半径、道岔号数、高程系统、车流密度及列车运行图等，并应与地方、工业厂矿取得联系以求支持。既有站场测绘内容应视车站类型及要求而有所不同，主要包括纵向丈量、基线放样、横向测绘、道岔测量、站内线路平面测绘以及站场导线、地形、高程、横断面测量等，其中纵向丈量、横向测绘、高程测量和横断面测绘与区间线路测量大同小异。

（1）站场基线放样　基线是站场平面测绘、车站改建或扩建设计时计算道岔和各种建筑物坐标的依据，同时也是施工时标定各种设备的基础。因此，基线的布置应满足测量、设计与施工的需要。基线的布设要便于丈量各处的设备及建筑物，并且尽量少受行车的干扰，一般应将基线设在正线与到发线之间，中小站可以以中线外移桩作基线。基线长度可视需要确定，但主要基线至少应布置到进站信号机外方才可终止。主要基线及辅助基线应尽量平行于正线或其邻近的线路以减少计算工作量，控制点间距宜为 100～300m。站场测绘宽度大于 30m 时应加设辅助基线，基线与辅助基线、不同辅助基线之间的距离以 30m 为宜、最大不宜超过 50m，用电子全站仪施测时可不受此限。基线主要有直线型、折线型、综合型三类，设在到发场、编组场、机务段、车辆段、货场内直线股道间的辅助基线均可采用直线型基线，车站设在曲线上一般应采用折线型基线布置，大型车站规模大、建筑物及设备一般采用基线与导线配合的综合形式布置以满足测量、施工需要。由于站场平面测绘一般都采用平面坐标系，故通常采用平行于正线股道的基线为 x 轴，以通过车站中心、垂直于 x 轴的方向作为 y 轴，以两轴的交点作为坐标原点。为测绘方便，一个车站里可以采用几种坐标，但彼此之间应有一定的联系。确定坐标原点首先要找出车站中心，而车站中心一般为站房中心或运转室中心，可由车站提供或重新测定。车站中心确定后应投影到正线上以计算里程，从而定出坐标原点的位置。然后朝两个方向沿基线丈量长度、测量转折角等（这与新线勘测中的导线测量方法相同）。站内布设的辅助基线均应与主要基线相联系以组成基线控制网。基线原点应埋设永久基线桩标志，基线丈量中要钉设百米标并用白油漆标记在相应的轨道上。基线设置时，桩间距离应用检定过的钢尺往返丈量两次，相对较差不大于 1/5000 时取平均值，基线桩的方向要用正倒镜分中确定，基线网的角度测量方法和精度要求与线路测量相同，角度闭合差允许值为 $\pm 25'' N^{1/2}$，N 为测角数，全长的相对闭合差应不超过 1/5000（限差以内时将闭合差进行调整），角度闭合差应按置镜点数平均分配，边长闭合差可按坐标增量或边长成比例分配。

（2）道岔测量　道岔是列车由一股道驶入另一股道时的关键设备，应根据搜集到的站内道岔资料到现场逐个核对道岔号数并测定道岔中心。道岔号是辙叉角的余切，一般采用步量法和丈量法两种方法测定。步量法在辙叉上找出和步量者脚长相等处，然后用脚量至理论叉尖处，所量的脚数即为该道岔的号数（若所量为 6 倍脚长即为 6 号道岔，此法在现场经常使用）。丈量法是在辙叉上找出宽 1dm 和 2dm 处的位置，丈量出间距为 Ldm，则 L 的 dm 数即为其道岔号数。道岔中心是道岔所联系的两条线路中心线的交点，通称岔心，在铁路设计时均以道岔中心点的坐标表示道岔位置，施工时可根据道岔中心点安设道岔。在站场平面测绘之前应将站内所有道岔中心的位置钉出，钉设道岔中心的方法可根据道岔类型的不同采用直接丈量法和交点法确定。若为单开道岔，可以用钢尺直接量出道岔中心位置，在道岔表中可以查出道岔理论辙叉尖端到岔心的距离 b_0，若没有现成资料可用轨距（1435mm）乘以道岔号数近似地确定 b_0。（比如 12 号道岔，$b_0 = 17250$mm，$b_0' = 17220$mm）。对于曲线道岔、对称道岔、复式交分道岔等道岔的岔心钉设应采用交点法，先在尖轨附近的直线部分钉出其线路中心，然后在辙叉附近钉出侧线线路中心点，再用经纬仪延长两中心线得到的交点即为道岔中心点，用上述方法定出岔心之后应打一木桩并钉上小钉作为标志，同时在两侧的钢轨上用白油漆划线标志其位置，道岔细部尺寸应逐项核对或丈量并填写在道岔调查表中。

（3）站场线路平面测量　股道长度测量是在站内横向测绘后进行的，故应充分利用已掌握的资料尽量避免重复工作，而现场丈量只是补充其长度推算的不足部分。车站内线路为直线的股道全长，可根据横向测绘的道岔资料及道岔主要尺寸计算，缺少部分可到现场补量。股道有效长是指股道内能容纳列车的停留而不影响邻线上列车运行的股道长度，它可根据警冲标、出发信号机、车挡或侧线出岔的辙轨尖的坐标计算得到，当股道位于曲线上时应进行实地丈量。既有线曲线平面测绘的方法有矢距法、偏角法等，它同样适用于站内曲线平面测绘，曲线测绘主要是测定交点的位置、转向角的大小和曲线半径。站内三角线是机车转向的重要设施，三角线曲线要素是通过部分外业实测资料求算的，三角线的中线位置可用股道导线法测定。由于站场设备多、地物复杂，站场平面测绘内容除道岔测量和站场线路平面测量之外还有站场客、货运输设备及建筑物、站场排水系统及其他与设计有关的建筑物及设备（也需要测绘出它们的平面位置，距离可用钢尺丈量，取位至 cm）。

（4）站场横断面测量　站内除了在正线千米标、百米标、加标及曲线地段不大于 40m 处需测横断面外，根据具体情况尚需单独施测支线、专用线、机务段、车辆段、大型货场等的横断面。车站中心、站台坡顶、站台坡脚、道岔区路基变化处、站内平交道等处亦需测量横断面。站内横断面宽度应满足设计需要，一般应测到取土坑或堑顶天沟外缘 5~10m 处，在站场改、扩建一侧应测至路基设计坡脚或堑顶以外 30m。站内横断面除了与区间横断面测量内容相同者外，尚需在各股道的轨顶、碴肩、碴脚、路肩、排水沟等处设测点。各股道的间隔、断面方向上遇到的设备均应测量。站内横断面测量时距离可用钢尺丈量、高程可用水准仪测定，距离、高程均取位至 cm。站场地形图的比例尺一般为 1:2000，对于大型站场亦可按 1:1000 测绘。站场地形图的测绘范围以满足设计需要为准。中间站的测绘一般横向为正线每侧 150～200m、纵向为改建设计进站信号机以外 300～500m。

10.2.8　铁路线路的归一化放样

铁路轨道几何形位的科学性与准确性是确保铁路列车行车安全的关键之一，要确保铁路轨道几何形位的准确性就必须依靠精细、高精度的测量技术。铁路轨道几何形位的基本要素包括轨距、水平、前后高低、轨向、轨底坡、曲线轨距加宽、曲线外轨超高、缓和曲线、限制坡度、竖曲线等。轨道的几何形位应按静态与动态两种状况进行管理。静态几何形位是轨道不行车时的状态，采用道尺等工具进行测量。动态几何形位是行车条件下的轨道状态，采用轨道检查车进行测量。曲线轨距加宽（高速铁路一般不加宽）的方法是将曲线轨道内轨向曲线中心（圆心）方向移动，曲线外轨的位置则保持与轨道中心半个轨距的距离不变。曲线轨距的加宽值与机车车辆转向架在曲线上的几何位置有关。外轨超高度是指曲线外轨顶面与内轨顶面水平高度之差。铁路缓和曲线及圆曲线的准确定位是铁路轨道几何形位确定中的关键工作，铁路缓和曲线及圆曲线通常会给出曲线方程式，这些曲线方程式采用的都是数学坐标系坐标，如圆曲线方程以圆心为坐标原点、缓和曲线方程式以曲线起点为坐标原点，而铁路测量与放样时采用的是国家坐标系，故传统的缓和曲线及圆曲线放样方法是先确定曲线的起点、再按偏角法或切线支距法或弦线支距法或直角坐标法编制放样数据表，然后再按与数据表对应的方法进行放样。传统的缓和曲线及圆曲线放样方法具有速度慢、效率低、精度不高、过程繁琐等诸多弱点，为此，我国科技工作者提出了铁路线路归一化放样的思想，并在实际应用中取得了良好的效果。

铁路线路归一化放样方法实现的前提是将铁路线路设计中所有的非国家坐标系统的线路坐标，如铁路圆曲线以圆心为坐标原点的坐标系统、缓和曲线以曲线起点为坐标原点的坐标系统等，转换为国家坐标（高斯坐标）。假设某点的非国家坐标系统线路坐标为 X'、Y'，该点在国家坐标系统中的对应坐标为 X、Y，则其坐标转换模式为

$$\begin{bmatrix} X \\ Y \end{bmatrix} = \begin{bmatrix} \Delta X_0 \\ \Delta Y_0 \end{bmatrix} + (1-m)\begin{bmatrix} X' \\ Y' \end{bmatrix} + \begin{bmatrix} \cos\theta & \sin\theta \\ -\sin\theta & \cos\theta \end{bmatrix}\begin{bmatrix} X' \\ Y' \end{bmatrix} \tag{10-2}$$

式中，ΔX_0、ΔY_0、m、θ 分别为两个平面坐标系间的平移、尺度、旋转参数，总称为平面转换四参数。不难看出，要求出平面转换四参数至少需要两个公共点。即先根据铁路线路设计图（CAD图）获得非国家坐标系统的线路坐标中两个线路点的国家坐标 X_i、Y_i（可在设计图上直接获得，也可利用 AutoCAD 的 ID 命令捕捉获得）两个线路点一般应为曲线的起终点或应相距尽可能地远，然后再根据两个线路点的线路设计坐标 X'_i、Y'_i，即非国家坐标系统坐标或数学坐标，借助式(10-2) 即可求出平面转换四参数，进而可将该非国家坐标系统线路坐标中各个线路点的设计坐标转换为国家坐标，然后就可利用铁路线路测量控制网中的控制点对所有的非国家坐标系统的线路设计点进行放样（采用电子全站仪或GPS）从而摒弃传统的放样方法。由于铁路线路一般很长，常跨越若干个高斯投影带，因此，坐标换带就成了必须重视的工作，另外，当线路点放样精度要求较高且高斯投影变形又较大时还应移动中央子午线位置以建立独立的工程放样控制网，如特大桥控制网。同时，采用GPS放样时还存在 GPS 坐标与国家坐标的转换问题及 GPS 高程与正常高的转换问题。上述种种情况决定了我们在铁路线路归一化放样过程中必须熟悉大地坐标与高斯坐标间的相互转换、GPS 坐标与国家大地坐标间的相互转换以及坐标换带等基本理论并采用高精度的转换方法。

10.2.9　高速铁路精准测量

为保证旅客列车高速运行时的安全性和舒适度，铁路轨道的平顺度是重要指标。轨道平

顺度包含线路方向和纵向方向两个分量，线路方向的不平顺是指钢轨头内侧与钢轨方向垂直的凸凹不平顺。高速铁路平顺度要求在线路方向每 10m 弦实测正矢与理论正矢之差为 2mm。线路平顺度的要求和控制测量的精度有一定的关系，对于线路形状来说，平顺度只是一种局部误差。不能依线路平顺度的要求作为控制测量的精度标准。因为，平顺度对线路位置误差的影响有积累性和扩大的趋势，当实际线路偏离设计位置很远时，线路仍旧可以满足平顺度要求。对短波平顺度来讲，在 10m 处产生 2mm 不平顺度时线路将出现 $82.5''$ 的转折角，每个不平顺度具有偶然性，由各段不平顺度产生的点位移可按偶然误差计算。设 AB 为 150m 则 $m_\beta = 127mm$。对长波平顺度来讲，长波平顺度要求 150m 处不大于 10mm，当在 150m 处产生 10mm 不平顺度时线路将出现 $27.5''$ 的转折角。设 AB 为 900m，则 $m_\beta = 147mm$。对无砟轨道铺设 150m 不大于 10mm 的要求要比每 20m 弦实测正矢与理论正矢之差为 2mm 的精度要求高，故仅控制轨道的平顺度，在达到要求情况下轨道的整体线形仍不能保证。因此，在客运专线无砟轨道的施工过程中仅控制轨道的平顺度是不够的，还必须建立无砟轨道施工测量控制网来实现轨道的总体线形控制。

(1) CPⅠ和CPⅡ误差计算　　通过无砟轨道施工中轨道对平顺度的相关要求可以反推出CPⅠ和CPⅡ控制网的相关精度要求。CPⅠ和CPⅡ最弱点的横向中误差计算公式为 $m_k = [(n+6)/48]^{1/2}(S - m_\beta)/(2\rho)$，根据我国《客运专线无砟轨道铁路工程测量暂行规定》中要求的各级平面控制网布网要求，对CPⅡ取 $S = 800m$ 可计算得 $m_k = 3.7mm$，对CPⅠ取 $S = 4000m$ 可计算得 $m_k = 11.6mm$。假定导线纵向误差等于横向误差则可计算最弱点点位中误差，分别约为 5mm 和 15mm。

(2) 平面控制网　　我国《客运专线无砟轨道铁路工程测量暂行规定》规定平面控制分三级布设，第一级为基础平面控制网（CPⅠ），为勘测、施工、运营维护提供坐标基准；第二级为线路控制网（CPⅡ），为勘测和施工提供控制基准；第三级为基桩控制网（CPⅢ），为铺设无砟轨道和运营维护提供控制基准。CPⅠ沿线路走向每 4km 一个或一对点，按国家 B 级 GPS 测量要求施测，基线边方向中误差不大于 $1.3''$、最弱边相对中误差 1/170000。CPⅡ在 CPⅠ的基础上采用 GPS 测量或导线测量方法施测，点间距离 800～1000m，GPS 测量按国家 C 级网要求施测，基线边方向中误差不大于 $1.7''$、最弱边相对中误差 1/100000。CPⅢ采用导线测量按国家四等精度进行，测角中误差 $2.5''$、相对闭合差 1/40000。CPⅢ控制点平面布置见图 10-1。CPⅢ控制点的元器件（见图 10-2）由工厂精加工（要求采用数控机床）并用不易生锈及腐蚀的金属材料制作，CPⅢ控制点标志的重复安置精度应优于 0.3mm。CPⅢ控制点距离布置一般为 60m 左右（最大应不大于 80m），CPⅢ控制点布设高度应与轨道面高度保持恒定的高差，隧道内 CPⅢ控制点的位置见图 10-3（标记点设置在内衬上，距电缆槽边墙表面 100cm 左右），路基地段 CPⅢ控制点位置见图 10-4，桥梁上 CPⅢ控制点位置见图 10-5，CPⅢ控制点的相对定位精度应优于 ±1mm、可重复性测量精度应优于 ±5mm。

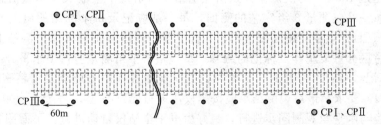

图 10-1　CPⅢ控制点平面布置示意图

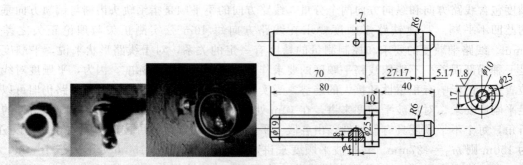

图 10-2 特制 CPⅢ器件

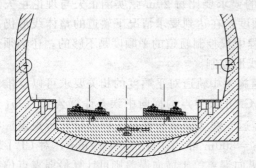

图 10-3 隧道内 CPⅢ控制点位置示意图

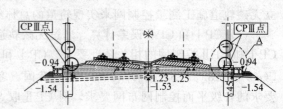

图 10-4 路基地段 CPⅢ控制点位置示意图

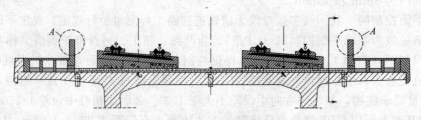

图 10-5 桥梁上 CPⅢ控制点位置示意图

（3）CPⅢ控制点的测量方法及要求 CPⅢ控制点应采用标称精度优于±1″和±(1mm+2mm/km)的电子全站仪，最好是测量机器人或带目标自动搜索测量的自动电子全站仪，每台仪器应至少配 13 套棱镜，使用前应对棱镜进行检测，配合全站仪使用的所有棱镜的棱镜常数都必须相同。CPⅢ控制网应采用自由设站交会网（《客运专线无砟轨道铁路工程测量暂行规定》称为"后方交会网"）测量，自由测站的测量，从每个自由测站以 2～3 个 CPⅢ点为测量目标，每次测量应保证每个点测量 3 次，测量方法见图 10-6，其中，○为测站（自由站点），●为 CPⅢ控制点，→为向 CPⅢ点进行的测量（测量要素为方向、角度和距离）。CPⅢ控制点间距离应为 60m 左右，最大不应超过 80m，观测 CPⅢ点允许的目标距离为 120m 左右，最大不超过 180m。每次测量开始前在全站仪初始行中应输入起始点信息并填写自由测站记录表，每一站应测量 3 组完整的测回，每一站应记录每个测站的温度 t、气压 P 以及 CPⅠ、CPⅡ、目标点的棱镜高测量值，并将温度、气压改正输入每个测站上。当线路有长短链时应注意区分重复里程及标记的编号。每一站水平角测量应每个水平方向 3 个测回，测站至 CPⅢ标记点间的距离也测 3 个测回，方向观测各项限差应满足《精密工程测量规范》（GB/T 15314）要求，最后观测结果应按等权法进行测站平差，每个点应观测 3 个全测回，距离的观测应与水平角观测同步进行，最好由电子全站仪自动进行。平面测量也可根据测量需要分段进行，对其测量范围内的 CPⅡ点应联测，与上一级 CPⅡ控制点联测时应保证

800～1000m 间隔联测一个，与上一级 CPⅡ 控制点联测一般情况下应通过两个或以上线路上的自由测站，见图 10-7，其中●为测站（自由站点），○为 CPⅢ 控制点，→为向 CPⅢ 点进行的测量（方向、角度和距离），联测高等级控制点时应最少观测 3 个完整测回数据（其精度应优于±5mm）。为使相邻重合区域能够满足 CPⅢ 网络测量的高均匀性和高精确度，每个重合区域至少要有 3～4 对 CPⅢ 点（约 180m 的重合）一起测量并进行平差，每个区域以不小于 4km 为宜。桥梁、隧道段须与已有的独立的隧道施工控制网相连接，通过选取适当的 CPⅡ 点和 CPⅢ 特殊网点来保证形成均匀的过渡段。CPⅢ 控制网应与线下工程竣工中线进行联测。

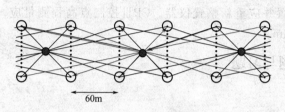

图 10-6 CPⅢ控制网的自由设站交会

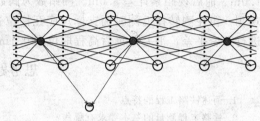

图 10-7 与 CPⅡ控制点联测示意图

　　（4）CPⅢ测量内业数据处理　　在自由设站 CPⅢ 测量中，测量时必须使用与电子全站仪配套的能自动记录及计算的专用数据处理软件，采用软件必须通过铁道部相关部门的正式鉴定并认可。观测数据存储前必须对观测数据的质量进行检核。记录内容应包括观测者、记录者、复核者的签名；观测日期、天气等气象要素。检核方法可采用手工检核或程序检核，观测数据经检核不满足要求时应及时提出并重测，经检核无误并满足要求时可进行数据存储并提交给软件进行数据计算和平差处理。数据计算、平差处理必须采用通过铁道部相关部门正式鉴定并认可的软件，在计算报告中要说明软件名称。自由设站点、CPⅢ点应进行整体平差，平差计算时要对各项精度作出评定。

　　（5）高程控制网的建立　　我国《客运专线无砟轨道铁路工程测量暂行规定》中规定，高程控制测量分勘测高程控制测量、水准基点高程控制测量和 CPⅢ 控制点高程控制测量三种。勘测高程控制测量采用二等水准测量～四等水准测量（点间距≤2000m），水准基点高程控制测量采用二等水准测量（点间距≤2000m），CPⅢ 控制点高程控制测量采用精密水准测量（点间距≤800m）。勘测高程控制测量、水准基点高程控制测量应依照国家相关技术规范进行。CPⅢ 控制点高程控制测量又分导线网 CPⅢ 控制点高程控制测量、后方交会网 CPⅢ 控制点高程控制测量两种，CPⅢ 控制点高程控制测量采用的水准等级为精密水准。

　　后方交会网 CPⅢ 控制点高程控制测量的测量方法是，每一测段应至少与 3 个二等水准点进行联测形成检核。见图 10-8、图 10-9，联测时，往测以轨道一侧的 CPⅢ 水准点为主线

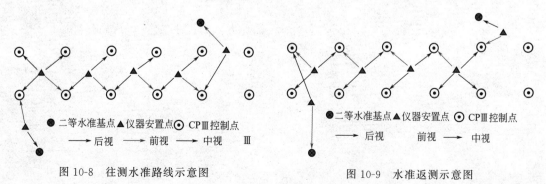

图 10-8 往测水准路线示意图　　　　　图 10-9 水准返测示意图

贯通水准测量，另一侧的 CPⅢ水准点在进行贯通水准测量摆站时就近观测。返测时以另一侧的 CPⅢ水准点为主线贯通水准测量，对侧的水准点在摆站时就近联测。

CPⅢ控制点水准测量应按《客运专线无碴轨道铁路工程测量暂行规定》中的"精密水准"测量的要求施测。CPⅢ控制点高程测量工作应在 CPⅢ平面测量完成后进行并起闭于二等水准基点且一个测段联测不应少于 3 个水准点。精密水准测量应采用满足精度要求的水准仪（水准仪标称精度应优于±1mm/km）和配套铟瓦尺，使用的仪器设备应在检定期内（有效期最多一年，每年必须对测量仪器进行一次全面校准，每天使用该仪器之前应对仪器进行检验和校准），因水准路线较短故不设间歇点，观测条件是：视距长 60m、前后视距差 1.0m、前后视距累计差 3.0m、测站数为偶数（一般 6~8 个），上述观测限差超限时应重新观测。由往测转往返测时两支标尺应互换位置并应重新整置仪器。CPⅢ控制点高程测量应进行严密平差，平差计算后高程取位到 0.1mm。

思考题与习题

1. 简述铁路工程的特点。
2. 铁路工程测量的基本要求有哪些？
3. 简述铁路新线初测的工作程序。
4. 如何进行铁路新线定测？
5. 如何进行铁路圆曲线放样？
6. 铁路缓和曲线的特性是什么？如何放样？
7. 简述铁路线路施工测量的方法与要求。
8. 铁路既有线测量有哪些主要工作？
9. 如何进行铁路既有站场测量？
10. 铁路线路归一化放样的指导思想是什么？
11. 简述高速铁路精测方法及技术要求。

第 11 章　管道工程测量

11.1　管道工程的特点

管道工程中的管道包括排水、给水、煤气、电缆、通信、输油、输气等管道。长大管道工程以石油类管道为典型代表，如我国的西气东输二线工程，管道西起新疆的霍尔果斯口岸，途经新疆、甘肃、宁夏、陕西、河南、湖北、湖南、江西、广东、广西、浙江、江苏、上海、安徽 14 个省、市、自治区，管道主干线和八条支干线，其中八条支线包括新疆轮南—吐鲁番、宁夏中卫—陕西靖边、河南洛阳—江苏徐州、江西南昌—上海、江西樟树—湖南湘潭、广东翁源—深圳（香港）、广东广州—广西南宁、广东肇庆—湛江（海口），总长度约 9100km。各种各样的管道工程建设都离不开测量技术的支持，管道工程测量的主要任务包括管道工程中线测量、管道工程纵断面测量及管道工程施工测量等。

管道是用以输送液体、气（汽）体、细颗粒固体等介质或用以安装输水、输气（汽）、供热等管道、电缆等设施的任意长度的封闭通道的统称。管道结构是输送各种介质或安装管道、电缆等各种设施用的封闭通道及其附属设施、管道附件及附属构筑物构成的空心体结构的统称主要有以下几种。

① 埋地管道（地下管道）是指敷设在天然或人工回填地面以下或周围覆盖有一定厚度土体的管道。

② 地上管道是指直接敷设在地面上或地面支礅上的管道。

③ 水下管道是指敷设在水面以下水体中或水底土体中的管道。海底管道是指敷设在海面以下海水中或海底的管道。

④ 架空管道是指架设在地面以上的管道，由跨越结构和支承结构支架托架等两部分组成。

⑤ 管桥是管道以桥梁形式跨越河道、湖泊、海域、铁路、公路、山谷等天然或人工障碍专用的构筑物。

⑥ 工业管道通常指工矿企业装置之间管道系统并受到生产中各种输送介质或溢出物侵蚀的管道。

⑦ 给水管道是输送原水或成品水管道的统称。

⑧ 输水管道一般是指输送原水的有一定长度的管道。

⑨ 配水管道一般是指输送成品水的管道。排水管道是输送城镇雨污水或农田排水的管道的统称。

⑩ 雨水管道一般是指输送城镇截流雨水的管道。

⑪ 合流管道一般是指输送城镇截流雨水、生活污水、工业废水等合流排放的管道。

⑫ 污水管道一般是指输送经过处理或未经处理的城镇或工矿企业的生活污水或工业废水的管道。

⑬ 涵洞是为渲泄地面水流而设置的穿越路堤或河堤的排水管道构筑物的统称，一般由洞身管道结构和进出水洞口构筑物组成，有管涵、拱涵、箱涵、盖板涵等涵洞结构类型。

⑭ 建筑给水管道是用于工业与民用建筑物内部明设或暗设的给水管道的统称。

⑮ 建筑排水管道是用于工业与民用建筑物内部明设或暗设的排放生活污水工业废水管道的统称。

⑯ 输油管道是由生产储存等供油设施向用户输送原油或成品油的管道及其附属设施的统称。

⑰ 输气管道是由生产储存等供气设施向用户输送天然气、煤气等燃气的管道及其附属设施的统称。

⑱ 供热管道是由热电厂锅炉房等热源向用户输送供热介质的管道及其附属设施的统称，有地上敷设、地下敷设、管沟敷设、直埋敷设等敷设方式。

⑲ 采暖管道是建筑物采暖用的由热源或供热装置到散热设备之间输送供热介质的管道及其附件的统称。

⑳ 通风管道是输送空气和空气混合物的管道及其附件的统称，有架空敷设和地下敷设等敷设方式。

㉑ 细颗粒固体输送管道是以高压气体或液体为载体输送煤粉、粉煤灰、水泥等细颗粒固体管道的统称，以水为载体的亦称浆体管。

㉒ 管沟是用以敷设和更换输送水汽等管道设施的地下管道，也是被敷设管道设施的围护结构，敷设输送供热介质管道的俗称，暖气沟有矩形、圆形、拱形等管道结构形式。

㉓ 电缆沟是用以敷设和更换电力或电讯电缆设施的地下管道，也是被敷设电缆设施的围护结构，有矩形、圆形、拱形等管道结构形式。

㉔ 通行地沟是人可以在其中通行和进行检查维修等工作的管沟、电缆沟等地下管道的统称，人可以直立通行的称通行地沟，人必须弯腰通行的称半通行地沟。

㉕ 不通行地沟是截面仅能满足敷设管道或电缆的最小净空尺寸要求人不能进入的地下管沟。

㉖ 综合管道共同沟是在截面内敷设水、气、汽、管道、电缆等输送两种以上不同用途设施的通行地沟的统称。

管道工程的管道结构类型也多种多样。圆形管道是管道截面为圆形的结构。矩形管道是管道截面为矩形或正方形的结构俗称方沟。马蹄形管道是管道截面上部为圆弧形拱墙下部为直线或弧形底为直线或弧形的结构，俗称拱沟。半椭圆形管道是管道截面为半椭圆形，底为直线或弧形的结构，俗称拱沟。椭圆形管道是管道截面为椭圆形的结构。卵形管道是管道截面由半径为一定比例的四个圆弧组成的卵形结构。管道接头是管道的连接部位，要求有相应的力学及技术性能。管托、管道支座是一种保持管道特定状态或位置的永久性支承装置，按管道工作要求有滑动管托、滚动管托、固定管托等构造形式。管道敷设有多种方式：开槽施工沟槽敷设是指在开挖的沟槽内敷设管道；不开槽施工隧道法敷设是指在地层内开挖成型的洞内敷设或浇筑管道，有顶管法、盾构法、新奥法、管棚法等。

11.2 管道工程测量的基本工作

11.2.1 管道工程中线测量与纵横断面测量

管道工程中线测量的任务是将设计的管道中心线位置在地面上测设出来，中线测量包括管道转点桩及交点桩测设、转角测量、里程桩和加桩的标定等。中线测量方法和线路中线测量方法基本相同，可参阅本书第10章和第12章。由于管道方向一般用弯头来改变故不需要测设圆曲线。

管道纵断面测量的内容是根据管道中心线所测的桩点高程和桩号绘制成纵断面图。纵断面图反映了沿管道中心线的地面高低起伏和坡度陡缓情况，是设计管道埋深、坡度和土方量计算的依据，管道纵断面水准测量的闭合允许值为 $\pm 15L^{1/2}\,\mathrm{mm}$（$L$ 为管线长，以 km 为单位）。横断面测量是测量中线两侧一定范围内的地形变化点至管道中线的水平距离和高差，以中线上的里程桩或加桩为坐标原点，以水平距离为横坐标、高差为纵坐标，按 1：100 比例尺绘制横断面图。根据纵断面图上的管道埋深、纵坡设计、横断面图上中线两侧的地形起伏可计算出管道施工的土方量。详细可参阅本书第 10 章、第 12 章和第 15 章。

11.2.2　管道工程施工测量

管道工程施工测量的主要任务是根据设计图纸要求，为施工测设各种标志，使施工技术人员便于随时掌握中线方向和高程位置。管道施工一般在地面以下进行且管道种类繁多（例如给水、排水、天然气、输油管等），在城市建设中（尤其城镇工业区）管道更是上下穿插、纵横交错组成所谓的"管道网"，管道施工测量稍有误差将会导致管道的互相干扰并给施工造成困难，因此施工测量在管道施工中具有举足轻重的作用。

（1）管道工程测量的准备工作　管道工程测量前应熟悉设计图纸资料，包括管道平面图、纵横断面图、标准横断面和附属构筑物图，弄清管线布置、工艺设计和施工安装要求。应勘察施工现场情况，了解设计管线走向以及管线沿途已有的平面和高程控制点分布情况（控制点应检验后确认）。应根据管道平面图和已有控制点、结合实际地形找出有关的施测数据及相互关系并绘制出施测草图。应根据管道在生产上的不同要求、工程性质、所在位置和管道种类等因素确定施测精度，如厂区内部管道要比外部要求精度高，不开槽施工比开槽施工测量精度要求高，无压力的管道比有压力管道要求的精度高等。

（2）地下管道放线

① 恢复中线。管道中线测量中所钉中线桩、交点桩等在施工时难免会有部分碰动或丢失，为保证中线位置准确可靠，施工前应根据设计的定线条件进行复核并将丢失和碰动的桩重新恢复。在恢复中线同时应将管道附属构筑物（比如涵洞、检查井等）的位置同时测出。

② 测设施工控制桩。在施工时中线上各桩要被挖掉，为了便于恢复中线和附属构筑物的位置，应在不受施工干扰、引测方便、易于保存桩位的地方测设施工控制桩。施工控制桩分中线控制桩和附属构筑物控制桩两种。见图 11-1，施测中线方向控制桩时一般以管道中心线桩为准，在各段中线的延长线上钉设控制桩作为恢复中线和控制中线的依据。若管道直线段较长也可在中线一侧的管槽边线外测设一条与中线平行的轴线桩，各桩间距以 20m 为宜。测设附属构筑物控制桩以定位时标定的附属构筑物位置为准，在垂直于中线的方向上钉两个控制桩。

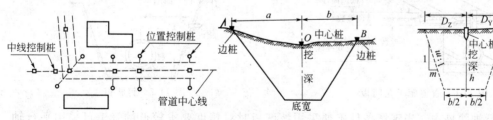

图 11-1　施工控制桩测设　　　　图 11-2　横断面测设　　　　图 11-3　横断面计算

③ 槽口放线。槽口放线是根据管径大小、埋设深度和土质情况决定管槽的开挖宽度并在地面上钉设边桩，再沿边桩拉线撒出灰线作为开挖的边界线。由横断面设计图查得左右两侧边桩与中心桩的水平距离，见图 11-2 中的 a 和 b，施测时在中心桩处插立方向架测出横断面位置，在断面方向上，用皮尺抬平量定 A、B 两点位置各钉立一个边桩。相邻断面同侧

边桩的联线即为开挖边线，用石灰放出灰线作开挖的界限。见图 11-3，当地面平坦时，开挖槽口宽度也可采用公式计算，计算公式为 $D_Z = D_Y = b/2 + mh$，其中 D_Z、D_Y 为管道中桩到左、右边桩的距离；b 为槽底宽度；$1:m$ 为边坡坡度；h 为挖土深度。

（3）地下管道施工测量　管道施工中的测量工作主要是控制管道的中线和高程位置，因此，在开槽前后应设置控制管道中线和高程位置的施工标志，用来指挥按设计要求进行施工，常用施测方法主要有龙门板法、平行轴腰桩法等。

① 龙门板法。龙门板由坡度板和高程板组成。管道施工中的测量任务主要是控制管道中线设计位置和管底设计高程，因此需要设置坡度板，见图 11-4，坡度板应跨槽设置（间隔一般为 10～20m）并编写板号，槽深 2.5m 以上时应待开挖至距槽底 2m 左右时再埋设在槽内（见图 11-5），坡度板应埋设牢固、板面要保持水平。坡度板设好后应根据中线控制桩用经纬仪把管道中心线投测至坡度板上、钉上中心钉并标上里程桩号，施工时通过中心钉的连线可方便地检查和控制管道的中心线，再用水准仪测出坡度板顶面高程（板顶高程与该处管道设计高程之差即为板顶往下开挖的深度）。由于地面有起伏，因此由各坡度板顶向下开挖的深度都不一致，对施工中掌握管底的高程和坡度都不方便，为此，需在坡度板上中线一侧设置坡度立板，称高程板，在高程板侧面测设一坡度钉，使各坡度板上坡度钉的连线平行于管道设计坡度线并距离槽底设计高程为一整分米数（称为下返数），施工时利用这条线可方便地检查和控制管道的高程和坡度。高差调整数计算公式为：高差调整数 =（管底设计高程 + 下返数）- 坡度板顶高程，调整数为 "+" 时表示至板顶向上改正；调整数为 "-" 时表示至板顶向下改正。按上述要求，最终形成如图 11-6 所示的管道施工常用的龙门板。

图 11-4　坡度板跨槽设置

图 11-5　深槽坡度板设置

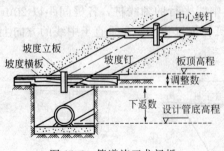

图 11-6　管道施工龙门板

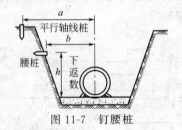

图 11-7　钉腰桩

② 平行轴腰桩法。当现场条件不便采用坡度板时对精度要求较低的管道可采用平行轴腰桩法测设坡度控制桩，首先测设平行轴线桩，开工前首先在中线一侧或两侧测设一排平行轴线桩（在管槽边线之外），平行轴线桩与管道中心线距离为 a，各桩间距 20m 左右，检查井位置也应在相应的平行轴线上设桩，然后钉腰桩。为了比较精确地控制管道中心和高程，在槽坡上（距槽底 1m 左右）应再钉一排与平行轴线相应的平行轴线桩，使其与管道中心的间距为 b，这样的桩就是腰桩（见图 11-7），最后再引测腰桩高程（腰桩钉好后用水准仪测

出各腰桩的高程，腰桩高程与该处对应的管道设计高程之差 h 即为下返数。施工时通过各腰桩的 b、h 控制埋设管道的中线和高程）。

（4）架空管道施工测量

① 管架基础施工测量。管线定位并经检查后可根据起止和转折点测设管架基础中心桩，其直线投点的容许误差为 $\pm 5mm$、基础间距丈量的容许误差为 1/5000。管架基础中心桩测定后一般应采用十字线法或平行基线法进行控制，即在中心桩位置沿中线和中线垂直方向打四个定位桩或在基础中心桩一侧测设一条与中线相平行的轴线，管架基础控制桩应根据中心桩测定（其测定容许误差为 $\pm 3mm$）。架空管道基础各工序的施工测量方法与厂房基础相同，各工序中心线及标高的测量容许误差应满足相关规定。

② 支架安装测量。架空管道需安装在钢筋混凝土支架、钢支架上。安装管道支架时应配合施工进行柱子垂直校正和标高测量工作，其方法、精度要求均与厂房柱子安装测量相同。管道安装前应在支架上测设中心线和标高，中心线投点和标高测量容许误差为 $\pm 3mm$。

（5）顶管施工测量　当地下管道穿越铁路、公路、江河或者其他重要建筑物时，由于不能或禁止开槽施工，这时就常采用顶管施工方法。顶管施工是在先挖好的工作坑内安放铁轨或方木，再将管道沿所要求的方向顶进土中，然后再将管内的土方挖出来。顶管施工中要严格保证顶管按照设计中线和高程正确顶进或贯通，因此对测量及施工精度要求较高。

① 顶管测量的准备工作。顶管开始前应设置顶管中线控制桩，中线桩是控制顶管中心线的依据，设置时应根据设计图上的管道要求，在工作坑的前后钉立两个桩，称为中线控制桩；引测控制桩，在地面上中线控制桩上架经纬仪，将顶管中心桩分别引测到坑壁的前后并打入木桩和铁钉，见图 11-8；设置临时水准点，为控制管道按设计高程和坡度顶进需要在工作坑内设置临时水准点，一般要求设置两个以便相互校核，为应用方便，临时水准点高程应与顶管起点管底设计高程一致；安装导轨或方木。

　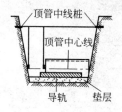　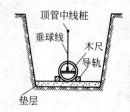

　　图 11-8　引测控制桩　　　　图 11-9　顶管导引线　　　　图 11-10　水平尺设置

② 中线测量。在进行顶管中线测量时应先在两个中线钉之间绷紧一条细线，细线上挂两个垂球，然后贴靠两垂球线再拉紧一水平细线，这根水平细线即为顶管中线方向的导引线（见图 11-9），为保证中线测量的精度两垂球的距离应尽可能大些。制作一把木尺使其长度等于或略小于管径，分划以尺的中央为零向两端增加，将该水平尺横置在管内前端，如果两垂球的方向线与木尺上的零分划线重合（见图 11-10）则说明管道中心在设计管道方向上，否则管道有偏差，偏差值超过 1.5cm 时就需要校正。

③ 高程测量。先在工作坑内设置临时水准点 BM，将水准仪安置在坑内后视临时水准点 BM，前视立于管内待测点的短标尺即可测得管底各点高程。将测得的管底高程和管底设计高程进行比较即可知道校正顶管坡度的数据，若其差值超过 $\pm 1cm$ 就需要校正。在管道顶进过程中，管子每顶进 0.5～1.0m 便要进行一次中线检查。当顶管距离较长时应每隔 100m 开挖一个工作坑，采用对向顶管施工方法，其贯通误差应不超过 3cm。当顶管距离太长直径又较大时可以使用激光水准仪或激光经纬仪进行导向。

（6）管线竣工测量及竣工图编绘　管道工程竣工后要及时整理并编绘竣工资料和竣工

图。竣工图应全面反映管道施工成果及其质量并为日后的管理和维修提供依据和基础资料，同时也是城市规划设计的必要依据和重要基础资料。管道竣工测量主要是竣工带状平面图和管道竣工断面图的测绘。竣工平面图主要测绘起止点、转折点、检查井的坐标和管顶标高并根据测量资料编绘竣工平面图和纵断面图。管道竣工纵断面的测绘要在回填土前进行，应用普通水准测量方法测定管顶和检查井的井口高程，管底高程则由管顶高程和管径、管壁厚度计算求得，井间距离应利用钢尺丈量或电子全站仪测量。

思考题与习题

1. 简述管道工程的特点。
2. 简述常见管道与管道结构的类型。
3. 管道工程中线测量与纵横断面测量的基本工作内容是什么？
4. 管道工程施工测量的任务是什么？
5. 管道工程测量应做好哪些准备工作？
6. 如何进行地下管道放线？
7. 简述龙门板法地下管道施工测量的工作程序与基本要求。
8. 简述平行轴腰桩法的作业程序。
9. 如何进行架空管道的施工测量作业？
10. 如何做好顶管施工测量工作？
11. 管线竣工测量及竣工图编绘的要求和基本工作有哪些？

第 12 章　桥梁工程测量

12.1　桥梁工程的特点

道路工程在路线规划时若遇有阻隔，如河川、溪流、山谷、湖泊、运河、公路、铁路等常须设置桥梁进行跨越。我们可以根据不同的分类标准对桥梁进行不同的划分。①桥梁按结构体系（以桥梁结构的力学特征为基本着眼点、以主要受力构件为基本依据）可分为梁式桥、拱式桥、刚架桥、斜拉桥、悬索桥等五大类。②桥梁按跨径可分为特大桥、大桥、中桥、小桥，我国《公路工程技术标准》（JT J001）规定桥梁总长 $L \geqslant 500\text{m}$、计算跨径 $L_0 \geqslant 100\text{m}$ 为特大桥；桥梁总长 $100\text{m} \leqslant L < 500\text{m}$、计算跨径 $40\text{m} \leqslant L_0 < 100\text{m}$ 为大桥；桥梁总长 $30\text{m} < L < 100\text{m}$、计算跨径 $20\text{m} \leqslant L_0 < 40\text{m}$ 为中桥；桥梁总长 $8\text{m} \leqslant L \leqslant 30\text{m}$、计算跨径 $5\text{m} \leqslant L_0 < 20\text{m}$ 为小桥。③桥梁按桥面位置可分为上承式桥、下承式桥和中承式桥，桥面布置在桥跨结构上面的为上承式桥；桥面布置在桥跨结构下面的为下承式桥；桥面布置在桥跨结构中间的为中承式桥。④桥梁按主要承重结构所用的材料可划分为木桥、钢桥、圬工桥（包括砖、石、混凝土桥）、钢筋混凝土桥和预应力钢筋混凝土桥。⑤桥梁按跨越方式可分为固定式桥梁、开启桥、浮桥、漫水桥等。固定式桥梁指一经建成后各部分构件不再拆装或移动位置的桥梁；开启桥指上部结构可以移动或转动的桥梁；浮桥指用浮箱或船只等作为水中的浮动支墩在其上架设贯通的桥面系统以沟通两岸交通的架空建筑物；漫水桥又称过水桥是指洪水期间容许桥面漫水的桥梁。⑥桥梁按施工方法有很多种分类，混凝土桥梁可分为整体式施工桥梁和节段式施工桥梁，整体式施工桥梁是在桥位上搭脚手架、立模板，然后现浇成为整体式的结构；节段式施工桥梁是在工厂（或工场、桥头）预制成各种构件，然后运输、吊装就位、拼装成整体结构，或在桥位上采用现代先进施工方法逐段现浇而成整体结构，主要用于大跨径预应力混凝土悬臂梁桥、T 形刚构桥、连续梁桥、拱桥以及斜拉桥、悬索桥的施工。

梁式桥以主梁为主要承重构件，受力特点为主梁受弯，主要材料为钢筋混凝土、预应力混凝土，多用于中小跨径桥梁。拱式桥以拱肋为主要承重构件，受力特点为拱肋承压、支承处有水平推力，主要材料是圬工、钢筋混凝土，适用范围视材料而定。刚架桥是一种桥跨结构和墩台结构整体相连的桥梁，梁（或板）与立柱（或竖墙）整体结合在一起构成刚架结构。斜拉桥由塔柱、主梁和斜拉索组成，它的基本受力特点是受拉的斜索将主梁多点吊起，并将主梁的恒载和车辆等其他荷载从梁传递到索再到塔柱，再通过塔柱基础传至地基。悬索桥用悬挂在两边塔架上的强大缆索作为主要承重结构。受力特点是外荷载从梁经过系杆传递到主缆再到两端锚锭。桥梁的三个主要组成部分是上部结构、下部结构和附属结构。

12.2　桥梁工程测量的基本工作

12.2.1　桥梁施工测量的基本任务与要求

桥梁施工测量的基本任务是按规定的精度，将设计的桥梁位置标定于实地，据此指导施工，确保建成的桥梁在平面位置、高程位置和外形尺寸等方面均符合设计要求。桥梁施工测量的主要内容包括中线复测、桥轴线长度测量、水准测量等。中线复测时直线桥复测可视其为导线（转角采用方向观测法），曲线桥应对整个曲线进行复测。精确测定线路的转向角 α，并根据 α 值和圆曲线半径 R、缓和曲线长 L 重新计算曲线综合要素，重新标定曲线的起点和终点。当复测转向角与定测转向角不符时按复测转向角重新计算的曲线综合要素与原设计采用的曲线综合要素也会不同，其结果是导致曲线主点里程发生改变，从而引起桥梁偏角的改变。根据桥梁施工中应尽量不改变原设计的原则应对上述问题做适当处理。处理方法是：①当桥梁位于始端缓和曲线时曲线的 ZH 里程保持与原设计里程不变；当桥梁位于末端缓和曲线时曲线的 HZ 里程保持与原设计里程不变；同时保持各墩台中心设计里程不变。②当桥梁跨越整个曲线时如果条件许可（即桥梁前后相邻曲线没有施工或无重大建筑物）可调整切线方向使转向角恢复到原设计值以保证桥梁的原设计不变。

桥渡中心线通常称为桥轴线。桥轴线长度就是桥轴线上两岸控制桩间的水平距离。为保证墩台间的相对位置正确并使之与相邻线路在平面位置上正确衔接必须在选定的桥轴线上及河的两岸埋设控制桩，桥轴线长度测量方法包括直接丈量法、光电测距法和 GPS 法。直接丈量法是指用检定过的钢尺按精密量距的方法直接丈量桥轴线的长度（该法目前已不采用）。光电测距法借助电子全站仪进行，在应用光电测距法测量前应按规定的项目对电子全站仪进行检验和校正，对使用的气压计和温度计应进行订正，观测时应选择气象比较稳定、成像清晰、附近没有光、电信号干扰的条件进行，数据处理时必须加入气象改正、加常数、乘常数改正然后化为水平距离再将其归算至墩顶（或轨底）平均高程面上。GPS 法应利用静态GPS 技术准确获得桥轴线长度。

水准测量要求河的两岸各至少有两个水准基准点，特大桥水准测量宜采用二等、大桥水准测量宜采用三等、中桥水准测量宜采用四等、小桥水准测量可采用等外水准，另外，桥梁施工测量还包括墩台中心定位测量（沉井定位）、墩台基坑放样、施工模板定位、竣工测量等内容。在选定的桥梁中线上应在桥头两端埋设两个控制点，两控制点间连线称为桥轴线，由于墩、台定位时主要以这两点为依据，因此桥轴线长度的精度直接影响墩、台定位的精度，为保证墩、台定位的精度要求，首先需要估算出桥轴线长度需要的精度以便合理地拟定测量方案。

12.2.2 桥梁施工控制测量

桥梁施工控制测量包括平面控制测量和高程控制测量。建立平面控制网的目的是测定桥轴线长度并据以进行墩、台位置的放样；同时，也可用于施工过程中的变形监测。对于跨越无水河道的直线小桥，桥轴线长度可以直接测定，墩、台位置也可直接利用桥轴线的两个控制点放样，无需建立平面控制网。但跨越有水河道的大型桥梁，墩、台无法直接定位，则必须建立平面控制网。

根据桥梁跨越的河宽及地形条件，平面控制网多布设成图 12-1 所示的形式。选择控制点时应尽可能使桥的轴线作为三角网的一个边以利于提高桥轴线的精度。如不可能也应将桥轴线的两个端点纳入网内以间接求算桥轴线长度［见图 12-1(d)］。对于控制点的要求，除了图形强度外还要求地质条件稳定、视野开阔、便于交会墩位、交会角不宜太大或太小。在控制点上要埋设标石及刻有"十"字的金属中心标志，如果兼作高程控制点使用则中心标志顶部宜做成半球状。控制网可采用测角网、测边网或边角网，采用测角网时宜测定两条基线（如图 12-1 中所示的双线），过去测量基线采用钢瓦线尺或经过检定的钢卷尺，现在已被光电测距或 GPS 取代。测边网是测量所有的边长而不测角度，边角网则是边长和角度都测。一般来说，在边、角精度互相匹配的条件下边角网的精度较高。在我国《铁路测量技术规则》里按照桥轴线的精度要求建议桥梁三角网根据具体情况可采用国家一～四等及 1 级。桥梁三角网一般应独立设置并采用自由网平差方式，桥梁三角网采用的坐标系一般以桥轴线作为 X 轴，桥轴线始端控制点的里程作为该点的 X 值。这样，桥梁墩台的设计里程即为该点的 X 坐标值，可以方便以后施工放样的数据计算。在施工时如因机具、材料等遮挡视线无法利用主网的点进行施工放样时可根据主网两个以上的点将控制点进行加密。这些加密点称为插点，插点的观测方法与主网相同，但在平差计算时主网上点的坐标不得变更。

在桥梁施工阶段，为了作为放样的高程依据，应建立高程控制，即在河流两岸建立若干个水准基点。这些水准基点除用于施工外，也可作为以后变形观测的高程基准点。水准基点布设的数量视河宽及桥的大小而异。一般小桥可只布设一个；在 200m 以内的大、中桥，宜在两岸各布设两个；当桥长超过 200m 时，由于两岸连测不便，为了在高程变化时易于检查，则每岸至少设置两个。水准基点是永久性的，必须十分稳固。除了它的设置位置要求便于保护外，根据地质条件，可采用混凝土标石、钢管标石、管柱标石或钻孔标石。在标石上方嵌以凸出的半球状的铜质或不锈钢标志。为方便施工，也可在附近设立施工水准点，由于其使用时间较短，在结构上可以简化，但要求使用方便，也要求相对稳定，且在施工时不致被破坏。桥梁水准点与线路水准点应采用同一高程系统。与线路水准点连测的精度不需要很高，当包括引桥在内的桥长小于 500m 时，可用四等水准连测，大于 500m 时可用三等水准进行测量。但桥梁本身的施工水准网，则宜采用较高的精度，因为它直接与桥梁各部的放样精度有关。当跨河距离大于 200m 时，宜采用过河水准法（跨河水准测量）连测两岸的水准点。跨河点间的距离小于 800m 时，可采用三等水准，大于 800m 时则应采用二等水准。

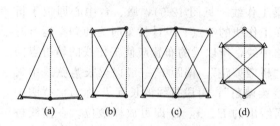

图 12-1　桥梁施工平面控制网的常用形式

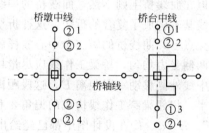

图 12-2　直线丈量法

12.2.3　桥梁墩、台中心放样

在桥梁墩、台施工过程中，关键的工作是放样出墩、台的中心位置，墩、台中心位置的放样数据是根据控制点坐标和设计的墩、台中心位置计算出来的。放样方法则可采用直接放样、交会、GPS、坐标法等各种方法。

（1）直线丈量法　根据桥轴线控制桩及其与墩台间的设计长度，用 GPS、电子全站仪或经检定过的钢尺精密测设出各个墩台的中心位置并钉一小钉精确标识其点位。然后在墩台的中心位置上安置经纬仪，以桥梁主轴线为基准放出墩台的纵、横轴线并测设出桥台和桥墩控制桩位（每侧要有两个控制桩），以便在桥梁施工中可随时恢复墩台中心位置。见图 12-2。

（2）方向交会法　对大中型桥的水中桥墩及其基础的中心位置测设，可采用 GPS 法、方向交会法。这是由于水中桥墩基础一般采用浮运法施工，目标处于浮动中的不稳定状态，在其上无法使测量仪器稳定，故可根据已建立的桥梁三角网在三个三角点上（其中一个为桥轴线控制点）安置经纬仪或电子全站仪以三个方向交会定出，见图 12-3。图 12-3 中，交会角 a_2 和 a_2' 的数值可用三角公式计算，经 2 号墩中心 2# 向基线 AC 作垂线 $2n$，则 a_2 测设时可将一台经纬仪或电子全站仪安置在 A 点瞄准 B 点，另两台经纬仪或电子全站仪分别安

置在 C、D，分别拨 a、a'_2 角及标定桥轴线方向得三方向并交会成一误差三角形 $E_1E_2E_3$（见图 12-4，其交会误差为 E_2E_3），由 E_1 点向桥轴线作垂线交于轴线上的 E 点，则 E 点即为桥墩的中心位置。在桥墩施工中，随着桥墩施工的逐渐筑高，中心的放样工作需要重复进行且要求迅速准确。为此，在第一次测得正确桥墩中心位置后应将交会延长到对岸并设立固定的瞄准标志 C' 和 D'（见图 12-5），以后恢复中心位置只需将经纬仪安置于 C 和 D，瞄准 C' 和 D' 点即可。若用全站仪放样桥墩中心位置则更为精确和方便，测设时将仪器安置于轴线 A 或 B 上，瞄准另一轴线作为定向然后指挥棱镜安置在该方向上测设出桥墩中心位置即可。

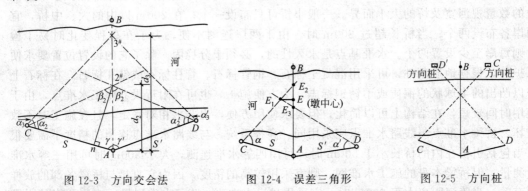

图 12-3 方向交会法　　　　图 12-4 误差三角形　　　　图 12-5 方向桩

（3）曲线桥的墩、台中心放样　在直线桥上，桥梁和线路的中线都是直的，两者完全重合。但在曲线桥上则不然，曲线桥的中线是曲线，而每跨桥梁却是直的，所以桥梁中线与线路中线基本构成了复合的折线，这种折线称桥梁工作线（见图 12-6），墩、台中心即位于折线的交点上，曲线桥的墩、台中心放样就是放样工作线的交点。设计桥梁时为使列车运行时梁的两侧受力均匀，桥梁工作线应尽量接近线路中线，所以梁的布置应使工作线的转折点向线路中线外侧移动一段距离 E，这段距离称为"桥墩偏距"。偏距 E 一般以梁长为弦线中矢的一半。相邻梁跨工作线构成的偏角 a 称为"桥梁偏角"；每段折线的长度 L 称为"桥墩中心距"。E、a、L 在设计图中都已经给出，根据给出的 E、a、L 即可放样墩位。在曲线桥上放样墩位与直线桥相同也要在桥轴线的两端放样出控制点以作为墩、台放样和检核的依据，放样的精度同样要求满足估算出的精度要求。控制点在线路中线上的位置可能一端在直线上而另一端在曲线上（见图 12-7），也可能两端都位于曲线上（图 12-8）。与直线桥梁不同的是曲线上的桥轴线控制桩不能预先设置在线路中线后再沿曲线测出两控制桩间的长度，而应根据曲线长度和要求的精度用直角坐标法放样出来。用直角坐标法放样时是以曲线的切线作为 x 轴（为保证放样桥轴线的精度则必须以更高的精度测量切线的长度，同时也要精密地测出转向角 a）。放样控制桩时，若一端在直线上而另一端在曲线上（见图 12-7）则先在切线方向上设出 A 点，测出 A 至转点 ZD_{5-3} 的距离即可求得 A 点的里程。放样 B 点时应先在桥台以外适宜距离处选择 B 点的里程，求出它与 ZH（或 HZ）点里程之差，即得曲线长度，据此，可算出 B 点在曲线坐标系内的 x、y 值。ZH 及 A 的里程都是已知的则 A 至 ZH 的距离可以求出。这段距离与 B 点的 x 坐标之和即为 A 点至 B 点在切线上的垂足 ZD_{5-4} 的距离。从 A 沿切线方向精密地放出 ZD_{5-4} 再在该点垂直于切线的方向上设出 y，即得 B 点的位置。在设出桥轴线的控制点以后即可进行墩、台中心的放样。当然，根据条件，也是采用直接测距法、交会法、坐标法、GPS 法，以 GPS 法为最佳。当在墩、台中心处可以架设仪器时宜采用直接测距法，由于墩中心距 L 及桥梁偏角 α 是已知的，故可从控制点开始逐个放样出角度及距离（即直接定出各墩、台中心的位置），最后再附合到另外一个控制点上以校核放样精度，这种方法也称为导线法。利用电子全站仪放样时为避免误差的积累可采用长弦偏角法，也称极坐标法，由于控制点及各个墩、台中心点在曲线坐标系内的坐标是可以求得的，故可算出控制点至墩、台中心的距离及其与切线方向的夹角 d_i，自切线方向开始设出 d_i 再在此方向上设出 D_i 即得墩、台中心的位置（见图 12-9）。这种方法因各点是独立放样的故不受前一点放样误差的影响，这种方法的缺陷是某一点上发生错误或有粗差时难以发现，所以一定要对各个墩中心距进行校核测量。当墩、台位于水中无法架设仪器及反光镜时宜采用交会法，由于这种方法是利用控制网点交会墩位，所以墩位坐标系与控制网的坐标系必须一致才能进行交会数据的计算（若两者不一致应先进行坐标转换），交会也应采用三个方向，当示误三角形的边长在容许范围内时取其重心作为墩、台的中心位置。

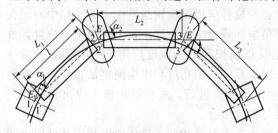

图 12-6　桥梁工作线

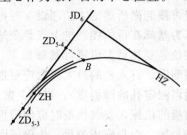

图 12-7　控制点一端在直线上、另一端在曲线上

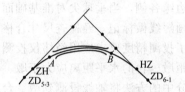

图 12-8　控制点两端都位于曲线上

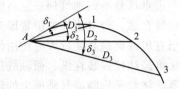

图 12-9　长弦偏角法

12.2.4　墩台纵、横轴线放样

为进行墩、台施工的细部放样需要放样其纵、横轴线。所谓纵轴线是指过墩、台中心平行与线路方向的轴线，而横轴线则是指墩、台中心垂直于线路方向的轴线；桥台的横轴线是指桥台的胸墙线。直线桥墩、台的纵轴线与线路中线的方向重合，在墩、台中心架设仪器，自线路中线方向放样 90°角，即为横轴线的方向（见图 12-10）。曲线桥的墩、台轴线位于桥梁偏角的分角线上，在墩、台中心架设仪器，照准相邻的墩、台中心放样 $a/2$ 角即为纵轴线的方向，自纵轴线方向放样 90°角即为横轴线方向（见图 12-11）。施工过程中，墩、台中心的定位桩要被挖掉，但随着工程的进展又要经常需要恢复墩、台中心的位置，因而要在施工范围以外钉设护桩据以恢复墩台中心的位置。所谓护桩即在墩台的纵、横轴线上，于两侧各钉设至少两个木桩，因为有两个桩点才可恢复轴线的方向（为防破坏可多设几个），在曲线桥上的护桩纵横交错在使用时极易弄错，所以在桩上一定要注明墩台编号。

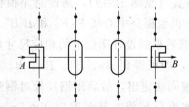

图 12-10　直线桥墩台的纵、横轴线放样

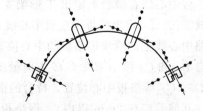

图 12-11　曲线桥墩台的纵、横轴线放样

12.2.5　桥梁施工测量与竣工测量

（1）基础施工测量　明挖基础应根据桥台和桥墩的中心线定出基坑开挖界限，基坑上口尺寸应根据挖深、坡度、土质情况及施工方法确定，施测方法与路堑放线基本相同，当基坑开挖到一定深度后应根据水准点高程在坑壁上测设距基底设计面为一定高差（比如 1m）的水平桩作为控制挖深及基础施工中掌握高程的依据，当基坑开挖到设计标高后应进行基底平整或基底上放出墩台中心及纵横轴线作为安装模板、浇筑混凝土基础的依据，基础完工后应根据桥位控制桩和墩台控制桩用经纬仪在基础面上测设出桥台、桥墩中心线并弹墨线作为砌筑桥台、桥墩的依据，基础或承台模板中心偏离墩台中心不得大于 ±2cm，墩身模板中心偏离不得大于 ±1cm、墩台模板限差为 ±2cm、模板上同一高程的限差为 ±1cm。桩基础测量工作包括测设桩基础的纵横轴线，测设桩的倾斜度和深度以及承台模板的放样等，桩基础纵横轴线可按前面所述的方法测设，各桩中心位置的放样应以纵横轴线桩中心为坐标中心的大地坐标为基础在桥位控制桩上安装全站仪按直角坐标或极坐标放样出每个桩的中心位置，放样的桩位经复核后方可进行基础施工，每个钻孔桩或挖孔桩的深度应用不小于 4kg 的重锤及测绳测定，打入桩的打入深度应根据桩的长度推算，在钻孔过程中应测定钻孔导杆的倾斜度（用以测定孔的倾斜度），桩顶上做承台应按控制标高进行，先在桩顶面上弹出轴线作为支承模板的依据，安装模板时应使模板中心线与轴线重合。

（2）墩、台身施工测量　为保证墩、台身的垂直度及轴线的正确传递可利用基础面上的纵、横轴线用线锤法或经纬仪投测到墩、台身上。可采用吊垂线法、经纬仪投测法等。吊垂线法用一重垂球悬吊到砌筑到一定高度的墩、台身顶边缘各侧，当垂球尖对准基础面上的轴线时垂球线在墩、台身边缘的位置即为周线位置，应画短线做标记，经检查尺寸合格后方可施工。当有风或砌筑高度较大时使用吊锤线法满足不了投测精度要求应用经纬仪投测。经纬仪投测法将经纬仪安装在纵、横轴线控制桩上，仪器距墩、台的水平距离应大于墩、台的高度，仪器严格整平后瞄准基础面上的轴线，用正倒镜分中的方法将轴线投测到墩、台身并作标志。

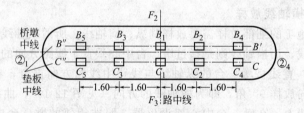

图 12-12　支座钢垫板

（3）墩、台顶部施工测量　桥墩、桥台砌筑至一定高度时应根据水准点在墩、台身每侧测设一条距顶部为一定高差的水平线以控制砌筑高度。墩帽、台帽施工时应根据水准点用水准仪控制其高程（误差应在 −10mm 以内），再依中线桩用经纬仪控制两个方向的中线位置（偏差应在 ±10mm 以内），墩台间距要用钢尺检查（精度应高于 1/6000）。根据定出并校核的墩、台中心线在墩台上定出 T 形梁支座钢垫板的位置（见图 12-12），测设时先根据桥墩中心线②₁、②₄定出两排钢垫板中心线 $B'B''$、$C'C''$，再根据路中心线 F_2F_3 和 $B'B''$、$C'C''$定出路中心线上的两块钢垫板的中心位置 B_1 和 C_1。然后根据设计图纸上的相应尺寸用钢尺分别自 B_1 和 C_1 沿 $B'B''$、$C'C''$方向量出 T 形梁间距，即可得到 B_2、B_3、B_4、B_5 和 C_2、C_3、C_4、C_5 等垫板中心位置，桥台的钢垫板位置可按同法定出，最后用钢尺校对钢垫板的间距（其偏差应在 2mm 以内）。钢垫板的高程应用水准仪校测，其偏差应在 −5mm 以内（钢垫板应略低于设计高程，安装 T 形梁时可加垫薄钢板找平）。上述工作校测完后即可浇筑墩、台顶面的混凝土。

（4）上部结构安装测量 架梁是桥梁施工的最后一道工序。桥梁梁部结构复杂，要求对墩、台方向距离和高程用较高的精度测定，作为加梁的依据。墩、台施工是以各个墩、台为单位进行的。架梁需要将相邻墩、台联系起来，要求中心点间的方向、距离和高差符合设计要求。因此在上部结构安装前应对墩、台上支座钢垫板的位置、梁的全长和支座间距进行检测。梁体就位时其支座中心线应对准钢垫板中心线，初步就位后应用水准仪检查梁两端的高程（偏差应在 5mm 以内）。大跨度钢桁架或连续梁采用悬臂安装架设，拼装前应在横梁顶部和底部的分中点作出标志以测量架梁时钢梁中心线的偏差值、最近节点距离和高程差是否符合设计及施工要求。对预制安装的箱梁、板梁、T 形梁等测量的主要工作是控制平面位置。对支架现浇的梁体结构测量的主要工作是控制高程、测得弹性变形、消除塑性变形，同时应根据设计保留一定的预拱度。对悬臂挂篮施工的梁体结构，测量的主要工作是控制高程及预拱度。梁体和护栏全部安装完成后即可用水准仪在护栏上测设出桥面中心高程线作为铺设桥面铺装层起拱的依据。

（5）桥梁竣工测量 如果运营期间要对墩台进行变形观测，则应对两端岸水准点及各墩顶的水准标志以不低于二等水准测量的精度联测。桥梁竣工后应测定桥中线、纵横坡度等并根据测量结果按规定编绘出墩、台中心距表、墩顶水准点和垫石高程表、墩台竣工平面图、桥梁竣工平面图等。

12.2.6 中、小桥梁施工控制测量

（1）能直接丈量桥长的小型桥梁测量。图 12-13 为两跨装配式钢筋混凝土 T 型桥梁。测量方法见图 12-14。测设桥梁中心线和控制桩时，可根据桥位桩号在路中心线上准确地测设出桥台和桥墩的中心桩①、②、③并在河沟的两岸测设桥位控制桩 K1、K1′、K2、K2′，然后分别安置经纬仪于①、②、③点上测试桥台和桥墩控制桩①′、①1′、①″、①1″、…、③″、③1″（为防止丢失或施工障碍每侧至少应有两个控制桩），测设距离（尤其在测设跨度时）应用检定过的钢尺（丈量精度应高于 1/6000），加温度改正和尺长改正，以保证上部结构安装时能正确就位。基础施工测量时，应根据桥台和桥墩的中心线测设基坑开挖边界线，测设方法与路堑放线基本相同。墩台顶部施工测量时，桥墩桥台砌筑至一定高度时应根据水准点在墩身、台身每侧测设一条距顶部为一定高差的水准点（比如 1m）以控制砌筑高度。墩帽、台帽施工时应根据水准点用水准仪控制其高程（误差应在 ±10mm 之内）并根据中线桩用经纬仪控制两个方向的中线位置（偏差应在 ±10mm 之内），墩台间距（即跨度）要用钢尺检查（精度应高于 1/6000）。上部结构的安装测量时，在上部结构安装前应对墩台上的支座钢垫板位置重新校对一次并在 T 型梁两端弹出中心线。

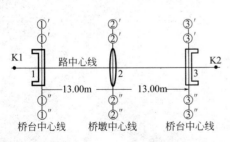

图 12-13 两跨装配式钢筋混凝土 T 形桥梁

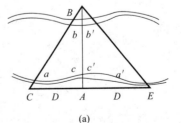
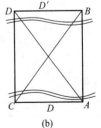

图 12-14 测设桥梁中心线和控制桩

（2）间接丈量桥长的中型桥梁测量。中型桥梁施工测量的内容与小型桥梁基本上相同。一般中型桥梁的桥长常采用布设桥梁三角网的方法间接丈量。而水中桥墩的位置则多用方向

交会法测设。这是中型桥梁施工测量中的两个主要问题。

思考题与习题

1. 简述桥梁的类型与特点。
2. 简述桥梁的组成及特征。
3. 桥梁施工测量的基本任务与要求是什么?
4. 简述桥梁施工控制测量的工作内容与程序。
5. 如何进行桥梁墩、台中心放样?
6. 如何进行墩台纵、横轴线放样?
7. 桥梁施工测量、竣工测量的主要工作及要求是什么?
8. 如何进行中、小桥梁的施工控制测量?

第 13 章　地质工程测量

13.1　地质工程的特点

地质学是研究地球及其演变的一门自然科学。它主要研究地球的组成、构造、发展历史和演化规律。在当前阶段，地质学主要研究固体地球的最外层，即岩石圈（包括地壳和上地幔的上部）。因这一部分既是与人类生活和生产密切相关的部分，同时也是容易直接观测和研究历史最久的部分。随着科学技术的迅速发展地质学的研究范围也在不断扩大，从地球表层向深部发展出现了深部地质学，从大陆向海洋发展出现了海洋地质学，从地球向外层空间发展出现了月球地质学、行星地质学、宇宙地质学等。按研究内容和性质的不同，地质学可以划分出许多独立的分科（见表 13-1），实际上每一分科还可进一步划出许多分支，比如古生物学可分成古动物学、古植物学、微体古生物学、超微体古生物学等，而古动物学又包括古无脊椎动物学、古脊椎动物学等。由此可见，地质学的研究内容是繁多而复杂的。

表 13-1　地质科学的概略分科

研究内容和性质		主要分科
地壳物质组成、分类、成因及转化规律		结晶学、矿物学、岩石学等
地壳运动、地质构造及成因		动力地质学、构造地质学、大地构造地质学等
地壳发展历史、生物及古地理演化规律		古生物学、地层学、地史学、第四纪地质学、区域地质学、古地理学、古气候学等
地质学应用	资源方面	矿床学、找矿及勘探学、地球物理探矿、地球化学探矿等
	能源方面	煤田地质学、石油地质学、放射性矿产地质学、地热学等
	环境、人类生活和灾害防护	工程地质学、环境地质学、地震地质学等
	其他	水文地质学
边缘学科、综合学科及新兴学科		地球化学、地球物理学、地质力学、数学地质学、行星地质学、板块构造学、海洋地质学、实验岩石学、遥感地质学、深部地质学、同位素地质学等

地质学的研究对象主要是地球，属于地球科学（简称地学）范畴。地质学的研究对象及内容既不同于数学也不同于物理和化学，它有着自己的特殊性，因而也具有自己的研究方法。地质学的特点决定了地质学的研究方法是实践基础上的推理论证，推理的基本方法是演绎和归纳。野外调查是地质学最基本的手段。为了认识地壳发展的客观规律，了解一个地区的地质构造和矿产分布情况，除了搜集和研究前人资料外必须进行野外调查研究，积累大量感性资料，通过分析对比、归纳分类和"实践、认识、再实践、再认识"循环往复的形式，得出反映客观事物本质的结论。

13.2　地质工程测量的基本工作

地质测量的任务是测量地质图，实际上是地形与地质体的相交迹线在水平面上的投影图，是把出露于地表的所有地质体反映在平面图上，以便系统地研究区内的地层、构造、岩石、矿产等地质特征，为普查找矿、水文及工程地质、地震地质等提供基础地质资料。地质测量的准备工作包括收集和阅读有关资料，如施工作业前研究成果资料和原始资料，对各种专题性的研究成果、物化探成果、矿床和矿点等有关资料进行分析等，同时还要对矿床、矿点等进行实地考察，以便在地质测量时做到有的放矢；解释卫片、航片编制各种图件，结合实际工作，根据实际地质材料图，标出全部基岩露头地点，编制出地质和工程地质略图等；编写设计书，包括自然地理与经济地理概况、地质和矿产概况、目的和任务等。

测量工作是整个地质工程准备阶段的重点及难点，做好施工准备阶段的测量工作十分重要。准确的测量工作是实现设计目标的有力保证。测量工作做不好将直接影响路线的定线控制，影响各地质工程施工准备阶段的工程质量，同时也直接影响地质工程施工单位的经济利益。地质找矿一般分为普查、详查和勘探三个阶段，普查是在区域调查的基础上通过取样化验、物探等手段确定可能成矿区带，详查是通过布设探槽、钻孔取样等地质工作核实成矿区或成矿带，勘探则是在确定成矿区内核实矿藏的范围和储量。地质勘探工程测量主要是在详查、勘探阶段，普查阶段基本上不需要。地质勘探工程测量主要工作是布测勘探基线、勘探线，测量勘探线剖面，测量定位勘探线基点、端点、探槽、探井、坑口、取样钻孔、地质点，以及勘探坑道及竖井联系测量、矿石量开采动态储量测量计算等，每个矿山因工作需要不同地质工作也不尽相同。勘探工程测量需提交矿区地形图、剖面图、勘探工程点位布置图、点位坐标高程及控制资料等。

13.2.1　地质测绘的野外实测工作

地质测绘野外实测工作包括野外踏勘及实测剖面和路线地质观察及野外地质图填绘。

（1）野外踏勘及实测剖面　开展野外工作时为使野外实测剖面准确、统一，须对测区进行踏勘调查，其目的在于了解测区内地理、地貌和地质构造轮廓。地质踏勘在1：200000～1：50000地质测量中，主要是了解区内交通、供应、经济、气候和地质概况，应选择几条横贯全区的观测路线对一些有代表性地层剖面进行轮廓性地质了解。要全面了解地貌、地质条件，搜集有关资料，必要时亦可到测区外对区域地质进行概略观察以及对矿床、矿点进行检查等。但在实测剖面工作中，首先要解决以下问题，一是地层层序、岩层厚度、接触关系、矿产赋存层位及各种技术指标和剖面上各种物化探异常特点及矿点资料，二是确定地质制图的地层划分单位和各填图单位的顶底标志，三是研究工作区内的地质构造。

（2）路线地质观察及野外地质图的填绘工作　按地质测量工作要求，野外实测工作要循着一定的观察线路进行，如果线路选不好，填图工作就无法进行。因此，应按规范要求选好地质观测路线，按一定间距布满全区，以路线间距的大小确定填图比例尺和地质构造复杂程度，如1：50000地质测量，路线间距一般为500～700m。以穿越地层走向和构造线的路线方向为主，对重要的地质界线应采取沿走向追索方式。在测量地质观测路线时要随时记录地质情况并划分出地层单位和相带分界线、断层面的出露线以及岩体、矿体等。为确保地质图质量，在观测线路确定后，首先要选取地质观测点（地质点要准确定在地形图上），然后按照地质体分界线的实际出露情况与相邻路线相应点的延伸线相连，连线方向要根据地质体的产状与地形的相互关系而定。野外地质图是在地质调查的野外工作阶段根据实地观察研究测绘的原始地质图件，它是地质调查工作野外阶段的主要成果，内容应比较详尽，以此为基础，根据实验鉴定资料进行补充、修改和综合取舍便可编绘出正规的地质图。地质图的填绘工作是将各测路线相应点连成线，这些线包括地层间的分界线和岩体与围岩的接触界线，以及断层出露线，它们将地质体的出露线都投影在同一水平面上，同时还要填绘相应数量的产状符号及其他地质标记，使地质图能够清楚地显现地面的露头情况，为后续填图工作打下良好基础。

13.2.2　地质工程测量的基本要求

地质勘探普查阶段的坐标系统和高程基准一般应采用国家系统（困难及有特殊要求时可采用独立系统），应提供满足地质填图需要的地形图，其比例尺应大于或等于地质图比例尺，无相应地形图时应测制与地质图相适应的地形图，若当地质填图急需可测制地形简测图。各种探矿工程、勘查剖面线、矿体和主要地质界线上的地质观察点应进行定测，进行水源地普查时可根据普查区的具体情况及地质工作发展远景布设四等水准或等外水准并视需要联测一定数量的水井或探井的地面高程，水井或探井的平面位置中误差应小于图上 0.3mm、高程位置中误差应小于图上 1/5 等高距。地质勘探工程测量应根据矿区已有的各等三角点、GPS点、导线点和图根点进行，其平面与高程系统应保持一致。在尚未建立控制网的矿区应测设勘探基线作为布设和测定地质勘探工程的依据并在矿区控制网建立后进行联测和改算。勘探线剖面测量的平面位置中误差对剖面控制点应小于图上 0.1mm、剖面测站点应小于图上 0.3mm、剖面点应小于图上 0.5mm，高程中误差对剖面控制点应小于图上 1/8 等高距、剖面测站点应小于图上 1/6 等高距、剖面点应小于图上 1/3 等高距，平面及高程中误差均指对最近图根点而言。勘探工程点定位测量中探槽、探井、坑口、井口取样钻孔、地质点等的平面位置中误差一般应小于图上 0.3mm、高程中误差应小于图上 1/5 等高距，钻孔定位的平面位置中误差一般应小于图上 0.1mm、高程中误差应小于图上 1/8 等高距。勘探坑道测量中近井点、坑口、井口位置点的平面位置中误差一般应小于图上 0.1mm、高程中误差应小于图上 1/10 等高距。勘探坑道导线测量终点的平面位置中误差对导线起始点一般应不大于 0.3m、高程中误差应不大于 0.1m。矿区开展地质勘探工程测量工作前应编写技术设计书，工作结束后应编写测量工作成果报告。当矿区控制点密度不足时可利用矿区已有控制点用 GPS 定位技术和常规方法加密，用常规测量方法加密时最多只能加密至二级图根导线（不得用光电测距极坐标法逐级引点加密）。

地形简测图是为满足暂无相应比例尺地形图的普查区进行地质填图的需要而进行的简易地形图测绘，其基本精度可比同比例尺标准地形图低 1/2。地形简测图的比例尺应根据普查区的大小及找矿远景确定，一般可取 1∶2000 或 1∶5000，小于 1∶500 的地形图应充分利用已有资料编绘而一般不专门进行地形图测绘。地形简测图采用的坐标系统、高程基准、图幅的分幅和编号以及基本等高距等应符合同比例尺标准地形图的有关规定（困难地区可采用独立系统）。根据工作需要可先测制地形简测图再进行地质填图或补测地质工程点，也可地形地质一次成图，即在测制地形简测图的同时将所需表示的所有地质工程点测绘在图上，一次性完成地形测图和地质填图。地形简测图的测绘内容及表示方法一般应符合相关规定，当然，根据普查工作需要也可对地物、地貌进行一定程度的综合取舍，如重点表示对实地判读定位地质点具有方位意义的地物及地形要素，对居民地、植被等面状要素可进行较大幅度的综合。

勘探网测线应垂直于探测对象走向、基线应平行于探测对象走向，基线两端应设半永久性标志，当测线长超过 500m 时应采用双基线控制并作 100% 检查（长度允许误差为 ±1%，方位允许误差为 ±0.5°），对测线和测点应做 10% 的抽样检查（长度允许误差为 ±5%，线距允许误差为 ±20%）。已建立测量控制网矿区的勘探网点布设可在勘探网设计图或地形地质图上选定同一勘探线上相距较远的两个交叉点，经地质人员实地指定后埋设标志，经联测后作为勘探网的起算数据。勘探线端点、工程点、剖面控制点（简称剖控点）的理论坐标，自起算点按各点间的距离及方位用解析法推算。勘探线端点、工程点、剖控点应由其附近的控制点用光电测距极坐标法、GPS 法、经纬仪视距极坐标法布设于实地。勘探网中各交叉点不是工程点时可不布设。布设后的勘探线端点（即剖面线端点）及剖控点的定侧可用光电测距极坐标法、经纬仪极坐标法、GPS、交会法等施测。

未建立测量控制网的矿区首先应测设勘探基线作为勘探工程测量的基础。勘探基线测量应由矿区地质人员于实地确定基点和方位后按设计勘探剖面线间距施测基线及各勘探线的交点位置。勘探基线施测前应先行定线，定线时要尽量选择较远的前方制高点作定向点。在起点以已知方位定向时应以经纬仪正倒镜定向，定线过程中可同时确定基线与勘探剖面线的交叉点及基线上的转站点，并打入木桩或埋设标石。利用勘探基线假定坐标系的矿区，当矿区平面基本控制网建立后，应以图根测量方法对勘探网的基线点、剖面端点、剖控点及工程点进行连测，连测的公共点应不少于 4 个并均匀分布，最后应将所有地质勘探工程点的坐标改算到矿区控制网采用的坐标系统上。勘探基线的距离测量精度应优于 1/5000。物化探测网（点）的布设及精度按相关规定执行。勘探线剖面测量时应按有关规定测定剖面端点和剖控点，剖面端点、剖控点一般应埋石（在满足地质工作需要前提下应尽量减少埋石数量，但每条剖面线上至少应有两个埋石点）。剖面测站点是施测剖面点的依据一般应以附合于两相邻剖控点的经纬仪视距导线的形式布设，剖面测站点应埋设木桩，距离可用经纬仪视距法往返测定。剖面点测量应在剖控点和测站点上进行，当地质工作需要将剖面向已测定的剖面两端点外继续延伸时，延伸后的剖面端点坐标仍以延伸前的剖面端点为准。目前，勘探线剖面测量多采用电子全站仪或 GPS 施测。当地质工作需要勘探线剖面测量精度与 1：500 比例尺地形地质图精度一致而尚未建立满足 1：500 比例尺测图精度的基本平面控制网时应单独布设1：500 比例尺精度的勘探基线，勘探基线可用电子全站仪或 GPS 施测。当地质工作要求在图上切取剖面时可借助 AutoCAD 软件进行或在地形原图或在图廓变形不大于 1mm 的复制聚酯薄膜地形图上进行。切取前应先将两剖面点展绘于图上（用实际或理论坐标），连线后再读取各切点距起点的平距和高程。若一条剖面通过两张以上地形图时应按理论方位计算出剖面与图廓线的交点坐标并展绘于图上进行连续切取。

剖面测量施测完后应计算并摘抄成果表，剖面方向应按左西右东原则（若当恰为南北向时则按左北右南）。成果表摘抄时应以剖面左端点为零，把线上所有剖面点、测站点、剖控点及工程点的平距归算为到左端点的累计平距。摘抄的距离和高程应为经过平差配赋后的平差值。对不在线上的工程点应计算其偏离距及到端点的投影距。图上格网线与勘探剖面线交点亦应计算其到端点的距离。剖面图的内容一般应包括剖面图名称、编号和剖面比例尺（水平比例尺用数字比例尺注记、垂直比例尺用数字注记）；剖面实测方位；剖面图纵、横坐标线、高程线和图廓线；剖面投影平面图；剖面地形线；钻孔、探槽等地质工程点等。剖面图的绘制精度应符合相关规定。

地质勘探工程测量上交的资料包括矿区控制网展点图；地质勘探工程分布图；仪器检验资料；控制点观测手簿；控制点平差计算资料（包括控制点成果表）；地质工程点（线）观测手簿；地质工程点（线）计算资料；地质工程点（线）成果表。

13.2.3　勘探坑道测量

勘探坑道测量时近井点离坑口不宜超过 50m，当采用光电测距或 GPS 时不宜超过500m，其点位应埋设大木桩或标石，近井点的平面位置及高程应按有关规定施测，进行坑道贯通测量（包括坑内相对贯通、坑内找孔及向坑内打通风孔等）的近井点应根据施工要求确定施测精度并埋石，最低不得低于一级图根点精度，坑（井）口点可根据实际地形条件自近井点以极坐标法（量距或光电测距）、GPS、角线交会法或复测量距支导线法测设，坑

（井）口点布设后应在实地按设计的坑道掘进方向（中线方向）布设复测校正桩，开挖好坑（井）口断面及开拓好坑（井）口平台后应对坑（井）口点进行复测校正或重新布设。坑（井）口点的测定一般自近井点起与坑内导线一并施测（若通视条件允许也可用测角交会法施测），敷设坑内导线的坑（井）口点及不敷设坑内导线的坑（井）口点均应按相关要求施测，坑道定向测量应以三点挂线法或激光经纬仪、激光铅垂仪、激光指向仪进行施测，在坑口点标定坑道中线方向时应预先在地面由两个已知方向引测标定两个以上的中线点。当坑口点只与近井点通视时应引测标定两次，引测时均应正倒镜标定并在中线点检核无误后打入大木桩，进至坑内后的三点挂线法应每 20～30m 一次（激光经纬仪法则每 100m 一次）并应在顶板或棚梁上延设新的中线点（延设过程中可自原地面中线点引测，若根据后视方向向前引测应正、倒镜标定），三点挂线法引测中线点需成组标定（每组三点，相邻点距不小于1m），坑道转向或开岔时应在转向点或开岔点标定新的中线方向，坡度较大的倾斜坑道应在标定中线的同时在两壁上标定腰线点（腰线点应三对一组，相邻点距应不小于 2m），坡度小于 1/10 的水平坑道可直接用三角高程或水准测定掌子面底板高程并按设计坡度求出其推算高程进行检查（必要时也可标定腰线），每次标定或检查中、腰线后均应以书面形式将结果通知施工单位。

13.2.4　竖井投点及连接测量

通过竖井联系的坑道，当竖井挖至坑道底面设计高程时应将平面控制和高程由地面传递到坑道内。地面的平面控制与坑道内的平面控制应通过竖井投点连接，竖井投点可采用重锤投点法或激光铅垂仪投点法。为提高投点的定向精度应使井口的长对角线与地下坑道的几何中线（掘进方向线）重合或平行。

重锤投点时为减少投点误差应停止鼓风并在井口及井内适当位置加盖木板，重锤应置于盛有稳定液（机油或其他油类均可作为稳定液）的容器内，重锤及锤线不得接触任何固体障碍物，悬锤线应采用无弯曲、无扭折、无接头的细钢丝且必须有足够的抗拉强度（其抗拉强度不低于 2000MPa），重锤投点通常采用两固定点下投，两固定点距离与井下两投点距离之差应不大于 2mm。为确保安全，悬锤线的井口固结以及钢丝与重锤的连接必须牢固可靠，下放悬锤线时可先悬挂一 2～3kg 的小重锤将其放至竖井底部，待投点开始时再换用工作重锤，提升悬锤线时也应换用小重锤。重锤的重量应根据竖井的深度选择，井深 20m 为15kg、40m 为 25kg、60m 为 40kg、80m 为 50kg、100m 及以上为 60kg。

单向竖井坑道的掘进方向可采用连接三角形法（见图 13-1）或连接方向法（见图 13-2）与地面控制进行连测，连接测量时应有一个控制点布设在距井口 5～10m 处，进行定向和连接测量时仪器必须严格对中（偏心差应不得大于 0.5mm），地面及地下观测时均应直接照准悬锤线并在其静止稳定时进行。投点、定向和连接测量应进行两次并尽可能由不同人员采用不同方法、不同图形、不同路线分别进行，两次所得坑道内导线第一条边的方位角较差应不得超过 2′。单向竖井坑道的定向也可使用一次定向测量中误差小于 60″ 的陀螺经纬仪，采用逆转点法、中天法或其他方法进行，使用陀螺经纬仪定向应在井下定向测量前和测量后在地面同一条近井点的后视边和连接导线边上各测量三次陀螺方位求得六个仪器常数（其任意两个仪器常数的互差应小于 2′），井下陀螺定向边的长度应大于 30m，测量陀螺方位时至少须进行两次（其互差小于 2′），前后两次测量的仪器常数一般应在三个昼夜内完成，观测仪器和电源部分要避免阳光直接照射并尽可能在温度变化比较小的时间内进行，井上、井下观测一般应由同一观测员进行，仪器在搬运时应防止颠簸和振动，定向观测时仪器应严格整平，观测过程中水准气泡偏离不得超过 0.5 格，每次测量后度盘位置须变换 $180°/n$（n 为测量次数）并停止陀螺运转 10～15min，在观测陀螺子午线的前后均应以两个镜位照准已知方位或定向边读取水平度盘读数，前后两次观测结果的互差对 6″级经纬仪应不得超过 24″，用逆转点法观测时每次测量应连续读取 5 个逆转点的水平度盘读数（当陀螺仪轴摆动中值互差不超过 30″时方可进行计算，否则应重新观测）。

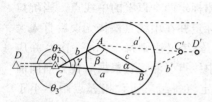

图 13-1　连接三角形法测量

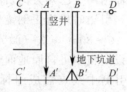

图 13-2　连接方向法测量

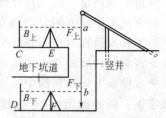

图 13-3　长钢尺直接导入高程

坑道底面高程一般可通过竖井将地面高程直接传递至井下，其传递方法可采用电子全站仪竖向测高技术或传统的长钢尺（见图 13-3）或长钢丝一次导入高程法。进行高程传递时必须防止钢尺或钢丝接触固体障碍物，过竖井传递高程必须进行两次并加入各种改正数，两次测量结果的较差 Δh 应不大于 $H/5000$，其中 H 为竖井深度。

坑道导线点选埋时点距一般不超过 10m，通过在顶板钉入木桩后再钉入小钉或用快干水泥粘糊铜钩或在底板打入不短于 40cm 的钢钎作为坑内导线点。设在顶板上的中线点也可作为导线点。坑道导线的边长丈量应用电子全站仪或经检定的钢尺进行（边长应往返各一次或同向两次丈量）。为坑道贯通测量敷设的导线的全长相对闭合差应小于 1/5000。坑道导线测量随坑道掘进的进度延伸时，应在前一站检测水平角，检测值与原角值的较差不得超过 30″。在导线近似直伸时为防止接测点号还应检查边长。当导线全长超过 1000m 时应提高测角精度或在导线 2/3 处加测陀螺方位。当导线全长超过 1000m 且拟作生产矿井的勘探坑道导线测量应参照有关部门的矿井测量规程执行。坑道导线点高程可用三角高程或图根水准施测。坑道平面图测量可采用支距法或极坐标法测绘，按标准断面掘进且沿中线点施测导线时可不进行平面图测量而直接按导线点绘制坑道平面图，坑道平面图既可按坑道所在水平面分别绘制也可综合绘制，但应分别表示并加以说明。

贯通测量中，为指导坑道相对贯通应随工程进度及时施测与延伸导线并绘制比例尺不小于 1：2000 的工程进度图，最后一次标定贯通方向时两掘进面距离应不小于 50m，贯通前的最后几个导线点（不少于三个）应稳定牢固，当两个掘进工作面间距接近 15～20m（岩巷）或 20～30m（煤巷）时应以书面形式通知有关部门及施工单位，以便采取安全措施，坑道贯通后应立即测量贯通实际偏差值并将两侧的导线连接起来计算各项闭合差。贯通面上的允许偏差值中线方向 0.5m、高程方向 0.3m。坑道与已完工钻孔的贯通（坑内找孔）应在施工前根据测井人员提供的数据，确定钻孔在矿层位或掘进水平上的坐标和高程，以便计算找孔支巷的设计数据（起点坐标、掘进方向和坡度）。钻孔与坑道的贯通（向坑道内打通风孔及输送电缆等）应先在坑内预计打孔位置，根据坑内已有导线点求得其设计坐标，然后在地表根据控制点布设于实地。布设后应按图根点精度测定其地面坐标和高程以便与设计坐标检查及确定预计钻进深度。由测角误差和测边误差引起的隧道横向贯通误差 $m=\pm\{(m_\beta/\rho)^2 \sum R_x^2+(m_l/l)^2 \sum d_y^2\}^{1/2}$，其中 m 为由测角误差和测边误差引起的横向贯通误差（单位为 mm）；m_β 为测角中误差［单位为（″）］R_x 为测角、测边网中邻近隧道中线的一条侧边上的各点至隧道贯通面的垂直距离（单位为 mm）；m_l/l 为边长相对中误差；d_y 为测角、测边网中邻近隧道中线的一条侧边上的各边相对于隧道贯通面上的投影长度（单位为 mm）；

$\rho = 206265''$。隧道贯通控制测量平差时所计算的测量误差对横向贯通误差的影响值 $m_q = \pm \{E^2\cos^2 f + F^2\sin^2 f\}^{1/2}$，其中 f 为以半轴为起始方向时坐标轴 Y 的方位角，$f = a_G - f_0$ 或 $f = a_G + 180° - f_0$、a_G 为给定的隧道贯通面方位角；E、F、f_0 为贯通点相对误差椭圆参数。由洞外高程控制测量误差影响所产生的贯通面上的高程贯通中误差 $m_h = \pm m_H L^{1/2}$，其中 m_h 为贯通面上的高程中误差（mm）；L 为洞外两开挖洞口间水准路线长度（km）；m_H 为每公里高差中数偶然中误差（mm）。

13.2.5　定位测量与地质填图

设计钻孔（包括重要槽、井）的布设应遵守相关规定。在已施测剖面的矿区可利用剖面线上的剖控点、测站点设站，用电子全站仪、GPS、经纬仪视距支导线法等沿剖面方向布设钻孔位置（即剖面线法）。钻孔位置布设后应进行检查，其精度应满足布设精度要求。孔位布设后视施工需要应采用十字交叉法、直线通过法或距离交会法等设置复测校正桩。平整好钻孔机场平台后，如施工需要复测，如倾斜钻孔需校正钻机立轴的方位时，可借助复测校正桩进行复测校正或重新布设。已完工的钻孔可自图根点上按有关规定测定其平面坐标和高程（称为钻孔定测），钻孔的定测位置在平面上以封孔后的标石中心为准（长观水文孔以套管中心为准）、高程应测至标石面或套管口并量取标石面或套管口至地面的高差。

重要的探槽、探井、取样钻孔和地质点，如老窿、废坑、不敷设导线的坑口、水文长观点、涌水井泉点和矿体露头点等的定测可用 GPS、电子全站仪及各种测角交会法测定其坐标和高程。一般探槽、探井和地质点的定测可采用经纬仪视距极坐标法测记。当矿区采用航测法成图时，在岩层裸露或能根据地面目标准确判定地质点位的地区亦可用航测方法在测制地形图的同时进行一般地质点的定位测量，摄影比例尺与成图比例尺之比一般不应小于 1：5，用于判刺地质点的地质调绘片一般应采用裱板的放大片，野外在地质调绘片上判刺地质点的判刺误差不得大于 0.2mm（刺孔直径不得大于 0.1mm，刺孔要小、要圆、要刺透，不允许刺双孔）。需要测高程的地质点宜选在坡度平缓、目标明显的点位上，地质调绘可由地质人员和测量人员配合完成，所有地质点都应在实地观察选取并由两名调绘员分别在立体镜下刺点定位、互相检核，确认无误后应签署刺点者、检查者姓名和刺点日期，绘制点位略图和点位说明，进行地质量测和描述编录等，地质构造线与地层界线应先在野外根据实地影像特征描绘然后再在室内立体镜下详细观察修正并处理好地形起伏、地层产状与地层界线三者间的关系，凡地质点平面位置或高程不能准确判刺者均应使用仪器进行补测，地质调绘片接边应在立体镜下观察拼接并不得有调绘漏洞（接边处线划应自然弯曲、不应有棱角），地质调绘完成后应对地质调绘片进行整饰，由航测内业在测制地形图过程中一并测制地质点和地质界线时地质点的高程应测两次取其中数。

地质填图应以地质观察为基础，其标准和质量按相应比例尺的地质填图规范执行。比例尺的选择应以矿床的自身特点（比如地质构造和矿体规模、形态的复杂程度）为依据，并能满足找矿、探矿和采矿的需要。等于或大于 1：2000 地质填图的地质观察点应用仪器法展绘到图上。对于薄矿体（层）、标志层及其他有特殊意义的地质现象必要时应扩大表示。岩层产状三要素是走向、倾向、倾角，任何构造面或地质体的界面均可通过测定这三个要素来确定其产状。所谓走向是指岩层面与水平面的交线即走向线两端所指的方向（相差 180° 的两个方位角），所谓倾向是指垂直于走向线沿层面向下所引的直线（倾斜线）在水平面上投影所指方向（走向＝倾向 ±90°），所谓倾角是指岩层面与水平面的夹角（范围 0°～90°），岩层的产状要素一般在野外用罗盘仪（袖珍经纬仪）测定，见图 13-4、图 13-5。

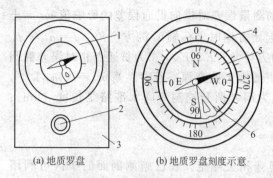

(a)地质罗盘　　　　(b)地质罗盘刻度示意

图 13-4　地质罗盘构造简图

1—刻度盘及指针；2—水准泡；3—托盘；

4—上刻度盘；5—下刻度盘；6—倾角指示针

图 13-5　岩层产状三要素的测定方法

13.2.6　矿区勘界测量

矿区是指已投入开采或即将投入开采的矿山的采矿区、厂区、生活区及其他建（构）筑物的用地范围。矿区勘界测量有两方面的含义，一是将国家地质矿产主管部门颁发给矿山企业的采矿许可证上的采矿区界线和国家土地管理部门批准的用地界线放样到实地上，二是矿山企业根据管理的需要对界线的重新勘定。矿区界址点的放样依据是采矿许可证上提供的矿区界线各个拐点的坐标以及土地管理部门批准的用地界线的拐点坐标。矿区界址点的放样方法和精度要求按照国家相关规定执行。矿区界址点必须设立标志，标志类型根据实地情况可采用界桩或其他界址标志并编写界址点号，界址点编号应与采矿许可证和其他用地文件上的编号一致。

矿区界线的界址认定应以采矿许可证和土地管理部门批准的用地文件上的界线为基础通过四邻共同认定，矿区界址的认定必须由矿区及相邻土地使用者或委托代理人现场共同指界，界址确认后必须在界线拐点位置设立界址标志，两界址点间距离较长时可视需要适当增设界址点，矿区界址调查完成后应现场填写矿区地籍调查表、记载调查成果并签字盖章。

矿区勘界测量的平面坐标系统应采用国家坐标系统，已采用独立坐标系统的矿区宜与国家坐标系统联测，以便需要时改算为国家坐标系统，高程基准应采用 1985 国家高程基准，困难地区可采用 1956 年黄海高程系或暂用独立高程系。采用独立高程系的矿区宜与国家高程基准联测，以便需要时改算为国家高程基准。界址点对邻近控制点点位中误差及允许误差对一般地区分别为 5mm、10mm，困难地区分别为 7.5mm、15mm，界址点间距允许误差对一般地区 10mm、困难地区为 15mm。

矿区界址点应在不低于二级的图根控制点上采用 GPS、电子全站仪和其他能达到精度的方法和仪器施测。界址点的观测记录可用手工记簿和电子记簿，采用电子记簿应遵照电子记簿的有关规定和程序操作。界址点坐标计算应采用与观测相适应的计算方法（借助电子计算机或手工计算），应求出界址点位的坐标、高程和相邻界址点的边长及方位角，计算完毕应编制打印矿区界址点坐标并用解析法计算矿区占地面积，勘界测量成果应上交。

矿区地籍图的分幅应与矿区已有地形图一致，对尚无大比例尺地形图的矿区分幅方法与大比例尺地形图相同。矿区地籍图的比例尺宜与矿区已有最大比例尺地形图相同，一般为 1：500，1：1000，1：2000。矿区地籍图通常是通过将界址点（用直径 0.8mm 的圆）展绘于已有大比例尺图上并加注必要的地籍要素，如界址线、界址点编号等形成（界址线用 0.3mm 的直线绘制），当矿区无大比例尺地形图时可根据需要测绘地籍图或沿矿区界址线施测图上宽度为 10cm 的带状地籍图供矿区地籍管理使用。带状地籍图分幅应按统一规定执行以便于将来与矿区地形图拼接。

13.2.7　地质测量成果的整理与编写

为对地质测量成果进行有效地整理，以迅速、准确地为各项工程建设提供资料并保证其成图成果质量达到规定要求，阶段性成果整理很重要，整理中要认真研究和整理所得资料。首先要依据野外收集到的原始资料完成实际材料图，再根据原始记录核对标本，通过核对后的标本对地层和岩石进行补充。其次是清绘地质图，要将图面认真仔细整饰，对一些出露不好地段推测的地质界线要用断线画出，图面上的界限、符号、数据都要清绘得整洁、美观、匀称，在清绘地质图的基础上再对成果图件按照规定图例色谱上色、编制、整饰、成图。

地质测量成果所要阐述的主要内容包括工作区的地理位置、行政区划、图幅编号与名称、范围和总面积、自然地理特征、山川形式、地形特征、山岭及河谷的绝对标高和相对标高、露头情况、植被覆盖程度、气候特征等；工作区的经济和交通概况；工业、农业的发展情况；人口密度、资源开发程度及交通路线等；工作区所处大地构造位置、地质构造的最主要特征、以往地质研究的历史及研究程度与评价等。应概述测区地层发育情况，包括所有地层时代、主要岩性特征、古生物化石的概貌等，应根据地层时代的新老关系由老至新详细叙述地层各组（段）的分布特征、出露情况、岩性特征、所含化石种属、时代划分及依据、接触关系与厚度等，应描述区内出露的各个岩体的特征，包括岩体出露的位置、规模；所处的构造部位；岩体的形状及与围岩的接触关系；三度空间的产状特征；岩体内的分相情况；岩石类型及名称；岩体内外接触带的蚀变特征等，应叙述岩石的物质组成，包括岩石的矿物成分和化学成分、岩石的结构和构造特征、岩石所经受变化及改造等并对岩石类型、形成时代、与围岩的关系、含矿性等进行说明，应概述测区构造的总体面貌和所处大地构造位置，要根据所收集的资料对褶皱进行描述，要详细叙述褶皱构造的位置、范围、规模以及组成褶皱的地层，如褶曲核部的地层时代、岩性、褶曲翼部的地层时代、层序等和褶皱形态，如褶皱轴的方向、褶皱轴面、枢纽的产状、褶皱形成时期、褶皱的形成机制等，对断裂构造应侧重区域性断裂的描述并分析断层的构造现象、断层面的形态变化和断层上的擦痕及其产状等，构造分析时应首先将褶皱、断裂作为一个统一的整体并根据不同时期分析其形变特征以推断地壳活动的规律性，应根据地层、岩石、构造等的综合分析恢复本区地质发展历史描述请从古到今按地质时代连续陈述各地质时期所发生的各种地质事件，应弄清矿产所在位置、矿种、矿床类型、规模、各种化验分析数据、矿物组合、地球化学特征、各种经济指标、找矿标志及矿床成因为进一步找矿勘探提供依据。

思考题与习题

1. 地质学的研究对象有哪些？
2. 简述地质学的特点及研究方法。
3. 地质测绘的野外实测工作有哪些？
4. 地质工程测量有哪些基本要求？
5. 简述勘探坑道测量的基本工作内容。
6. 简述竖井投点及连接测量的常用作业方法。
7. 如何进行地质定位测量及地质填图？
8. 简述矿区勘界测量的基本要求。
9. 地质测量成果的整理与编写有哪些内容及规定？

第 14 章　地球灾害监测

14.1　地球灾害的特点

广义地球灾害包括生物灾害和非生物灾害。生物灾害指各种病菌、微生物导致的生物灾难和生物灭绝。非生物灾害指外界环境，如陨石撞击、气象灾害、火灾、洪灾、地质灾害等导致的生物灾难和生物灭绝。本书仅就地质灾害的特点与监测问题进行介绍与阐述。

地质灾害是指由于自然和人为活动引发的危害人类生命财产安全和破坏生态环境的与地质作用有关的灾害事件，如令中国人民刻骨铭心的 2008 年 5 月 12 日的四川汶川地震、2010 年 4 月 14 日的青海玉树地震……地质灾害给人类造成的损害极其惨烈，我国就是一个地质灾害类型齐全且多发的国家。在我国，地质灾害主要包括地震、火山喷发、崩塌、滑坡、泥石流、水土流失、地面塌陷、地裂缝、水土流失、土地盐渍化、沼泽化、地面沉降等，其中除地震、火山喷发灾害外，其他大多数地质灾害都是由自然演化和人为诱发双重因素引发的。突发性地质灾害中，滑坡、崩塌、泥石流灾害由于其成灾时间短、隐蔽性强、作用凶猛、破坏力大而往往造成重大损失，故为地质灾害防治及研究之重点。地质灾害的危害除了造成人员伤亡、基础设施毁坏、人类生存环境恶化外，往往还会引发次生灾害并造成更大的经济损失，同时也给民众的心理增加很大的压力。

地质灾害，特别是突发性地质灾害的发生常由致灾作用的发生和其与受灾对象（人、物、设施）的遭遇两个环节形成。地质灾害防治的基本途径包括两个方面，即防止致灾地质作用的发生和避免受灾对象与之遭遇。第一方面包括致灾作用发生前的预防和发生中的制止，第二方面则为移动受灾对象位置、改变致灾作用方向和隔绝两者的遭遇通道。地质灾害的防治措施可概括为行政措施和工程措施两大类。行政措施主要是采取行政法令和技术法规等手段，规范人民群众的生活、生产活动，避免诱发致灾地质作用的发生，监测预报致灾作用的变化动态，使拟建工程设施或流动性人、物避开地质灾害危险区（主动避让）或将处于灾害危险区中的已有居民及设施迁出危险区（被动撤离）等。工程措施则是采取建（构）筑物或岩土体改造工程、疏排水工程及生物植被工程等，以加固、稳定变形地质体，调整、控制致灾地质作用，从而制止致灾作用的发生、发展及其与受灾对象的遭遇。

斜坡上大量岩土体，在一定自然条件（地质结构、岩性和水文地质条件等）及其重力作用下，部分岩土体失去稳定性，沿斜坡内部一个或几个滑动面（带）整体向下滑动的现象称为"滑坡"。崩塌是指陡峻斜坡上的岩、土体在重力作用下突然脱离坡体向下崩落的现象。陡峻斜坡上的岩体受物理风化作用形成的岩石碎屑崩落下来在坡脚形成的疏松岩块堆积体称为岩堆。含有大量泥砂、石块等固体物质，突然爆发的，具有很大破坏力的特殊洪流称之为泥石流。岩溶，又称喀斯特（Karst），是指可溶性岩石在漫长地质年代里受地表水和地下水以化学溶蚀为主、机械侵蚀和岩浆为辅的地质营力的综合作用和由此产生的各种现象的统称。地震是地壳发生的颤动或振动，是由地球内动力作用引起的，是地壳运动的一种特殊形式，是一种与地质构造有密切关系的物理现象，地震作用会使地表产生一系列的地质现象，如地面隆起及陷落、滑坡及山崩、褶皱和断裂、地下水的流失与集中、喷水冒砂等。潜蚀分化学潜蚀和机械潜蚀两种。由于地下水流的作用把岩层中的可溶成分溶解并带走细颗粒的现象称为化学潜蚀。在地下水流的渗透压力作用下将岩层中的细小颗粒带走的现象称为机械潜蚀。潜蚀进一步发展便形成管涌。饱水砂土由于动水压力差过大产生类似液化状态向四处流动的现象称为流砂作用（也叫液化）。地面沉降是指地层在各种因素的作用下造成地层压密变形或下沉，从而引起的区域性地面标高下降。

14.2 测量在地球灾害监测中的作用及基本工作

地质灾害监测的主要工作内容是监测地质灾害在时空域的变形破坏信息（包括形变、地球物理场、化学场等）和诱发因素动态信息，最大程度地获取连续空间变形破坏信息和时间域连续变形破坏信息，侧重于时间域动态信息的获取。地质灾害监测成果主要用于地质灾害的稳定性评价、预测预报和防治工程效果评估。地质灾害监测的主要目的是查明灾害体的变形特征为防治工程设计提供依据；进行施工安全监测、保障施工安全；进行防治工程效果监测；对不宜处理或十分危险的灾害体监测其动态并及时报警以防止造成人员伤亡和重大经济损失。所谓地质灾害专业监测是指专业技术人员在专业调查的基础上借助于专业仪器设备和专业技术，对地质灾害变形动态进行监测、分析和预测预报等一系列专业技术的综合应用。

14.2.1 滑坡、崩塌监测

（1）基本要求 滑坡、崩塌监测测量的目的是用常规的或先进的仪器及设备在野外滑坡、崩塌现场及其周边地区进行连续或定期重复的测量工作，准确测定监测网和形变监测点的平面坐标、高程或空间三维相对位移值，经合理的数据处理后提供监测网和形变监测点水平位移、竖向位移、裂缝及滑带相对位移等动态数据，为掌握滑坡变形规律、险情预报、灾害防治、治理效果评估以及有关部门和政府决策等提供服务。

滑坡、崩塌监测网点空间位置均应以相对点位中误差和相对高程中误差作为基本的精度指标，以 2 倍中误差作为最大误差。形变监测点的点位中误差和高程中误差应以直接的工作基点为依据。裂缝变形、滑带相对位移、基岩与覆盖层面以及重大断层结构面的错动应采用相对测量中误差作为精度指标并以 3 倍测量中误差作为最大误差。

滑坡、崩塌监测工作的平面坐标宜采用高斯-克吕格投影 3 度带（或任意带）平面直角坐标系统并以滑坡、崩塌体的平均高程面（或测区平均高程面或抵偿高程面）为投影面，一般应选用国家控制网中的一个点坐标及一条边的方位角作为平面监测控制网的起算数据，当无法满足上述条件或需要时可采用独立的或其他平面坐标系统。滑坡、崩塌监测测量的高程系统宜采用正常高系统和 1985 国家高程基准，也可根据实际需要采用大地高或其他高程系统及基准。

基准控制网（包含基准点）的复测周期宜一年或半年一次，复测中发现基准控制网点有显著位移时应找出有问题的点位重新选点并相应缩短复测周期，当三次及以上的复测证明控制网点无显著位移时可适当延长复测周期。所谓基准点是指建在稳定的岩层或原土层上的经确认固定不动的点，它是监测测量工作的基准和依据。所谓控制点是用来联测工作基点和形变监测点的相对稳定的点，基准点可以用作为控制点。所谓工作基点是用于直接对形变监测点进行联测的相对稳定的控制点。

地表形变监测点的复测周期在蠕变和低速变形阶段宜一年或半年复测一次；等速变形阶段宜三个月或一个月复测一次；加速变形阶段的复测周期应视情况确定（两天～两周复测一次）；临滑突变阶段的复测周期应视具体情况随时安排监测且每天不少于一次。所谓形变监测点是建在能反映滑坡（崩塌）体变形特征位置上的点，它的位置变化基本上反映了滑坡

（崩塌）体的变形。装有自动记录或遥测装置的形变监测点应根据仪器的性能和实际需要确定采用监测方式（连续监测或周期性监测），为避免观测数据丢失，对装有自动记录或遥测装置的监测点应按设定的周期要求人工抄录有关数据。所谓蠕变是指斜坡岩土体在坡体压力（重力为主）的长期作用下，向临空方向缓慢的、持续的、历时比较长的变形，年移动量不超过 1cm 的滑坡体和年移动量不超过 1mm 的崩塌体。所谓低速变形是指滑坡、崩塌体初始显露移动迹象的状态，滑坡体年移动量不超过 2cm 或崩塌体年相对移动量不超过 2mm。所谓等速变形是指滑坡（崩塌）体有明显的移动现象，其移动方式接近于等速变形、同方向加速度甚小接近于零，滑坡体年移动量 2～5cm 或崩塌体年相对移动量 2～5mm 也可以视作等速变形。所谓加速变形是指滑坡（崩塌）体有很明显的移动现象，其移动量有明显的同向加速运动表现。所谓临滑突变是指滑坡（崩塌）体发生剧变，在此阶段滑坡（崩塌）体在急剧滑落（崩塌）中整体遭破坏，滑移至低处相对稳定的位置。所谓形变平均速率是指以复测周期为单位累计若干周期移动量绝对值之和的平均值，通常取每年、每月、每日或每小时给出的速率值，在依据其确定测定精度时应化算为复测周期的速率值。

基准控制网和地表形变监测点复测时应使用同一仪器和设备、固定观测人员、采用相同的图形（观测路线）和观测方法。滑坡、崩塌监测测量工作前应对所使用的仪器、设备进行严格检验与校正。滑坡、崩塌监测测量工作应制定优化的监测设计方案，设计方案宜借助电子计算机进行辅助优化设计，优化设计应主要针对监测网的图形、路线、观测方案及旧网改造等进行，优化的原则是必须满足规范的精度要求并兼顾可靠性、经济性和灵敏度，应对形变监测点的最终精度进行评估以满足相关规范规定。在整个滑坡、崩塌监测期间应经常对监测区域的基准点、控制点、工作基点、形变监测点和监测区域的地形地貌变化进行巡视检查，及时发现异常情况并采取必要的补救措施或对策。

（2）监测控制网布设　监测控制网的基准点应选在滑坡、崩塌体外 30m 以远的稳定岩层或稳定原土层上，一般监测区域应布设不少于 3 个的基准点（平面和高程基准应分别要求，但点位可以合并）、重要地区应再增设 1～2 个基准点，基准点应选在视线开阔地区以便于发展和联测。控制点和工作基点宜选在稳定岩层或稳定原土层上，应与基准点构成合理的网形以保证监测网点的精度，应便于联测形变监测点。基准点、控制点和工作基点应填写点之记记录表。平面坐标基准点和首级控制网点宜设置观测墩，不设置观测墩的应按三角点（导线点）的形式埋设两层标志，两层标志中心垂直投影偏差应不大于 3mm，其他平面控制网点可设立观测墩或者是埋设单标志的三角（导线）点标石。高程基准点埋石可参照《国家一、二等水准测量规范》（GB 12897）规定。高程控制点和高程工作基点的标石既可单独埋设也可埋设在观测墩上。

平面监测网的精度应根据具体情况选择，应确保形变监测点的直接测量精度要求，可为国家一～四等中的任一等级，特殊情况下也可逐级布网。平面监测网通常可由基准线、三角形、大地四边形及中点多边形等基本图形构成，根据测区情况也可布设成基准线、三角网、测边网、边角网或 GPS 控制网，平面监测网对网形（包括边长和角度）不作具体要求，但设计时应估算其最终精度（应满足相关规范要求）。平面监测网点宜采用带有强制归心装置的观测墩，照准标志宜采用带强制对中装置的觇牌，强制归心时的对中中误差应不大于 ±0.2mm。平面监测网观测仪器的测角标称精度应不低于 ±2″、测距标称精度应不低于 ±（3mm+3mm/km），GPS 接收机的标称精度应不低于 ±（5mm+3mm/km）且宜为双频（同步接收机数应不少于 3 台）。当基本平面监测网不能满足形变监测点连测需要时三、四级网允许采用单插点或双插点的形式加密控制网。插点要求有足够的多余条件并采用严密平差方法对插点进行精度评定。采用单插点应有不少于 5 个内外交会方向，当图形欠佳时其中至少应有外交会方向。双插点的交会方向数为单插点的二倍，但其中不应包括两待定点间的双向观测方向。采用边角联合交会时多余观测数必须与上述插点规定相同。插点水平角观测、导线边（交会边）观测和相邻点位中误差的要求均应与同级网点相同。

竖向位移监测控制网（或称高程监测网）的精度可根据具体情况采用国家一～四等中的任一等级。高程监测网宜布设成闭合环、结点网或附合路线等形式。当几何水准跨越江河、湖塘、宽沟、洼地、山谷等时可采用跨河水准测量。高程监测网采用的仪器精度应不低于±3m/km。当受地形条件限制无法进行几何水准作业时可采用电磁波测距三角高程导线。

应经常注意观测成果中出现的异常现象和可疑的问题，综合分析各种干扰因素，用几何的或物理的方法来消除观测值中的错误和易发现的系统误差及粗差。应重视监测控制网的稳定性检验，对不稳定的监测控制网点应分析原因采取更换点位或其他补救措施完善监测控制网。GPS 监测宜将监测控制网点和形变监测点连成一个整体进行处理或配合其他观测技术建立监测控制网。

（3）形变监测　应综合考虑滑坡体和崩塌的范围、大小、形状、地形特征、施测条件等因素将形变监测点布设在能够反映滑坡、崩塌形变特征的位置上，一般按十字网、放射网、混合网及任意格网布设。形变监测点在地表面的宜设置观测墩，点位要求能较灵敏地反映滑坡体、崩塌体的动态变化同时兼顾连测方便。滑带相对位移、基岩与覆盖层面的相对滑动、重大断层结构面错动的监测点宜选择在有代表性的应力带两侧。裂缝变形监测点应成对布设在裂缝两侧，对较大的裂缝至少应在其最宽处及裂缝末端各布设一对监测点。

形变监测点（含监测线内的监测点）平面坐标施测精度在蠕变和低速变形阶段宜为±（1.5～10.0)mm；在等速变形、加速变形和临滑突变阶段宜不低于水平形变平均速率（以观测周期为单位）的 1/10～1/5，但最高不宜超过对应的±（1.5～10.0)mm 标准。形变监测点（含监测线内监测点）高程施测精度在蠕变和低速变形阶段宜为±（1.0～5.0)mm（监测点高程中误差）和±（0.5～2.5)mm（相邻监测点高差中误差）；在等速变形、加速变形及临滑突变等阶段宜不低于垂直形变平均速率（以观测周期为单位）的 1/10～1/5 但最高不宜超过对应的±（1.0～5.0)mm（监测点高程中误差）和±（0.5～2.5)mm（相邻监测点高差中误差）。

布设在裂缝、滑带、软弱带上的相对位移监测点，当缝宽或带间距离小于 0.5m 时，相对三维分量 Δx、Δy、Δz 测定中误差宜不超过±0.2mm；当缝宽或带间距离大于或等于 0.5m 时，距离测定相对中误差不宜超过 1/2500。采用地面倾斜仪（计）监测地面角倾斜变化时，其倾斜角测定中误差宜不大于±1′。

形变监测点的平面坐标测量可采用测角前方交会法、边角交会法、导线测量法、极坐标法、小角法、视准线法和 GPS 定位等。形变监测点一般宜作三维监测，也就是既测定其平面坐标及水平位移也测定其高程及竖直变化。形变监测点高程可采用几何水准、电磁波测距三角高程导线、多角高程路线、独立交会和 GPS 高程等方法测量，高程采用正常高系统又用 GPS 测定高程时，一般地区宜有五个及以上形变监测点或控制点、工作基点、基准点同期施测了水准和 GPS 高程，特别困难地区也应有三个及以上的这种重合点。在有条件的情况下宜建立动态 GPS 三维监测网（点），对整个滑坡、崩塌测区进行三维实时动态监测并尽量采用先进的软件和适宜的接收机，以迅速提供诸监测点三维动态速率和累计位移变化。

对设立了对点（标）的形变监测点（如在裂缝、滑带、断层两侧）可采用测缝法测定其二维或三维方向的相对位移量，在保障人员安全前提下应经常对自动测或遥测成果进行人工核实。对倾倒和角位移的崩滑体可采用地面倾斜仪（计）对倾斜角变化进行监测。

（4）监测成果整理　滑坡、崩塌监测每个周期监测测量工作结束后应编制"监测测量阶段报告"，其内容有：①监测工作概况，包括任务来源、工作时间、测区概况、监测控制网及形变监测点的布设情况、施测方法、测量仪器设备及施工人员的构成、完成的工作量等。②补充情况的说明，包括增补的控制网点及形变监测点的情况，工作中的复测、补测、加测情况等。③监测测量资料的分析及有关的结论和建议。④监测测量的有关图件，包括滑坡、崩塌监测控制网平面布置图，滑坡、崩塌形变监测点点位平面图，滑坡、崩塌形变监测点位移矢量图。水平位移矢量图（见图14-1，平面比例尺1：20000、形变比例尺1：20）、竖向位移矢量图（见图14-2，平面比例尺1：20000、形变比例尺1：20）。⑤滑坡、崩塌形变监测点累计水平位移和竖向位移图。⑥滑坡、崩塌形变监测点地面位移-时间关系图（至少应有三次及以上的复测成果）。⑦对点相对位移及分布图。⑧委托方或主管部门提出的其他图件等。可能情况下应对有关联的图件进行综合。⑨附录（包括观测记录、气象资料、测区照片等）。对每周和每日复测的监测测量成果可只提供简化的"监测报告"，主要提供监测数据和简单分析供有关部门参考。滑坡、崩塌"监测测量报告"一般应由项目负责人或技术负责人认真检查审核并签字认可，对涉及重大经济项目的重要的滑坡（崩塌）或实际需要时应由监测单位总工程师认真审核并签字确认。

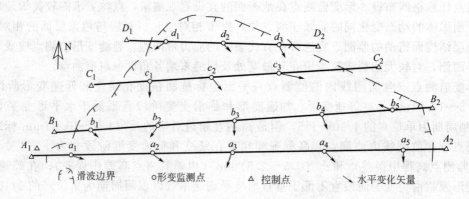

图 14-1　水平位移矢量图

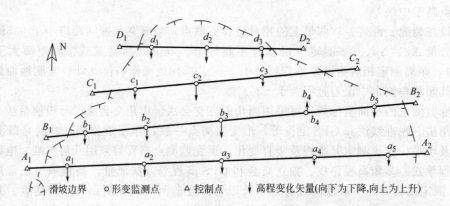

图 14-2　竖向位移矢量图

　　全部滑坡、崩塌监测测量任务完成后应提交的资料包括监测测量任务书及技术设计书；点之记（或点位说明）和测量标志委托保管书；外业观测记录，包括原始记录的存贮介质及其备份；测量手簿；自动记录及其数据整理；遥测数据记录和其他记录等；测量、气象及其他仪器的检验资料；外业观测数据质量分析及检核计算资料；数据处理资料（包括平差、精度评定及稳定性检验等）和各项成果表；滑坡、崩塌监测测量报告；检查验收报告等。

14.2.2　地面沉降监测

（1）**基本要求**　地面沉降监测工作实施前应根据沉降区域实地情况编制设计书并由主管部门审批确认。监测项目一般包括地面沉降监测、土层分层沉降监测、地下水位监测、采灌水水量监测等。地面沉降监测应采用精密水准测量、GPS 测量或其他技术方法。监测水准网宜采用国家一、二等水准网，GPS 监测网宜采用固定站、一级网、二级网，区域地面沉降监测网的基准点应为基岩标、建于基岩之上的 GPS 固定站、周边 IGS 站等。地面沉降监测成果应进行检查验收并编制检查验收报告。地面沉降应布置相应监测设施，地面沉降监测设施是指监测土层变形及地下水位动态变化的各类测量标志及其配套的仪器设备。

地面沉降监测技术设计书编制前应组织踏勘并收集相关资料，这些资料包括测区地形图、已有地面沉降监测设施分布图、已有地面沉降监测资料，测区地质、水文资料等。在测区调查及资料收集的基础上应根据监测目的编制地面沉降监测技术设计书，编制提纲包括任务由来及目的、意义，技术设计依据，测区已有工作条件，测量方法及主要技术要求，任务分工，组织实施，成果资料检查验收，提交成果等。

地面沉降的监测范围应依据地面沉降发育规律、发育程度等确定。监测网可设为全面网或逐级控制网且必须覆盖整个沉降区域并应充分考虑地面沉降近期发展扩大的可能范围。水准网监测范围可分为中心城区、局部区域两个层次。GPS 监测范围应覆盖整个沉降区域。土层分层沉降监测范围也应覆盖整个沉降区域，垂直方向上以能控制各类土层动态变化为宜。地下水动态监测范围同样也应覆盖整个沉降区域，垂直方向上以能够控制各类含水层动态变化为宜。地下水位监测井是指用于监测地下水位变化的管井设施。地下水人工回灌井是指用于地下水人工回灌的（或同时具备开采与回灌功能的）管井设施。

地面沉降一、二等水准网应按统一的技术要求布设，一等水准路线宜沿道路布设且水准路线应闭合成环并构成网状，二等水准网应在一等环内布设。一、二等水准网应选取基岩标、深标或其他稳定的点作为结点，新埋设水准点、临时转站点不得作为结点。用于局部区域高程控制的水准点的布设间距宜为 0.5km 左右。地下水开采区和中心城区（特别是工程建设活动密集区）水准点宜在水准网基础上按等间距或按远离监测区方向逐渐稀疏的原则适当加密。轨道交通、高架道路、天然气、防汛墙等线型工程的地面沉降监测点宜沿其走向布设，监测点布设间距宜为 0.5km（局部重点监测区域可按 0.2～0.3km 间距适当加密），地质条件变化较大的区域应沿垂直（斜交）于线型工程走向方向适当布置少量的监测点。基岩标是指穿过松软岩土层，埋在坚硬岩石（基岩）上的地面水准观测标志。分层标是指埋设在不同深度松软土层或含水砂层中的地面水准观测标志。

地面沉降 GPS 监测网应具有较强的图形条件及足够的观测点重复率。地面沉降 GPS 监测网应按固定站、一级网、二级网三个层次布设。布网时可逐级布设、越级布设或布设同级全面网。一、二级网应布设成连续网，除边缘点外每点的连接点数不得少于两点。一级网边缘点连接应构成大的闭合环且边界线宜圆滑。二级网应附合在一级网上，附合的一级网不得少于三点。一、二级网应选取稳定的基岩标、基岩点、固定站作为沉降基准，基准点在平面上应均匀分布并能控制整个监测区域。地面沉降 GPS 监测网设计时应对沉降基准的选取、优化和突发情况进行充分的规划、论证，必须保证沉降基准的可靠、稳定与连续。GPS 网相邻点的平均间距为一级 15km、二级 7km，相邻点最小间距可为平均间距的 1/3～1/2、最大间距可为平均间距的 2～3 倍。一、二级 GPS 网点应与永久性跟踪站（固定站）联测，一级不得少于三站、二级不得少于两站。

地下水位动态监测网的布设应以覆盖沉降区域潜水和承压含水层分布地区为原则，布设密度以掌握地下水流场动态变化规律为原则，应具备监测井建设、长期保护（存）的场地，其与现有同层次开采井的间距不宜小于影响半径量值。

（2）监测设施建设　地面沉降监测设施建设应按监测网规划设计要求进行，监测设施建设过程中发生的网点移位、标志类型更改等应报上级主管部门审批，监测设施建设过程中应搞好过程质量记录工作，用于质量检查、验收评审和最终资料的汇交与归档，地面沉降普通水准点建设应符合规范的规定。基岩标、分层标建设应符合相关技术要求。

GPS点的埋设现场应具备GPS监测的客观条件并便于GPS监测点的长期保存，一、二级网观测墩可在现场浇灌也可先行预制，但其底盘必须现场浇灌，另外，为便于高程联测，底座上必须同时埋设不锈钢标志，GPS固定站现场拼装观测台、底座时必须保证各连接螺丝拧紧到位并保持顶部钢板的水平，GPS固定站、观测墩应根据现场条件分别制定标牌，标石埋设后必须经过至少一个雨季后方可用于观测，基岩点埋设后必须经过（至少）一个月以后方可用于观测。地下水位监测井的成井工艺应按相关规定执行。

地面沉降监测应采用精密水准测量或GPS测量方法进行，精度应符合相关规范规定。土层分层沉降监测可采用自动化监测仪或人工测量方式进行，自动化监测须与人工测量校准，验证稳定后方可投入使用，人工测量应符合相关规范规定。地下水位监测可采用自动化监测仪或人工测量方式进行，根据地下水监测频率要求设置自动化监测仪水位监测频率，应依据安装说明书正确安装自动化监测仪，人工监测前应校正测量所需的仪表和测绳，确保测绳与仪表线路畅通、工作正常。以监测井固定测点高程为地下水位测量的起算高程，在电表指针发生偏转且稳定在最大与最小值之间时读取测绳深度，测量时应连续测量三次取其平均值作为本次测量的成果数据。水量监测时对开采井可采用在出水管路中安装流量表的方法进行；对回灌井可采用在回灌（进水）管路中安装流量表的方法进行，测量前应确定流量表的起始读数，应取流量表的现状读数与起始读数之差做为实际开采量或回灌量。

（3）监测要求　沉降中心区、局部区域沉降监测网的首级高程控制监测等级为一等，在此基础上的水准加密网监测等级为二等。区域GPS一级网应实现沉降区范围内地面沉降GPS测量整体性控制，GPS二级网应是在一级网基础上的局部加密。GPS一、二级网测量精度应符合《全球定位系统（GPS）测量规范》（GB/T 18314）中A、B级的规定。土层分层自动化监测精度平均绝对误差应不大于1mm，人工分层标监测精度应符合相关规范规定。地下水位监测精度应为±0.01m，当使用流量表进行水量观测时观测精度应为±0.1m³。

地面沉降监测频率通常可按表14-1执行。监测频率还应根据区域地质情况、年平均沉降量和建设工程具体情况适当调整。

表 14-1　地面沉降监测频率

序号	监测类型		监测频率	序号	监测类型	监测频率
1	精密水准测量	中心城区	1次/年	3	土层分层监测	1次/月
		局部区域	1次/年	4	地下水位监测	1次/月
2	GPS测量	一级网	1次/年	5	采灌水水量监测	1次/月
		二级网	1次/年			

（4）建设工程地面沉降监测　建设工程因施工建设或运营诱发的周围区域地面沉降应在地面沉降影响范围内进行监测工作。监测前应进行现场踏勘，收集相关资料，根据相关规范、规程编制监测方案。地面沉降监测成果应进行检查验收并编制检查验收报告。监测方案编制前应对拟建场地进行现场调查并收集相关资料，这些资料包括场地工程勘察成果报告；地面沉降危险性评估报告；工程设计、施工相关资料等。监测方案包括的内容有工程概况，包括工程类型、水文地质工程地质条件概况、工程设计和施工方案概况及工程周围重点保护

对象等；监测方案编制依据；监测范围；监测项目；监测网（点）布设；监测方法与技术要求；监测频率；监测预警；监测成果及监测报告主要内容；监测仪器设备和监测人员组成等。监测范围应依据建设工程地面沉降危险性评估等级、工程类型和特点及周边环境条件确定，监测范围根据监测目的、任务的不同宜划分为常规监测区和重点控制区两类（无地面沉降危险性评估资料时可根据表 14-2 确定）。

表 14-2　建设工程诱发地面沉降监测范围分区参考表

建设工程类型		监测范围	监测范围分区	
			常规监测区	重点控制区
基坑工程	止水帷幕完全阻断降水目的层	$3H$	$0\sim3H$	—
	止水帷幕非完全阻断降水目的层 坑内降水	$6H$	$0\sim3H$	$3H$ 以外
	止水帷幕非完全阻断降水目的层 坑外降水	$10H$		
隧道工程	盾构法施工的地下铁路、道路、管道、隧道工程	$2D$	$0\sim2C$	$2C$ 以外

注：表中 H 为基坑开挖深度；D 为隧道底板埋深；C 为隧道外径。

常规监测区范围内的监测工作应符合现行沉降区相关工程建设规范或相关行业标准的规定。建设工程出现突涌、流砂等问题时监测范围应适当扩大（以能控制地面沉降影响范围为宜）。监测项目一般分为地面沉降监测、土体分层沉降监测、地下水位监测、降排水量监测等。具体监测项目可依建设工程类型进行选择，也可参照表 14-3 确定。

表 14-3　不同建设工程类型的监测项目表

序号	监测项目	基坑工程	隧道工程	序号	监测项目	基坑工程	隧道工程
1	地面沉降监测	◎	◎	3	地下水位监测	◎	—
2	土体分层沉降监测	○	◎	4	降排水量监测	◎	—

注：◎为应测项目；○为选测项目。

建设工程地面沉降监测区域外应布设一等、二等水准控制网，水准控制网应由系列基准点组成，基准点应在施工之前布设且宜布设在监测区域之外的可靠位置。通过观测确认稳定后方可投入使用，基准点不宜少于 3 个，可选用建设工程场址区附近的基岩标或不受建设工程影响的分层标作为基准点，监测期间应采取有效保护措施确保基准点的正常使用。

基坑工程地面沉降监测点应埋设至原状土，标头应低于地面 20cm，应采用套管和井盖保护。地面沉降监测剖面宜垂直基坑边界布设，剖面间距宜为 50~100m，每侧边剖面线不宜少于一条并宜布设于基坑侧边中部（若因场地条件限制无法全部布设时监测剖面不应少于两条）。剖面线上地面沉降监测点宜从基坑边界起向外布设，点间距宜由密到疏布设。常规监测区监测点布设技术方法应按沉降区相关技术标准的有关规定执行。重点控制区地面沉降监测点间距宜为 10~20m（施工和降水对地面沉降影响较大时监测点间距宜取下限，必要时监测点也可适当加密但点间距一般不宜小于 5m）。降排地下水之前应在基坑内、外布设与降水目的层同层次的地下水位监测井，监测井过滤器底端一般不宜超过止水帷幕底端。基坑内监测井不应少于一口，基坑外监测井不应少于两口，且宜在垂直基坑边界的方向上布设。井间距以能控制降水目的层的水位动态变化趋势为原则选用。地面沉降危险性评估结果确定为中等及以上危险性级别的基坑工程宜在地面沉降影响范围内进行土体分层沉降监测，可采用分层沉降标测定（布设深度宜大于 2.5 倍基坑开挖深度，不宜小于基坑围护结构以下 10m）。

隧道工程地面沉降监测点也应埋设至原状土，标头应低于地面 20cm，并应采用套管和井盖保护。监测剖面应在隧道轴线两侧垂直于隧道轴线布设,剖面间距宜为1~2km,相邻隧道掘进区间长度小于1km时每个区间段布设的监测剖面不应少于1条。剖面线上的地面沉降监测点宜从隧道轴线向外布设,点间距宜由密到疏布设。常规监测区监测点布设技术方法应按沉降区相关技术标准的有关规定执行。重点控制区地面沉降监测点间距宜为5~10m(地质条件变化较大区域监测点间距宜取下限)。地面沉降影响范围内应进行土体分层沉降监测,可采用分层沉降标测定,布设深度宜大于隧道底板下3倍隧道外径深度。

地面沉降监测应采用精密水准测量的技术方法,监测等级为一等水准测量或二等水准测量,应采用国家高程系统、地区历史习惯性高程系统或独立高程系统作为监测的高程控制系统。土体分层监测应采用精密水准测量技术方法,监测等级为一等水准测量和二等水准测量。地下水位监测同普通地面沉降。水量监测应包括排水量及回灌量的监测,水量可根据观测的对象、现场条件和测量精度等选用流量表进行监测,采用流量表进行监测的监测技术方法同普通地面沉降。

在沉降监测之前应对基准点进行联测。监测期间应定期对基准点进行联测以检验其稳定性。在工程施工之前应对各监测点的高程初值进行测量,取两次合格的高程平均值作为初值。同一工程的监测宜固定监测人员和仪器并应采用相同的监测方法和监测路线。沉降监测精度要求应符合规范相关规定。地下水位监测技术要求同普通地面沉降,水位监测精度应为±1cm。水量监测技术要求同普通地面沉降,当采用流量表进行水量观测时精度应不低于0.1m^3。建设工程诱发地面沉降的监测频率可参考表14-4,也可根据区域地质条件、年平均沉降量和建设工程具体情况适当调整。当监测项目的累计变化量超过预警值时应适当加密观测。基坑工程连续3个月的地面沉降月平均变化量或隧道工程连续3年的地面沉降年平均变化量小于1.0mm时可停止监测。

表 14-4　建设工程诱发地面沉降的监测频率

建设工程类型	工况描述	应测项目监测频率	选测项目监测频率
基坑工程	基坑降水、开挖到结构底板浇筑完成后1周	每2~3天监测一次	每2~3天监测一次
	结构底板浇筑完成后1周到地下结构施工至±0.0标高	每周监测1~2次	每周监测1次
	地下结构施工至±0.0标高之后	每周监测1次	每月监测2次
隧道工程	隧道掘进施工过程中	每周监测1次,之后逐步减少频率	—
	隧道掘进施工结束后	每半年至少监测1次,沉降敏感区域加密监测,沉降相对稳定后,每年监测1次	—

地面沉降监测预警值应通过累计变化值控制,应结合沉降区地面沉降控制要求和地面沉降发育程度等因素综合确定。常规监测区预警值应按沉降区相关技术标准的规定执行。重点控制区预警值宜依据沉降区地面沉降控制要求、建设工程场址区地面沉降发育程度、对地质生态环境等的影响程度以及重要建(构)筑物和设施的保护要求等因素,由建设方会同地面沉降防治管理部门和设计单位组织专家论证,综合确定监测预警值,当无具体预警值时基坑工程地面沉降累计值应不超过9mm、隧道工程应不超过8mm。基坑工程地面沉降监测区地面沉降预警值也可根据降水目的层的水位观测值进行预警,通过控制地下水位达到控制地面沉降的目标。地下水人工回灌井监测频率、精度见表14-5。回灌、回扬宜采用连续回灌12h、定时回扬一次的方式,回扬宜在回灌前进行。松散含水层回灌井的回扬频率可参照表14-6执行。回扬过程中当浑浊水出尽、再出清水时可停止回扬。水位降深、单位涌水量

等指标可通过抽水试验获取并作为成井质量的考核指标。

表 14-5　地下水人工回灌井监测频率及精度

类别	观测项目		监测频率	单位	精度	监测时间
地下水人工回灌井	深层地下水人工回灌井	回灌量	1 次/旬	m³	±1	回灌结束前
		回扬量	符合表 14-6 相关要求			回扬结束前
		应急开采量	1 次/天			停泵前
		地下水位　静水位		m	±0.02	回扬前
		地下水位　动水位			±0.05	回灌结束前
		水温　回灌原水	与回扬频率一致	℃	±0.5	回灌过程中
		水温　地下水				
		真空压力　真空度		mmHg	±10	
		真空压力　压力		MPa	±0.01	
		水质监测　回灌原水	2～4 次/年			成井时首次取样,回灌开始后回灌原水与地下水同步取样
		水质监测　地下水	2～4 次/年			
	浅层地下水人工回灌井	回灌量	1 次/天	m³	±1	回灌结束前
		回扬量	符合表 14-6 相关要求			回扬结束前
		地下水位　静水位		m	±0.02	回扬前
		地下水位　动水位			±0.05	回灌结束前
		水温　回灌原水	与回扬频率一致	℃	±0.5	回灌过程中
		水温　地下水				
		压力		MPa	±0.01	
		水质监测　回灌原水	1 次/半年			成井时首次取样,回灌开始后回灌原水与地下水同步取样
		水质监测　地下水	1 次/半年			

表 14-6　回灌井回扬频率及时间要求

岩性	压力类型	回扬频率	岩性	压力类型	回扬频率	岩性	压力类型	回扬频率
粗砂砾石	管网压力	1 次/2 日	中细砂	管网压力	1～2 次/日	粉砂	管网压力	2～3 次/日
	水泵加压	1～2 次/2 日		水泵加压	2～3 次/日		水泵加压	3～4 次/日

（5）监测成果整理　地面沉降监测与防治工作中应分别编制监测成果报告、设施建设竣工报告,在评审或验收后应按照资料汇交的有关要求提交沉降区地质资料并交由档案馆归档。建设工程地面沉降监测、防治的中间成果报告、报表等应及时提交给业主方。地面沉降监测成果应包括野外记录资料和成果报告。成果报告应包括月报、年报。月报应以简报形式为主,具体内容包括地下水采灌量、地下水位标高、地面变形量等。年报应对年度地面沉降监测防治工作进行系统总结,具体内容包括年度地面沉降监测与防治工作概况、地面沉降动态变化规律、地面沉降防治措施与效果评价、下年度工作建议等。建设工程地面沉降监测成果应包括野外记录资料和成果报告。成果报告应包括工程概况、监测范围、监测项目和监测点布设、监测技术方法、监测实施、监测成果分析、结论与建议等。地面沉降监测设施竣工后应编制竣工报告,竣工报告内容主要包括工程概况,设计要求和原则,监测设施建设施工工艺与质量评述,每座标孔的孔口标高、平面坐标及标组平面位置图;由钻孔地层柱状图、基岩标、分层标埋设结构图、测井、土工测试、水质测试资料等组成的综合柱状图,施工时

间、进度及施工组织等。地面沉降监测设施竣工后应整理相关质量控制资料和实物地质资料，主要包括地质编录原件、钻探班报表及其他相关的原始资料；水质测试报告、土工试验报告、测井报告；钻孔土样或地层缩样。地面沉降防治设施竣工后应编制竣工报告，竣工报告内容主要包括目的与任务，工作部署与工作量，施工工艺与质量评述，回灌管路安装与回灌工艺，地下水水位、水质、水温特征，抽水试验与水文地质参数的计算与评价，配置回灌井平面位置、地层柱状及成井结构、回灌管路装置、回灌工艺流程等各类附图，主要结论与建议等。通常在验收完成后 4 个月内应完成全部资料的汇总、整理、归档。归档要求宜按相关汇交要求执行。

14.2.3 地震监测

研究地震的目的，主要在于掌握地震活动的规律以解决地震预报、控制和利用问题，目前主要是企图解决地震预报的问题。地震预报又称地震预测，其科学前提是认识地震孕育和发生的物理过程，包括地球介质物理、力学性质的异常变化。目前地震预测研究包括三个方向：①由于地震大部分发生在地壳中、上层，少数发生在深入地幔的部位，故认定地震的孕育和发生属于地质过程，研究地震预测应着重研究地震发生的地质构造特点，这个方向可称为地震地质方向。②地震统计，即运用数理统计方法设法得出地震发生的规律，特别是地震发生时间序列的规律，这种以过去推测未来的方法可称为地震统计方向。③地震前兆，认为地震过程属于物理过程，观测地球物理场各种参量及其异常变化可以找到地震发生的征兆，这个方向可称为地震物理方向。上述三个方向或三个方法都有其片面性，不可能孤立地从某一个方面来求得地震预测的方法，而必须采取综合观测的方法探索出可以利用的规律。强震多发生于活动性断裂构造上，搞清地质构造（特别是断裂构造）是进行地震烈度区划的重要基础。地震带内的强震具有重复性（比如四川炉霍—康定一带曾发生 16 次 6 级以上的地震，均集中于鲜水河断裂上）。强震的填空与填满在活动性构造带内有时在一段时间内发生许多小震，并围绕成一个地震相对平静的地区——空白区，后来就会在这空白区内某一部位上发生大震（这种现象叫填空）。地震的发生，一般是地壳或更深处的岩石长期受力逐渐变形直至破裂的结果。这个过程是一个长期演变过程，当其濒临破裂之前常产生许多相关现象，预示地震将要发生，这些现象称为地震前兆。它又可分为微观前兆和宏观前兆。

地震前人们不能感觉到的而必须用仪器长期监测才能发现的自然现象变化称微观前兆。地震的孕育、发展和发生过程也是地应力的逐渐集中和骤然释放过程，因此，可根据地应力的集中加强活动的变化来预报地震，地应力变化必须用专门仪器测量。地震前，震源区岩层发生剧烈变形可使地面出现大面积升降、水平位移或倾斜现象，一般可用大地水准测量、断层位移测量、地面倾斜测量等方法进行长期监测。地震前，在地应力作用下常导致磁场强度的变化并引起磁场的局部异常现象，华东一个地震台曾利用震前磁偏角的变化成功地预报了 1972 年 1 月 25 日发生在台湾的 8 级地震。地电流变化一般是用地电流测量方法观测大地的自然电流数值或任意两点间的电位差值实现的，通常在地面选择两个点分别埋上电极，将电极用金属导线连接起来并串连一个微安表（或毫伏表）就可以测量出两点的自然电流数值（或自然电位差数值），这些数值若发生异常变化应考虑地震发生的可能性。此外，还有一些其他变化，如海平面的升降、地震波传播速度的变化、地温变化、重力变化、地下水化学成分的变化等也可能与地震发生有关联，这些变化也都必须用仪器或一定手段进行长期、连续的观测才能看出结果并据以分析得出应有的结论。许多国家都在试验利用 GPS 系统测定地壳变动情况，即在地球上的两个点利用专门接收机捕捉从人造卫星上发出的电波测定这两个点的距离，其误差只有百万分之一到千万分之一，这样可准确地测定地壳变动情况，根据这种变动来达到预测地震的目的。编制出精确可靠的全国地震烈度区划图是地震预报和预防工作的基础。

思考题与习题

1. 简述地球地质灾害的常见类型及特点。
2. 简述滑坡及崩塌监测的方法与基本要求。
3. 简述地面沉降监测的方法与基本要求。
4. 简述目前地震监测预报的特点与发展趋向。

第 15 章 钻采工程测量

15.1 钻采工程的特点

钻采工程主要用于油气田的开发领域。油气田开发地质学是指油气田投入生产后，从评价勘探到油气田开发结束全过程中围绕着计算储量、增加产量、提高油气采收率等为中心而进行的地质研究工作。整个石油地质工作可分为勘探地质与开发地质两个部分。勘探地质主要研究石油生成、聚集和形成油气藏的规律，其任务是发现油气田、探明盆地内的主力油气田。开发地质主要研究和掌握哪些控制和影响石油从油气藏中采出的地质因素，目的是以尽可能高的采收率把油气开采出来。在石油工业发展的早期（20 世纪 30 年代），主要是开发一些高产的自喷油田，当时石油地质工作者的主要任务是寻找新油气田。随着油气田的大量开发，油田类型增多，研究提高油田开发效果和经济效益的任务更为突出，为了以较少的投资去获得较好的经济效益和最高的采收率，人们越来越多地认识到油气田开发地质的认识程度是决定油田开发效果的关键因素。20 世纪 70 年代，随着注水开发的深入，储层非均质性对采收率的影响暴露得更为明显，油价上涨使三次采油技术受到重视，在美国，各种先导试验纷纷出现，工业性应用也具一定规模，促使开发地质工作向更深层次发展。20 世纪 80 年代以来，由于已开发的含油气盆地进入勘探开发高成熟期，勘探工作转向自然地理条件很差的边远地区、勘探成本上升，已有的老油田由于高成本的三次采油技术经济上无法使用，依靠二次采油平均采收率仅 35% 左右、大有潜力可挖。因此，加强老油田开发地质研究，深化认识非均质性，通过钻加密井（包括水平井、多底井、侧钻等）和其他改善采油的方法提高采收率，所能获得的经济效益远大于边远地区的勘探效益，这就要求油藏描述向更小尺度和定量化描述发展，以适应地下剩余油的分布研究需要。计算机技术的发展，数学与地质的结合，分形、混沌学等非线性数学新理论和方法的出现为描述一些地质现象提供了新武器（地质统计学的兴起就是最好的体现）。三维地震的发展使得用地震技术可以解决开发中的储层技术问题并相应地形成了储层地震，为实现精细定量描述储层提供了可能。所有这些均促进了油气田开发地质学的发展与完善。油气田开发地质学是一门综合性和实践性都非常强的技术，它与石油地质、储层地质、油藏工程等彼此结合、互为补充，是油气勘探和石油工程的骨干学科，要搞好油气田开发地质工作必须具备全面的沉积学、构造地质学、石油地质学、油层物理学、渗流力学、测井等知识基础。

钻井地质工作在钻井过程中应取全、取准（直接和间接）反映地下地质情况的资料数据，为油气评价提供重要依据。各项地质录井工作质量的好坏将直接关系到能否迅速查明地下地层、构造及含油气情况，对油田的勘探速度和开发效果有显著影响。因此，钻井地质工作是整个油田勘探开发过程的一项非常重要的工作。

在一个新探区，为了迅速发现油气藏及时扩大勘探成果，在已掌握区域地质、地球物理勘探资料的基础上，需要编制一个钻探的总体设计。在总体设计中规定了勘探总任务、进行全区勘探的程序与方法、井别、井位部署等。单井地质设计根据钻探总体设计的要求编制，是完成总体设计任务的一个部分，也是顺利完成钻探任务必不可少的一环。

在我国，探井分类既要与目前的勘探阶段划分、勘探程序结合起来，还要与油气勘探的钻探目的紧密结合起来。我国探井分类主要有地质井、参数井、预探井、评价井、水文井等。开发类井可分为开发井和调整井两类。开发井是指在地震精查构造图可靠、评价井所取的地质资料比较齐全、探明储量的计算误差在规定范围以内时，根据编制的该油气田开发方案，为完成产能建设任务按开发井网所钻的井。调整井是指油气田全面投入开发若干年后，根据开发动态及油气藏数值模拟资料，为提高储量动用程度、提高采收率需要分期钻一批调整井，它是根据油气田调整开发方案加以实施的。井号编排中各类井字头均应冠以所在地区、圈闭名称中的一个字；参数井应带"参"字（比如胶莱盆地第 2 口参数井，称胶参 2 井）；预探井、评价井井号不能按井排编号（一般应尽量采用小于 100 号之内的数字）；开发井应按井排编号。

15.2　钻采工程测量的基本工作

15.2.1　钻采工程测量的基本要求

石油天然气钻井井位测量应以国家大地控制点为基础，按国家统一坐标系和高程系连测。在油气田开发区扩展控制测量时应采用统一的平面和高程系统。

井位位置测定时平面位置应测至井口中心，高程位置应测至井口套管法兰盘顶面，有困难时应换算至规定的固定位置，亦可在测区内确定统一的高程测量位置并在成果表中注明。

选择井位基础图比例尺时，油气勘探区及边远地区探井的布设和测定一般选用 1：50000 或 1：100000 比例尺基础底图实施作业；已开发的油气区及邻近地区内探井的布设和测定一般采用 1：25000 或更大比例尺基础底图实施作业；油气田开发井的布设和测定应采用 1：10000 或 1：5000 比例尺基础底图实施作业。井位基础图的分幅与编号一般应遵守国家地形图的相关规定，不连片的小范围油气田区块的井位基础图可按油气田分区或井区（断块）划分图幅并以井区或断块名命名。

井位实测平面位置相对于最近控制点平面位置的允许误差为平地和丘陵地不得超过成果图上 0.2mm、山地不得超过成果图上 0.3mm（隐蔽地形等困难地区可按上述要求放宽 1 倍）。井位实测高程位置相对于最近控制点高程位置的允许误差为平地和丘陵地不超过 0.5m、山地不得超过 1.0m（隐蔽地形等困难地区可按上述要求放宽 1 倍）。预测井位平面位置和高程相对于最近控制点平面位置和高程的误差可按实测井位相应精度要求放宽一倍。

国家大地控制点是石油天然气站井井位测量的重要基础，为满足油气勘探开发区内井位测量的实际需要，应在国家大地点的控制下，布设国家等级的三、四等三角（三、四等导线）点和一定数量的一、二级小三角（一、二级导线）点，作为基本控制点。各等级三角（导线）点（二级点除外），均可作为测区井位测量的首级控制和测量依据。各等级三角（导线）点的布设、平面控制和高程控制测量、精密导线测量、光电测距等项测量的技术精度要求和内外业作业的实施细则均应执行国家相关测绘规范的规定。测区内其他部门施测的三角（导线）控制点（比如军控点和 GPS 控制点等）只要能满足井位测量精度要求均可作为井位测量的基本控制点。另外，在满足井位测量精度要求的情况下也可采用经主管部门审批的其他作业方法和新技术作业。应根据石油天然气勘探开发部署方案确定井位测量任务，应编写作业计划和技术设计并制定合理的作业方案、确定最佳测量方法。当基本控制点稀少时可依据国家等级控制点扩展测设井位测量控制点作为井位测量的直接依据，控制点的平面位置一般可采用前方、侧方、后方交会，经纬仪导线、支导线、GPS 和辅以测量天文方位角等方法测定。在大地控制点稀少和没有控制点的沙漠、沼泽、海岸、滩涂、海中和难以通视的山地、丘陵等困难地区宜采用 GPS 的方法建立平面和高程控制，以 GPS 广播星历进行大地定位时宜采用联测法定位建立控制点。联测定位的中心点应设在测区中部的最高等级三角点上，也可设在其他地点，但必须与不少于三个国家一、二等三角点进行联测以求得其平面坐标。同时，应尽量用四等水准测量求得其高程。GPS点应选设在视野开阔、目标显著的地点，必须埋设标石和觇标以便于长久保存，联测定位的坐标和高程精度必须符合相关规定，GPS的测量成果必须换算成国家现行统一的坐标和高程系统，以GPS建立控制点必须应用两台或多台仪器以联测法相对定位确立点位（其接收点与中心点间距离不得大于100km），采用GPS求得的WGS-84坐标应使用七参数转换为我国现行使用的坐标系统（在尚未求得七参数的地区可采用三参数近似转换），在可能的情况下也可采用GPS-RTK技术。在基本控制点不足但视野开阔、通视良好的地区也可采用前方、侧方、后方交会的独立交会法扩展井位测量控制点作为井位测量依据，交会点发展一般不应超过三级，全由大地控制点发展的点为一级，交会点配合大地控制点发展的点其等级与起算点中最低等级的交会点同级，全由交会点发展的点其等级较起算中最低等级的交会点降低一级（只能作为测量井位的测站点），在控制点稀少的地区交会点缺少检查方向时可采用近邻互检方式，独立交会点必须埋设水泥桩或其他能较长期保存的固定标志。在大地控制点稀少和通视不佳的隐蔽地区可也可敷设电子全站仪或经纬仪（控制）导线以构建井位测量控制的基础体系，大地控制点、GPS点均可作为导线的起始点，导线测量可视测区实际控制需要测设为一、二级导线或等外图根导线，一、二级导线点和图根导线点高程均可采用三角高程网或三角高程路线的方法测定，一级导线点起始或闭合的控制点应以等外水准连测，图根点三角高程路线应起闭于基本控制点或用等外水准连测的图根点（最多允许发展三次）。测定天文方位角可采用北极星任意时角法、太阳任意时角法、太阳高度法等，观测日的时表必须以中央人民广播电台发出的北京时间为基准进行校正。表差的测定精度，采用北极星任意时角法和太阳任意时角法时必须达到10s，采用太阳高度法必须达到1s，采用太阳高度法测定天文方位角时太阳高度角不得小于8°且不得在当地地方时间10时到14时观测，天文方位角观测适用于控制点稀少、通视困难、无连测方向的困难地区（可解决图根导线末端方位连测及闭合的困难）以及通视条件不足、已知点位稀少的单点设站的井位测量工作，天文方位角观测也是检查支导线末端方位的一种方法，天文方位角观测目前只在极端情况下采用（因为GPS技术已广泛普及）。

15.2.2　井位测量的基本要求

井位测量前必须有上级主管部门审批的井位部署方案，并由上级主管部门统一归口下达测量任务和协调实施。

由井位部署方案设计单位提出的井位设计条件任务书及设计图必须由技术负责人审查签名并经上级主管部门批准同意后方可交付测量作业人员进行作业准备。井位设计条件任务书和设计图应至少提前三天交给测量作业人员。井位设计必须在伸缩性小、准确度高的基础井位图（或AutoCAD电子图）上进行，设计制图工具必须是标准量度工具。量取井位设计坐标可在AutoCAD电子图借助软件自有的捕捉功能完成，对纸质图则应区别情况采集。新区探井一般应在1∶50000比例尺井位基础图或地形图上进行；开发区及边缘地区的探井可在1∶25000比例尺或更大比例尺井位基础图或地形图上进行；开发井（包括检查资料井）应在1∶10000或更大比例尺井位基础图或地形图上进行；成批开发井可直接提供1∶10000或1∶5000比例尺准确的井位方案设计图（但应在井位条件任务书上注明任务及条件要求）。采用图上已知井位交会法提供设计井位条件时必须用不少于三个已知点到设计井间的准确距离进行交会，并用另一个已知条件进行检查，三个已知条件应在图上相交于一点（其误差应不大于图上0.3mm），选择已知点位交会设计井位时交会点的交会角应在30°～150°之间。

在控制点和已知井点稀少的困难情况下至少应有两个已知点进行交会，同时必须说明设计井位相对于两已知点的方位概念，并在图上提出其他明显的相关位置条件作参考。在新探区，石油物探测线的测量成果可作为新设探井平面位置设计条件及预测井位的测量依据。测量作业人员应严格按照井位设计要求进行内业准备，对展绘好的测量基础图板，作业员及小组应对照井位设计图、井位设计条件任务书进行检查，提交井位设计人员复查签字后方可赴现场作业。测量作业人员应从实际出发，因地制宜选用合理的测量方法，在实地准确地预测出设计井位并按要求及时提供测量成果。

井位预测必须在井位设计人员主持下，与测量作业人员和钻井施工人员一起在现场商定，确定井位后参加三方应在井位条件任务书上签字。对于新区及重点探井或复杂地形的井位测定，除上述三方人员参加外还必须有上级主管部门派代表参与现场决策。受地形、地物及地下设施等因素影响必须移动原设计井位时应由井位设计单位及钻井施工单位双方人员协商，按照"地面服从地下，地下照顾地面"的原则，根据现场实际情况及规定要求来确定井位，其移动范围规定为探井不得超过 50m、井距大于 200m 的开发井不得超过 30m、井距小于 200m 的开发井不得超过 10m、邻近断层井和其他重点井应依据钻井目的确定允许移动的方位和距离，移动后的井位应由测量作业员重新测量位置并记录移动情况，对在规定范围内仍不能确定的井位必须由主持人员及时报请上级主管部门协调各方到现场酌情处理。现场确定的井位任何一方无权自行移动，因部署发生变化等特殊原因需要移动并重新测定井位的必须先经上级主管部门许可并在设立新井号标牌的同时由钻井施工人员立即拆除原井号标牌。

现场确定的井位应由钻井施工单位负责埋设醒目的铁质或木质井号标志牌，用油漆写上井号，并在井位标志牌地下打入暗桩。为防止井位标志牌被破坏或丢失，在预测井位的同时，可视现场实际情况及井位附近地形条件，采用十字交叉法、距离交会法或直线通过法布设数个复测点并埋设标记、绘制复测点至井位距离位置略图，作为必要时检查或复测井位的依据。钻井单位在安装钻机前应由专人负责检查井孔位置，如发现井位标志牌丢失、破坏或移位，无法确认其原定井位位置时不得擅自施工，应立即报请主管部门重新测定。各类水井（水源探井、采水井）井位测量按国家相关规定执行。

15.2.3　预定井位测量

预定井位测量一般可选用光电测距或经纬仪（量距）极坐标法、GPS 法、交会法（前方、侧方、傍点等）及测定太阳高度等方法进行测量。平坦地区，井距小于 300m 的开发井及油区内的探井可采用电子全站仪进行预测并宜应用 1∶5000 或 1∶10000 比例尺制作井位基础图板，预测井位应依据测区内的基本控制点和各类图根控制点直接设立测站作业，预测井位的平面位置相对于最近控制点的点位中误差应不大于图上 0.3mm、高程误差不超过 0.5m。作业前应收集测区内的控制测量资料和实测完钻井的测量成果及有关的井位部署图等资料，应依据审批后的井位条件或提供的设计井位坐标值和方案部署井位图准确地交会、转刺或展绘相应比例尺的基础井位图板并经设计人员检查方可提交外业测量。预测井位（初测）高程测量时，在地面高差不超过 2m 的平坦地区除用三角高程方法测定外还可用 1∶10000 比例尺地形图展点直读的方法求定高程。井距大于 300m 时可采用 GPS 或电子全站仪进行预测。预定井位的复测应视当地的地理环境、地形条件和实际需要确定，复测点的选设可用罗盘或目估定向的方法进行，复测点到井位的距离可用普通钢尺或测绳量测，复测方法可视现场实际情况而定（可选用十字交叉法、直线通过法或距离交会法），复测点应打入木桩并编号标记、画出略图并注记复测点到井位的距离，原井位标志严重位移难以复测时应及时报请主管部门重新测定，复测工作也可根据当地地理环境等条件及钻井施工实际情况与钻前预测或钻后实测工作结合进行。应用太阳高度法测定天文方位角适用于缺少后视方向、无法测连接角的单点控制井位的地区。

另外，预定井位测量还可利用精密单点定位技术（Precise Point Positioning，简称为 PPP），PPP 是利用全球若干个 IGS 跟踪站数据计算出的精密卫星轨道参数（精密星历）和卫星钟差（精密钟差），对单台接收机采集的相位和伪距观测值进行非差分定位处理的定位技术。它作为一项成熟的技术已经在很多国家、地区和部门应用，其与传统 GPS 其他作业方式比具有许多优势，其单机作业无需与其他仪器设备配合（或架设基准站）、作业方便、数据处理简单、使用范围广，可大大地提高测量作业效率，与传统的单点定位技术比精度较高（可达厘米级）。

目前，还有一种无陀螺式的定向钻井技术，只需一个三轴加速度计和一个磁传感器即可完成测量井孔的倾角和方位角的任务。

15.2.4　完钻井位置测量

完钻的探井和开发井必须对其平面位置和高程进行精确的测量，此项作业过程即为竣工测量，习惯称井位实测或定测，是井位工程测量的重要环节。实测井位作业应根据测区已有的基本控制点和扩展的各类图根控制点直接设站进行，在困难地区也辅以 GPS 点、各种独立交会点、太阳高度法测定天文方位角等方法作业。目前实测井位主要采用 GPS、电子全站仪、和交会法（对于视野开阔、通视良好，基本控制点能满足交会条件及要求的平坦地区的正钻井或完钻井，可采用前方交会法测量）进行作业，测站至井位的距离采用光电测距时探井最大长度不得超过 3000m、开发井不得超过 1500m。井位高程测量可采用水准测量、三角高程或 GPS 高程。

15.2.5　海上采油平台定位与测量

采油平台是海上油田开发的主力工具，目前世界上已建成大大小小近千座采油平台，随着多年的运营，采油平台受海流冲刷、船只撞击、海浪台风吹打、施工条件差等因素影响产生平台倾斜问题并对安全生产带来隐患。因此，必须对倾斜平台进行检测与纠正，采油平台工作点标高、海底冲刷范围及深度、平台方位、倾斜方向和倾斜角度等数据是平台纠正的重要基础数据。海上油田开发多采用"卫星平台→中心平台→陆地"式油气集输方案，采油平台中的导管架式平台是常见形式，多采用 3 桩或 4 桩腿导管架结构形式，集井口平台、靠船平台、工艺平台于一体，平台构件分为 4 部分（即桩、导管腿、弦杆和撑杆），一般都设有多个水平层。采油平台近岸附近平面控制点稀少、测区海况较为恶劣（经常有 5～6 级大风），测量船只无法出测，常规的三角网、导线网测量技术因距陆地较远、受通视和交通条件限制难以施测，GPS 静态测量平差技术虽可满足平面定位精度但只能解算平台上部四角的平面坐标。由于受平台环境和结构影响，对精度要求高的平台下部导管架支桩的倾斜角度没有办法测量且交通不便、实测时间长，比较先进的 GPS-RTK 定位技术也因有效距离限制难以接收到实时差分信号、更不便求取坐标系转换参数，因此对距离陆地较远的平台倾斜检测也不适用。为此，人们采用了一些实用技术。

（1）标高测量　鉴于几何水准的水面跨距不能很长，平台标高的传递采用海洋测量中的水面水准测量方法，利用临时验潮站验潮的有效控制范围和同步验潮的结果传递，通过规范控制作业流程，传递精度可达到±0.10m。先在距平台直线距离最近的陆域传递地点设置临时水尺，水尺位置选择在水面开阔、避开回流和壅水影响的地方并用四等水准接测水尺零点高程。在海上平台设立临时验潮站，该站观测基点的选择考虑平台和管架的结构、以便于观测水面并向平台各层引测标高的固定点为传递基点，根据当地海区潮汐性质可采用高（低）

平潮法或同步期平均水面法等方法进行同步水位观测。在两水尺距离超过 20km 时，为了达到精度要求，应在中间适当位置加设过渡水尺并适当延长同步观测时间。在首次平台测量时采用同步期平均水面法，同步连续观测 64h（含高、低平潮 5 对）。计算分析时，对同一观测资料分别采用高、低潮的平均值和同步期平均水面法两种计算方法进行计算，得出的水尺的零点较差可小于 4cm。进行水面水准测量时的观测日期最好选在大潮汛，观测期间风浪较小（最好在 4 级风以下）。

标高测量的另一种方法是借助成功的海洋潮汐推算软件，利用已知验潮站观测资料，根据经纬度推算测区潮位，再利用测区验潮站的同步观测资料和推算潮位结果进行相关平差来获得测区验潮站水尺零点高程。这种方法由于充分利用了潮汐调和常数和实际观测资料，因此结果更为可靠。在两验潮站距离 20km 内时，这种方法同直接用高（低）潮推算得出的水尺零点差异也保持在 10cm 以内。

（2）平台的实际坐标、方位测量　平台坐标方位是分析海流、波浪对平台影响的重要数据，也是计算平台倾斜方位的起始数据。因采油平台距陆地较远、已知控制点较少、结构多层、输油管线密布、计量仪表很多，因此常规控制测量方法难以在平台上实施。因此可利用 RBN/DGPS 这一信号资源和水上测量通用定位设备（实时差分 GPS）并采用实地相对位置测量 CAD 拟合平差技术提高定位精度。平面控制采用实时差分 DGPS 定位的测量方式，进行实时差分动态定位测量。作业时在平台或栈桥上选 6～8 个不受干扰的固定点，架设 GPS 接收机定位天线，接收差分定位信号，利用计算机采集 2～5min 定位数据，对每个点的数据平差求均值，得出各点的国家坐标系坐标。以一定的比例尺（一般采用 1:500）在 Auto-CAD 界面上展绘各定位点，并选取一起始点，以某一近似坐标作假设坐标，利用全站仪测量平台大小尺寸，栈桥的长度和宽度及相对位置关系，在 AutoCAD 下以相同的比例尺作出其整体相对位置图，并利用其作图功能将所作平台整体相对位置图平移和旋转与各实测定位点拟合，最后确定平台整体方位。定位仪器可采用水深测量通用 GPS 定位仪器（如一套 NOVATEL12 通道 GPS 及 MBX-2 型单信标机和定位数据采集计算机），采集定位数据时的定位卫星数应不少于 5 颗、PDOP 值应不大于 4、差分信号应连续，若不满足要求应剔除该时段的定位数据，延长定位时间或更换测量点位置重新测量。由于采油平台上部多为方形、直角等规则连接结构，故可使用钢尺量取边长及相对位置、现场绘制草图并标注各实测距离和角度以节省时间，同时可减少大型测绘仪器的测量作业干扰。平台方位的推算根据两定位点间相对坐标差求解，由于各点定位时间较短，可看成是在基本相同的时间内对相同的 GPS 卫星进行的观测，故可将观测资料进行一并处理以获得两站间的相对坐标差，由于在方位计算中主要根据坐标差推求方位，可认为伪距差分给各控制点带来的误差相同（为 Δx 和 Δy），根据方位角推算公式，有 $T = \tan^{-1}[((Y_1 + \Delta y) - (Y_2 + \Delta y))/((X_1 + \Delta x) - (X_2 + \Delta x))] = \tan^{-1}[(Y_1 - Y_2)/(X_1 - X_2)]$。

可见，公共的误差在计算方位角时不起作用，同样，两点间的距离也不受公共误差影响，即点间相对关系不受公共误差影响且点间距可用其他方法实测校核。因此，求得的相对坐标和方位角具有很高的精度。经过整体拟合平差，两定位点之间坐标差的误差最大不超过 ±0.2m，方位测量结果能够满足 ±0.2° 要求。

（3）倾斜测量　对于 3 桩或 4 桩腿导管架结构形式，其导管架本身按一定角度组成平台，平台顶部甲板因采油需要多已改造整平（已反映不出结构的真实倾斜）。另外，为增加稳定性，导管架本身设计时也有一定的倾斜角度。因此，要测量平台倾斜角度只能测量平台水平撑杆的平面倾斜角度。首先在导管架水平撑杆上喷涂几个测量点，编号依次为 1、2、3、…，用钢尺测量其相对平面位置和各导管架的周长，然后用水准仪测量各点的标高（从平台工作基点引测)。依此为基础数据,在 AutoCAD 下,统一以某一点作坐标原点做出平面图并将各测量点也标注在图上,这样就可利用 AutoCAD 量出各点平面坐标,加上实测的标高,得出各点的三维坐标。进而计算过 3 点的平面和水平面的交线,算出交线和平台边之间的角度,顾及前面所求得的平台方位角即可得到倾斜方位角。将所有测量点以结构强度较好的三角形为原则进行组合,计算各组合三角形所形成的平面与水平面的夹角及交线,最后取平均值做为平台的倾斜角度和倾斜方位(一般经过 3~4 组三角形合理组合计算、平差即可以达到 ±0.1° 的精度要求),各组角度较差限差应小于 0.2°。

有的采油平台是有数根直立式导管支撑的,每根导管倾斜情况都不一样,此时,可根据井口平台导管架结构和现场条件可采用测量直角边长反算角度的方法测得倾斜角度,测量时边长测量精度在 mm 级、角度测量精度控制在 ±0.1°。测量前制作一重约 2kg 的铅球系以带有刻度标记的细线,测量时在导管架适当位置用油漆做一标志点,从该标志点处悬挂铅球,待铅球稳定后测量其垂线方向上一段距离 Y(不得少于 1.2m),然后利用三角板测量细线刻度处到导管架的最小距离 X(读数精确至 1mm),根据公式 $d = \tan^{-1}(X/Y)$ 计算各导管架的倾斜角度,测量时应进行两次不同垂线长度的倾斜测量(两次测量较差应小于规范 ±0.2° 取平均值为最终结果,超限则马上重测)。倾斜方向观测时根据前面测得的平台方位确定导管架一个基准点方位,测量倾斜点至基准点圆弧长度,根据导管架圆周长计算偏转角度,二者相加即得导管架倾斜方向。

(4)冲刷测量 采油平台的建设改变了平台周围的水动力条件,平台的导管架周围及海底各类管线底部的某些部位会发生冲刷现象(有的冲刷情况比较显著),因此,冲刷测量数据是推求分析冲刷对平台倾斜和海底管线的安全的重要影响因子,也是平台安全防护的第一手基础资料,海底冲刷测量可通过水深测量实现但比普遍水深测量要求高。比例尺一般要求1:500 甚至更大;测线间距要小且定位点要密;以 0.5m 等深距勾绘等深线来反映冲刷范围和冲刷深度;测深精度要求高应防止仪器、船只、风浪、潮位、人员造成的误差超限对水深地形变化的掩盖;定位精度要求高在卫星遮挡严重时要采取有效措施处理定位点;应高精度测绘采油平台形状及附属结构、确定平台中心位置并以绘制 30m、50m 范围线,平面控制系统采用实时差分 GPS 定位测量方式,定位仪器必须先进、RBN/DGPS 基准站的信标差分信号必须质量高,如接收"成山角" RBN/DGPS 基准站的信标差分信号,我国的 RBN/DGPS 基准站分布见图 15-1(该图仅为示意)、测深仪精度必须高,同时,必须采取措施减小或消除各方面的误差,如平台周围 GPS 信号易受干扰、往往产生大量飞点,故要采取必要措施来保证这些数据得到完整、准确的处理。因此,要布设科学的计划线,既要有以平台为中心的放射线又要有围绕平台的环绕计划线。应在保证安全基础上尽量做到各平台结构连接处无遗漏水域,跑线时要采取必要措施,如靠近或穿越平台时应放慢船速,用长杆随时测量定位点距平台导管架、栈桥等参照物的距离及相对位置,并对应点号做好记录,内业处理时根据现场纪录将测线上各飞点拉回测线上。其次应将测深仪各项参数在现场调校准确并选择合适的工作船只,另外,还应提高水位观测精度,合理采用潜水员探测资料也非常重要,因平台检测还包括腐蚀、振动、海生物附着等检查,潜水员在导管架根部进行检查测量时一般都绘有草图。综合上述各种相关资料、记录及成果即可绘制出一幅信息丰富、测量准确的冲刷图。

(5)成果计算与资料整理 计算前必须检查外业手簿各项推算,成果计算必须由两人对算或经一人校算。采用电子计算机计算时,原始数据和起始点成果必须打印在计算结果之前或抄录在计算表格之中。两投影带拼接区的井位必须计算两投影带的坐标。计算后的井位坐标必须经过专人展点并与基础图板上预测井位对照检查,方能抄报。当年终或野外工作一阶段完成，所有内业计算、校算工作结束后应立即做好资料整理工作，以备验收。应绘制井位基础图及时供科研、生产使用，应按探区或油田分区、井类、井号顺序编制井号目录和说明，应按探区或油田分区、井类、井号顺序抄录或打印井位测量成果，计算资料和成果表均应 16 开本竖装并按年度装订成册，井位测量成果应及时录入数据库，年度井位成果装订次序应依次为封面、扉页、验收证明书、目录、技术说明、成果表、封底。

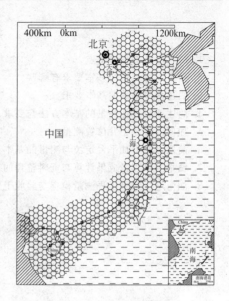

信标台站信号覆盖范围　　⊠ 沿海信标台站

图 15-1　我国沿海信标
（RBN/DGPS）台站分布示意

（6）检查与验收　井位测量资料成果实行队（室）、处（院、公司、大队）二级检查和处（院、公司、大队）一级验收制。测量单位应对成果质量实行作业前及作业中的过程检查和作业结束后的最终检查。过程检查是作业组（人员）在对完成成果 100% 的自查互检基础上，按技术标准、技术设计书和有关的技术规定，对作业组的测量作业成果进行的全面检查，检查内容包括用于作业的各种仪器、设备的精度和规格是否符合规定要求；作业人员（特别是新作业人员）的技术状况（能否担任作业，是否熟知各项作业方法及安全常识），作业方法是否正确的过程检查主要由队（室）检查人员承担。最终检查是在过程检查的基础上，根据最终检查实施规定及要求对作业组测量作业的成果资料再一次进行的检查，最终检查主要由测量单位的质量管理机构负责。

验收工作一般应由处、院（公司、大队）组织实施或由测量单位委托专职检验机构验收。验收工作应在测绘成果最终检查合格后进行。验收人员应对被验成果资料进行详查。详查比例应占总量 5%，其余部分应对其影响质量的主要项目和带倾向性问题进行重点概查。作业组（人员）对完成的产品必须切实做到自查互检，把差、错、漏消灭在生产第一线。

验收详查项目及内容包括仪器检验项目及资料是否齐全、检验方法和精度是否符合规定；各类控制点和测站点的密度和点位是否恰当、是否满足井位测量要求；控制点和测站点的测量方法，扩展次数及各项边长、总长、角度、较差、闭合差是否符合限差规定；井位测量选择的作业方法是否正确；外业手簿记录和注记是否完整、字迹是否清晰、计算是否正确、观测中的各项误差是否都在限差以内；电子手簿的记录程序是否正确、输出格式是否符合规定要求；成果重测与取舍是否合理；所用的各类图纸、资料及放样测定井位时的起算数据和内业计算及准备的各项成果数据是否事先进行分析、检查与校核；野外作业利用的起始点、测站点及检查方向是否进行实地检查核对；定向、对点是否正确，其误差是否符合限差规定；有变异时采取的改正措施是否符合技术要求；基础图板及基础资料的准备是否按规定进行；图廓点、坐标网点、控制点、井位的展绘精度是否符合要求及位置是否准确；内、外业成果计算是否正确；上交资料是否齐全完整；主算和校算结果的差异是否在允许误差范围以内；实测井位成果是否与预定井位符合、是否经过 100% 展点检查且其误差是否符合规定限差；成果表的编辑方法和抄录是否正确；成果资料整理是否完整；装订内容是否齐全并符合规定；技术总结和计算说明及精度统计资料是否齐全完整；井位测量任务书和成果报表资料各方签字、审核手续是否齐全等。

思考题与习题

1. 简述钻采工程的特点。
2. 钻采工程测量的基本要求有哪些？
3. 简述井位测量的基本要求。
4. 简述预定井位测量的基本方法与要求。
5. 如何进行完钻井位置测量？
6. 简述海上采油平台定位与测量的基本方法。
7. 钻采工程测量成果计算与资料整理的基本要求有哪些？
8. 如何进行钻采工程测量检查与验收工作？

参 考 文 献

[1] 李青岳. 工程测量学 [M]. 北京：测绘出版社，1984.

[2] 李青岳，陈永奇. 工程测量学 [M]. 第2版. 北京：测绘出版社，1995.

[3] 张正禄. 工程测量学 [M]. 武汉：武汉大学出版社，2005.

[4] 张正禄. 工程的变形监测分析与预报 [M]. 北京：测绘出版社，2007.

[5] 黄声享，尹晖，蒋征. 变形监测数据处理 [M]. 武汉：武汉大学出版社，2004.

[6] 张正禄. 工程测量学 [M]. 武汉：武汉大学出版社，2002.

[7] 尹晖. 时空变形分析与预报的理论和方法 [M]. 北京：测绘出版社，2002.

[8] 武汉大学测绘学院. 误差理论与测量平差基础 [M]. 武汉：武汉大学出版社，2003.

[9] 潘正风，杨正尧. 数字测图原理与方法 [M]. 武汉：武汉大学出版社，2004.

[10] 张正禄，吴栋材. 精密工程测量 [M]. 北京：测绘出版社，1992.

[11] 吴翼麟，孔祥元. 特种精密工程测量 [M]. 北京：测绘出版社，1993.

[12] 陈龙飞，金其坤. 工程测量 [M]. 上海：同济大学出版社，1990.

[13] 于来法，杨志藻. 军事工程测量学 [M]. 北京：八一出版社，1994.

[14] 覃辉. 土木工程测量 [M]. 上海：同济大学出版社，2004.

[15] 王兆祥. 铁道工程测量 [N]. 北京：铁道出版社，1998.

[16] 陈永奇，李裕忠. 海洋工程测量 [M]. 北京：测绘出版社，1991.

[17] 吴子安，吴栋材. 水利工程测量 [M]. 北京：测绘出版社. 1990.

[18] 钱东辉. 水电工程测量学 [M]. 北京：中国电力出版社. 1998.

[19] 秦昆，李裕忠. 桥梁工程测量 [M]. 北京：测绘出版社，1991.

[20] 吴栋才，谢建纲. 大型斜拉桥施工测量 [M]. 北京：测绘出版社，1996.

[21] 张项铎，张正禄. 隧道工程测量 [M]. 北京：测绘出版社，1998.

[22] 田应中，张正禄. 地下管线网探测与信息管理 [M]. 北京：测绘出版社，1998.

[23] 冯文灏. 工业测量 [M]. 武汉：武汉大学出版社，2004.

[24] 李广云. 工业测量系统 [M]. 北京：解放军出版社，1992.

[25] 于来法. 实时经纬仪工业测量系统 [M]. 北京：测绘出版社，1996.

[26] 梁开龙. 水下地形测量 [M]. 北京：测绘出版社，1995.

[27] 陈永奇，张正禄等. 高等应用测量 [M]. 武汉：武汉测绘科技大学出版社，1996.

[28] Pelzer H. 现代工程测量控制网的理论和应用 [M]. 张正禄译. 北京：测绘出版社，1989.

[29] 卓健成. 工程控制测量建网理论 [M]. 成都：西南交通大学出版社，1996.

[30] 顾孝烈. 城市与工程控制网设计 [M]. 上海：同济大学出版社，1991.

[31] 彭先进. 测量控制网的优化设计 [M]. 武汉：武汉测绘科技大学出版社，1991.

[32] 陈永奇. 变形观测数据处理 [M]. 北京：测绘出版社，1988.

[33] 陈永奇，吴子安等. 变形监测分析与预报 [M]. 北京：测绘出版社，1998.

[34] 宁津生. 测绘学概论 [M]. 武汉：武汉大学出版社，2004.

[35] 潘正风. 数字测图原理与方法 [M]. 武汉：武汉大学出版社，2004.

[36] 林文介. 测绘工程学 [M]. 广州：华南理工大学出版社，2003.

[37] 孔祥元. 大地测量学基础 [M]. 武汉：武汉大学出版社，2001.

[38] 周忠谟. GPS卫星测量原理与应用 [M]. 北京：测绘出版社，1992.

[39] 於宗俦. 测量平差原理 [M]. 武汉：武汉测绘科技大学出版社，1990.

[40] 李德仁. 误差处理和可靠性理论 [M]. 北京：测绘出版社，1988.

[41] 杨元喜. 抗差估计理论及其应用 [M]. 北京：八一出版社，1993.

[42] 胡鹏等. 地理信息系统教程 [M]. 武汉：武汉大学出版社，2002.

[43] 龚健雅. 整体GIS的数据组织与处理方法 [M]. 武汉：武汉测绘科技大学出版社，1993.

[44] Güenter Seeber. Satellite Geodesy [M]. Berlin：Walter de Gruyter [M]. 2003.